大阪大学
新世紀レクチャー

船 この巨大で力強い輸送システム

船の世界史を知って現代の船を理解する本

工学博士　野澤　和男

大阪大学出版会

口絵1　クイーン・メリー二世（2004）（左：野間恒コレクション by Rudy Kleijn，右：IMAREST　MER QM2 Supplement より）

口絵3　グレート・ウエスタン（1838）
（野間恒コレクションより）

口絵2　ダイアモンド・プリンセス（2004）
（三菱重工業株式会社提供）

口絵4　世界最大のシップ型帆船プロイセン（1902）
（トニー・ギボンズ『船の百科事典』より）

口絵5　クイーン・エリザベス（1940）
（野間恒コレクションより）

口絵7　船の大きさくらべ
（『ニューワイド学研の図鑑　鉄道・船』学習研究社より）

口絵6　超大型コンテナ船「MSC Oscar」
（Mediterranean Shipping Company提供）

口絵8　Tug Boatの出すプロペラの流れ

口絵9　波浪中を進む「日聖丸」（三菱重工業株式会社提供）

口絵10　高速三胴カーフェリー「ベンチジグア・エクスプレス」
（Austal社カタログより）

口絵11　6500m潜水調査船支援母船「よこすか」

口絵12　ULCCタンカー「Esso Atlantic」
（ユニバーサル造船株式会社提供）

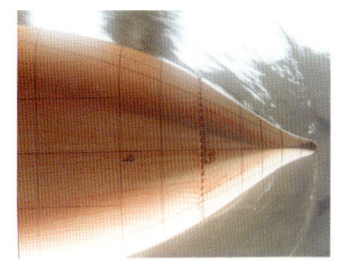

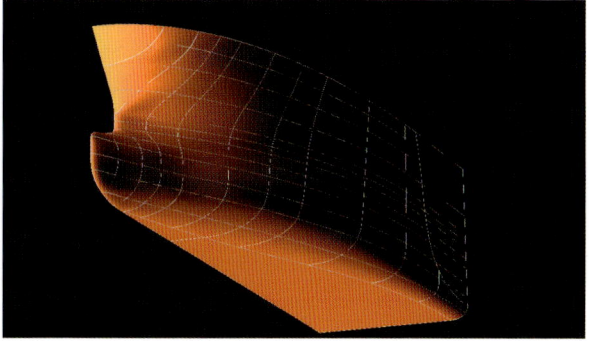

口絵13　CADによるタンカーの船首形状
（NAPA社提供）

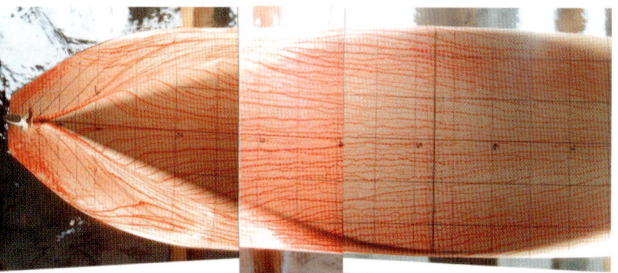

口絵14　タンカー模型船の船底の流れ
（ペイントフローテスト，上：船首，下：中央〜船尾）

口絵15　145,000m³液化天然ガス（LNG）船「Energy Advance」
（株式会社川崎造船提供）

口絵16　南極観測船「しらせ」
（ユニバーサル造船株式会社提供）

口絵17　プロペラのキャビィテーション観測と螺旋渦

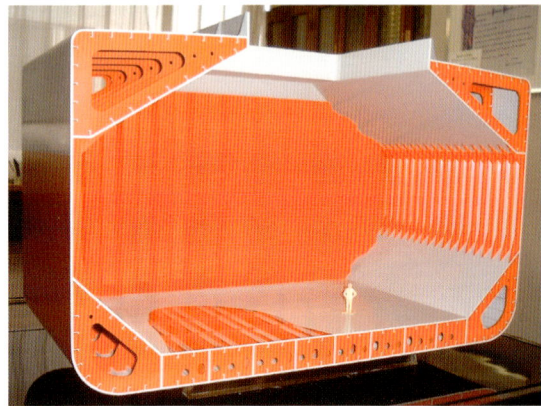

口絵18　バルクキャリア（上：株式会社川崎造船提供）と船体中央横断面模型（下）

口絵19　可変ピッチプロペラ（川崎重工業株式会社提供）

【口絵解説】

1. 2004年建造の世界最大の豪華大型クルーズ客船．総トン数15万GT，全長345m，16万馬力、プロペラ4個（p.4,16）
2. 2004年日本で建造された11.6万GTの大型クルーズ客船（p.73）
3. 1838年大西洋航路を初めて渡り，その後の定期客船競争の火蓋を切った1,340GTの木製小型外車船（p.58）
4. 1902年ドイツで建造され帆船時代の最後を飾った巨大帆船（p.48）
5. 1940年英国建造，大西洋定期航路時代の最後を飾った最大級マンモス客船．全長301m，16万馬力，4軸（p.70）
6. 2015年に建造された19,244個積超大型コンテナ船．総トン数193,000GT，全長395.4m，85,100馬力，船速22.8kt（p.7）
7. 船ほど巨大で力強い輸送システムはない．全長では超大型タンカーが410m，QM2が345mである（p.107）
8. Tug Boat（引き舟）はVoith‐Schneider propellerを備え，全方位に強力な推力を出す（p.168）
9. 波浪中航行時には船は激しく縦揺れ（ピッチング）して波浪衝撃を受ける（p.220）
10. 2004年建造の大型trimaranで全長126.7m，1,000DWT，40kt（p.125）
11. 1990年建造，全長105mの潜水調査船支援母船．乗員3人の潜水調査船を搭載して世界の海を探る（p.111）
12. 1977年建造の世界最大級の超大型オイルタンカー．全長406.6m，幅71m，載貨重量51万トン（p.7,107,152）
13. 船体設計やCFD計算のためにCAD（computer aided design）を使って船体形状を表現し改良をはかる（p.234）
14. 船体抵抗の少ない船型をめざして船体表面上の流れの模様をペイントテスト（油膜法）で調べる（p.230）
15. 天然ガスを液化し-162℃の極低温の状態で輸送する船（p.110）
16. 1982年建造，全長134m，30,000馬力，3軸プロペラの日本の強力砕氷船．1.5mの氷中を3ktで航行可能（p.112）
17. プロペラ翼先端は高速度（30〜40m/s）で回るためキャビテーションが発生する．後方に螺旋渦が見える（p.201,231）
18. 穀物や鉱石をバラで船倉に積むことができる便利な船．船倉は荷崩れ防止と搬出し易い横断面形状をしている（p.149,154）
19. プロペラを回転させたままで各翼のピッチが変更できるプロペラ（CPP）．船の前後進操作が容易となる（p.166）

船の世界史年表

年	時代区分	世界の船と特徴	日本海事船舶	海事世界史	世界史	日本史（一般/造船/科学）
BC5000	古代	いかだ		ナイル河に帆船	BC1500ギリシア	
4000	・ギリシア			エジプトにパピルス船	エーゲ海文明・クレタ青銅器文化	
3000		海を行く船		エジプト船地中海、クレタ島に達す	エジプト第1王朝、インダス文明	縄文式文化
2000		巨岩運搬用船			バビロニア王国、黄河文明、青銅器文明	
1000		高速ラム付軍船			鉄器時代	
700	・ローマ	ガレー（1～3段櫂船）			アッシリア統一	
500	・ヘレニズム	帆船の初期		ギリシアに2段ガレー船/4段、5段	4国分裂（エジプト・バビロニア…）	弥生式文化
400				サラミスの海戦	ペルシャ王国、マケドニア、孔子	
300					ギリシア・マケドニアに敗れる	
200						
100		コーヴァス付軍船		クレオパトラ/アクチウム戦い(BC30)	3頭政治、シーザー死、クレオパトラ死	
0						
AD 100					ローマ5賢帝/後漢[魏・蜀・呉]、晋	倭国王後漢に遣使(107)
200					軍人皇帝時代、ローマの平和	邪馬台国卑弥呼(189?-)
300				ローマ軍事部門強化	コンスタンチノープル遷都(306)	
400				ビザンチン艦隊	ローマ帝国東西二分(395)	遣唐使船高句麗百済新羅
500		バイキング		中国で羅針盤	イングランド(450)	
600			遣隋使船・小野妹子(600)			大化の改新、壬申の乱、藤原京
700	中世	ビザンチン艦隊	遣唐使船：(630-894)	ノルマン人バイキングとして航海	サラセン帝国・神聖ローマ帝国	平城京(710-)・平安京(794-1167)
800						
900						
1000		ドロモン船	日宋貿易(980-1170)			
	・ビザンツ	十字軍輸送船		十字軍遠征	イスパニア・ポルトガル勃興	
1100	・サラセン				十字軍(1096-)	平清盛(1167-)
	・ルネサンス	コッグ、カラック、ガレー	源平の船	北欧沿岸都市ハンザ同盟(1241)	蒙古チンギスハン(1206)	鎌倉幕府(1192-1333)
1200	（前期）	軍船		マグナカルタ制定(1215)		
	・イタリア	ガレオン帆船	元寇と船	マルコポーロ東方遠征(1271-95)	ハプスブルク朝勃興(1273)	元寇(文永の役1274、弘安の役1281)
1300	人文主義	地中海運都市		ヴェネツィア地中海東方貿易覇権	オスマントルコ勃興(1299)	
	・大航海時代	ジュア			羅針盤発明(1310)	建武中興・室町幕府(1334)
		ヴェネチア	建長寺船・天竜寺船			
		大航海時代	前期倭寇		ルネサンス・ばら戦争グーテンベルグ印刷機	
1400		ヴァスコダ・ガマ	遣明貿易：足利義満が明と勘合符貿易(02)			
				ポルトガルエンリケ航海学校	コンスタンチノープル陥落(1453)	
				明の鄭和の大船団インド洋航海	チューダー朝・モスクワ公国・明	戦国時代(1450頃-)
		コロンブス船		コロンブスが新大陸発見(1492)		銀閣寺
1500				バスコダガマ：インド航路(1498)		
		マゼラン(21)	ポルトガル人種子島鉄砲(43)		ロシア帝国勃興(33)	
1550	近世前期		ザビエル鹿児島にキリスト教(1549)			
	・ルネサンス		後期倭寇の活動盛ん(1555)			
	（後期）	ガレオン/ガレアス	九州キリシタン少年使節(90)	オランダ独立(81)	イギリス海上権掌握(88-)	織田信長室町幕府滅ぼす(73)
	・バロック	Ark Royal(58)	イスパニア平戸来航(84)	無敵艦隊政渡(88)、英国の台頭		豊臣秀吉統一(90)
	・ロココ		豊臣秀吉朱印船貿易			
	・絶対主義		征韓の役に船「日本丸」建造	トルコ軍のウィーン侵入(1593-98)		
1600			オランダ艦隊リーフデ号豊後に漂着			関が原の戦い(1600)
	・文学哲学科学		家康大船制度(1604)、菱垣廻船(1619)	イギリス東インド会社	シェークスピア：ハムレット	T1家康(-05)
			大船建造禁止令(1635)、樽廻船(1633)		ガリレオ天体望遠鏡発明	アダムス、ヨーステン
			鎖国(1639)			T2秀忠(05-23)
		メイフラワー号	朱印船：末次船、角倉船、茶屋船、末吉船	メイフラワー号102人アメリカへ(1620)	30年戦争(18-48)	島原の乱(1637-38)
		SovereignOS(37)	オランダ商館平戸、支倉常長陸奥丸乗船		ハーバード大学(36)	T3家光(23-51)
1650			堺商人菱垣廻船による貨物輸送			
			家光大型船「天地丸」、「安宅丸」	クロムウェル航海条例(51)	トルコ軍のウィーン包囲(1683)	T4家綱(51-80)
			鎖国後の「大和型船」の発達：		ニュートン万有引力(1687)	T5綱吉(80-1709)
			ベザイ船、千石船、北前船		イギリス名誉革命(1688)	
1700			河村瑞賢の東回り、西回り航路の確立			
			以降、ベザイ船の大型化が進み		イスパニア継承戦争(01-)	T6家宣(09-12)
	・産業革命		菱垣廻船、樽廻船として続く。			T7家継(12-16)
					オーストリア継承戦争(40-)	T8吉宗(16-45)
1750	・フランス革命				マリア・テレジア全盛・モーツアルト生(56)	T9家重(45-60)
		軍船Victory(65)	海防問題：ロシア船の出没(1771-)	ワット蒸気機関(75)	産業革命(77)、アメリカ独立宣言(75)	T10家治(60-86)
			ロシア使節ラクスマン大黒屋光太夫(92)	鉄船	フランス革命、ワシントン大統領(89)	T11斉(86-1837)
1800	近世後期			トラファルガル戦ネルソン(1805)	ナポレオン(1799-)	伊能忠敬蝦夷地測量(00)
	・自由主義		イギリス・オランダ来航	フルトン汽船を完成(07)		
	・国民主義	Savannah(19)	（ロシア）レザノフ開国要求	英国帆船NY―リバプール定期航海		
	・自然科学技術		高田屋嘉兵衛ロシア艦に捕らえられる	スティーブンス蒸気機関車(1814)		
		インド貿易船		スクリューの発明(39)		
		Sirius,G.Western(38)	シーボルト来朝	外車蒸気船初大西洋横断(38)		T12家慶(37-53)
		Britania(40)		Cunard：大西洋航路定期船端緒		
		Hibernia(43)	アメリカ船モリソン号浦賀入港	プロペラ発明	カリフォルニア金鉱発見(48)	
1850		クリッパー船団		英大鉄製合船チュバール・ケイン		黒船来航(53)
		SovereignOS(52)	黒船来航(53)、日米、日英、日露和親条約(54)		蒸気機関	T13家定(53-58)
		木鉄混合船	（露）ディナナ号遭難建造(54)、鳳凰丸 昌平丸	ベッセマー製鋼法、ディーゼル(55)		T14家茂(53-66)
		Arabia(53)	ロシアに贈与の為建造(55)⇒君沢形船、合いの子	Cunard:Persia号：最初の鉄船(56)		
		Adriatic(53)	日米通商条約(58)	巨船グレート・イースタン18,915t出現	鋼船	
		Great Eastern(59)	日米通商条約批准(59) 太平洋へ			
		China(62)	咸臨丸、日米通商条約批准(59) 太平洋へ	外車の最後(Scotia)		T15慶喜(66-67)
	・南北戦争	City of Paris(67)	明治元年(68)	Propeller初(China)		明治元年(68)
	・社会主義	Cutty Sark(69)	三菱商会(70)	スエズ運河開通(67)		
	・帝国主義	Britanic(74)	共同運輸(82)	フルート試験水槽		
		Alaska(81)	大阪商船(84)	大型高馬力定期客船の出現		
		Oceanic(90)	日本郵船(96)、造船奨励法公布	Parsons Turbine特許(94)	蒸気往復機関の利用	日清戦争(94)
		KaiserWh.d.Grosse(97)	造船協会創立(98)、常陸丸(98)	溶接(92)、ディーゼル開発(98)		
1900		大帆船プロイセン	「三笠」英国より購入(1902)		ライト兄弟飛行機発明(03)	
10	現代	Lucitania(07)	八幡製鉄(01)	マンモス定期客船出現		日露戦争(04)
	・第1次世界大戦	Titanic(12)	天洋丸(08)	外洋ディーゼル化		大正元年(12)
20		Bismark(14)	香取丸(13)	タイタニック：沈没(1912)		関東大震災(23)
		Bremen(29)	はあいや丸(15)		第1次世界大戦	
	・ロシア革命	Rex(32)	日本郵船(24)			昭和元年(26)
30		Normandie(35)	さんとす丸(25)	16万PS巨大客船：QE, QM	第2次世界大戦	日中華事変(37)
	・第2次世界大戦	QM(36)	浅間丸タンカー(30)			
40		QE(40)	あるぜんちな丸(39)			太平洋戦争(41)
1945	終戦		戦艦大和、武蔵(41, 42)・日本商船隊壊滅			第2次世界大戦終戦(45)
1950		United States(52)	日本造船業大躍進		コンコルド登場(57)	日本の飛行機時代開始(52)
			タンカー、コンテナ船			日本造船世界第1位(56)
60		France(62)	PCC、BULK、LNG	定期大型船の衰退	航空機の大発展	
		QE2(69)	各種船舶大量建造・コンピュータ発達			
			造船技術発展			
70			新安シ号(72)			EXPO70
80		各種クルーズ船	日本造船建造量世界の50%、造船不況へ	クルーズ客船の発展	第1次Oil Shock(73)	造船構造不況続く
			世界最大タンカーSeawiseGiant 56万t		第2次Oil Shock(78)	
90			砕氷船「しらせ」(82)・6.5K潜水調査船・ふじ(89)			つくば万博(85)
			南大樹海洋艦船・Crystal Harmony(90)	高速カーフェリー盛況		
	・冷戦解消		飛鳥(91)	ロシア北極海商用航路開発		
		Oriana(1995)	大型コンテナ船：各種商船継続的に建造	大型客船の到来	ロシア北極圏資源開発	
2000	・IT革命		大型コンテナ船	大型船へのAZIPOD設備	環境問題・海洋汚染防止法	
2003			大型カーキャリアー	DAT砕氷タンカー建造	ダブルハル船	
2004		大クルーズ客船QM2	大型クルーズ船：Diamond Princess	大型クルーズ客船建造続く	サハリン石油、LNG開発	
2005			地球、TSL			
2006						神戸空港開港

はじめに

　船は巨大で力強い輸送システムである．例えば，世界最大の巨大クルーズ客船「クイーン・メリー二世（QM2：2004）」は，長さ345m，幅41m，高さ72m（煙突上部まで）で，総トン数15万トンのサイズをもつ．約15万馬力の電気推進機関で最新型プロペラ4個を回し，船速29.5kt（ノット）（48km/h）で乗客3,090人，乗務員1,254人（合計4,344人）とその巨大空間を軽快に優雅に運ぶ．巨大タンカー「Esso Atlantic」は，長さ406.6m，幅71m，深さ31.26mであり，45,000馬力の蒸気タービン機関で直径10m（回転面積約24坪）のプロペラを回し船速15.15kt（28km/h）で原油50万9千トンを一度に運ぶ．これは日本が1日に消費する石油総量約90万トンの約半分に相当する．また，大型コンテナ船「Maersk Sana」は，長さ323m，幅42.8m，83,000馬力のディーゼル機関を装備し，船速24.5kt（45km/h）で8,450個（TEU）のコンテナ（TEUは20フィート長さのコンテナ：$L×B×D=6.1×2.44×2.6$mの換算個数）を運ぶ．

　世界に海がある以上，船は不可欠である．65億人の人口を抱える世界が経済的・社会的に発展してゆくために，大中小さまざまな船が毛細血管のように地球上に張り巡らされた航路を種々のエネルギー資源，鉄鉱石，車両，製品，衣料，食料，冷凍食品，人々など世界の輸送物の99%を絶え間なく，ゆっくりと，環境に優しい方法で輸送する．そして物流ルートの最も身近な終着駅である私たちの家庭，食卓に毎日，いろいろな製品，燃料，食料を運び続けている．古代の人々が生活から船を切り離せなくなったように，現代の社会では人々は日常の物資輸送から船を切り離すことは不可能であり人間社会に最も密着した巨大で力強い輸送システムとなっている．しかし，船は遠くにあってやさしく黙々と運ぶのみで，人々にとって船とはどのようなものかを実感する機会が少なくなってきたことは残念なことである．

　この力強い輸送システムとしての船は年々増加しつづける物資輸送のニーズと要望にもとづいて新たに建造され世界の発展を担い，そして，また新しいニーズを可能にするためにさらなる技術開発がなされて新たな船が生まれる．このような科学技術と経済発展の正の循環（善循環）の積み重ねが今日の巨大で力強い輸送システム・船を作り上げてきたことを船の世界史は優しく，懐かしく，そして時には悲しくこれを思い起こさせてくれるのである．

　最古の人類（猿人アウストラロピテクス：Australopithecus）は地質学上の第三紀末（400万年以上前）にアフリカに誕生し，約150万年前に原人と呼ばれるかなり進んだ人類が出現した．旧人と呼ばれるネアンデルタール人（Homo neanderthalensis）の出現を経て，新人クロマニョン人（Cro-Magnon man）が10万年前の更新世末期に出現し，石刃や鏃等の鋭い石器や骨角器で釣針を作り狩猟や漁労で生活するようになる．水辺に住んだ彼等は集団の規模を増し行動範囲を広げ，川を渡って遠方に出かけたのであろう．また収穫物や建造材料などの重量物も運搬したであろう．どのような手段で川を渡ったのであろうか．初めての船はいつ，どこで，どのような形で

生まれ，発達してきたのだろうか．

　地中海東岸の地域は「肥沃な三日月地帯」とよばれ，農耕牧畜が発達して新石器時代を迎える．乾地農法から大河の用水を利用する灌漑農法に進み，日常の生活に親水性文化が芽生えてきたことであろう．

　BC3000年頃になると，エジプト，メソポタミア，インド，中国の各地で古代四大文明がいずれも大河流域で開化した．民族の坩堝である地中海周辺では興亡が激しく，紀元前1500年頃にはギリシア，エジプト，ヒッタイト，フェニキア，ヘブライ，バビロニア等の国々が地中海沿岸，特に，ナイル河，チグリス・ユーフラテス河周辺に割拠した．悠久とした時間の流れの中で人々は船を考え，発達させて生活の一部とする．大きな船を動かすためには人間一人による櫂の限界を知り，多数の人間による櫂の利用や風力を利用する帆を思いつき推力を増強させ，船体構造を工夫しながら次第に大きな船を考案した．人々や通常の物品だけでなくピラミッド建造用の数百トンもの巨石を水上輸送したことがBC1500年頃のエジプトの遺跡に残されている．

　BC900年頃にはギリシアはエーゲ海，クレタ島を本拠地として地中海へ活動範囲を広げた．商船による活発な海上交易だけでなく戦いのための軍船を使うようになりペルシア戦争（BC500～479）などに高速多段櫂軍船が使われた．BC31年アクチウムの海戦ではローマ軍のオクタヴィアヌスはアントニウス・クレオパトラの連合軍船を撃破してローマ帝国を建国し，初代ローマ皇帝（BC27～AD14，以降ADは省略する）となる．ローマ時代には軍船だけでなく全長50mで複数の帆をもち風上航走ができる商船隊が作られ地中海で活躍した．東ローマ帝国のユスティニアヌス帝（在位527～65）は強力なビザンティン艦隊を整備し533年には海陸一体の海防都市を築き，長らく地中海海上支配権を掌握した．

　500年から1200年頃にはヴェネツィアを中心とした地中海海運都市が繁栄した．造船技術が大いに発展しガレー船が軍船や商船として発達する．1000年前後，スカンディナビアではバイキングが優美な形状をもつバイキングシップを使って冒険や略奪に海外進出するようになる．

　1400年代になると西欧諸国は海外へ膨張をはじめ大航海時代に入る．ルネサンスで発展した諸科学が基礎となり大型木造帆船ガレオン船の建造技術，航海術，航海設備が大きく発展した．まず，スペイン，ポルトガルが世界の海を航海し，そしてイギリスが制海権を握る．植民地や貿易の拠点として東インド会社などが作られ大型高速帆船による貿易が盛んになった．

　1700年代になると産業革命の時代に入りジェームス・ワットが発明した蒸気機関が生産効率・輸送効率を飛躍的に向上させる．舶用蒸気機関が種々考案され外車船へ応用された．その後，スクリュー・プロペラや鉄船の発明により帆船から蒸気船，木船から鉄船の時代へと移って船はより大きく強力で速い輸送システムとしてその後の急速な進歩へのスタート台についた．

　1800年代になると人々は大西洋を蒸気船で渡りたいという欲望を抱くようになる．海運会社が競ってこれを目指した．1838年の「シリウス」と「グレイト・ウェスタン」の2隻が大西洋定期客船のスピード競争の幕をあけた．まさに日進月歩の勢いで大型客船を発達させた．製鋼法，鋼船，高馬力エンジン（連成蒸気機関，ディーゼル，タービン），多軸プロペラの発明と発達がこ

れを加速した.

1900年代初頭には「タイタニック」(長さ260m, 45,000総トン, 5万馬力) 級のマンモス客船がたくさん生まれた.「必要は発明の母である」との格言のとおり, 客船のニーズ, 建造技術, 材料・パーツ (鋼材や機関など) の3点セットの向上が需要と供給の善循環スパイラルを加速した. 世界は前グローバル化の時代に入り夢を追う大勢の人々がマンモス客船に乗りこみ大西洋を渡ってアメリカ大陸と行き来した.

1900年代中盤になると科学技術の発達により, 世界の経済・社会が大きく変容し人や物資の移動がますます盛んになり商用的巨船主義をかきたてた. と同時に第1次世界大戦の影が忍び寄り戦時徴用船転換の国家的目的が巨船志向を増長させた.「クイーン・メリー (QM)」,「クイーン・エリザベス (QE)」など16万馬力の高馬力巨大マンモス客船が次々と登場して大西洋横断最短時間航海をかけたブルーリボン賞の争奪戦を激化させた.「シリウス」以降100年の定期客船発達の歴史は高馬力巨大マンモス客船の登場をもってその頂点に達した. しかし, 悲しく不幸なことに, 第1次, 第2次世界大戦中に戦時徴用船として転用された多くの気品あふれる豪華客船は雷撃によって次々と無残な結末を迎え多くの人命とともに海底に沈んだ.

1960年代に入ると「タイタニック」時代に産声を上げた飛行機のその後の急速な発展があった. 数百人の乗客を数時間で大西洋横断させてしまう大型定期旅客機 (ジャンボジェット) が出現し多忙な現代の旅客は奪われた. 定期旅客船時代は終焉に近づき不況の時代が続く. しかし, 1900年代終盤に入って大型定期客船は大型クルーズ客船としての新しい役割を担うことになり「QM2」のような巨大豪華客船が出現することになった.

日本の洋式造船の技術史を見ると, 古くは遣唐使船, 遣明船から朱印船 (当時, 西欧で使われたガレオン船の名残があるといわれる) の建造に関して外国船技術の導入の接点があったが, 残念なことに徳川幕府の大船建造禁止令 (1635) と鎖国政策 (1639) によりその後, 洋式造船は発達せず国内海運業のための弁財型船, 菱垣廻船, 樽廻船など大和形船が発達した. しかし, 1853 (嘉永6) 年のペリーによる黒船来航を境に国防上の観点から幕府は急遽, 洋式造船奨励へと政策を転換し洋式船を建造することになった. この意味でペリーの黒船来航を日本における洋式船建造の元年と考えることができる. 洋式船購入, 造船学・航海術の学習, 造船所・海運会社設立などの多大な努力の結果, 短期間に大きな進歩を遂げ, 1900年初頭には国産の大型船舶が建造できるようになる. 欧州の大型客船を追って多数の航洋客船が建造され, 欧州, 北米, 南米など世界への定期航路に旅立った. しかし, この期間は長くは続かず第2次世界大戦の参戦により戦時徴用船となった大部分の日本商船隊は次々と雷撃を受けて船も人々も無残な海の藻屑となった. 造船技術を駆使した多くの戦艦が爆沈した. 船の世界史はこのような悲惨で無謀な過ちがあったことも教え, 科学技術の進展は何のためにあるのかを問いかけてくれる.

第2次世界大戦後は, 新たな国際冷戦関係下に紆余曲折を経て日本造船業は復活, 発展した. 世界経済や日本経済が回復の傾向となり, 折しも石油が世界の主要エネルギーへ転換され, 燃料, 化学製品の原料として大量に使用されるようになった. これが日本の海運市場と船舶建造ニーズ

を著しく高揚させ，1956年には造船建造量世界一になり1960年頃からは空前の巨大タンカーブームとなった．1974年には日本の船舶建造量が世界の半分を占めて造船建造世界一になり，主要輸出製品として日本の貿易黒字に抜群の貢献をした．しかし，その後の2度のオイルショック（1973，1978）と地球環境問題の発生は環境汚染を促す石油の大量消費を基盤とした経済発展や科学技術先行主義への不信がたかまり，真の社会の豊かさとは何かを世界の人々に問うこととなった．大量生産大量消費の時代から省エネルギー・多様化の時代へと変化した21世紀においても船舶輸送の重要性は変わらない．世界経済のたえまない発展がタンカー，コンテナ船，自動車運搬船，LNG船等の多種多様な大型商船の建造を促し世界各国への海上輸送を増加させている．また，大型クルーズ客船が多数建造されるようになり，新しいレジャーの形態を人々に与えている．

　最近，残念に思うことがある．このようなすばらしい特色をもつ船の巨大さ，鷹揚さ，有効性を身近に感じる機会が少なくなったことである．客船は特定の地域に停泊し，商船はコンテナ埠頭や石油コンビナートなど荷役のための特別な施設に停泊するために一般の人の目に触れる機会が少なくなった．したがって，巨大な船の形やしくみがどのようになっているのか，どのような部品が付いていて，どのように作られるのかを知る機会がほとんどない．また，このよう巨大な構造物・船がどのようにして動くのか，荒れた波の中でも転覆も折損もせずになぜ安全なのか，またなぜ，時折，転覆して海難事故を起こすのかなどについても知る人は少ない．島国だが海に囲まれた安全な国である日本，知らず知らずに船と海に恩恵を受ける私たち日本人に是非，もっと船と海を知って欲しい．これが本書執筆の動機である．

　本書は「船の世界史を知って現代の船"この巨大で力強い輸送システム"のしくみ，推進のメカニズム」を理解することを目的とする．構成は次のとおりである．

第1章：「船とはどのようなものか」船を眺め，その特徴と役割を観察する．

第2章：「船の世界史と黒船以降の日本の造船史」丸木舟から今日までの船の世界史，日本の造船史をたどる．船はどこから来たのか，船とはどのようなものか，船はどこへ行くのかを考える．

第3章：「船の分類としくみ」船の定義，用途と種類，船の形と線図，一般配置と構造，各部の名称，機関とプロペラを知り，船がどのような流れで作られるのか理解する．

第4章：「船の性能と理論」船が作る美しい波，船はなぜ浮くのか・転覆しないのか，なぜ転覆事故が起こるのか，船の走るメカニズム，旋回のメカニズム，波の中の運動，実験施設と計算技術．

　付録の「実船の馬力計算とプロペラ設計の演習」では，本文で示した知識が具体的にどのように使用されて船の速力や馬力の推定が行われるのかを示した．

　船舶は自国だけでなく大洋を航行し外国と交易するグローバルな輸送システムである．ひとたび大洋に出ると他者に依存することができない自己完結の輸送システムである．船は必要な施設がすべて装備され1つの独立したコミュニティーを形成する．大型クルーズ客船は数千人の人々が短期間ではあるが，そこで快適に，安全に生活できる洋上都市ともいえる．コンテナ船等の大

はじめに

型商船では二十数人の少数の乗員が安全に航海し，効率的に管理できる移動する巨大貯蔵施設といえよう．船の技術，つまり，安全で安心できる船の設計・建造・運航等の技術は力学，電気，通信，機関，情報，経済そして人間工学などが結集された総合的な科学技術が基盤となっている．最近，貨物運搬用の商船だけでなく，クルーズ用大型客船が続々と建造されレジャーを楽しむ船客も増えてきた．このような中にあって，本書が船を知り，理解し，興味をもつきっかけとして役立つならば真に幸いである．

最後に，本書の出版にあたり，種々の貴重な写真，付図の転載許可をいただきました日本船舶海洋工学会，日本造船工業会各社，海事関連歴史科学館，海事関連出版社にお礼を申し上げます．たくさんの客船の写真を快く提供くださいました野間恒氏（海事研究家，元九州急行フェリー㈱代表取締役社長）に深く感謝いたします．著者が船の世界史に興味を抱くきっかけを与え，歴史的客船分析や記述に役立たせていただいた『船の世界史』の著者上野喜一郎先生に深くお礼を申し上げます．最後に，本書の執筆にご協力を得た大阪大学大学院工学研究科船舶海洋工学部門教員の皆様，校正や数式記入に協力してくれた大阪大学船舶海洋工学科学生有志そして本書の出版にご協力と激励をいただいた大阪大学出版会編集長岩谷美也子氏にお礼を申し上げます．

2006年盛夏

野澤　和男

目　　次

口絵

船の世界史年表

はじめに　i

凡　例　xi

第1章　船とはどのようなものか …………………………………… 1
 1.1　船と特徴 ……………………………………………………… 2
  1.1.1　船の用途・分類 ………………………………………… 2
  1.1.2　船はどんな特徴をもっているのだろうか …………… 3
 1.2　船を眺めてみよう …………………………………………… 4
  1.2.1　大きさと力強さ ………………………………………… 4
  1.2.2　船の輸送効率 …………………………………………… 8
 1.3　船の役割　—私たちの生活と船— ………………………… 10
  1.3.1　世界の物流統計 ………………………………………… 10
  1.3.2　世界の海上荷動量 ……………………………………… 12
  1.3.3　海上荷動の流れ ………………………………………… 12
  1.3.4　世界中の食材を輸入する日本 ………………………… 15
 1.4　「QM2」を探検する ………………………………………… 16
  1.4.1　船体主要目表 …………………………………………… 16
  1.4.2　鳥瞰図 …………………………………………………… 18
  1.4.3　「QM2」の一般配置図（General Arrangement） …… 19
  1.4.4　「QM2」の出航のバーチャルイメージ ……………… 21

第2章　船の世界史と黒船以降の日本の造船史 …………………… 23
 2.1　船の世界史 …………………………………………………… 25

2.1.1　船の変遷 ………………………………………………………… 25
　　　　(1)　船の起こり ……………………………………………………… 25
　　　　(2)　河を行く船 ……………………………………………………… 26
　　　　(3)　海を行く船 ……………………………………………………… 28
　　　　(4)　スカンディナビアの海を行く船：バイキングシップ ……… 34
　　　　(5)　地中海の船と海運都市 ………………………………………… 35
　　　　(6)　大航海時代の船 ………………………………………………… 39
　　　　(7)　大型帆船とクリッパー時代 …………………………………… 45
　　　　(8)　産業革命と推進機関，外車およびスクリュープロペラ …… 49
　　　　(9)　大西洋航路の定期客船の発達 ………………………………… 58
　　　　(10)　クルーズ時代の大型客船 ……………………………………… 71
　　　2.1.2　船型要目の変遷の考察：
　　　　　　　大西洋航路定期客船時代から大型クルーズ客船の現在まで ……… 75
　　　　(1)　大西洋航路定期客船時代から大型クルーズ客船までの変遷 …… 75
　　　　(2)　大型クルーズ船時代の変遷 …………………………………… 79
　2.2　日本の船と造船技術 …………………………………………………… 84
　　　2.2.1　黒船来航と日本 ……………………………………………… 84
　　　　(1)　黒船来航 ………………………………………………………… 84
　　　　(2)　明治時代（1868〜1912）……………………………………… 86
　　　　(3)　大正時代（1912〜1926）……………………………………… 92
　　　　(4)　昭和時代から第2次世界大戦終戦まで（1926〜1945）…… 95
　　　2.2.2　日本造船業の急成長と技術革新（第2次世界大戦敗戦1945〜）……… 99
　　　　(1)　戦後国際環境下での造船と科学の小史 ……………………… 99
　　　　(2)　戦後の日本の客船 ……………………………………………… 103
　　　　(3)　戦後の日本の造船 ……………………………………………… 105
　　　　(4)　日本造船業の急成長と技術革新 ……………………………… 114
　2.3　和船小史 ………………………………………………………………… 118
　　　2.3.1　黒船来航（1853）までの和船 ……………………………… 118
　　　2.3.2　黒船来航後の和船と洋式和船 ……………………………… 119

第3章　船の分類としくみ ……………………………………………… 123
3.1　船の種類 ………………………………………………………… 124
3.1.1　保持形態 …………………………………………………… 124
3.1.2　用途と種類 ………………………………………………… 129
3.2　船の主要目と形状 ……………………………………………… 130
3.2.1　主要目表 …………………………………………………… 130
3.2.2　主要目の定義 ……………………………………………… 132
3.2.3　船体形状と線図 …………………………………………… 135
3.2.4　排水量とハイドロスタティック曲線 …………………… 143
3.3　一般配置図と船体中央横断面図 ……………………………… 148
3.3.1　一般配置図 ………………………………………………… 148
3.3.2　各部名称 …………………………………………………… 151
3.3.3　船体中央横断面図 ………………………………………… 152
3.4　舶用機械 ………………………………………………………… 159
3.4.1　主機の種類 ………………………………………………… 159
3.4.2　ディーゼル機関の構造と性能 …………………………… 161
3.5　プロペラ ………………………………………………………… 164
3.6　船の引き合いから引渡し ……………………………………… 171
3.6.1　設計・建造工程 …………………………………………… 171
3.6.2　船の検査 …………………………………………………… 174

第4章　船の性能と理論 ………………………………………………… 177
4.1　美しい船の波 …………………………………………………… 178
4.1.1　船の波 ……………………………………………………… 178
4.1.2　船の波のメカニズム ……………………………………… 180
4.1.3　造波抵抗 …………………………………………………… 183
4.2　船はなぜ浮くのか，なぜ転覆しないのか …………………… 186
4.2.1　浮力とは何か ……………………………………………… 186
4.2.2　なぜ転覆しないのか，復原力とは何か ………………… 187

4.2.3	なぜ転覆するのか	189
4.2.4	船の揺れと船酔い	190

4.3 船の走るメカニズム …………………………………………… 192
   4.3.1 船が走るとはどのようなことか ………………………… 192
   4.3.2 船体抵抗 …………………………………………………… 193
   4.3.3 推進試験とその解析 ……………………………………… 197
   4.3.4 実船の抵抗と馬力の推定 ………………………………… 198

4.4 プロペラの押す力・推力 ……………………………………… 201
   4.4.1 なぜ推力がでるのか ……………………………………… 201
   4.4.2 プロペラの性能と設計チャート ………………………… 206

4.5 船の操縦性能 …………………………………………………… 210
   4.5.1 船はどのように旋回するのか …………………………… 210
   4.5.2 走り出すと止まらない …………………………………… 212
   4.5.3 船の旋回のメカニズム …………………………………… 214

4.6 船の耐航性能 …………………………………………………… 216
   4.6.1 海の波とはどのようなものか …………………………… 216
   4.6.2 船の揺れ …………………………………………………… 220
   4.6.3 不規則波中の船体運動応答の短期予測 ………………… 223

4.7 船の水槽実験施設とCFD ……………………………………… 225
   4.7.1 水槽実験施設 ……………………………………………… 225
   4.7.2 CFD（数値計算力学）の適用 …………………………… 234

参 考 文 献 ……………………………………………………………… 239
付　　録──実船の馬力計算とプロペラ設計の演習── ……………………… 243
索　引 …………………………………………………………………… 264

凡　例

本書では特記のほかは次の記号によっている。

A：ピストンの面積

A：プロペラのディスク面積（$\pi D^2/4$）

$A(\omega, \chi)$：波浪中の船体応答関数

A_E：プロペラ全翼展開面積

A_M：中央横断面面積

A_P：プロペラ全翼投影面積

A_R：舵面積

A_W：水線面積

a：波振幅

a_e：プロペラ全翼展開面積比

a_X：プロペラ面軸方向無次元誘導速度（w_x/V）

B, Bmld：幅，型幅

BM：メタセンターと浮心間の距離

B_{MAX}：最大幅

Bp：プロペラ出力係数

B：浮心

b：ボス比

b(x)：船の長さ方向の浮力分布

$C(\theta)$：素成波のcos波系振幅

C_{ADM}：アドミラルティ係数

C_B：方形肥痩係数

C_F：摩擦抵抗係数，船体表面の摩擦抵抗係数

C_{FS}：実船の摩擦抵抗係数

C_{FV}：実船の粘性抵抗係数

C_M：船体中央横断面係数

C_P：柱形肥痩係数

C_P CURVE：船体横截面積曲線（無次元値）

C_P：圧力係数

C_R：剰余抵抗係数

C_T：船の全抵抗係数

Ct, C_T：プロペラ荷重度

C_V：竪柱形肥痩係数，排水容積長さ比

C_V：粘性抵抗係数

C_W：水線面係数

C_W CURVE：水線面曲線（無次元値）

C_W：船の造波抵抗係数

c：波の位相速度

cf：cubic feet

c_p：p方向の波の位相速度

d：喫水

D：旋回直径

D, Dmld：深さ，型深さ

DA：旋回のアドバンス

DAmax：旋回の最大アドバンス

Dispt：排水量

Dp, D：プロペラ直径（m）

DT：旋回のタクティカルダイアメタ

Dtmax：旋回の最大タクティカルダイアメタ

DW：載貨重量（tw）

d, dmld：喫水，型喫水

da：船尾喫水

df：船首喫水

ds：物体の微小要素

e：海水の飽和蒸気圧

e_i：実船と模型船の伴流係数比：
　　　$(1-w_s)/(1-w_m)$

F(x)：船の長さ方向の剪断力分布

F_B：浮力

F_N：舵の直圧力

Fn：フルード数

f：乾舷の高さ

$f_a(\Lambda)$：舵直圧力勾配係数で縦横比Λの関数

GM：メタセンター高さ，メタセンターと重心間の距離

GT：総トン数

G：重心

g：重力加速度

$H_V, H_{1/3}, H_W$：有義波高

HP：馬力

h：刻み幅

I：慣性二次モーメント

i_{ZZ}：船体のz軸まわりの慣性付加質量

KB：キールから浮心までの距離（浮心高さ）

KG：キールから重心までの距離（重心高さ）

KM：キールからメタセンターまでの距離（メタセンター高さ）

k_q：プロペラトルク係数

k_t：プロペラ推力係数

k：形状影響係数，波数

kt：船速，ノット

kx：船の重心を通る縦軸周りの見かけの回転半径（横揺れ時）

L：船の全長，エンジンのピストンストローク

L_{CB}：浮心前後距離（船体中央から船首方向：$-$，船尾方向：$+$）

L_{OA}：船の全長

L_{WL}：船の水線長

L_{PP}：船の垂線間長

LT：long ton

LW：軽荷重量（tw）

l：貨物の船体重心からの前後移動距離

l_{CB}：無次元浮心位置：% Lpp（Midship船首側：$-$，船尾側：$+$）

M：船の長さ方向の最大曲げモーメント，メタセンター（Meta-center）

M(x)：船の長さ方向の曲げモーメント分布

MPa：メガパスカル

MW：メガワット（動力単位）

m：船体質量

m_X：船体のx方向慣性付加質量

m_Y：船体のy方向慣性付加質量

N：プロペラ毎分回転数（rpm）

N_{Desin}：プロペラ毎分回転数（設計回転数）

N_G, N：船体の重心Gを通る鉛直軸周りの回頭モーメント

N_H, N_P, N_R：船体，プロペラ，舵に作用する鉛直軸周りの回頭モーメント

N_{MCR}：機関最高出力時の機関毎分回転数

NT：純トン数

n：プロペラ毎秒回転数（rps）

n_X：船体表面法線ベクトルのx方向成分

P：エンジン動力（kW），伝達馬力（Bp用）

p_{atm}：大気の圧力

P_B：制動動力（kW）

P_D：伝達動力（kW）

$P_{D\ MCR}$：機関の最高出力（kW）

P_E：有効動力（kW）

Pmi：ディーゼル機関のシリンダーの正味平均有効圧力

PS：馬力単位

p：圧力

R：船の全抵抗

R：船体運動応答の標準偏差

R_F：摩擦抵抗

Rn：レイノルズ数

R_R：剰余抵抗

R_T：船の全抵抗

$R_{T\ S}$：実船の抵抗

R_V：粘性抵抗

R_W：造波抵抗

r_A：船尾肥大度パラメータ

S：船体表面の浸水面積，船体運動の大きさ

凡 例

$S(\theta)$：素成波のsin波系振幅（船の波）
$S(\omega)$：波エネルギースペクトル
SF：stowage factor
SHP：軸馬力
S_i：iモードの船体運動振幅
s_i：シンプソンの定数
T：波周期，横揺れ周期，一般に周期
TCI：輸送コスト・インデックス（Karman-Gablielli線図の縦軸）
TEI：輸送効率・インデックス（TCIの逆数）
TEU：コンテナ船積載個数（長さ20feetコンテナ換算）
T_V, T_W：平均波周期
t：トリム，推力減少係数
ULCC：Urtra Large Crude Oil Carrier
U_R：舵への流入速度
u_G：船体重心固定座標でのX方向（船長方向）速度成分
V：船速（kt），船速（m/s），排水容積（m^3）
Va：プロペラ流入速度（kt）
Vact：実際船速（kt）
Vk：船速（kt）
VLCC：Very Large Crude Oil Carrier
Vmax：最大船速（kt）
Vs：船速（kt）
Vsd：設計船速，航海速度（kt）
Vsd, v_s：設計船速，船速（kt）
v：流速（m/sec）
v_a：プロペラ流入速度（m/sec）
v_s：実船の船速（m/sec）
v_M：模型船の船速（m/sec）
v_G：船体重心固定座標でのY方向（横方向）速度成分
W, Ws：船体重量（単位：重量トン，wt）
w：船の貨物重量，伴流率
w_m, w_s：伴流率（m：模型船，s：実船）

w(x)：船の長さ方向の重量分布
w_X：プロペラ面軸方向誘導速度
X＋Y＋Z=1：船の浮上要素の割合（X：浮力，Y：揚力，Z：空気圧力）
X_G：船体に作用するX方向の外力
X_H, X_P, X_R：船体，プロペラ，舵に作用するX方向の流体力
Y_G：船体に作用するY方向の外力
Y_H, Y_P, Y_R：船体，プロペラ，舵に作用するY方向の流体力
$y_{i(0,1,2)}$：曲線のオフセット
Z：船体断面の断面係数，翼数，シリンダー数
z：水深，船の沈下量$(z_A+z_F)/2$
z_A, z_F：船尾，船首の沈下量

a：Scale factor of length: Ship/Model，実船と模型船の寸法比
α_R：舵への流入角度
Δ：排水量（ton）
ΔC_F：実船と模型船の相関摩擦係数
δ：プロペラの直径係数，舵角
ε：位相角
ζ：波高
ζ_a：波振幅
η：推進効率
η_H：船体効率
η_i：プロペラ理想効率
η_O：プロペラの単独効率
η_R：プロペラ効率比
η_T：伝達効率
θ：一般に角度，横揺れ角度，素成波の進む角度
θ_w：船の横揺れ時の海水流入角
λ：波長
ν：動粘性係数
ρ：海水密度（通常：1,025kg/m^3），流体密度

σ：応力

$\sigma_{allowable}$：許容応力

$\sigma_{0.7R}$：キャビテーション数

τ_x：剪断表面摩擦応力のx方向成分

χ：船体と波の出会い角度

ω：円周波数，$\omega/2\pi$：振動数

ω_e：出会い円周波数

第 1 章

船とはどのようなものか

第1章 船とはどのようなものか

1.1　船 と 特 徴

1.1.1　船の用途・分類

　船は川，湖，海などの水面に人や物を載せて浮かび，装備した推進装置で自ら走る構造物である．陸地を分断する河川や海は太古の昔から他民族，他部族の侵略から人々を守る天然の砦として，また水産資源を得る場として役立ってきた．人間社会の活動範囲の広域化により，労働範囲が広がり，交易，運搬が盛んになると何らかの手段を講じてその水域で作業したり，物を運んだり，対岸に渡らなければならなくなる．これが船というものを作り出す動機となったことであろう．以降，気の遠くなるような長い年月の中で，人間の願望・工夫・達成そして新たな願望・工夫・達成…の繰り返しの結果，船は大いなる進歩を遂げて，今日の全長350mもの大型客船や50万トンのタンカーなどの巨大船を生んだといえる．

　太古の昔の人間が船を欲した主な目的を想像すると次のようなものであっただろう．
- 水面を渡る
- 人や物を運ぶ
- 漁労をする
- 水域での作業をする
- 探検をする
- 守る・戦う
- 楽しむ

　表1-1に示すように，現在の船は大略，商船，漁船，作業船，特殊船，艦船，レジャーボートに分けられる．現在の船も太古の人々が欲してきたであろう船の用途・分類に対応して発達してきたといえる．

表1-1　船の用途と種類

	用　途	大分類	小　分　類
1	人や物を運ぶ	商船	客船，カーフェリー，貨物船，タンカー，コンテナ船，ばら積み運搬船，特殊貨物船，LNG船
2	漁労をする	漁船	漁業船，母船，漁業調査船
3	作業をする	作業船	曳船，浚渫船，起重機船，補給船，施設船，石油掘削船
4	観測・調査する	特殊船	海洋調査船，砕氷船，気象観測船，航海練習船，巡視船
5	守る・戦う	艦船	
6	楽しむ	レジャーボート	高速艇，ヨット

1.1.2 船はどんな特徴をもっているのだろうか

表1-1を見ながら船の特徴を想像してみると次のようなことが浮かんでくる．
①水に浮く
②水面を走る
③大量な物をゆっくり輸送できる巨大な構造物
④海という自然の中で走る
⑤国際航路を航行する．国と国を結ぶ国際的製品
⑥世界の物流輸送（99％以上）に貢献する社会的経済的構造物
⑦自己完結的製品である．洋上に浮かぶ都市，施設
⑧種々の工学を使用して作られた総合工学的製品，つまり学際的製品
⑨海洋環境，海難事故に関係する構造物

船とは，大洋を大量の物資を積んで，地球上を休むことなくゆっくりと物資を運ぶ自己完結型の総合工学的製品であるといえる．

第1章 船とはどのようなものか

1.2 　船を眺めてみよう

1.2.1 　大きさと力強さ

『船　この巨大で力強い輸送システム』がこの本のタイトルであるが，巨大な船を直接見た経験のない人がこれを実感することは簡単ではない．ここではまず船の定義，種類，要目，形状など最小限の知識を理解することから始めよう．

表1-2に巨大船舶の例として，15万トン大型クルーズ客船「クイーン・メリー二世（QM2）」，51万トン超大型タンカー，19,244個積み超大型コンテナ船の3種類の船（口絵1，6，12，図1-5参照）を選びその要目を示した．船の寸法，排水量，機関馬力，船速，建造年，造船所が記されている．

この表から3隻に共通する特徴は，全長300m～400m，幅40m～70mとスケールが大きく，大量の人や貨物を運び，高馬力であること，しかし，当然ながら航空機に比べて低速の乗り物であるということがわかる．つまり，「船は，大量の貨物，あるいは人を，高馬力でゆっくりと運ぶ輸送機関である」といえる．

表1-2　代表的大型船の主要目表

船　名	単位等	「QM2」	「Esso Atlantic」	「MSC Oscar」	摘　要
船　種		客　船	タンカー	コンテナ船	
積載量		15万GT	51万トンDW	19,224TEU	
船の長さ	L（m）	345	406.6	395.4	
幅	B（m）	41	71	59	
喫　水	d（m）	10.3	25.294	14.5	
深　さ	D（m）	72(注1)	31.2	30.3	
長さ幅比	L/B	8.41	5.72	6.70	
幅喫水比	B/d	3.98	2.81	4.07	
排水量	△（t）	—	—	—	満載時船体重量
総トン数	GT（t）	151,400	234,627	193,000	容積トン数
載貨重量	DW（t）	—	508,731	197,362	可載重量
乗　客	客（person）	3,090	—	—	
客室数	キャビン数	1,310	—	—	
主機関	型式	GT＋DE→E(注2)	Steam turbine	Diesel	
馬　力	（PS）	157,000	45,000	85,100	
プロペラ	型式	POD×4（ポッド）	FPP×1（固定ピッチ）	FPP×1（固定ピッチ）	種類と個数(注3)
船　速	（kt）	29.35	15.15	22.8	
建造年		2004	1977	2015	
造船所		仏 l'Atlantique	日立造船㈱	Daewoo SME	

（注1）煙突上部までの高さ．
（注2）GT＋DE→E：ガスタービンとディーゼル・エンジンで発電機を回し，電動モーターで推進器を稼動する．
（注3）第3章3.5節参照．

表1-2の主要目表を理解するためにはいくつか船舶技術用語とその定義を覚えなければならない．図1-1では満載喫水で走っていたタンカーを強力なヘリコプターが吊り上げている．詳細は第3章，第4章に譲るとして，ここでは図中の用語を中心にその概略を理解する．

- 船の主要寸法：長さL，幅B，深さD，満載喫水d，満載排水量W
- 満載排水容積V：満載喫水線以下の船の体積（排水した海水の体積）
- 満載排水量W：満載喫水線以下の船の体積Vと同等の海水の重量で，ρを海水密度(t/m^3)として，

$$W = \rho V \text{ (tw)} \tag{1.1}$$

記号（tw）は重量トンで質量1 tに働く重力の単位．W_S，LW，DWも同じ単位である．

- 満載した船全体の重量W_S：図中の秤が示す重量である．つまり，船はアルキメデス(Arkhimedes)の原理で浮いている．

$$W_S = W = \rho V \text{ (tw)} \tag{1.2}$$

- 軽荷重量LW：荷物を積まない船体自身の自重
- 載貨重量DW：貨物の積載最大重量，つまり，満載排水量から船の自重を引いたものである．

$$DW = W - LW \tag{1.3}$$

- 総トン数GT（容積トン数）：船から上甲板以下の容積に上甲板より上の閉囲された場所（航海，推進，衛生に関連する場所は除く）の容積を加えた容積に対して100立方フィートを1 tの単位で表示した数値で客船に多く使われる．
- TEU：コンテナ船の積載個数の単位．長さ20フィートのコンテナ（L×B×D＝6.1×2.44×

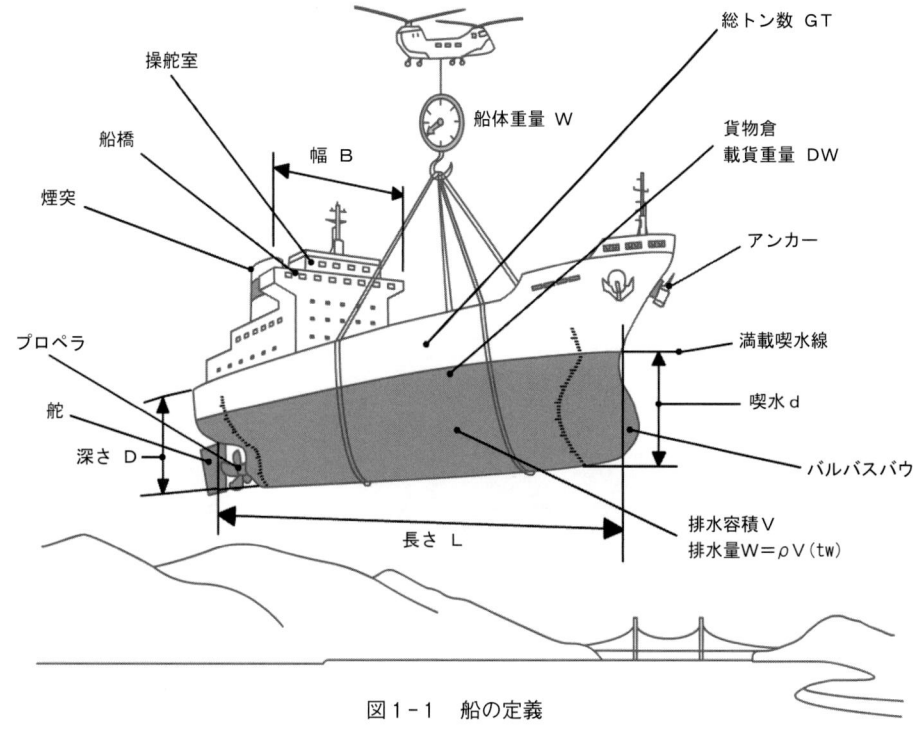

図1-1　船の定義

第1章　船とはどのようなものか

2.58m）へ換算した個数．

- 主機：船の推進機関でプロペラを回す．ディーゼル，ガスタービン，電気推進，原子力等の機関．主機を動かすための機械類を補機という（機関動力のSI単位はkWであるが，船は歴史的に馬力（PS）が使われてきたので本書では適宜，併用する．換算式は1kW＝1.35962PS）．
- プロペラ（スクリュープロペラ）：通常型プロペラとPOD型プロペラがある．通常型プロペラには固定ピッチプロペラと可変ピッチプロペラがある．POD型プロペラはPOD内の電動モーターでプロペラを回す．船体固定式と全方位式（Azipod：垂直軸周りに360°回転可能で全方位に推力を出せる）がある．第3章，第4章参照のこと．
- 船速 V_s：ノット（kt）で表示．1kt＝1.852km/h＝0.5144m/s
  なお，1ktは1時間に地球の赤道周りに経度1分を走る距離．
- 舵：船尾につけて，船の方向を定める船具．通常，プロペラの直後に置く．転舵時に強いプロペラ後流をうけて大きな旋回力を発生させる．

表1-2の主要目表をみながら3隻の船を具体的に眺めてみよう．

1) 客船「クイーン・メリー二世（QM2）」（図1-2，図1-3）

- 本船は2004年1月に竣工した世界最大の巨大客船で，長さ345m，幅41m，喫水10.3m，煙突上部までの高さは72m，15万総トン（GT）である．真上から船を鳥瞰したときの全甲板面積 S_D（＝約0.95×LB）は13,440m^2（約4,072坪）で甲子園球場の約2/3倍である．乗務員1,254人，乗客3,090人の合計4,344人が乗り，客室を1,310室もつ．
- 船速は29.35kt（54.36km/h，15.1m/s）である．この巨船は4つのプロペラで推進される．種類はPOD型プロペラで前の2つが船体固定式，後ろ2つが全方位式（Azipod：アジポッド）である．
- 主機はガスタービンとディーゼル機関で発電機を回して約15万馬力の電気を供給し，推進器用モーターと船内電源をまかなう．自家用車の馬力を150馬力として1000台分に匹敵する馬力である．

図1-2　「QM2」（鳥瞰）　　　　　図1-3　「QM2」（正面）

（IMAREST MER QM2 Supplement より）

2) 大型タンカー「エッソ・アトランティック（Esso Atlantic）」（図1-4）

- 本船は，長さ406.6m，幅71m，喫水25.3m，深さ31.26m，重量は約60万トンで50万9千トンの原油を運ぶ．甲板面積は$S_D=27,380m^2$（約8,300坪）で甲子園球場の約1.4倍と「QM2」の約2倍である．また，船の甲板までの体積を直方体（LBD）で考えてみると，$V=900,700m^3$で1家族用300m^3の空間の家を考えると，約3,000家族収容の団地に匹敵する容積である．

- 石油輸送量は51万トンである．日本が使用する1日の原油消費量約90万トンの約半分を本船は1航海で運んでいる．

- 45,000馬力の蒸気タービンで直径約10mのプロペラを回して経済船速15.15kt（28km/h，7.8m/s）のゆっくりした速度で運ぶ．

図1-4　大型タンカー「Esso Atlantic」
（ユニバーサル造船㈱提供）

　その国の原油の消費速度に合わせて輸送してくることが理論的には最も効率が良く，タンカーの隻数と速度はこのような関係から決まってくる．後述のように大型タンカーはゆっくりした速度で大量の原油を運ぶ輸送効率が非常に優れた巨大輸送手段といえる．一方，海洋環境汚染の問題の見地から，タンカーは巨大船であるがゆえにひとたび海難事故を起こすと膨大な石油流出につながり大変な海洋汚染を引き起こす．これを少しでも減らすために最近は船体構造の2重船殻化が義務付けられている．また，最近，タンカーの運航に不可欠なバラスト水（往航での空荷航海時に必要な喫水を得るためにタンクに入れる海水）の廃棄が他国の港湾内の生態多様性を破壊する可能性があるためバラスト水の処理法が海洋環境問題の新しい課題となっている．

3) 超大型コンテナ船「エムエスシー・オスカル（MSC Oscar）」（図1-5）

　本船は，長さ395.4m，幅59m，喫水14.5m，深さ30.3mで19,224個（TEU）積みのコンテナ船である．本船は85,100馬力のディーゼル機関で1軸固定ピッチプロペラ（FPP）をまわし，船速22.8kt（42.2km/h）で推進する．コンテナ船の巨大化はめざましく，21,000個以上の船も建造が予定されている．コンテナ船は一般の港に入らずにコンテナ専用のヤードに入りキリンの形を思わせる専用クレーンで積み下ろし集配さ

図1-5　超大型コンテナ船「MSC Oscar」
（https://en.wikipedia.org/wiki/MSC_Oscar ; CC-BY-SA2.0: author: Kees Torn）

れる．したがって，巨大コンテナ船の勇姿は巨大タンカーと同じく一般の人の目に触れる機会がない．大型化は，船の設計や構造の課題であるとともに，港湾の深さやコンテナヤードのクレーン設備等インフラストラクチャーと関連する．経済の動向，船のサイズと速度，港湾設備，船会社間の共同運航と船舶航路網，陸上輸送網との接続等を考慮して貨物が滞ることなく効率よく流れるためにはどうすればよいかというロジスティクスシステムやアライアンスによる運航効率の最適化が海運会社の重要な課題となっている．

1.2.2 船の輸送効率

　国際航路を走る商船の特徴として，「船は，大量な貨物，あるいは人を，高馬力でゆっくりと運ぶ輸送機関である」ことがわかってきたが，果たして船は本当に経済的に効率の良い輸送手段なのだろうか．これを示す指標として，Karman-Gablielli線図による輸送性能の比較がある．図1-6に各種の船舶，すなわち，大型タンカー，バルクキャリヤー，ライナー，コンテナ船，戦艦，巡洋艦，駆逐艦，小型客船，高速船等が，他の輸送機関である航空機，鉄道，乗用車，トラック，鉄道等他の輸送機関と比較されている．

　Karman-Gablielli線図は，乗物のP：馬力(PS)，W：重量t(tw)，V：速度(km/h)を使用して

$$P/(WV) \sim V \tag{1.4}$$

を計算し，船速Vを横軸にとって縦軸に$P/(WV)$をプロットしたものである．

　$P/(WV)$（以下これをTCI：Transportation Cost Index，輸送コスト指標と呼ぶ）の意味は，荷物Wを単位時間内に距離Vだけ輸送するために消費するエネルギーとの比である．消費エネルギーは燃料の量，つまり燃料の費用に比例するから，TCIは単位時間に重量Wの荷物を距離Vだけ運ぶ費用に関係する指標を表し，TCIが小なるほど輸送コストが低い，すなわち，輸送効率が高いことになる．

　TCIの逆数，すなわち，$(WV)/P$をTEI（Transportation Efficiency Index：輸送効率指標）と呼ぶと，TEIは大きいほど輸送効率が高いことを示すことになるので理解しやすい．図1-6は種々の船舶，自動車，鉄道，航空機のTCIを速度ベースで示した図であり，TEIのスケールも示されている．

　図1-6から，タンカー，コンテナ船，トラック，鉄道，ジェット機についてのTCI，輸送コスト率TEIを表1-3に示した．TEIについてタンカーを基準（タンカーを1とする）とした輸送効率比（RTEI）を他の輸送機関と比較をしてみた．これによると，
①タンカーの輸送効率RTEIは，ジェット機の140倍，トラックや鉄道の30倍も良い．
②船速の速いコンテナ船ではタンカーの1/6と悪くなる．しかし，他の輸送機関に比べて，圧倒的にRTEIは高い．
③つまり，大量の荷物をゆっくり運ぶ大型船は輸送効率が極めて高い輸送手段である．逆に，急を要する荷物の輸送は船舶に向かない．

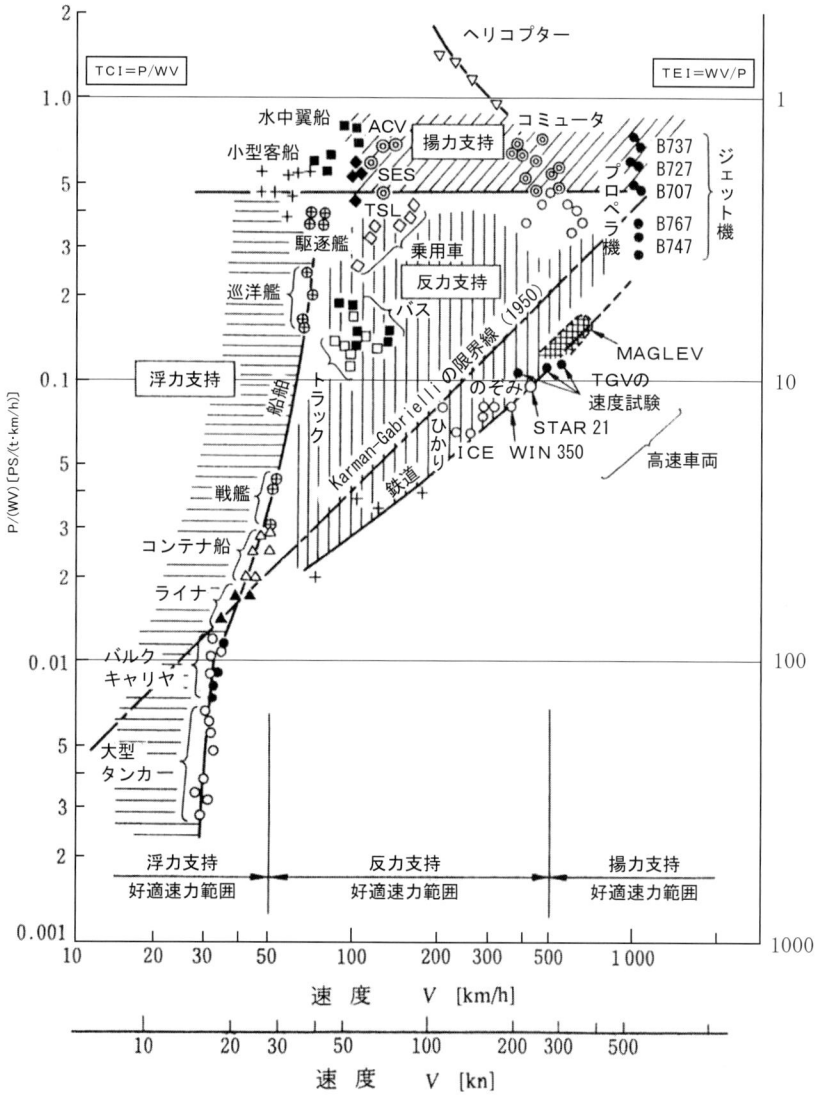

図1-6　各種輸送機関の輸送コスト指標TCI（右尺度：輸送効率指標TEI）

(Karman-Gablielli線図　赤木新介「交通輸送機関の高速化と超高速船」関西造船協会誌No.212より転載加筆)

表1-3　Karman-Gablielli線図よる各種の輸送手段による性能の比較

輸送手段	タンカー	コンテナ船	トラック	鉄道	ジェット機
速度 V(km/h)	25	46	100	250	1000
TCI：P/(WV)	0.005	0.03	0.15	0.1	0.7
TEI	200	33.3	6.7	10	1.43
RTEI：輸送効率比	1	1/6	1/30	1/20	1/140

1.3　船の役割　──私たちの生活と船──

1.3.1　世界の物流統計

周囲を海に囲まれた日本は多くの物資を海外に依存しており，輸出入は船か航空機に依存せざるを得ない．特に，大量輸送の必要な物資は船舶に依存する．その実情を見てみよう．

1) 日本のエネルギー・物資の海外依存度（図1-7）

原油，石炭，LNG等のエネルギー資源については1965年以降，日本の技術革新の進展とともにそのほとんどを海外に大量依存している．最近のデータでは，原油は99.8％，石炭，LNGが95％以上で，エネルギー資源全体で約93％の依存度となる．食料は，大略，穀物70％，果実50％，肉類40％輸入されており，食料全体で約55％の海外依存度となっている．当然のことながら，貴金属等の貴重品を除きこれらのほとんどが船舶輸送によっている．

2) 輸出入における船舶・航空機の分担（図1-8）

輸送重量（輸出入），貿易額（海上輸送，航空輸送），海上輸送比率（輸送重量，貿易額）を示す．輸入重量が輸出の約7倍で，それらにかかる貿易額の海上輸送と航空輸送の比は3：1である．海上輸送比率について，輸送重量で見ると船舶は99％以上を占めている．貿易額で見ると，船舶は約70％，航空機は30％で，航空機は軽量で価値の高い物を運んでいることがわかる．

3) 物流における単位輸送力あたりのエネルギー消費（Kcal/t・km）（図1-9）

第1章に論じた輸送コスト指標TCIに相当するもので，数値が低いほど輸送効率がよいことを示す．

1993年頃の数値を読むと，大略，

　　航空機：6000，自動車：1000，船舶：150，鉄道：70

となる．船舶を基準とした比率では，

　　航空機：40，自動車：7　，船舶：1，鉄道：0.5

となる．

船舶の数値は全船種の平均と見る必要があるが，船舶輸送の消費エネルギーに比べて，鉄道輸送がやや少なく，自動車が7倍，航空機が40倍となる．大量のものを消費速度に合わせてゆっくり運ぶ船は輸送効率が極めて高いことがわかる．

1.3 船の役割

4) 輸送方法別の輸送エネルギー総消費の割合（図1-10）

　船舶と自動車の（乗客＋貨物）/全輸送を見ると，自動車が88％，船が5％であり船のエネルギー総消費は約1/18と低い．船は世界の99.9％という膨大な量を輸送しているにもかかわらず，エネルギー総消費が非常に少ない．

　また，図には示していないが，大気環境汚染の見地から，炭酸ガス排出量を比較する．1tの貨物を1km運んだ場合の二酸化炭素排出量は，営業用普通トラック48g，営業用小型トラック180g，自家用小型トラック599g，鉄道（JR貨物）6g，フェリー13g，内航海運10g，航空402gという報告（運輸関係エネルギー要覧）がある．フェリー等船舶は，鉄道とほぼ同程度で，トラックの1/4〜1/60，航空機の1/40で非常に少ないことがわかる．トラック主体であった中長距離の幹線輸送を環境にやさしい大型輸送手段としての海運や鉄道にシフトしトラックとの複合一貫輸送を行うモーダルシフトが注目されている所以である．

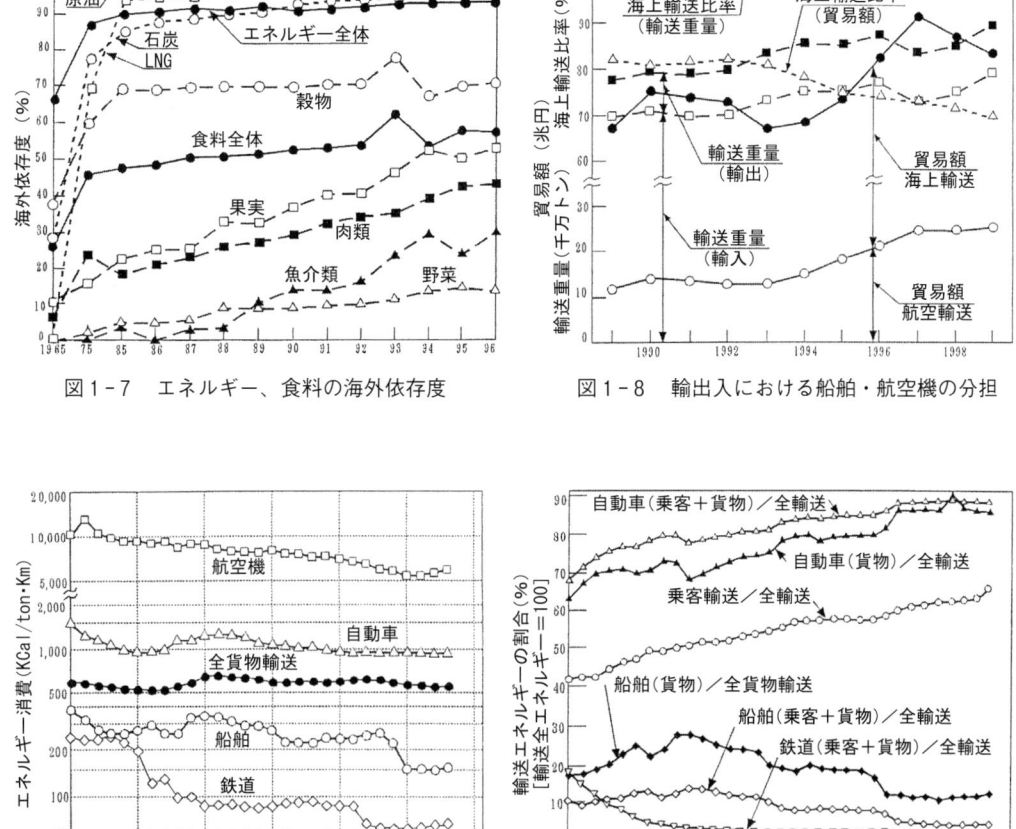

図1-7　エネルギー、食料の海外依存度

図1-8　輸出入における船舶・航空機の分担

図1-9　単位輸送力あたりの消費エネルギーの比較

図1-10　輸送機関別エネルギー総消費割合

（図1-7〜図1-10　日本機械学会『機械工学便覧交通応用システム編』丸善より）

1.3.2 世界の海上荷動量

世界の物流の大部分が船舶輸送に依存している．世界経済が発展する限り海上輸送は増大し，輸送に必要な船腹量（造船量）が増加し船舶建造量も増加する．

1）世界海上荷動量の推移（図1-11）
- 世界海上荷動量（兆トンマイル）は世界経済の変動に応じて山谷を持ちながら増加している．1973年頃までは高度経済成長と科学技術進展の善循環により大量生産・大量消費の時代であり，エネルギー源としての原油輸送の割合が大であった．その後，1973年と1978年にオイルショックが起こり省エネルギー対策と公害問題の顕在化などにより，世界の海上荷動量が1977～79年のピーク（17.6兆トンマイル）を境に減少し1983年に最小の12.6兆トンマイルとピーク時の約70%に減少して低迷を迎えたことが示されている．しかし，1987年頃から原油をはじめ，石油製品，鉄鉱石，石炭，その他の海上荷動量は増加に転じた．全体輸送量でみると1991年には1977年当時の輸送量に戻り，2003年には1.5倍，2008年には1.9倍と船舶輸送は年々増加している．

2）世界船種別船腹量（総トン数）（図1-12）
- 世界の海上荷動量のほとんどが船舶に依存するため，船腹量総計は海上荷動量と同傾向で増加し，オイルショック後の1980年頃に比べて1998年には25%の増加を示している．オイルタンカー（O），オア・バルクキャリア（バラ積運搬船）（B），その他（貨物船等）（C）等船種別にみた船腹量の変遷では，オイルショック後のオイルタンカーはほぼ横ばいであるがバルクキャリアやその他（貨物船等）は増加している．詳細に見ると，
- 1980年頃ではO：B：C＝42：26：32程度でオイルタンカーが大勢を占めたが，
- 1998年頃ではO：B：C＝28：30：42程度，2012年頃ではO：B：C＝22：34：44程度であり，オイルタンカーは横ばいだが，その他（コンテナ船，カーキャリア，LNG（液化天然ガス）船等）の船が着実に増加している．オア・バルクキャリアは緩やかに増加している．

1.3.3 海上荷動の流れ

図1-13に原油の海上荷動の流れを示す．原油は図1-4に示すような大型タンカーで輸送される．OPEC（石油輸出国機構）の加盟国（イラン，クウェート，サウジアラビア，ベネズエラ，カタール，インドネシア，リビア，アラブ首長国連邦，アルジェリア，ナイジェリア，イラク）11ヶ国から輸送ルートが延びる．特に，中東からは日本，中国，ヨーロッパ諸国，北アメリカに大量に輸送されている．北アメリカには中東以外にカリブ海や西アフリカからも大量に輸送されている．図1-14に鉄鉱石の輸送の流れを示す．鉄鉱石は鉱石運搬船（Oar Bulk Carrier：オア・バルクキャリア）というバラ積運搬船（154頁）と同型式の船で輸送される．オーストラリアか

1.3 船の役割

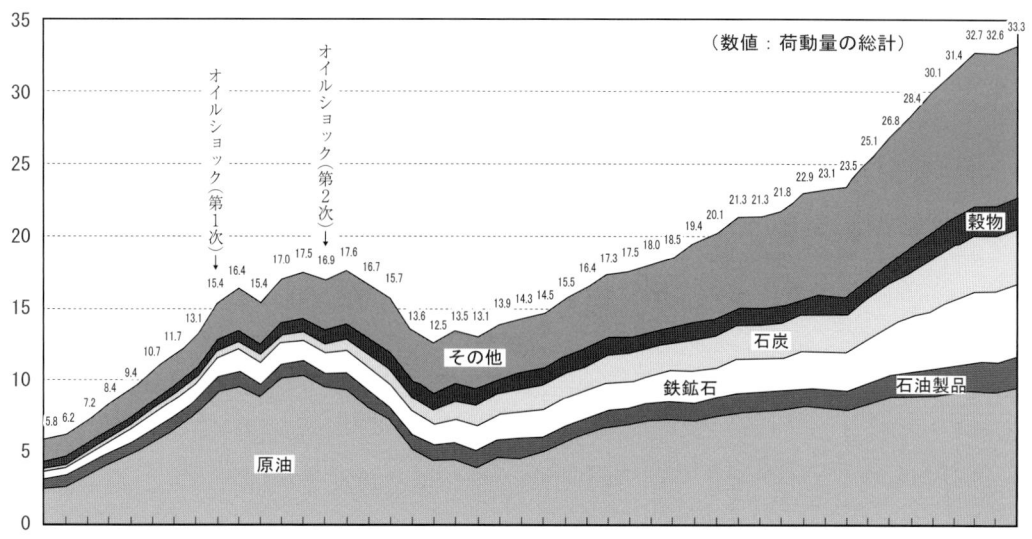

図 1-11 世界海上荷動量の推移

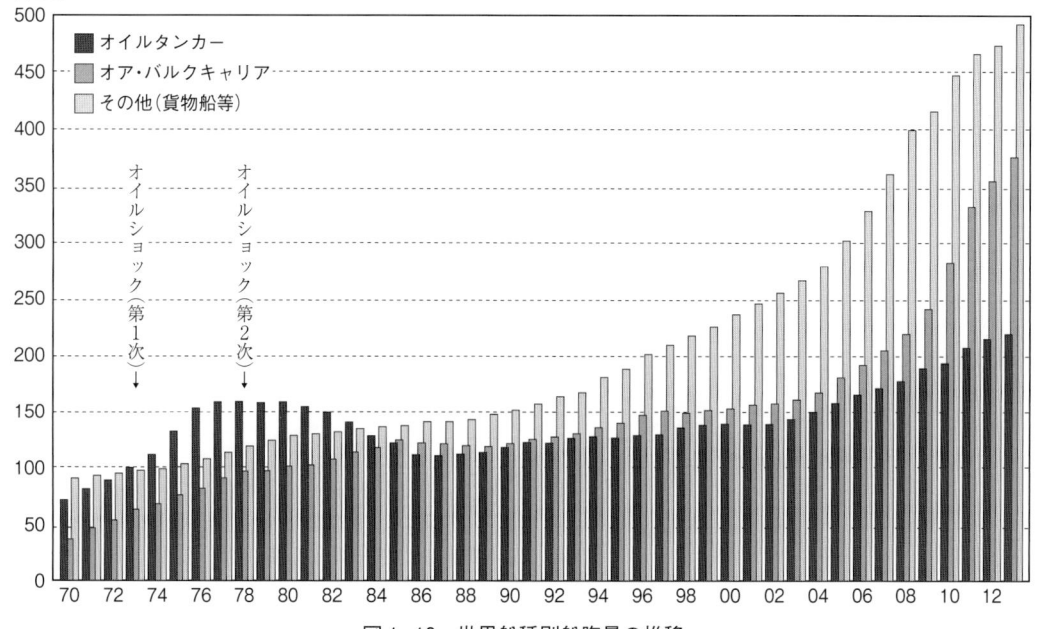

図 1-12 世界船種別船腹量の推移

第1章 船とはどのようなものか

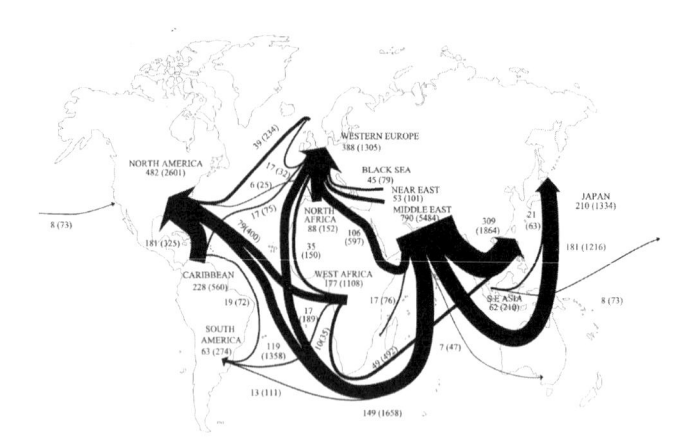

図1-13 原油の海上荷動の流れ（2000年）

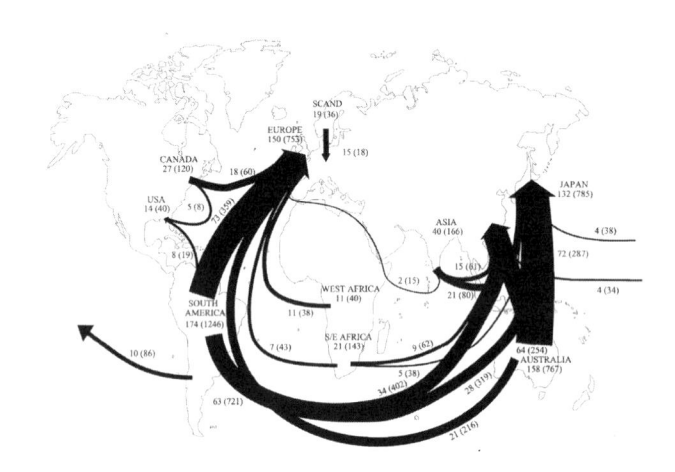

図1-14 鉄鉱石の海上荷動の流れ（2000年）

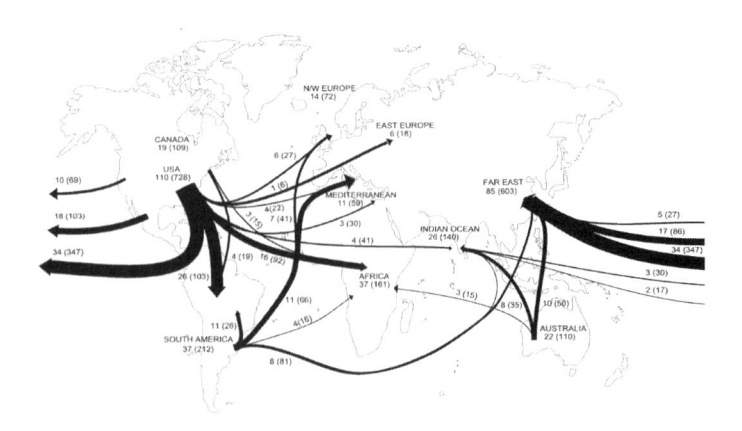

図1-15 穀物の海上荷動の流れ（2000年）

（図1-11～図1-15　日本造船工業会資料（Fearnleys "Review" から作成）に加筆，変形）

ら日本，中国，ヨーロッパ諸国に大量に輸送されている．

図1-15に穀物の輸送ルートを示す．穀物はバルクキャリアで，主として北アメリカから極東，ヨーロッパ諸国，南アメリカ，アフリカに輸送されている．

1.3.4 世界中の食材を輸入する日本

かつて，日本の食糧輸入品目といえば，小麦，大豆などの原料穀物が主で，他は自給していた．しかし，船舶の大型化，高速化とともに冷蔵，冷凍技術が進歩して鮮度を保ちながら地球全域から運搬する方法が発達したため，輸入品目は生鮮野菜，肉類，穀物，水産物と多種にわたり様相は一変した．

農林水産省総合食品局食料政策課計算の1999年のデータによると，自給国のベスト7はカナダ，フランス，アメリカ，ドイツ，イタリア，イギリスで日本は第7位となり，日本食料自給率は40％となった．日本への主な輸入品目と輸入先は次のとおりである．

　　　たまねぎ：アメリカ，中国，ニュージーランド
　　　トマト　：韓国，アメリカ，カナダ
　　　ネギ　　：中国，韓国，ベルギー
　　　カボチャ：ニュージーランド，メキシコ，トンガ
　　　マグロ　：台湾，韓国，オーストラリア
　　　アジ　　：オランダ，アイルランド，韓国
　　　イカ　　：タイ，中国，ベトナム
　　　タコ　　：モロッコ，モリタリア，中国
　　　エビ　　：インドネシア，インド，ベトナム
　　　ハマグリ：中国，北朝鮮，韓国

かつては日本固有であった食材の輸入が進んで，まさに，世界中の食材を輸入する日本となった．この原因は，
・消費者の食生活の多様化
・食品産業のニーズ，つまり，安い食材が入手できることによる食糧調達のグローバル化
といわれる．しかし，この傾向は2つのリスクをはらんでいる．
①食の安全とチェック体制（無認可添加剤，農薬，BSEなどの防御）
②輸入大国の不安（いつまで安く輸入できるかは無保証）

船舶輸送は世界各国の衣食住に深く関係し，周囲を海に囲まれた日本においては特にそれに依存するところが大きく，船をぬきにして平和な日常生活を過ごすことができない．また，国際間の政治，経済，社会のすべての出来事には船が関連していることが多く，「船」と「海」に関心をもつことは「地球」や「国際」を考えるための重要な要素であるといえる．

第1章　船とはどのようなものか

1.4　「QM2」を探検する

1.4.1　船体主要目表

　船の主要目表（Principal dimension table）は，建造経緯，船体寸法，性能（船速，機関，操縦特殊装置など），客船では居室サービスまでがまとめられた一覧表であり，熟練した船舶設計者がこれを見ればその船の外形と機能を充分に頭に描くことができる．船体寸法，推進馬力・船速との関係を分析すれば，その船の性能評価や他船との性能比較ができる．

　また，船の主要目表は他の乗り物に比べて非常に丁寧に詳しく書かれているのが特徴である．表1-4に書かれた「QM2」の船体主要目表を見ながら，じっくりと船の細部を探検してみよう．

　本船の船主（Owner）はイギリスのカーニバル会社で運航会社は船会社キュナードである．フランスの名門アトランティク造船所で建造船番号G-32として建造された．価格はUS$800million（約960億円）である．工程は，鋼材切断開始が2002年の1月16日，起工が7月4日，進水式が2003年の3月21日，竣工が12月22日，命名式が2004年の1月8日であり，エリザベス女王により「クイーン・メリー二世（QM2）」と命名され，1月12日 Southampton から Fort Lauderdale に向けて処女航海に出た．

　船のサイズは全長345m，船幅41m，船橋部の最大幅45m，喫水10.3m，全高（キールから煙突まで）72m，空中高さ62m，総トン数151,400GTである．旅客用デッキ数は17層（全19層）でリフトが22基付いている．船客収容人数は2,620pax（最大3,090，pax：passengerの略で客あるいはその人数の単位），客室数が1,310室，海側客室比が77.6%，ベランダ付き客室75.7%，内側客室が22.4%，快適空間比が54.2である．乗組員は1,253人（船客/乗組員：2.47）である．

　船速は最高速力30.02kt（55.6km/h），運航速力：29.35kt（54.3km/h）で4基の推進器で推進する．推進馬力は4×20.5MW（$4 \times 2.79=$合計11.15万馬力）である．フィン・スタビライザー2基，バウ・スラスター3基（3×3.2MW）を装備する．主機関としてガスタービンGas turbine（GE：2×25MW）とディーゼル・エンジンDiesel engine（Wartsilla：4×16.8MW）が搭載されており，船内電源を含めた合計馬力は118MW（157,000馬力）である．

　「QM2」主要目表の中で特に注目しておきたいいくつかの数字と言葉を挙げる．

- 大きさ：長さ345mは東京タワーの高さ333mより大，最大幅は45mで50mプール並み，全高さは72mで26階建てマンションの高さに匹敵する．
- 船の形：比率（無次元値）にするとよくわかる．空から見ると8.4：1の矩形に収まる．
  $$L/B \times B/d \times L/D \times B/D = 8.4 \times 3.98 \times 4.8 \times 0.57$$
- 船の容積：15万総トン（GT），これは容積を示し424,750m^3に相当するので約1,200家族を収

1.4 「QM2」を探検する

- 船速：29.35kt＝54.36km/h＝15.1m/s で，巨大な船体が一般国道を走る自動車の速度
- 機関がCODAG（Combined Diesel and Gas turbine）方式：ディーゼルとガスタービンで発電機を回し，電動モーターで推進器を稼動する．
- 推進器：Podプロペラ2基，AZIPOD 2基，計4基を装備する電気推進船
- フィン・スタビライザー：fin-stabilizer，船体中央付近の左右舷側底部に装備される格納可能な小さな細長いフィン（水中翼）．航海中の船の横揺れが大きくなったときに左右舷のフィンの迎角を独立に変化させ，船が傾く方向と逆方向のモーメントが発生するように揚力を発生させて横揺れを減少させる装置．
- バウ・スラスター：bow thruster，船体前部の水中部に左右に貫通させた円形穴を設けプロペラ（インペラ）を換気扇のようにはめ込んだ装置で，これを作動させると海水を吐き出す方向と逆方向に推力が発生して船を回転（回頭）させる装置である．「QM2」は3基装備する．これを使えば船体が停止している時でも旋回可能でこれを「その場回頭」という．

以上で船の主要目の概略が理解できた．しかし，初めて船を見る人は次のような疑問が湧いてくるであろう．どのようにして推進するのか？　操縦や旋回は？　船体停止や後進の方法は？　一体，船はなぜ浮くのだろう，波の中でも揺れないのか？　なぜ転覆しないのか？　船の中はど

表1-4　「QM2」の主要目表

船主	Owner	Carnival Corporation	船速（巡航）	Speed (service)	29.35kt	
運航会社	Operator	Cunard Line	船速(試運転最大)	Speed (trial: Max)	30.02kt	
建造所	Builder	ALSTOM Marine	船級	Classification	Lloyd's Register	
		Chantires de l'Atlantique	旗籍	Flag	British	
製造番号	Yard #	G-32	リフト	Lifts	22	
製造価格	Cost	US$800million	船客用デッキ	Decks	17 (for all: 19)	
鋼材切断開始	First steel cut	Jan. 16, 2002	船客収容力	Passenger capacity	2,620pax (Max: 3,090)	
起工式	Keel laying C.	July 4, 2002	船客用客室数	Passenger Cabins	1,310	
進水・浮上	Float/Launch	Mar. 21 (16) 2003	海側客室比	Out-side ratio	(1,017)	77.6%
竣工	Delivery	Dec. 22, 2003	客室（ベランダ）	with veranda	(955)	75.7%
命名式	Naming Ceremony	Jan. 8, 2004	客室（内側）	inside cabins	293	22.4%
命名者	Godmother	Her Majesty The Queen	快適空間比	Space ratio	54.2	
処女航海	Madiden Voyage	Jan. 12, 2004	乗組員数	Crew	1,253	
		Southampton to Fort Lauderdale	スタビライザー	Stabilizers	4 × VM (2sets)	
母港	Port of Registry	Southampton	バウスラスター	Bowthrusters	3RR Transverse	
全長	Length overall	345.00m			3 × 3.2mW	
水線長	Length of W.L.	314.00m	推進器	Propulsion	4 × Pod (2: fixed)	
船幅	Breadth	41.00m			Mermaid TM Pod	
船橋幅	Breadth (Bridge)	45.00m	出力	Propulsion output	4 × 20.5MW	
喫水	Draught	10.30m	主機	Main Engines	GE Gas Turbine	
高さ	Keel to Funnel	72.00m			LM2,500 × 2 × 25,000kW	
高さ	Air Draught	62.00m			Wartsila Diesel engines	
総トン数	Gross Tonnage	151,400GT	総出力		16V46C 4 × 16,800kW	
				Total output	118MW (157,000PS)	

第1章 船とはどのようなものか

うなっているのか？ 一体，プロペラはどこに付いているのか，舵はどこに？ この疑問を解いてゆくのが本書の目的である．その準備として，「QM2」の船体周辺と内部を見学してみよう．

1.4.2 鳥瞰図

まず，一般に船の図面は右に船首，左に船尾を置くことが常識となっている．図1-16の「QM2」の鳥瞰透視図を見る．防錆塗料が塗られた水中部（喫水10.7m，船底部中央最下端に竜骨がある）と黒く塗られた乾舷（水上舷側部）が見える．全通甲板がその上にある．8階建ての上部構造物がマンションのように前後に伸び，そのトップに煙突（funnel）が見える．竜骨から煙突の最上部までが全高さ72mである．8階建ての上部構造物には前方に張り出した幅の広い構造物が見える．ここは船長らが操船する甲板で操船船橋（navigation bridge）と呼ばれる．左右前方には遮るものがなく安全操船ができるようになっている．操船船橋から下方に向かって斜面状構造物となり船首甲板に至る．船首甲板にはウインドラス（錨を揚げ下ろす機械）などの甲板機械，各種係船設備があるが，カバーされて外からは見えない．

船の先端は客船特有の優雅に尖った船首が空中に突き出している．これはクリッパー型船首と呼ばれ帆船時代のクリッパーの名残である．船首水中部先端に船首バルブ（Bulbous Bow）と呼ばれる突起をもつ．これは第4章で示す推進性能向上（特に，造波抵抗の減少）のために装備されている．船首バルブの少し後ろにバウ・スラスター用の3つの丸孔が見える．船の内部にはたくさんの客室と娯楽施設（スポーツセンター，劇場，図書館，ロビー，カジノ，バー，レストラン，ナイトクラブ等）および航海設備がある．

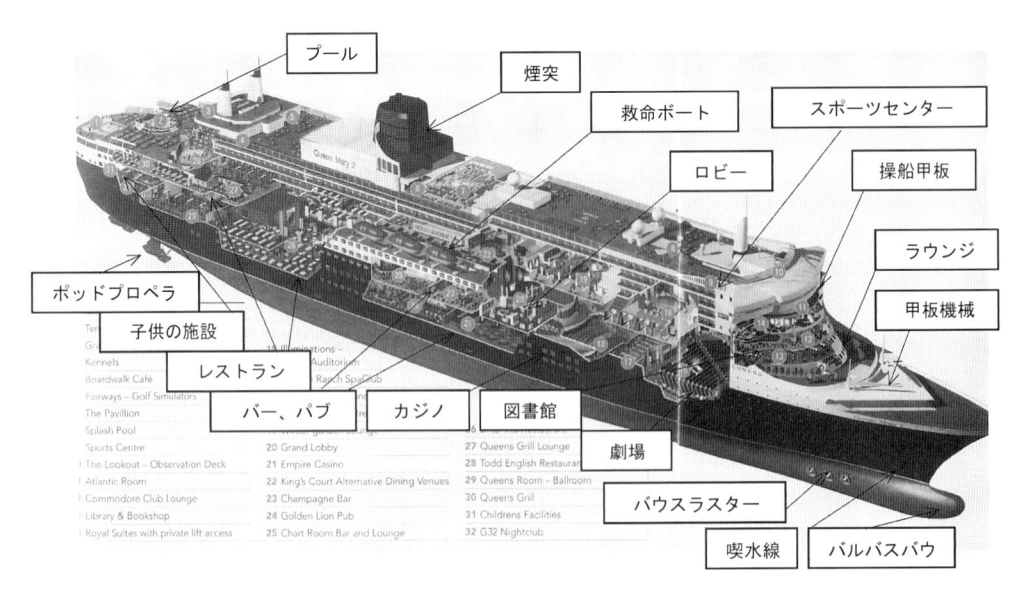

図1-16 「QM2」の鳥瞰透視図
(IMAREST MER QM2 Supplement より転載加筆)

船体後半下部には機関室（Engine room）があり，ガスタービンとディーゼル機関が157,000馬力（自動車約1000台分）の動力を生み出している．機関室の上方には煙突が配置されている．機関の保守点検交換のためにこの区画は上部まで吹き抜けになっている．

1.4.3 「QM2」の一般配置図（General Arrangement）

船の一般配置図とは建築物の見取り図のようなもので側面図，側面透視図，平面図，横断面図で構成される．各甲板上の居室やエンジンが置かれている二重底でのすべての機器の配置が縮尺寸法で正確に書かれている．船の設計段階で検討を繰り返しながら最終配置を決めてゆく重要な図面である．図1-17に「QM2」の一般配置図として側面図（①プロフィル，②船体縦断面図），図1-18に平面図（③デッキB，喫水7.7m付近，④二重底）を示す．

側面図①は満載喫水10.3mで浮かぶ船のプロフィルである．全長345m，喫水10.3m，空中部分高さ約62mである．②船体縦断面図から理解されるようにこの巨船を支える水中部分と空中部分の比率は約1：6であり，客船はわずかな水中部分で支えられていることがわかる．船体縦断面図は船体内部の透視図面である．船首最前部の水中部は船首先端タンク（Forepeak tank）と呼ばれるバラストタンクとなっており，その直後の壁が船首先端隔壁（Forepeak bulkhead）別名，衝突隔壁（Collision bulkhead）と呼ばれている．仮に衝突が起こっても破損がCollision bulkheadで押さえられれば浸水はForepeak tankだけに留まり，「タイタニック」のような沈没がない．その後方はバウ・スラスターと巨大な飲料水タンクが続く．船の中央部付近に燃料タンク，その後に機関室（ディーゼルエンジン，ガスタービン，発電機および補機類）が続く．船尾に行くと上方に緩やかに切り上がった（カットアップ）船底となる．船体中心面付近には垂直平板状の突起船体（skeg）が付いているので左舷側は見渡せないが前側に左右舷一対の固着式Pod推進器，その後に一対の回転可能なAzipod（p.168）が垂下している．

図1-18の平面図には③デッキB（Keelから7.7m高さ）と④2重底（Double bottom：Keelから2m高さ）の水平断面が描かれ，この上に並ぶ施設や部品の平面的配置がわかる．

デッキBは喫水7.7mの高さで満載喫水線より低く機関室により近いため振動，騒音が気になる甲板である．喫水線付近には船員関係の部屋，施設，リネン室，機材倉庫などが配置されている．それより上の静寂な階層に船客用客室や施設が配置されている．

満載喫水線に近いデッキBの水線形状を観察すると興味ある特徴に気がつく．船体前半部は徐々に滑らかに細くなり鳥の嘴のように尖って先端が丸みのある船首バルブとなっている．波を切って走るに相応しい平面形状でいかにも抵抗が少なそうであるが，逆に，船体後半部は想像以上に肥えずんぐりと丸まって終わっていて，いかにも水の流れが悪く抵抗が大きそうな印象を与える．しかし，これはそうではない．②船体縦断面図にみるように，船尾では船底が切りあがり喫水が徐々に浅くなり扁平となってゆくため，水流は船体の中心線にほぼ平行に流れる．このような船尾をバトック・フロー船尾（Buttock flow stern）と呼び，船体抵抗がかえって減少する．

第1章 船とはどのようなものか

一方，このままでは推進性能や操縦性能が悪化する傾向があるためskegが付けられている（詳細は第4章参照）．

平面図④二重底をみると，船内工場のようである．そこには主機や補機，燃料タンク，清水タンクが配置されている．これらは船体重心を下げるため船体の下部に収められているのである．航海時には時々刻々，燃料や清水が消費されるが，これにより船体の縦方向の重心位置が変化して船が縦傾斜（トリム：trim）しないようにこれらのタンクは船体のほぼ中央に配置される．また，貨物などが移動しても船を水平に保つタンク装置（heeling tank, trimming tank systems）や波浪中で船が動揺し始めたとき船の揺れを減少させる装置（antirolling tank system）なども配置されている．これは船体前半部と後半部に設けた左右1対のタンクとそれらに連通したパイプで構成されタンク水を左右前後に移動させて横傾斜（heel）や縦傾斜（trim）を調整あるいは抑制

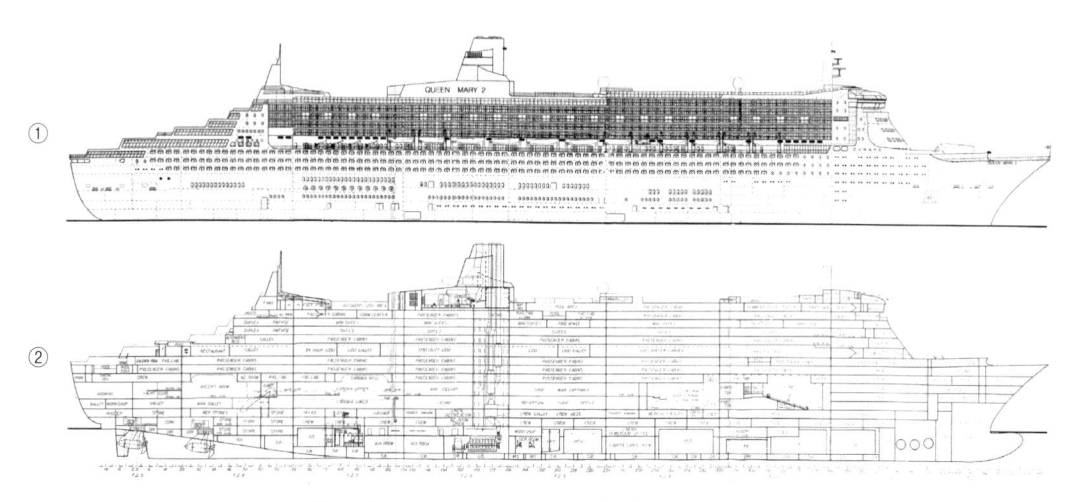

図1-17 「QM2」一般配置図：側面図（①プロフィル，②船体縦断面図）

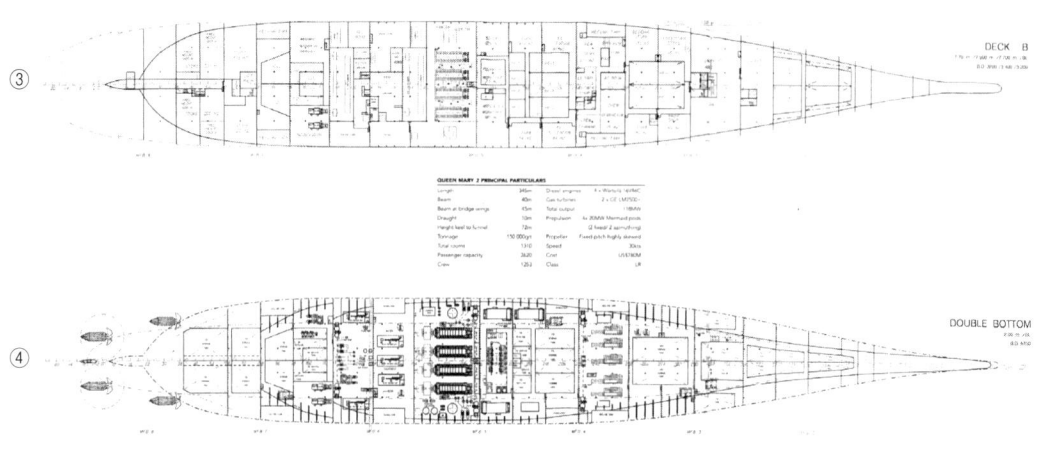

図1-18 「QM2」一般配置図：平面図（③デッキB，喫水7.7m付近，④二重底）
（図1-12～図1-13 IMAREST MER QM2 Supplementより転載加工）

する装置である．

　客室は水面から高さ約15mのデッキより上方に配置され，最上階の客室は水面から38mの高さに置かれている．上に行くほど見晴らしがすばらしく居住性のよい上等な客室となる．船首や最上階のデッキにはVIP Loungeやレストランがある．Deluxe Penthouseが船尾の上部デッキに見られる．

1.4.4 「QM2」の出航のバーチャルイメージ

　「QM2」が出港する時間となった．港内にはいくつもの埠頭が突き出して整然と並んでいる．その1つの突堤に船首を山に向けた「QM2」が巨大なビルのようにその勇姿をしずかに横たえる．税関検査を終わった船客は先ほどから列をなしてタラップを昇る．そしてそれぞれの客室に消えて行く．すでに乗船した人々はデッキ前部，中央，後部と思い思いのところで舷梯にもたれながらのんびりと船の出航を待つ．やがて出航の時間が迫る．船の周りが急にあわただしくなる．タラップが取り外され，舫い綱が外される．4隻のタグボートが船体に寄り添う．エンジンはウォームアップを始めているので煙突からは薄い白煙が夕暮れのせまった空に筋を引いて立ち昇る．やがて，汽笛が出航を告げる．まもなく，巨大な船体を埠頭に平行にしたまま，「QM2」は1m，2m，5mと横移動しはじめた．間げきが少しずつ広まって，船の前後部からすさまじい水流が渦まいて水面を青白く染めながら広がるのがみえてきた．アジポッドとバウスラスターが同じ向きに推力を出して大きな船体を横向きにぐいぐい押しているのだ．やがてアジポッドを後進状態に向けたのか，船尾に激しい青白い水流をあてながら船は静かにゆっくりと後進しはじめた．大きなビルが徐々に埠頭の先のほうに移動してゆくので眺めていた前方の視界が急に開けて明るくなり，向こう側の埠頭やその先のポートタワーが，またさらに遠方に林立するビルの群が見えてきた．見送りの人々が盛んに手を振り，船客もそれに応える．4隻のタグボートが船体の両舷から優しく寄り添う．しばらく後進していた「QM2」は速度を落とすと船長はアジポッドを90度の位置にしてプロペラの推力を船体横方向に向け，同時に船首のバウ・スラスターを作動させたのであろう．船首と船尾で逆方向の横力を出すので大きな「QM2」の船体がゆっくりと「その場回頭」を始めた．そして旋回を終わり船体を港の関門の方向に向けなおしたと思うと船は港内に汽笛を響かせて進む．船上の多くの人影もだんだんとかすかになる．しばらく見守るうちに関門を通過したQM2は立ち昇る白煙を微かにたなびかせながら，やがて小指ほどの大きさになり，うっすらと消えてゆく．

第 2 章

船の世界史と黒船以降の日本の造船史

船の歴史年表

〔船の歴史〕

古代

世界史年表														
BC											BC	AD		
3000	2500	2000	1500	1000		600	500	400	300	200	100	0-	100-	200-	300-

主な記載事項：
- 東周、春秋時代、戦国時代、匈奴、前漢、後漢、魏呉蜀、西晋東晋
- リディア、アッシリア帝国、ペルシャ、ペルシャ戦争、シリア、パルチア王国、ササン朝ペルシャ
- ヒッタイト、フェニキア、アッシリア、バビロニア王国、新バビロニア、ヘブライ、イスラエル/ユダヤ、フェニキア・カルタゴ、ヘレニズム文化、マケドニア、エジプト（プトレマイオス朝）
- シュメール、アッカド、古バビロニア、エジプト早期王朝、エジプト古王国、中王国、新王国、エジプト王国
- 民族大移動始まる
- エーゲ海、クレタ文明、ギリシャ人の南下、ギリシャ人地中海発展、ローマ共和国（ギリシャ）アテネ・スパルタ・テーベ、三頭政治、キリスト、ローマ帝国、五賢帝時代、全盛時代、ゲルマニア、領土拡大、ブリタニア、ガリア、イスパニア

2.1 船の世界史
① 船の起源　② 河を行く船　③ 海を行く船

中世～現代

←古代	中世							近世前期				近世後期	現代
300-	400-	500-	600-	700-	800-	900-	1000-	1100-	1200-	1300-	1400-	1500-	1600-	1700-	1800-	1900-	2000-

日本：大化改新、奈良、平安、藤原全盛、平氏、鎌倉、建武中興、室町、朝鮮（李朝）、戦国、徳川幕府、黒船(53)、明治大正昭和平成、大韓民国

- 高句麗、新羅、高麗、蒙古、チャガタイ、イル汗国、明、トルコ帝国、清、中華民国中国、イラン・イラク、トルコ・ギリシャ
- 北魏、隋、唐、北宋、南宋、オスマントルコ
- ササン朝ペルシャ、サラセン帝国、最盛時代、東ローマ帝国＞1453、ビザンツ帝国
- ローマ帝国 395、東ローマ帝国、西ローマ帝国＞475
- ジェノバ共和国、ヴェネチア共和国、イタリア王国・共和国
- 神聖ローマ帝国、プロシア王国・ドイツ帝国・ドイツ共和国
- フランク王国、フランス王国、ルイ14世、啓蒙・革命、ナポレオン、オーストリア・ハンガリー帝、オーストリア
- スペイン王国（ハプスブルグ朝）、フランス共和国、スペイン共和国
- ポルトガル、スペイン領・ポルトガル領、ポルトガル共和国
- インカ帝国、メキシコ・アルゼンチン・チリ・ペルー
- ネーデルランド、独立(1581)、オランダ王国
- アルフレッド大王、↑バイキング侵攻、（プランタジネット朝）、イギリス（ランカスター）（チューダー）（スチュワート）、海上権、ビクトリア、イギリス王朝
- メイフラワー誓約(1620)、アメリカ合衆国
- デーン、ノルマン、バイキング、地中海海運都市、デンマーク王国、ノルウェー王国、スウェーデン王国、ロシア帝国（ロマノフ朝）、ソビエト・ロシア連邦
- 大航海時代、無敵艦隊敗(1588)→イギリス、植民地政策・東インド会社、帆船の発達、産業革命、航空機発展、大西洋定期客船、世界大戦 ●14●41、帆走商船、蒸気客船、マンモス客船→クルーズ客船、日本開国太平洋航路、海運造船、日本商船造船技術
- ルネサンス盛期

〔船の歴史〕
④ スカンディナビアの海を行く船
⑤ 地中海の船と海運都市
⑥ 大航海時代
⑦ 大型帆船とクリッパー
⑧ 産業革命と推進機関
⑨ 大西洋航路の定期客船
⑩ クルーズ船
2.2 日本の造船

2.1 船の世界史

2.1.1 船の変遷

(1) 船の起こり

　人類が発生した数十万年前，太古の人々は川や海などの水辺に住み，生活のため，狩猟や漁猟のため，さらに交易のために水域を渡る必要があった．一人で渡る，収穫物など物を持って渡る，子供や女性を含む集団で渡る…などいろいろな場合があったであろう．彼等はそのためにどのような方法を思いつき，水を利用する船というものを発達させてきたのであろうか．生活レベルの向上と集団規模の増大により，重くて大量な荷物を遠方まで運びたいなどの欲望がだんだんと拡大し，次のように進化していったと思われる．

- 浮き船の発想：流木が流れてきたのを見て，軽いものが水に浮かぶことを知り，浮かべる工夫がなされ船のようなものを思いつく．「浮き」として丸太を抱えて泳ぐ．丸太は不安定で乗りにくい．動物の皮を縫合し膨らませた浮き袋や浮きとしての「ふくべ（瓢箪）」などを抱いて水上を渡ることを思いつく．
- 筏を作る：木，竹，草，パピルス，皮などを束ね，組み合わせて浮力を増大させる．一例として図2-1にケレークを示す．これはいくつもの皮袋を組み合わせて組んだ筏で古代アッシリアにて使われた．同様なものが中国黄河上流にも存在し皮筏子と呼ばれた．しかし，これらは，不安定で方向性が悪く，思うように進まないことを知る．
- 船の進化：刳舟（図2-2），Canoe（カヌー），Outrigger Canoe（小船がカヌーの横方向に離して結ばれた多胴船の一種，横安定性が増す），縫合船等ができ，組立船が現れる．
- 安定性向上と大型化：材料を組み合わせた大きな船ができる．推進用櫓（パドル）を使用する．人力の限界を知って風と帆の利用として帆船を思いつく．

　長い年月での試行の結果として彼らは徐々に次のようなことを考えはじめ，船を改良させていったと思われる．

図2-1　ケレーク
（上野喜一郎『船の世界史』より）

図2-2　刳舟

第 2 章　船の世界史と黒船以降の日本の造船史

①船に不可欠な原理は何か
②浮く，転覆しない，方向性が良い船
③大量に，重いものを運べる船
④速く運べる船
⑤動かす原理

(2)　河を行く船

　世界の 4 大文明はナイル（Nile）河，チグリス・ユーフラテス（Tiguris・Euphrates）河，インダス（Indus）河，黄河等の大河の辺に発生し古代国家が発達した（図 2-3）．三角州の肥沃地帯に農業が発達し，それによる交通・交易の増加が船を発達させた．手漕ぎから風の力で走る帆船へと発達した．

　メソポタミア（Mesopotamia）とエジプト（Egypt）はユーラシア大陸西南部とアフリカ大陸北東部とにあって地理的，歴史的に密接な関係にあり古代オリエント世界の中心となった．チグリス・ユーフラテス両河流域のメソポタミア（「河の間の地域」の意）はBC3000年代前半，都市国家間の主導権移動の後，シュメール人（Sumerians）による統一がなされメソポタミア文明を形成したが，セム系（Semites）遊牧民族アッカド人（Akkadians）により征服・統一され，次いで，同じセム系のバビロニア王国（Babylonia）が成立してハムラビ王（Hammurabi：BC1792～1750）の時代に最盛期を迎えた（図 2-4）．

　一方，エジプトではナイル河を利用した船舶交通が発達した．エジプトは周囲を海と砂漠で囲まれて地理的に孤立しているため，メソポタミアのように支配民族の交替がなかった．ナイル河流域では，BC4000年代にはすでにハム族系（Hamites）民族による多くのノモス（nomos：小部族国家）が形成され，BC3000年頃にこれらを統一して，エジプト第一王朝（早期王朝：BC2850～）が成立した．エジプト時代は古王国時代（Memphis時代：BC2650～），中王国時代（BC2050～），新王国時代（BC1570～BC715：ハトシェプスト女王（Hatshepust），ツタンカーメン（TuT-ankh-amen），ラーメス（Ramesses）二世，三世BC1200），王朝晩期（BC715～BC330頃）に分けられ，

図 2-3　世界の四大文明発祥地

2.1 船の世界史

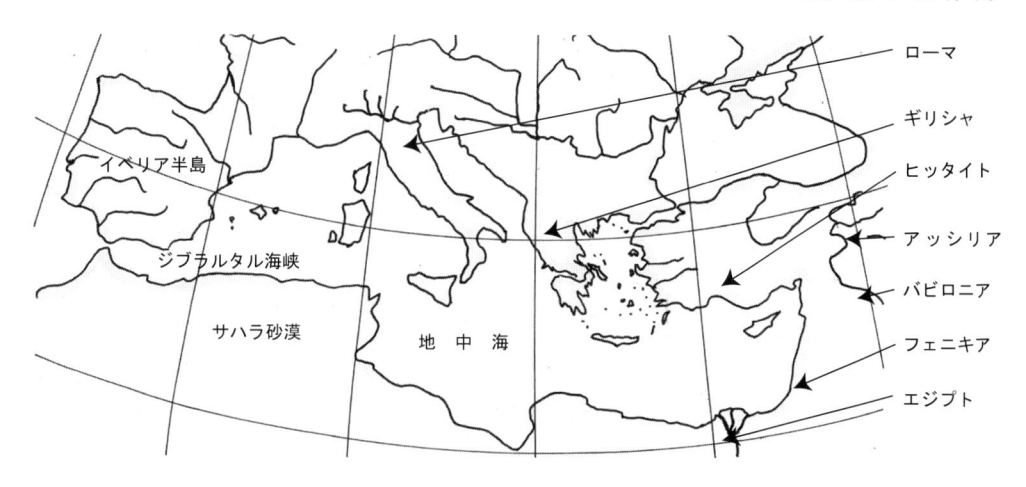

図2-4 地中海とエジプト，フェニキア，ギリシア，ローマ等の位置

ファラオ（Pharah，王：古代エジプトの神権的専制君主）の支配が続く．エジプトはBC525年ペルシアに併合されBC332年アレキサンドロス大王（Aleksandros：BC356～BC323）に征服された後，その武将プトレマイオス一世（Ptolemaios）の家系の領有となり首都アレクサンドリア（Alexsandria）を中心として学問，経済面で繁栄するが，クレオパトラ時代（Cleopatra，BC69～BC30）のBC31アクチウムの戦いでオクタヴィアヌス（Octabianus：BC63～AD14）に滅ぼされてローマの領土となった．

1) パピルスの船

ナイル河ではパピルス（Papyrus）の船が作られた．図2-5はエジプト時代BC4000年頃の花瓶に画かれたパピルスの船であり，壺の彫刻から古代エジプト人はすでに大きな船を造ることを知り自由にナイル河を航行していたことが想像される．図2-6に示すように，パピルスの船形は円形鎌の形をし，高く持ち上げられた船尾は綱で船体に結び付けられている．舵取りは船尾に

図2-5 花瓶に残るエジプトの世界最古の船
（上野喜一郎『船の世界史』より）

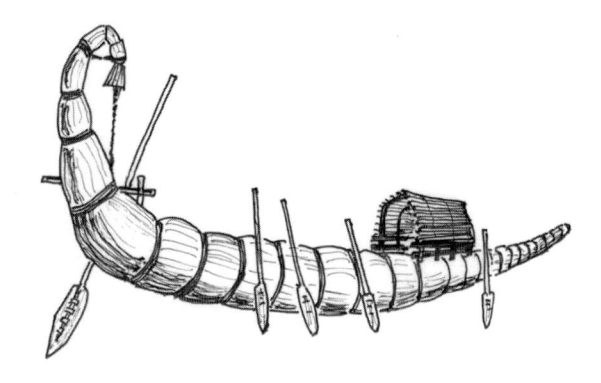

図2-6 パピルスの船

立って長柄のパドル（Paddle：櫂）で舵をとる．BC3200年頃には長さ16.5m, 幅2.7mのものがあった．高貴な船客が乗る藁屋根の船室が設けられている．2本足のマストに葦の茎で織った帆をもつものがある．しかし，パピルスの船は浅瀬からの乗り出しは安定が悪く，また，大きな物を乗せて運ぶことは難しい．船体強度も弱く，パドルの支点が付け難いなどの難点があった．

2）エジプト：パピルス船から組立船へ

エジプトで木造の船が出てくるのはBC2800年頃である．エジプトには大木が生長しなかったため，カエデやアカシヤの小さな板材を組み合わせて作る造船工作法が発達した．初歩的な竜骨と甲板梁が考えられた．船は帆と櫂（Oar：オール）を装備し，風のないときには帆柱を倒して櫂で走る．

ピラミッド時代には巨石の水路輸送が行われた．ナイル川上流のアスワン地方（Aswan）で切り出した巨岩（50～60ｔの花崗岩）が水路輸送された．船体構造は巨石搭載に耐える相当強固なものであった．貴人の墓の中から小船の模型が出土された．また，船の埴輪や絵が入れられるようになり，ますます人間生活に船が密着して離れられなくなったことが想像される．

(3) 海を行く船

1）エジプト時代後期

BC3000年頃になるとそれまでナイル河だけの航行に限られていたエジプトの船はナイル河を下って海に入り，東部地中海においてナイル河口から北西300海里のクレタ島（Creta）や北方約200海里のフェニキア（Phenicia）まで航海するようになる．造船用木材をフェニキアから持ち帰り，より強固な船が造られる．

この時代になると短期的な船の使用だけでなく海運経営が発展した．つまり，運河を建設して紅海から地中海へ直接，航海できるようにし，また，海外遠征，建設用巨岩運搬，艦隊編成などを行った．

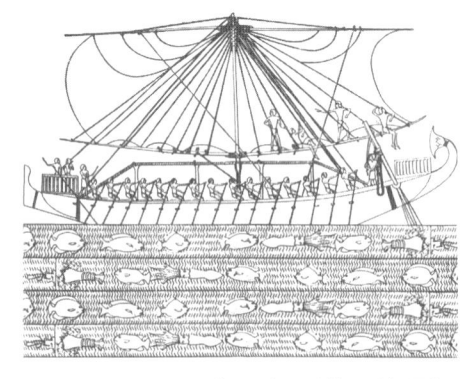

図2-7　ハトシェプスト女王時代の遠征用船
（BC1600頃）
（上野喜一郎『船の世界史』より）

図2-8　デール・エル・バハリ神殿（テーベ）
http://de.wikipedia.org/wiki/Deirel-Bahari

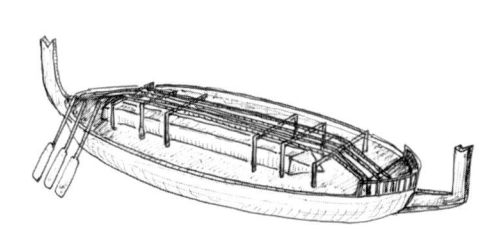

図 2-9　エジプトの巨岩運搬用船 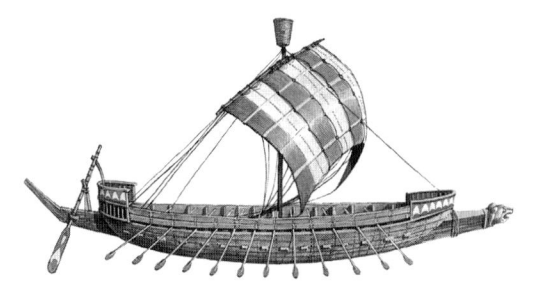　　　図 2-10　エジプト・ラーメス三世の海賊撃退用軍船
　　　　　　　　　　　　　　　　　　　　　　　　（L×B＝22.9×4.3m）
　　　　　　　　　　　　　　　　　　　　　（『船の歴史事典』原書房より）

　海外遠征については，BC1600年頃のハトシェプスト女王の治世に大型商船隊が金や香料を入手するためにアフリカのソマリア（Somalia）へ海外遠征した時のレリーフがデール・エル・バハリ神殿（Deirel Bahari）に残されている（図 2-7，図 2-8）．この船は長さ25.8m，幅5.5mで 1 本マストに角帆をもち前後に支え綱（stay）を張る．また際立った特徴として船体垂下防止綱（ブレース・ロープ：brace rope，張絞索）をもつことである．太い綱は船尾から船首に張られ，その間は琴のブリッジのような支柱で支えられている．細長い棒を挟んで回転させて締め上げて強く張ったのであろう．これは船の縦強度を増すための技法でその後出現する竜骨（keel）の代わりをしたものと予想される．つまり，船体形状が船首尾は痩せて細いが中央部はずんぐりして肥えているために，浮力は船首尾が小で中央部が大となり，船首尾が垂れ下がり中央部が押し上げられる傾向の力を受けて折れやすい．強く張った太い綱は船首尾を引き上げてこれを助ける役目があることを学習したのであろう．これは今日の造船学技術用語でいう「ホギング・モーメント（hogging moment）を受ける船の縦強度補強対策」である．彼らの長い試行が進んだ造船工作技術を生んだものと考えることができ興味深い．巨岩運搬では同女王の治世に神殿用オベリスク（obelisk） 2 個（ 1 個350 t × 2 ＝700 t ）の搬送用の巨大バージ（burge）を作り，ナイル河を運んだ．バージの大きさはL×B×d（凡例参照）＝61×21×3.6～4.95mといわれる（図 2-9）．
　エジプト最後のファラオであるラーメス三世は北方の海の民である地中海の海賊の攻撃を撃退するために艦隊を組織し，図 2-10に示すような海賊撃退用軍船を編成した．当時のレリーフに描かれた海戦時の船の様子から，船の形状は船首に衝角（Ram）をもち，帆と櫂を装備していること，また，漕ぎ手の防御用の高い舷梯をめぐらし，マストの頂上に見張り台（crow nest）を持ち兵士が指示できること，帆桁を下げずに帆を縮めることなど船に戦術上の工夫が見受けられる．しかし，ラーメス三世の後の時代に入るとエジプトの勢力が衰退して造船技術の発展も終焉を迎え，海洋の支配がフェニキアに移る．

2) 海運国フェニキア

　フェニキアはシリア（Syria）の地中海沿岸中部レバノン山脈（Lebanon）の西方にあった古

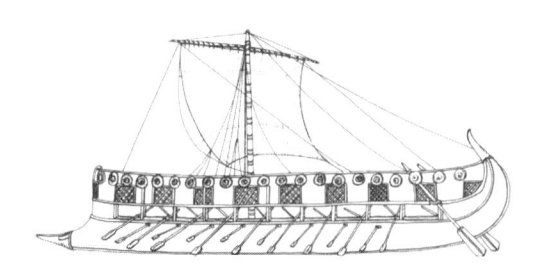

第2章　船の世界史と黒船以降の日本の造船史

図2-11　フェニキアの軍用バイレム
（『船の歴史事典』原書房より）

代国家で，メソポタミアとクレタを結ぶ地に位置したため，古来商業が繁栄しシドン（Sidon）などの商業都市が建設された．植民地活動が盛んで，特にカルタゴ（Carthago：現チュニジア北端で地中海沿岸）が発展した．フェニキアは各国の文明を進取し，そこで生まれたアルファベットはギリシアに採用された．

フェニキアは軍用船隊をもつ海運国として海上貿易が盛んであった．エジプトで発掘されたBC1500年頃の墓の壁画によると，フェニキア商船はエジプトの船とよく似ているが，例の太い綱（ブレース・ロープ）がないことからエジプト船より構造が堅牢にできていたのであろう．また，シリアには大きな森林があったためレバノン杉などの造船材料が豊富で，マストがほぼ船体中央に建てられ人を保護する舷梯が設けられていることなどエジプト時代に比べて高度な造船技術をもつに至り，多くの帆船が交易品を積み込み，太陽や北極星の位置を頼りに航海したことが推測される．

フェニキアは世界最初の軍用のバイレム（birem：2段櫂ガレー船，図2-11）を発達させた．ガレー船（Galley）とはオールと帆で進む古代，中世期の大型船で奴隷，囚人に漕がせた船である．戦闘時には高速力で相手船に衝突できるように細長い船体の船首には衝角をもち，細長い戦闘甲板が漕ぎ手の上に設けられている．これらは後述の古代ギリシアやローマの軍艦の発展の基礎となったものと考えられる．

ヘロドトス（Herodotos：BC484～BC425）によると，BC7世紀にアフリカ大陸の周囲を完全に周航したこと，つまり，アラビア湾から東に向かって出帆し，西の方のジブラルタル海峡を通ってエジプトに帰還したことが記されており，フェニキアは優れた航海技術をもっていたことが推察される．

3）ギリシア

BC3000年頃からエーゲ海，クレタ島を中心に青銅器文明であるエーゲ海文明（Aegean）が栄え，クレタ文明を形成していた．BC2000年頃からドナウ川中流地域にいたインド・ヨーロッパ語族の一派であるギリシア人がバルカン半島を南下してギリシア本土に定着して先進文明であるクレタ文明（BC20C～BC14C）の影響下にミケーネ文明（Mycenae：BC15C～BC13C）を作った．BC1200年頃北西山地のギリシア人の一派であるドーリア人（Dorians）が南下して他のギリシア人と共に東に移動する中でミケーネ文明が終末を迎えた．ギリシア人は西に広がりBC9～8世紀にポリス国家（polis：都市）を成立させる．民主制のアテネ（Athenai）と征服型のスパルタ（Sparta）があったが，彼らはそれぞれ地中海進出を始めて海上貿易が発展した．図2-12に地中海周辺の植民市と商業航路図を示す．

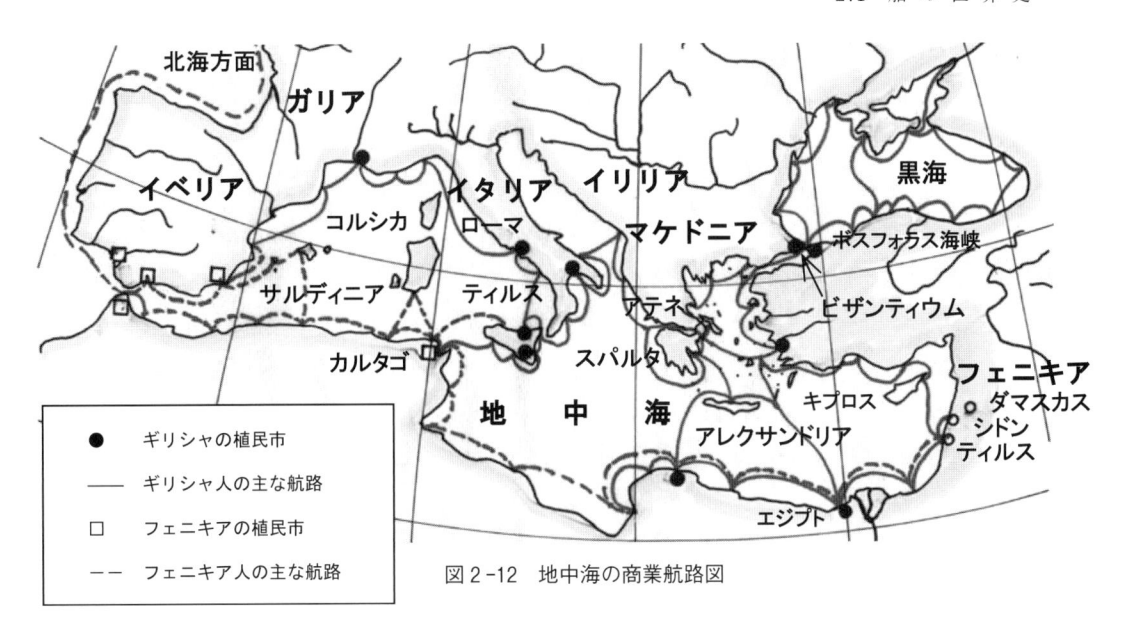

図 2-12 地中海の商業航路図

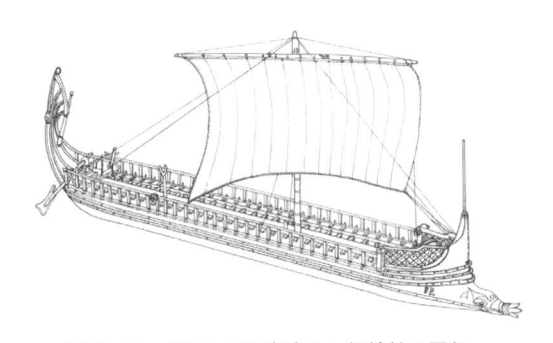

図 2-13 ギリシアの高速ラム船首付き軍船

キプロス島キレニア沖（Cyprus, Kirenia）海底30mで発掘されたBC3000年頃の地中海交易船の調査（1967～1969）によると，その船は次のような特徴をもっていた．長さは約16mで角型船尾をもち，尖った船首をもつ．竜骨を据え付けた後，松板をピンで継ぎ合わせて舷側を形づくりながらに上方へと形成し骨組み構造を入れて銅釘で固定する．船体は完全に鉛のシートを打ちつけてカバーされる．マストは船首寄りに頑丈な基盤の上に設けられ，その位置からすると，横帆でなく，ガフスル（gaffsail：斜桁をもった縦帆）をもつ．商船より軍艦を示す遺品が多く残されている．

軍艦としての重要な特性は，①高速力，②軽量，③頑強性である．ギリシア軍艦は，樅の木を使った軽い船体に強固な竜骨を装備した．大砲の発明はまだなく船首の衝角による攻撃だけが敵船を撃沈できる唯一の兵器であった．衝角とは図2-13に示すように敵船に体当りするために船首の水線下に付けた突起物で，船体に貫入させて浸水，撃沈する古代軍船の武器である．衝角攻撃を効果的にするためには高速ですばやい運動性能をもつことである．高速力を出すため船体を細長くして抵抗を減らし，推力増加のために多数の漕ぎ手を乗せることが必要となる．多数の漕ぎ手を収容するためには多段櫂船が必要となる．このような考えによりバイレム（2段櫂船）が建造され，高速体当たり衝突による撃破力を向上させた．図2-13はギリシアの高速ラム船首付き軍船の例である．

BC500～449年，ペルシアはギリシアに対し3度の侵攻（ペルシア戦争）を行い，ペルシアが

敗退した．マラトンの戦い（Marathon：BC490），サラミスの海戦（Salamis：BC480），プラティーエの戦い（Plataia：BC479），ミュカレの海戦（Mykale：BC479）がその中心的な戦いである．ペルシア戦争では船の大型化，高速化を達成するために3段櫂ガレー軍船（trireme：トライレム）が建造されて効力を発揮した．トライレムの一例としては，L×B＝約36×6m（L/B＝6）で漕ぎ手が約170人であった．その後，ギリシアはペリクレス（Perikles）のアテネ全盛期を迎えるが，アテネ・スパルタ間のペレポネソス戦争（Peleponnesos：BC431〜404）を境にして内部崩壊が進み，BC338年ケーロネイアの戦い（Chaironeia）でアレクサンダー大王（Aleksandros：BC356〜BC323）率いるマケドニア（Macedonia）に敗れてその支配を受ける．サラミスの海戦で使われた3段櫂船はポエニ戦争（Punic Wars：BC264〜BC146）までに5段櫂船（pentareme：ペンタレム）に大型化した．

4）ローマ

ローマはインド・ヨーロッパ語族のイタリキ（Italici）がイタリア半島に南下し，その中の一派のラテン人がBC7世紀にイタリア半島中部に建設した都市国家である．はじめはイタリア・トスカーナを中心に定住したエトルリア人（Etruscii）の支配を受けた．彼等は海上交通に熟達し，地中海の至る所で盛んな海洋活動をしていた．その影響下で次第に文明を発展させたが，BC500年頃貴族が中心となってエトルリア系の王を廃し共和制を樹立した．当初は貴族と平民は身分的に厳しく区別され最高官のコンスル（consul：執政官）や元老院の議員はすべて貴族により占められていたが，次第に国防の主力が重装歩兵の平民たちに移り政権参加が行われるようになった．ローマは重装歩兵をイタリア各地に送ってBC3世紀前半に半島内統一を実現した．西地中海ではフェニキアのカルタゴが力を振るっていたがこれを滅ぼすために本格的に艦隊を作り始める．図2-14にローマのバイレム（2段櫂船）軍船を示す．ローマの支配下となったエトルリアはローマの軍艦の設計・建造や航海に貢献した．白兵戦が得意であった．図2-15はローマの3段櫂船（trireme）で「コーヴァス（corvus）」と呼ばれる鳥の嘴に似た渡り桟橋（道板）を船に備え，

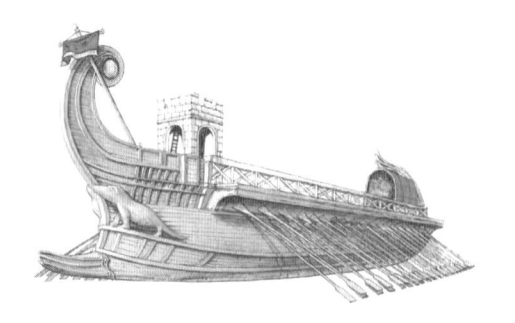

図2-14 ローマのバイレム（2段櫂船）軍船　　図2-15 ローマのコーヴァス付き3段櫂船（トライレム）軍船

（図2-13〜図2-15 『船の歴史事典』原書房より）

引っ掛けて接舷切込戦（ボーディング：boarding）を行い，3度のポエニ戦争（BC264～BC146）でカルタゴを滅ぼした．東地中海にも兵を送り，BC146年マケドニア，ギリシアを領有してヘレニズム世界（Hellenism）を支配下におき，BC133年に地中海世界を征服した．

ローマの軍船はギリシアの軍船を発達させたもので船底突出キール，外板実矧接合（さねはぎ），コーティング法，船底塗料，銅版被覆，船首尾構造強化，船首楼型戦闘甲板の設置などを特徴としている．BC256のエクノモスの海戦ではカルタゴと戦うためにローマの軍船は5段櫂船で300人の乗組員と150人の兵士を乗せたといわれる．櫂と帆を装備するが櫂は補助推進装置で通常は帆走する．1927年にローマ市南西30kmのアルバン丘のアリキアの森近くのネミ湖（Lago di Nemi）の湖底で発掘された2隻の古船によりローマの艦船の建造方法と性能がかなり明らかにされた．船のサイズはL×B＝71.3×20mと73×24mの大きなものであった．ローマ帝国の軍事部門は戦闘用の艦船の建造とともに，地中海，ライン川，ドナウ川，紅海からイギリス海峡にわたって散在する海軍基地を設け，トライレム艦隊はその基幹をなした．

造船技術は商船にも活用され，ローマ商船隊は何世紀もの間，地中海で活躍した（図2-16）．

大型のものは「小麦船」と呼ばれる穀物運搬船で，ポンペイ（Pompeii）の遺跡や古書などからL×B＝約50×15mの大きな船があったことが明らかにされている．3枚の帆（メインスル，トップスル，スプリットスル）をもつ複雑な帆船に発達した．BC200には主帆の上に三角形の帆を備え，船首に角帆を張って操縦性能を向上させている．BC146年ローマの植民市となったカルタゴ（Carthago：新しい町の意味に由来）は2世紀には帝国内で指折りの穀物輸送港となり，また教育，キリスト教の中心として栄えた．今は歴史的な遺跡のある観光地となっている（図2-17）．

その後，中堅市民である中小農民の没落，大土地所有者の興隆により，ローマ共和制の基盤が崩れ内乱期を迎えるが，三頭政治（BC60第1回：ポンペイウス，カエサル，クラックス，BC43第2回：オクタヴィアヌス，アントニウス，レビドゥス）を経て，オクタヴィアヌス（Octavianus：BC63～AD14）はアクチウムの戦い（Actium：BC31）でアントニウス・クレオパトラ連合軍に

図2-16　ローマの商船：
Sidonの石棺に描かれたレリーフ
http://www.axelnelson.com/skepp/corbita.htm

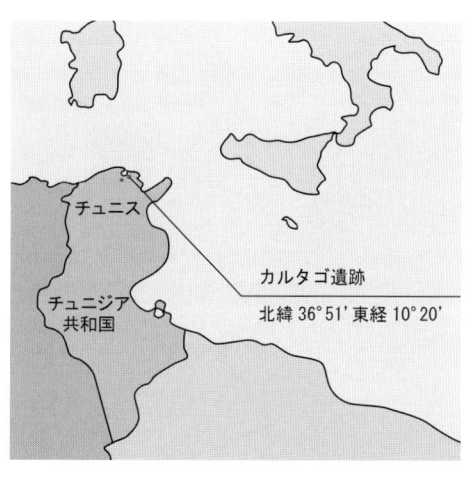

図2-17　カルタゴ遺跡

勝利し内乱が終結した．初代ローマ皇帝オクタヴィアヌス（在位BC27～AD14）の時代にローマはアジア・アフリカ・ヨーロッパにまたがる世界国家としてローマ帝政期が確立した．その後，5賢帝の時代（ネルヴァ（96～98）～マルクス＝アウレリウス（161～180））を迎え約200年間平和が続く．この繁栄は「ローマの平和」（パックス＝ロマーナ：Pax-Romana）と呼ばれた．しかし，2世紀になるとゲルマンやパルティアなどのローマ侵入により平和が乱れ，3世紀には軍人皇帝の混乱が生じてローマ帝国は衰退の一途をたどる．この回復のために284年ディオクレティアヌス帝（Diocletianus）は専制支配政策をとり，コンスタンティヌス帝（Constantinus）は306年コンスタンティノープル（Constantinople，別名ビザンティウム：Byzantion）遷都を行い専制君主制による帝国解体阻止策を行った．しかし，効を奏せず395年テオドシュウス帝（Theodosius）は死に際してローマを東西に二分した．東ローマ帝国（ビザンツ帝国）はその後約1000年続くが，西ローマ帝国はゲルマン民族大移動の最中の476年滅亡した．このような時代背景の中でトライレム艦隊がビザンチン艦隊の中核として発展して行く．

(4) スカンディナビアの海を行く船：バイキングシップ

　AD800～1000年頃までスウェーデン南部からデンマーク北部にかけて住んでいたゲルマン族の一種のノルマン人は航海術にたけ，バイキング（Viking）と称して冒険や戦いを好んだ．図2-18に示すようにノルマン人は大西洋の各海域に進出し，四方の各地を襲って略奪を働くとともに商業活動を行った．バイキングにはノルウェー系とデンマーク系がいた．AD830年代にはイギリスに侵攻してアルフレッド大王（Alfred）を悩ませた．また，アイスランドやニューファンドランドを発見した．

　バイキングの船の前駆ともいえる2隻の船が発掘された（図2-19）．その1隻は1921年デンマーク南部Als島の沼地で発見されたBC350年頃の「ヒヨルトスプリングの小舟（Hjortspring boat）」である．L×B＝約13×2mの寸法をもち，軟木材で作った骨組みの上に縫合した獣皮で被うという高度な技法を使用していることがわかった．2隻目はAD300年頃の「ニーダムの船（Nydam boat）」であり，1863年ドイツのNydamで発掘された．その寸法はL×B＝23×2.8mで舷側は樫材か楢材製の細板を5列，クリンカー方式（鎧張り方式）で張り合わせ，釘止めされていた．

　また，バイキングシップである「オセベルグの船（Oseberg）」や「ゴクスタッドの船（Gokstad）」（AD800頃）が発掘され，船型の全貌が明らかになった．これらは復元されて現在，オスロのバイキング博物館に展示さ

図2-18　バイキング（ノルマン人）が進出した海域

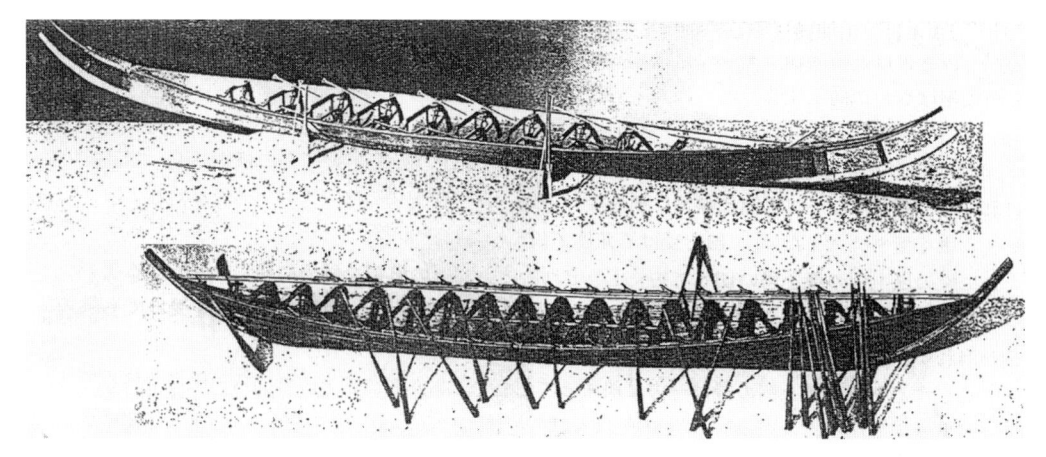

図 2-19 バイキングの船の前駆「ヒヨルトスプリングの小舟」(上) と「ニーダムの船」(下)
(野本謙作『船の世界史概説』より)

れている.

　図 2-20 はオセベルグ船,図 2-21 はオセベルグ船の発掘状況である.オセベルグ船はほぼ前後対称の反りのある船体とさらに上方にゼンマイのように反りあがった船首部材からなり,装飾が施された優雅な形状をしている.サイズは L×B×D = 21.49×5.1×1.58m で甲板をもたない.船首材は樫製で両舷の外板は21列ずつの板をクリンカー方式で釘止し,動物の毛でコーキング(水漏れ防止)を施している.松製の櫂と櫂孔を15個もち,マストは13m,右舷にはティラー付舵板をもつ.船首には蛇や竜の装飾が施されている.

　図 2-22 はゴクスタッド船である.「ゴクスタッド船」は L×B = 約23×5m で樫材製,外板は16条,32個の櫂で推進する.良好に作られた横帆により風上に逆らって帆走することができる.図 2-23 は復原したゴクスタッド船の線図 (Lines) である.ゴクスタッド船の模型を作りノルウェーのトロントハイム船型試験水槽で抵抗を測ったところ優れた船型であることが明らかになった.

　バイキング人の性情については興味のあるところであり,獣の毛皮の衣服を着用し一対の角のついた兜を被った残酷な野蛮人として伝えられる一般のイメージとは別に,文化度が高く吟遊詩人的要素ももつ集団でもあったことが埋葬された遺品の発掘により明らかにされている.

(5) 地中海の船と海運都市

1) ビザンティン (Byzantine) 艦隊とドロモン船

　AD306年ローマ帝国のコンスタンティヌス帝はボスポラス海峡のヨーロッパ側にあるコンスタンチノープルに遷都し,後,東ローマ帝国(ビザンツ帝国)を建国した.この地は海上交通網とダーダネルス海峡に守られた東洋と西洋の貿易の集散地であった(図 2-24).東ローマ帝国が艦隊による防備を疎かにしている間に,東西ゴート族(Ostrogoths and Visigoths)およびカルタゴを征服したヴァンダル族(Vandals)が地中海に植民地を建設した.このため,東ローマ帝国ユスティニアヌス大帝(Justinianus:527～565)の時代にビザンティン艦隊を整備し,策略を練っ

第 2 章　船の世界史と黒船以降の日本の造船史

図 2-20　オセベルグ船

図 2-21　オセベルグ船の発掘状況

図 2-22　ゴクスタッド船

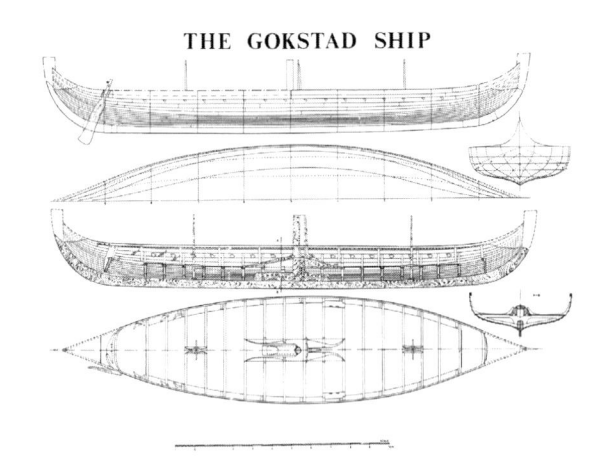

図 2-23　ゴクスタッド船の線図
(Time-Life Books, Amsterdam: the Gokstad ship より)

て533年にこれらを征服した．ユスティニアヌス大帝は海上の軍事的商業的覇権の重要性から陸海一体の海防都市に発展させたのでその後大いに繁栄することとなった．

　この時代に使われた船が「ドロモン船（dromon ship）」（「走者」の意で高速な船であった）である（図 2-25）．竜骨と舷側材を前後に延ばした特異な形状の船で衝角は装備していない．特に，船尾は上方に弧を描いて丸まり，左右材を一本の棒で結んでラティーン・セイル（Lateen sail）を下ろした時にヤードを支えるような形である．100～200人のバイレム（2段櫂船）であった．ビザンティン艦隊は500隻の貨物船と92隻のドロモン船を保有し，10,000人の歩兵と6,000人の騎兵を乗せたという．

2.1 船の世界史

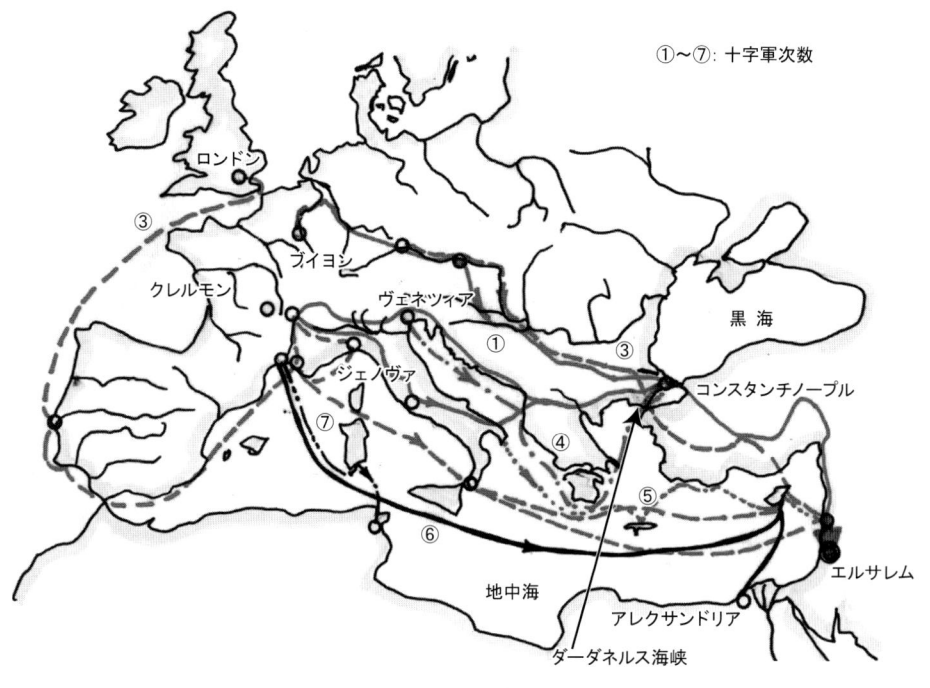

図2-24 AD10世紀頃の地中海海運網と十字軍経路

7世紀になると，新たな勢力であるアラビア人が侵攻しアレクサンドリアを奪回した．AD655年に200隻からなるアラビア艦隊がビザンティン艦隊を破り，ほとんど1世紀間，地中海からビザンティン艦隊は締め出された．その後，再び，2,000隻の軍艦と1,500隻の貨物船で地中海海上支配権を掌握したのはAD960年のことである．

2) 海運共和国と十字軍輸送船

イタリア半島付け根東岸のヴェネト地方の住民は6世紀頃からゲルマン系諸族やフン族などの侵略からの避難所として砂洲に囲まれた島々

図2-25 ドロモン船（高速船）
（『船の歴史事典』原書房より）

に入り込み地中海の海洋勢力に成長した．これが海運共和国ヴェネツィア（Venezia）の始まりである．図2-26，図2-27に示すようなコッグ船（cog）やカラック船（carrack）が作られた．その後，アマルフィ，ピサ，ジェノヴァが新しい海運共和国として生まれ，以降，地中海の主要な海上輸送貿易都市として繁栄した．ヴェネツィアの大きな飛躍は第4次十字軍（1202～1204）とともに訪れる．彼等は図2-24に示すようなルートでキリスト教国パレスチナへの十字軍兵士

第2章　船の世界史と黒船以降の日本の造船史

図2-26　ヴェネツィアのコッグ船
（ヴェネツィア：ドゥッカーレ宮殿の画より転写）

図2-27　カラック船（貨物船）
（『船の歴史事典』原書房より）

図2-28　ヴェネツィアのガレー船
（バッティスタ・ダニョーロ・デル・モーロ「ガレー船員徴募」（部分）より．ガレー船のイメージ図：右下）

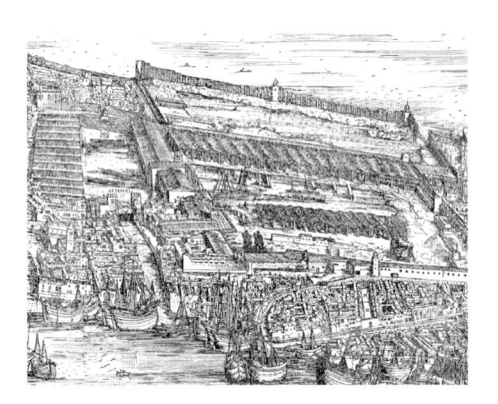

図2-29　アルセナーレ（国営造船所）
（ヤーコポ・デ・バルバリのヴェネツィア鳥瞰図より）

（Crusades）の海上輸送を請け負い，これによって領土や商業基地を拡張し利益を得て海運を大いに繁栄させた．第4次十字軍へはヴェネツィア国を挙げて参加するとし，35,000人用の輸送船，馬や食糧の輸送船，自前のガレー船50隻（6,000人）を十字軍のために配船し膨大な利益の分配にあずかるというものであった．その後，ヴェネツィアの海上勢力が強まり，アドリア海の支配権を主張したためジェノバ（Genova）との間に1206～1352年にわたって数回の争奪戦争が行われたが，1381年ヴェネツィアが勝利して地中海と東方貿易の覇権を握った．

ルイ9世の時代の第8次十字軍遠征（1270）においても多数の船が注文されて国益は大いに潤った．当時の船のサイズは全長25.7m，幅6.1m，舷側高さ6.25m程度のものがあり，これによるとL/B×B/D＝4.21×0.98の非常にずんぐりした船であった．

2.1 船の世界史

コッグ船，カラック船など新しい船型や順風用の横帆と風上航走に効果的なラティーン・セールを装備した新しい船ラティーンが生まれた．ラティーン（Lateen：大三角帆船）とは，三角帆（Lateen sail）をもつ船でAD 9世紀頃から地中海で普及しその後大型化した．AD12世紀末には図2-28に見るように2枚帆の船も出現した．マストの数も増えて船の操縦性能が向上した．

これらの船はアルセナーレ（Arsenale：国営造船所1104年建設，図2-29）で造られた．アルセナーレはヴェネツィアの海軍力，技術革新を生み出す場としてヴェネツィアの誇りとされた．アルセナーレはヴェネツィアの東部地域（ヴァポレット（水上乗り合いバス）のアルセナーレ駅下車）にその面影を見ることができる．

これらは後にカラベル船（caravel）やガレオン船（galleon）を生む．1450年頃になると船尾に取り付けられていた舵取用櫂がなくなり船尾中央に装備する舵が出てきた．1350年頃には船首に一門の大砲をもち，いくつかの小さな砲が船側に沿って旋回台上に装備されるようになる．1372年のラ・ロシェルの海戦ではスペイン艦隊はフランスを助けてイギリスに勝利したが，この時すでに一部の船には砲が備えられていた．ガレー船（galley）も基本的な軍艦として中世から17世紀終わりまで用いられた．13世紀のイギリス船の特徴を示すものとして，図2-30に示すように，船首尾に船楼をもち，4条の防舷材，右舷側の舵やストック付きアンカーを装備した絵画が残されている．

地中海の熾烈な海運競争の時代には，ハンザ同盟（Hanza）の設立（1241），マルコポーロ（Marco Polo）の東方旅行（1271～1295），イタリアでの羅針盤改良（1310頃），ポルトガルの航海王エンリケ王子（Enrique）による航海学校設立（1415）など歴史的出来事を経て，また1400年初頭にはルネサンス前期をむかえて，船の大活躍する大航海時代へと移る．

図2-30 13世紀のイギリスの船
（上野喜一郎『船の世界史』より）

(6) 大航海時代の船

1) 大航海時代の船

12世紀に入り封建社会が安定し農業生産が向上して人口が増加するとヨーロッパ世界には外部拡大の気運が現れ始めた．その第1波が聖地奪回と教皇権威の絶対化を目的とした十字軍遠征（Crusades：1096～1291）である．長期にわたる大量の人と物の移動は経済の促進と南欧港市を成長させ，閉鎖的な中世的世界観を拡大させた．これに続く第2波が東洋貿易ルート開拓に端を発した大航海時代である．15世紀初頭，海運共和国として地中海の商権を握っていたヴェネツィアは航海と造船技術に長じ，その後のスペイン，ポルトガルに大きな影響を与えていた．ヴェネ

第 2 章　船の世界史と黒船以降の日本の造船史

ツィアに生まれたマルコ・ポーロは1271年に出発して陸路蒙古（Mongolia）に入り，75年大都に到着して王フビライ（Khubilai Khan）に仕えた．90年，泉州を発して南海を経て95年に帰国し，『ミリオーネ（東方見聞録）』（1299）を著して大いに東洋への興味を増大させた．東洋の珍品，巨利をトルコの地を経ずに直接，手に入れるためには海路による航路開発が必要となったのである．このような状況のもとで15世紀後半になるとスペイン，ポルトガル2国を中心とする大航海時代がはじまった．ポルトガル王子エンリケの航海奨励と航海用羅針盤の発明がその機運を増長させ，つぎつぎと新航路や新大陸の発見がなされた．その主な航海ルートを図2-31に示す．図中にはコロンブスの航海以降ローマ教皇庁が承認したポルトガルとスペインの海外領土分界線であるトリデシリャス条約分界線（1494）とサラゴサ条約分界線（1529）が示されている．

新航路の発見（P：ポルトガル，S：スペイン）

- 1487年：バーソロミュー・ディアス（P）：喜望峰の発見
- 1497年：ジョン・カボット（S）：北アメリカ，カナダ到着
- 1498年：ヴァスコダ・ガマ（P）：インドのカリカットに達す
- 1499年：アメリゴ・ベスピッチ（S）：中央アメリカ発見

1519年：マゼラン（P）：世界周航

　ポルトガルのフェルディナンド・マゼラン（Ferdinand Magellan）は1519年チャールス1世から援助された「ビクトリヤ号」以下5隻の船でスペインを出帆した．大西洋からブラジルに至り

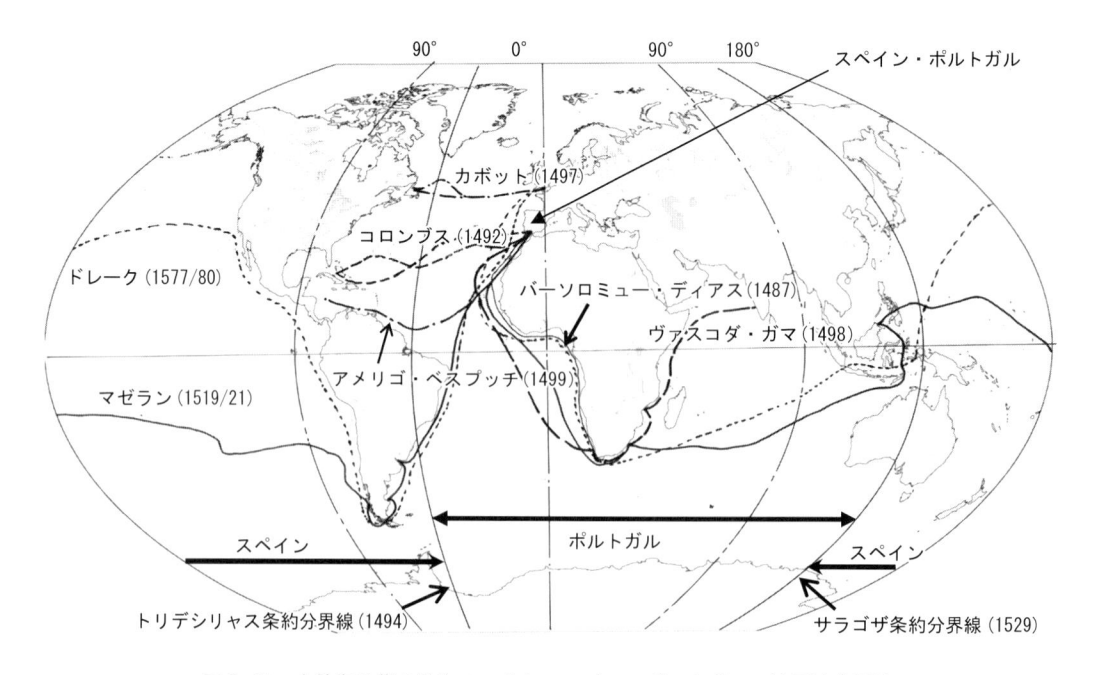

図2-31　大航海時代の航海ルートとスペイン・ポルトガルの植民地分界線

大西洋を南下，暴風で難航しながら南端のマゼラン海峡を通って太平洋に出たが，その時船は3隻に減っていた．「太平洋」の名称は，この時平穏だった大洋に対して彼が「Mara Pacificum（太平な海）」と名づけたことに因むといわれている．マゼランはフィリピンで原住民に殺害され途中で1隻を失ったが1隻がスペインに帰還した．3年を要した最初の世界一周船であった．

1492年：コロンブスによる新大陸の発見

コロンブス（Christopher Columbus 1451?～1506）はジェノバに生まれた．1478年ポルトガルに移住し，ジョアン2世（João）に仕えた．地球が丸いことを信じて西回りで東洋に達しようと計画し，1491年スペイン女王イサベラ（Isabel）の援助を得て1492年8月3日，旗艦「サンタマリア（Santa Maria）」以下「ピンタ」，「ニナ」の3隻と120人の水夫とともにバロス港を出帆した．10月12日フロリダ南東800kmのバハマ諸島の1つに到達しこれをサン・サルバドル島と名付けた．その後，3回の航海を行い，ドミニカ，トリニダト諸島を発見してオリノコ河口に達した．コロンブス船隊の旗艦「サンタマリア」はカラック船（スペイン語ではナオ）で，1492年クリスマスの日にイスパニョーラ湾で強風により座礁し難破した．3船の要目形状を表2-1，図2-32と図2-33に示す．

表2-1　コロンブスの旗艦「サンタマリア」と「ピンタ」，「ニナ」の主要目

船名	サンタ・マリア		ピンタ	ニナ
長さ（垂線間）	22.56			
全長	28.96		24.99	24.07
幅	7.83		7.31	4.26
深さ	3.66		3.35	
満載排水量	233		154	147
船型	カラック		カラベル	カラベル

図2-32　カラック（Carrack：コロンブス船隊旗艦の「サンタマリア」の船型）

図2-33　カラベル（Caravel：コロンブス船隊の「ピンタ」と「ニナ」の船型）

http://vamos-wentworth.org/seadog/seadog.php?subject=links

第2章 船の世界史と黒船以降の日本の造船史

この時代になると船型は種類，サイズ，装備品においてかなり発達し，次のような特徴をもっていた．

- カラック（Carrack）：15世紀の後半，コッグ（Cog）の影響を受けて地中海で生まれた船で，3本マストから4本マストの船もある．大きさは200～600tで，高い船首尾楼をもち舷側は高く4条の腰外板を備え，前に突き出した船首と船体に不釣合いな船尾をもっていた．コロンブス船隊の旗艦「サンタマリア号」がカラックである．なお，コッグとは風上航走ができるラティーンと風向が一定した長距離航走に向く横帆をもつ北欧の平底船である．

- カラベル（Caravel）：15世紀に地中海に生まれた船で，ポルトガルを起源とする．マストは2本から3本で，3本の時は，前マストに角帆，主マストに大型角帆，後マストにラティーン・セールをもつ．船体形状は美しい．外板の張り方がカラベル式（Caravel，平張り）になっている．コロンブス船隊の「ピンタ」，「ニナ」はカラベルである．北欧のコッグに影響を受けて地中海に生まれ，両者の長所をとって発達した．北欧にも影響を与え16世紀にはこの種の帆船がさらに発展した．

- 舵取り装置の改良：1600年末期には梃子の原理を使った現在の舵取り機の原型が考案された．これが18世紀の初めに舵取り車（Steering wheel）に発達した．

イギリスの海洋進出

イギリスは他国に遅れたが，1509年ヘンリー八世（Henry）が大艦隊政策をとり，海洋進出を始めた．特に北極海，北西航路，デービス海峡，バフィンランドに入り，ニューファンドランドを領有した．ウォーター・ローリーは1585年バージニアの植民地化を行った．1577～1580年フランシス・ドレーク（Francis Drake）は旗艦「ゴールデン・ハインド号（黄金の雌鹿）」以下5隻の船に，164人の乗組員を乗せ，本人帰還による初の西周り世界一周を行った．旗艦は3本マストのガレオン船で前部と主マストは角型の横帆2枚，後ろはラティーン・セールをもち，バウ・スプリット（斜檣：バウから前方斜めに張り出したマストで横帆を張る）にスプリット・セールをもつ．要目は全長22.86m，垂線間長20.13m，幅5.79m，約100tであった．

2）軍船の発達

初期の軍船

スペインは他国に先んじて海洋に進出し東洋等に広大な土地を手に入れて貿易の利益を得たので16世紀には欧州の最強国となった．その後，ネーデルランドの独立運動が活発化しイギリスがこれを助けたのをきっかけに1588年スペインの無敵艦隊（Invincible Armada）はイギリス・オランダ連合艦隊を撃破しようとして逆に全滅し，海洋進出以来100年余で海上権をイギリスに奪われた．当時の軍船は3種類あった．

- ガレオン（Galleon）：16世紀にイタリアで生まれヨーロッパで発達した全帆装船．L/B（船長／幅比）が大きく低い船首尾楼をもつ大型軍船．イギリスにはヘンリー八世（1491～1547）が

図2-34 ガレオンの帆装

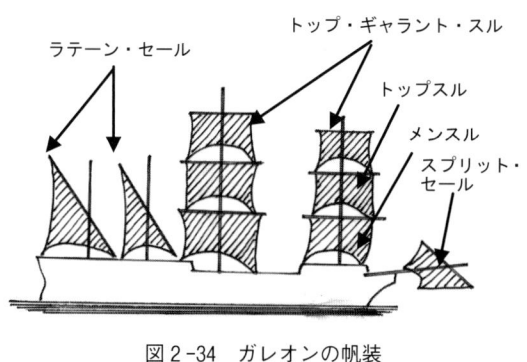

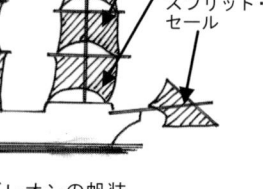

図2-35 「アーク・ロイアル」

導入したといわれ，4本マストでスプリット・セールをもつ．その形状の特徴を図2-34に示す．
- ガレアス（Galleass）：ガレオンよりL/Bがさらに大きく船首尾楼をもたない．帆と櫂を装備するhybrid船．
- ガレー（Galley）：地中海で発達した櫂で推進する細長い船でギリシアやローマのバイレムやトライレムに起源するがこの時代には帆をもつ．前時代のものより大型となり51mの船もあった．

この時代の代表的な軍船としてイギリス・オランダ連合艦隊の旗艦「アーク・ロイアル（Ark Royal：1587）」（重量600 t，乗組員400人，カノン砲50門を装備）がある．この船は当初，イギリスの有名な探検家サー・ウォーター・ローリー（Sir Water Raleigh：1554〜1618）の持船として建造され，後にイギリスの旗艦となりハワード提督の旗艦として1588年スペイン無敵艦隊に勝利した船である．典型的なガレオン船で4本マストのうち，前部と主マストは角型横帆3枚，後部2本がラテーン・セールでバウ・スプリットをもつ（図2-35）．大型砲は下方甲板に設置したが，軽い砲は上甲板に配備された．現在もGunwale（Gunnel：舷端）として造船用語に名が残る．その後，18世紀の軍船「ビクトリー」に見るように多数の砲を上，中，下の複数の甲板に配備することが普通となった（図2-36）．

17世紀の軍船

17世紀のイギリスはスチュアート王朝（Stuart：1603〜1707）の時代であり，ジェームス一世（James：1566〜1625）やシェークスピア（Shakespeare：1564〜1616）の生きた時代である．イギリスは1588年スペインの無敵艦隊を撃破し海上権を握り，1600年東インド会社（British East India Company）開設以降，海外進出と支配権を増強した．17世紀の軍船の縦断面を図2-37に，また，帆装例をは図2-38に示す．この時代の代表的帆船としてイギリスの「サヴリン・オブ・ザ・シー（Sovereign of the Seas：1637）」（図2-39）がある．重量1,522 t，主要目はL×B×d＝70.71×14.17×6.77m，層内深さは5.88mである．砲102門で3層に装備した．船尾は角形から円形船尾となり士官用として豪華な展望台が設けられた．チャールズ一世の命令で建造された当

43

第2章　船の世界史と黒船以降の日本の造船史

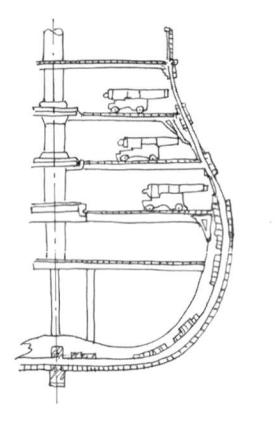

図2-36　軍船の横断面とGunwale

図2-37　17世紀の軍船の縦断面
（上野喜一郎『船の世界史』より）

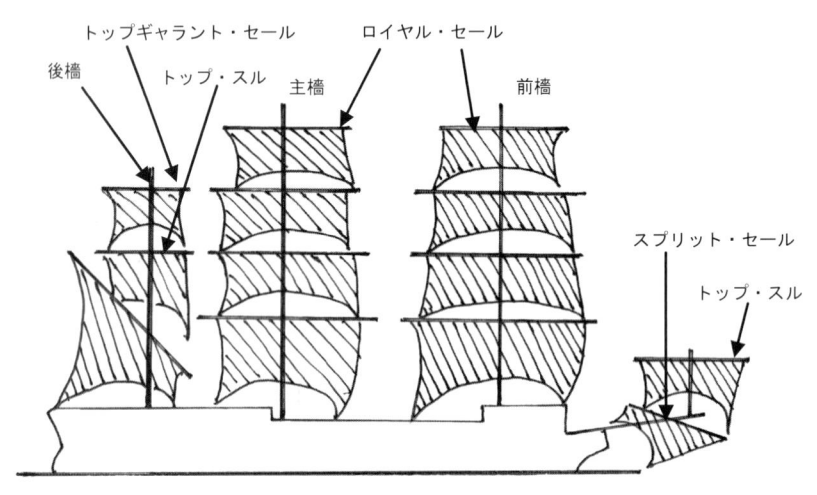

図2-38　17世紀の軍船の帆装

時としては最大の超豪華戦艦でオランダ海軍から「黄金の悪魔」と恐れられた．1652年復原性改善のため2層に改造し，「ロイヤル・サヴリン」と改名したが1698年に失火で焼失した．

18世紀の軍船

　砲の装備数が増え，図2-36のように，上，中，下の各甲板に装備された．この結果，船も大型化し2,000トン級となる．代表的軍船として，「ビクトリー（Victory：1765）」（図2-40，L×B＝56.59×15.85m，2,162t，砲100門，現在，イギリス，ポーツマス軍港に保存）がある．イギリス王の紋章盾を中心として「victory」の船首像（figure head：フィギュアヘッド）をもつ．この船は1805年トラファルガーの戦い（Trafalgar）でネルソン提督（Nelson）率いるイギリス艦隊がこれを旗艦としてフランス・スペイン連合艦隊を撃破した．

　船の大型化と装備品の重量の増加により，船の中央が垂下する傾向（sagging：第3章156頁）が生じたため，斜め帯板（diagonal tie plate）などの補強方法が発達した．船尾展望台も数層で

44

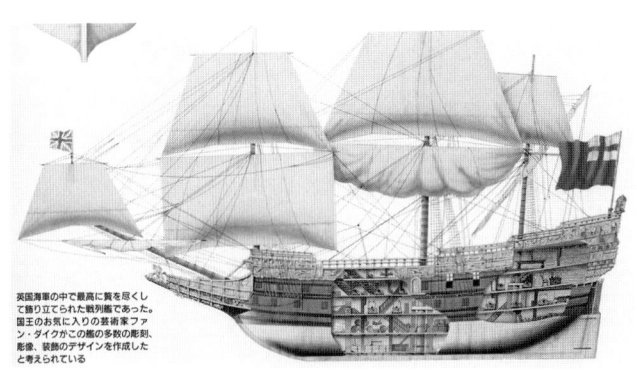

図 2-39 「サブリン・オブ・ザ・シー」

（図 2-39，図 2-40 トニー・ギボンズ『船の百科事典』より）

図 2-40 「ビクトリー」

ガラス入りもできて豪華となる．海中生物による船底腐蝕を防ぐために獣脂や硫黄などの混合物を船体表面に塗布した．船首像（figure head）も常備された．船体構造，艤装，建造の方法が進歩した．

(7) 大型帆船とクリッパー時代

1) イギリスのインド貿易への進出

　イギリスは1600年に東インド会社を開設し喜望峰よりマゼラン海峡にいたる全域の貿易独占権をもって海外進出を強めた．オランダ，フランスも相次いで同名の会社を設立したがクロムウェル（Cromwell）の航海条例発布（Navigation Acts：1651）以降，オランダ，フランスを圧迫し，次第に独占的に東洋に手を伸ばして莫大な貿易利益を得た．これに従事する船を東インド貿易船（East Indian Merchant ship）と称した．これらの商船は砲を装備する軍艦（War ship）として作られていた．18世紀初頭は500 t 以下であったが（「スワロー号（Swallow：1782）」（345 t），中期になると大型化し，最大1,500 t に及ぶものとなった．舵はフィップスタッフ（whipstaff）から舵取り車（steering wheel）に替わった．また，西インド会社が設立されて西インド諸島との貿易も活発化した．西インド貿易船「メジナ号（Medina：1811）」は469 t で最大550 t 積で概して，東インド貿易船に比べやや小型であった．

　イギリスの東インド会社によるインド，中国との貿易は名誉革命（Glorious revolution），産業革命（Industrial revolution）とその後の人文科学や科学技術の大発展を経てますます盛んとなり船舶輸送の重要度が増した．そして快速大型帆船クリッパー（Clipper）の大活躍する時代に入る．

2) クリッパー船時代の出現

　1834年イギリスは東インド会社の中国貿易独占権を廃止して自由貿易にのりだした．中国の茶

第2章 船の世界史と黒船以降の日本の造船史

を買入れるにあたり，その代金にかえてインド産のアヘン（opium）を中国にもちこむようになったのでインドから中国へ阿片を運ぶ高速船が必要となりクリッパーが造られようになる．イギリスによる1839年の香港占領，1840年のアヘン戦争などの事件と関連する船である．クリッパー（Clipper）とは"clip"の切り取る，素早く進む，疾走するの意味から生まれた"軽快に早く走る船"で，そのイメージは船首が尖って前方につき出しマストが後に傾いた多数の高い帆をもつ高速船である．アメリカでは「クリッパー」の名称は1833年の「ボルチモア・クリッパー（Baltimore Clipper）」（44m，493ｔ）に由来をもつ．アメリカの天才設計家ドナルド・マッケー（Donald Mckay：1810～1880）は多数のクリッパー設計に貢献し，次に示す3種類のクリッパーの発展に寄与した．

- シー・ウィッチ（Sea Witch）：L×B×D＝51.83×10.36×5.79m，907ｔ．マスト3本を装備した最初のクリッパーで航路はNY～香港（マゼラン海峡経由），平均速力14.9kt，1846年．
- カルフォルニア・クリッパー：NY～カルフォルニア（ホーン岬経由），カルフォルニア金鉱発見に由来する．
- ティー・クリッパー（Tea Clipper）：インドから中国へ阿片を運び，イギリスに中国茶を運ぶクリッパー

1849年イギリスの航海条例が廃止されて自由貿易となるとアメリカが貿易に介入してきた．1850年にアメリカの「オリエンタル（Oriental：1840）」（1,003ｔ，56.3m）が初めてロンドンに中国茶を運ぶ．香港～ロンドン間を97日で航海した．また，「アバディーン・クリッパー（Aberdeen clipper）」（イギリスの帆船）等多数作られて高速運搬を競った．

アヘンを運んだ「オウピアム・クリッパー（opium clipper）」，後に羊毛をオーストラリアから運んだ「ウール・クリッパー（wool clipper）」などがある．

3）大西洋航路の帆船

1850年代になるとクリッパーによる大西洋横断競争の時代に入る．ドナルド・マッケーが建造した「サブリン・オブ・ザ・シー（Sovereign of the sea：1852）」（図2-41，L×B×D＝78.7×13.4×6.4m，2421t）は最高速力22ktを記録した高速クリッパーでニューヨーク～サンフランシスコ間（ホーン経由）および，ニューヨーク～リバプール間を就航した．当時の最大級のものは，「グレイト・レパブリック（Great Republic：1853）」（4,555ｔ，L×B×D＝102.11×16.15×11.58m）である．4本マストのバーク型帆船で広東～ロンドン間を約90～110日で航走した記録もあった．

1850年オーストラリアの金鉱発見で新たに

図2-41 「サブリン・オブ・ザ・シー」
（トニー・ギボンズ『船の百科事典』より）

オーストラリア航路が開設された．その後アメリカは1857年の経済危機以降，クリッパー航路から撤退したためイギリスの独壇場となった．

ヘラクレス・リントン（Hercules Linton：1836〜1900）やウィリアム・リスゴウ（William Lithgow：1854〜1908）など著名なクリッパー設計家が輩出した．イギリスの商人がチャーターしたアメリカのクリッパーは非常に高速で東インド会社船の5分の1以上の期間で茶をイギリスに運ぶ船もあったので，以降イギリスではアメリカの帆船を参考としてクリッパーが建造された．

4）最後のクリッパー

1869年にスエズ運河が開通した．風が弱いスエズ運河のshort circuit航行は蒸気機関船の独壇場となり帆船競争時代が終末に近づいた．この時代の主たる航路はイギリスと中国およびオーストラリアを結ぶルートであった．不運にもそのような時期に建造されたティー・クリッパーが「サーモピレ（Thermopylae）」（14.9kt）と「カティー・サーク（Cutty Sark）」（15.1kt）であり，当初，中国航路を就航した．表2-2に主要目，図2-42と図2-43に「カティー・サーク」の船型と線図を示す．

「カティー・サーク（1863）」は鉄船は強固であるが茶に良くないことと船体重量が重くなり木船に比して船速が低下するという理由から木鉄交造船であった．

当時，中国の茶をイギリスにいかに早く輸送できるかの競争が行われていた．1872年「カティー・サーク」は「サーモピレ」と上海からイギリスへの輸送を競ったがスンダ海峡（Sunda strait）通過時「カティー・サーク」は舵を波により流失し「サーモピレ」に遅れること1週間後に所要日数122日で到着した．急場しのぎの舵で航海を続けた船長に多くの賞讃が与えられたという逸話が残されている．その後「カティー・サーク」はイギリス〜オーストラリア羊毛輸送船として就航した．

「カティー・サーク」の船型学的特徴をみ

表2-2 「サーモピレ」と「カティー・サーク」の主要目

船名	サーモピレ	カティー・サーク
総トン数	991	963
長さ（m）	64.62	64.74
幅（m）	10.97	10.97
深さ（m）	6.40	6.40
長さ/幅	5.89	5.90
建造年	1868	1869

図2-42 「カティー・サーク」
http://wwp.greenwichengland.co.uk/tourism/cuttysark.htm

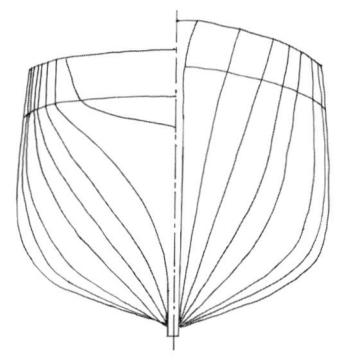

図2-43 「カティー・サーク」の線図

ると，1846年建造の最初のクリッパー「シー・ウィッチ」の長さ幅比 L/B＝5.0から1869年建造の「カティー・サーク」のL/B＝5.9へと23年かけて，かなり大きくなってきている．船型を細長くして船速の向上をはかり輸送能力を増大させたことがうかがえる．また，図2-43の「カティー・サーク」の線図を見ると，かなり，優雅で洗練された現代風の船型となってきたことがわかる．退役後の1954年以降「カティー・サーク」はテームズ河グリニッチの乾ドックに保存されている．

5) 帆船の大型化

交易航路の拡大（オーストラリアの羊毛や小麦およびチリの硝石など）と輸送能力の増強を狙い，120m級の各種形式の鉄製・鋼製で大型多マストの高速帆船が出現した．帆船の代表的な形式にはシップ，バーク，スクーナーがある．世界最大の帆船とその要目を表2-3に示す．

シップ型帆船「プロイセン」およびスクーナー型帆船「トマス・W・ローソン」の船体形状を図2-44，図2-45に示す．後述する咸臨丸はバーク型である．

1900年前後からは大型帆船の発達に平行して，産業革命で発明発展した蒸気機関と外車，さらに，スクリュープロペラを装備した大西洋定期蒸気船が建造され就航を始めていた．船型と推進方法が大きく変わる過渡期であった．

表2-3　各形式の世界最大帆船の主要目

船　名	形式	マスト(本数、帆)	GT	長さ	幅	深さ	船質	建造年
「プロイセン」(独)	シップ	5本：横	5081	124.30	16.34	8.26	鋼	1902
「フランス」(仏)	バーク	5本：前主横、後縦	5633	127.40	—	—	—	1911
「トーマス・W・ローソン」(米)	スクーナー	7本：縦	5218	112.17	15.24	10.73	鋼	1902

図2-44　世界最大のシップ型帆船「プロイセン」
（トニー・ギボンズ『船の百科事典』より）

図2-45　世界最大のスクーナー型帆船「トマス・W・ローソン」
（上野喜一郎『船の世界史』より）

(8) 産業革命と推進機関，外車およびスクリュープロペラ

1) 推進機関の歴史
蒸気機関の発明

古くはBC120頃アレクサンドリアの幾何学者ヘロン（Heron）が鉛直軸に固定された球体の左右両端のノズルから接線方向に蒸気を噴出しその反動で回転させる反動式タービン（Heron機関）を考案したといわれている．

産業革命につながる蒸気機関の研究はブランカ（Giovanni Branca（イタリア）：蒸気噴出による衝動タービン，1629），セイバリィ（Thomas Savery：蒸気冷却による圧力低下を利用したピストンの運動の利用，1698），パピン（Denis Papin：Savery の原理を水車の動力に応用，1705）により行われ，1705年にニューコメン（Thomas Newcomen）が現在の蒸気機関の基を作りポンプに利用した．その後，ワット（James Watt）は継続した開発研究を続けて1775年ついに，Newcomen機関の発展型として覆水器を独立させ熱効率を向上させるとともにピストンの上下に蒸気を送り込む複動型蒸気機関を開発した（図2-46）．これが産業上の一大革命となったワットの蒸気機関である．蒸気機関車への実用化はスティーヴンスン（Stephenson）によりなされ1825年，35台の客車と貨車をひいて45kmを時速約18kmで走破した．

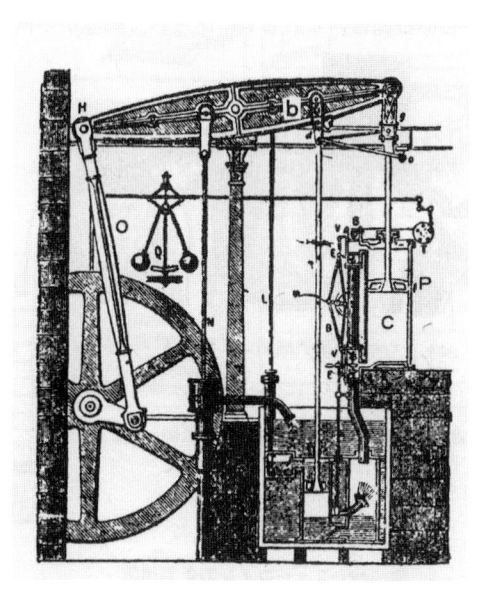

図2-46 ワットの複動型蒸気機関（1775）
（上野喜一郎『船の世界史』より）

汽船の発明と実用化

汽船への蒸気機関の実用化は1801年イギリス・スコットランドのシミングトン（William Symington）によりなされた．彼は運河用はしけ（艀）曳航船「シャロット・ダンダス」（L×B×D＝17.07×5.49×2.44m）の船体後部中央に船底を貫いて置かれた水車状外車を蒸気機関で回して走らせ有効性を示した．1804年アメリカのスティーヴンス（John Stevens）は2軸スクリュープロペラ装備の「リットル・ジョリアナ」（L＝7.32m）を製作した．さらに，外輪船「フェニックス」を作って海上を航行した．

さらに大きな汽船への実用的応用はアメリカ人フルトン（Robert Fulton：1765～1815）によりなされ，初めての客船「クラーモント（1807）」（L×B×D＝40.54×5.49×2.74m：気筒直径610mm，行程1219mm：外輪直径：5.47m，翼幅1.22m，図2-51）を走らせた．1814年には

軍艦「フルトン一世」(双胴船：L×B×D＝50.6×17.07×6.10m) にも応用された．これは単胴間に直径4.88mの外車1個を置いたもので，速力5.5ノットで走った．欧州での汽船の実用化はイギリスのベル (Henry Bell) の「コメット」(L×B×D＝12.8×3.35×1.68m) で，1808年にクライド河口〜グラスゴー間を走った．1819年全装帆船「サバナ (Savannah)」(GT320t, L＝30.02m, 58頁参照) は補助蒸気機関として，90馬力の機関 (Diagonal engine) と外車を装備して大西洋を横断し，大西洋定期客船競争時代の幕を開けた．

蒸気機関の発達

舶用蒸気機関の改良型として，ビーム機関 (Beam, 図2-47)，サイドレバー機関 (Side lever, 図2-48)，筒振り機関，ダイアゴナル (Diagonal) 機関，横置機関などが開発された．サイドレバー機関とは，ビーム機関では上部にあった天秤ビームを下方の汽筒の両側に下ろし機関の重心を下げた改良型であり，1862年のキュナード社の「スコウシア (Scotia)」(GT3871t) に使われた．これらの蒸気機関の名称は初期の大西洋横断客船の主要目のなかに数多く見出すことができる．

倒置立型蒸気往復機関

1840年頃にはスクリュープロペラ (Screw Propeller) の利点が認められ推進機関として外車 (Paddle wheel) からプロペラへの過渡期となり，やがてプロペラ船全盛時代へと移行することになる．しかし，プロペラを船に装備するにあたって是非改良しなければならない重要な3つの課題があった．それは，当時の蒸気機関では，①回転数が18回転/分程度と舶用プロペラには低すぎること，②回転軸の位置が高すぎること，③馬力が低く，増加させる必要があることなどである．そのために増速装置（ロープ，ベルト，鎖，歯車の使用）が開発された．回転軸位置を下げるために，横置機関，トランク機関の開発を経て，1850年頃，現在のディーゼル機関の形状を

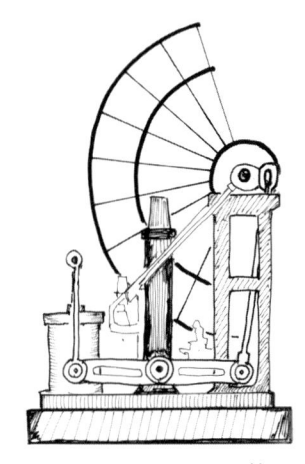

図2-47　ビーム機関　　　　図2-48　サイドレバー機関

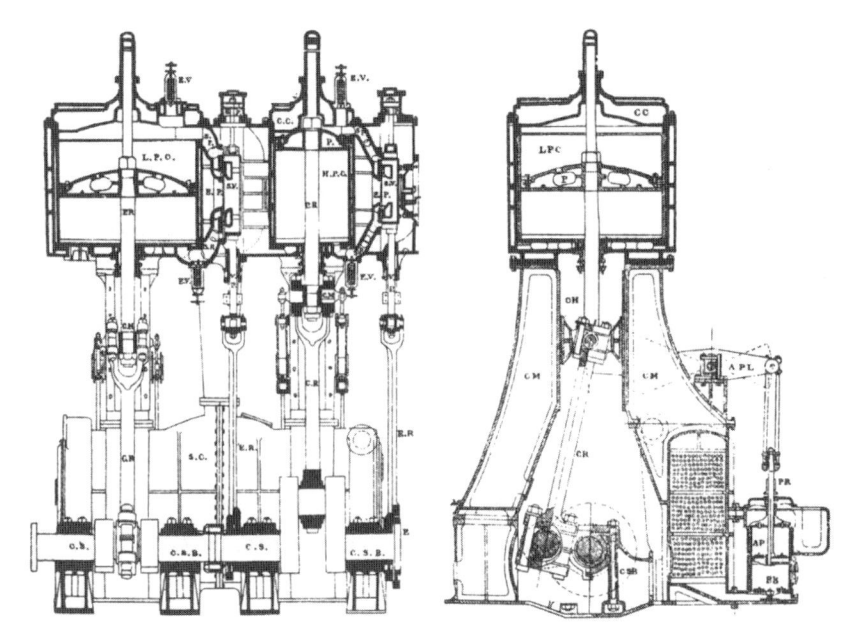

図2-49　倒置立型連成機関（2 練成）
(上野喜一郎『船の世界史』より)

した倒置立型機関が開発された．また，馬力を増加させるために機関を複数並べ高圧蒸気を次々に利用する連成機関が開発された．図2-49に倒置立型連成機関（2連成）を示す．このような技術開発を経て1893年には当時最大の3連成機関（Triple expansion engine）が「カンパニア」（GT12,950 t，30,000PS）に装備された．その後，4連成機関が北ドイツ・ロイド社の「カイゼル・ウィルヘルム2世」（GT19,361 t，2軸合計45,000PS）に装備され往復動蒸気機関（Reciprocating steam engine）の実用化は頂上に達した．

蒸気タービン

さらなる高馬力機関として蒸気タービン（Steam turbine）が出現する．蒸気タービンは高温高圧の蒸気を羽根車に吹き付けて回転させる外燃機関である．蒸気タービンの考案の歴史は1629年のブランカ（Branca）の功績までさかのぼることができる．蒸気往復機関の限界が見え始めた1850年以降に各種のタービンが考案された．最も偉大な功績を残したのがイギリスのパーソンス（Charles A.Parsons：1854〜1931）である．彼は衝動タービンおよび反動型タービンを研究し改良を重ねた．1894年特許を取得しそれを試験船「タービニア（Turbinia：1897）」（L×B×d× Dispt. =30.5m×2.7m×0.9m ×44.5t）に装備して実験した（図2-50）．当初，2,000PS，2,000rpmのタービン1基にプロペラを取り付け航走させたが船速が出ずに不成功に終わった．そこでパーソンスはタービンを高圧，中圧，低圧の3つに分けて3軸とし，1軸に3個のプロペラ（タンデムプロペラ：tandem propeller，第3章165頁，1軸にプロペラが複数串刺しになった状態の推進装置），3軸全体で9個のプロペラを装備して航走させたところ34.5kt（Fn =

第2章　船の世界史と黒船以降の日本の造船史

1.026) を達成し，成功を収めた．

当初の実験で不成功に終った原因は，高馬力高回転数の機関で1個のプロペラを作動させたために，プロペラ翼面（負圧側，つまり船体側の面）の荷重が非常に大きくなり，キャビテーション（大きな推力を出すために翼面の圧力が飽和蒸気圧以下に下がり水が沸騰しガス状になる現象）がプロペラ翼全面を覆うほど増大して推力が激減し船体抵抗に打ち勝てなくなったためである．そこで，3軸のタンデムプロペラとしてプロペラを計9個に増し，プロペラ1個あたりの荷重を1/9に下げてキャビテーション現象を減少させることで推力を回復させ設計船速を達成したのである．また，同年，英国海軍の魚雷艇（torpedo boat）「ダーリン（Daring）」でも同様の出来事が起こった．設計では3,700PSで27kt出るべき船速が24ktしか出なかった．設計者バーナビー（Barnaby）はこの原因をキャビテーションの発生と判定してプロペラの設計を変えて問題を解決した．「タービニア」および「ダーリン」の事例はその後のプロペラキャビテーション研究の発端となった有名な歴史的出来事であった．

図2-50　タービン船「タービニア」
（トニー・ギボンズ『船の百科事典』より）

このパーソンス・タービンは軍艦へ多用されたが，大型客船の高馬力化にも貢献し，1907年にはキュナード社の「ルシタニア」（GT31,550t，4軸合計70,000PS）に応用された．日本では「天洋丸（1908）」（13,454t，19,000PS，90頁）にはじめて応用された．タービンは高速回転であるため減速してプロペラを回転させねばならない．タービンとプロペラの間に減速歯車装置を置くことにより，タービンとプロペラの効率低下を少なくして稼動させるギヤード・タービン（Geared turbine）が実用化されてその後の蒸気タービン発達の原型となった．

ディーゼル機関

ディーゼル機関（Diesel engine）はシリンダー内の空気を圧縮して高温度になったところに重油を噴入して爆発させる．爆圧でピストンを上下させこれを回転運動にしてプロペラを回す．ディーゼル機関はドイツのルドルフ・ディーゼル（Rudorf Diesel：1853～1913）により発明され，1898年頃には小型のディーゼル機関が実用化された．舶用として改良が重ねられ，1927年には航洋大型客船「オーガスタス」（伊：GT32,650t，7,000PS 4基，MAN，19kt）に搭載された．ディーゼル機関には2サイクル機関と4サイクル機関がある（現在，大型商船に使用される大型低速ディーゼル機関は2サイクル機関である）．ディーゼル機関は重量が軽くコンパクトであるため機関室が小さくてすみ，燃費がよく人件費も節約できる．多くの改良が重ねられ現在では大馬力のディーゼル機関の実用化により舶用機関として大いに利用されている．

ガスタービン

　ガスタービンは重油の燃焼を直接，羽根車に吹き付けて回転運動に変える内燃機関である．往復式内燃機関が吸入，圧縮，燃焼，膨張，排気の各過程を1つのシリンダー内で行っているのに対し，ガスタービンではこれらの過程を圧縮機，燃焼室，タービン等の独立した装置で行わせ，高回転を得る軽量小型で振動の少ない熱機関である．

　船舶への採用はイギリスが最も古く，1947年に初めてイギリスの砲艇（2,500PS）に搭載，1953年軍艦「グレイ・ダーク」にロールス・ロイス製ガスタービン（5,300PS）を装備し艦艇用主機機関として実用化されるようになった．その後，商船用主機の採用も始まり，コンテナ船あるいはRORO貨物船，LNG船，自動車運搬船等にも採用・計画されたが，燃料が高価なために現在では迅速性と高出力が重要な艦船，巡視船，砕氷船，ジェットフォイルなど特殊な船に限って使用されている．

2) 推進器の発達

外車

　外車のアイディアはローマ時代からあったが最初に蒸気機関に付けたのは1801年イギリスのシミングトン（William Symington）考案のはしけ曳航船「シャロット・ダンダス」の船尾外車といわれている．この外車は固定翼外車といわれ，翼が外輪の半径方向に向けて固定されている．このため，一回転中に水に対して有効に働くのは翼が最深部にあるときだけで，特に，進入，進出時は水面に斜めになるので水の撹乱が大きく推進効率が悪い．フルトンの初めての客船「クラーモント（1807）」もこの形式の外車であった（図2-51）．その後，1829年ガロウェー（Elijah Galloway）が図2-52に示すような羽打翼外車（Feathering paddle wheel）を発明した．これは翼を支持し回転させる車輪のほかに回転する翼の位置により翼の角度を動かす車輪を設け両方の回転中心を偏心させることにより，1回転中の翼角を変化させる仕組みとなっている．翼の水面

図2-51　客船「クラーモント」

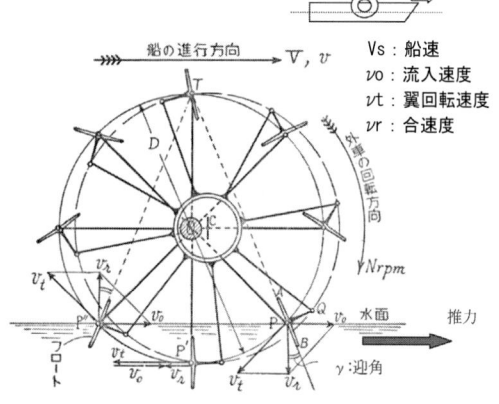

図2-52　ガロウェーの羽打翼外車
（大串雅信『理論船舶工学（下）』より）

第 2 章　船の世界史と黒船以降の日本の造船史

への進入，進出時には翼が水面撹乱を少なくするように垂直方向に向き，水中を回転する時は直角に水を押すように調整できるので推進効率が向上し，その後の外車船の速力が大いに増加した．この形式の外車は1838年の大西洋横断汽船「グレート・ウエスタン」（GT1340 t，L×B＝64.61×10.76m，機関750PS，外輪車直径8.78m，速力9 kt）に装備され，その後の大馬力定期客船出現の基礎を作った．

スクリュープロペラ

図 2-53は現在のスクリュープロペラ（以下，プロペラと称す）装備までの変遷図で，①帆船時代の船尾，②帆船型船尾に3螺糸ネジプロペラの装備，③現在型のプロペラの装備，④没水深度可変プロペラ装置の例を示す．①の帆船の場合はプロペラがないため，船尾で徐々に薄くなった船体後端に舵板が隙間なく取り付けられ，操舵装置によって左右に舵が切られる．その後，②のような螺子（ネジ）プロペラが発明された．このアイディアはレオナルド・ダ・ビンチ（Leonardo da Vinci：1452〜1519）のsketches a helicopter, using a screwやベルヌーイ（Bernoulli）による"ネジ"の応用（1752年頃）をヒントとして生まれた．図 2-53②は1794年にウイリアム・リットル

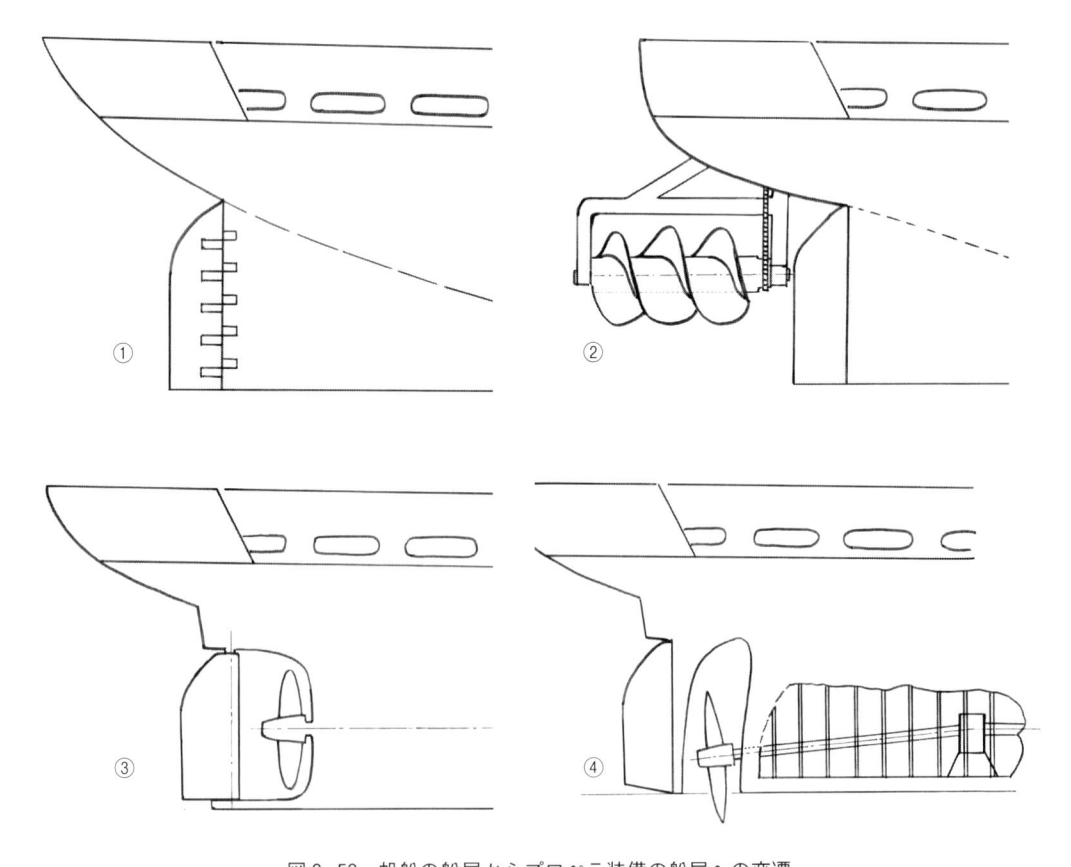

図 2-53　帆船の船尾からプロペラ装備の船尾への変遷
①帆船船尾，②螺糸プロペラ，③現在型のプロペラ，④「ブリタニック」の没水深度可変プロペラ

トン（William Lyttleton）が考案した3螺子プロペラの装着状況の一例である．プロペラの駆動用鎖車やその大きな推力を支える軸受の取り付け方法に苦労の跡が見られる．3螺子プロペラを理解するために，まず，1螺子プロペラの螺旋面の定義が図2-54に示されている．回転軸上のA（x=0）に半径1の一本の棒を垂直に立てて一定の角速度ωで右ネジの方向に回転させながら等速度Vで前進させる．一回転してB（x=1）まできたとすると棒の各半径の点（ここでは，0.2から0.1刻みで1.0まで）の軌跡は螺旋面（helical surface）を描く．図2-54はV＝1m/s，ω＝2πの場合で1回転分（1ピッチ）の螺旋面が描かれていることになる．

リットルトンの3螺子プロペラとは軸に垂直な同一断面内に3本の棒を等角に（120°ごとに）配置しておいて一定角速度で回転させながら進行させた時にできる3つの螺旋面で，1ピッチ分だけ切り取ったプロペラが図2-53②である．レッセルは1829年に直径1.5mの2螺子半ピッチ分のプロペラを作り，「チベッタ」（48t，6馬力）の船尾にプロペラ装備用間隙（現在のスクリューアパチャ：Screw apertureの原型）を作って装備し実用化の道を開いた．図2-53③に示す現在型プロペラは螺旋プロペラの軸方向のごく一部分（つまり，1/nピッチ分）だけを切り取り翼端を整形した現代のプロペラの場合である．このタイプのプロペラは，エリクソン，スミス等多くの研究者により改良が加えられてきた．1839年，スミス型螺旋スクリュープロペラが大型船「アルキメデス」（L×B×d＝32.31×6.86×3m，排水量240t，機関80PS，機関回転数26rpm，プロペラ回転数140rpm，最高速力9.25kt）に装備され実船実験が行われた．同年，貨物船「ノベルティ（Novelty）」（積載420t）用に現在のプロペラの母型に近い形状をした木製2翼プロペラを製造し，初めて現在型に近いスクリューアパチャの中に装備することができた（図2-55）．

その後，プロペラ形状の開発が進み，1845年ごろには，6翼プロペラが製造され，イギリスの「グレート・ブリテン（Great Britain）」（GT3,270t）に用いられた．図2-56に「グレート・ブリテン」の船型を，図2-57には蒸気機関の船内配置と鎖ベルトによる増速方法および扇形をした6翼プロペラの装備イメージが示されている．前述のように当時の蒸気機関は回転数が低く，

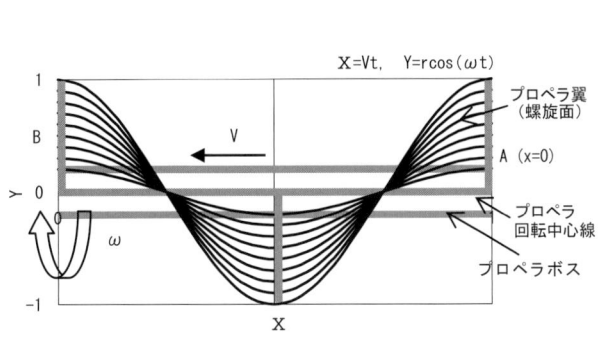

図2-54　1螺糸螺旋面モデル

図2-55　「ノーベルチー」の木製2翼プロペラ
（上野喜一郎『船の世界史』より）

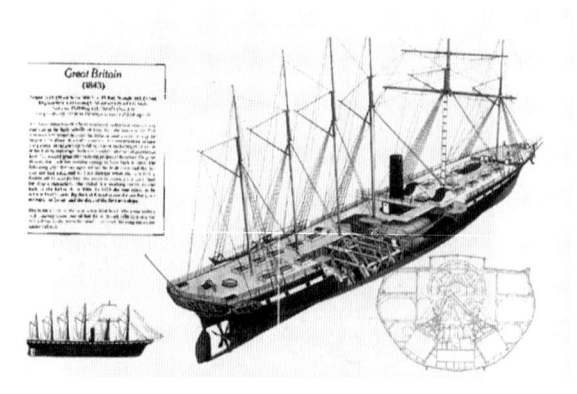

第2章　船の世界史と黒船以降の日本の造船史

図2-56　「グレート・ブリテン」
（Kemp,Peter:History of Ships,Galahad Books,New York City より）

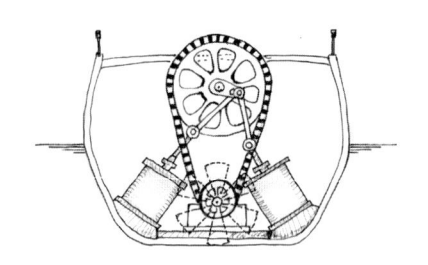

図2-57　「グレート・ブリテン」の鎖ベルトによる増速方法と6翼プロペラの相対配置

回転軸位置が高かったためにプロペラ回転数の増速と軸を下げることに工夫の跡がうかがえる．

　1830年頃には大西洋定期航路客船のスピード競争が展開されたが，当時の推進装置は外車が主流でありスクリュープロペラの時代が来るのはさらに30年後の1860年ごろであった．これはプロペラに適した高速で効率の良い舶用蒸気機関がなかったこと，船尾管軸受やプロペラに適した船尾設計技術が発達していなかったことが原因である．その後，連成機関，高蒸気圧に耐える円形汽缶やその材料が発展し，1860年代にスクリュープロペラが主役となる．1874年には鉄製客船「ブリタニック（Britanic）」（L×B＝138.68×13.77m，GT5,004 t，連成機関5,100PS，航海速力15kt）が建造された．この船は図2-53④に示すように水深に応じてプロペラを上下し得るようプロペラ軸と中間軸は自在継手で連結され，水深が大きい港外航行のときにはプロペラを下げて走るようになっている．第4章4.4節のプロペラ理論（204頁）で示すがプロペラ効率を向上させる大直径プロペラの装着のアイディアをうかがわせて興味深い．

　その後，舶用蒸気タービン時代に入り1935年「ノルマンディ（Normandie）」（GT79,280 t，Turbo-electric，160,000PS，4 Props），1936年「クイーンメリー（Queen Mary）」（GT79,280 t，Turbine，160,000PS，4 Props）と高馬力多軸スクリュープロペラ装備のマンモス客船時代に入る．推進機関として，大型ディーゼル機関，電気推進方式が開発される．大馬力を吸収するために大直径のプロペラの鋳造および製作技術や多軸用軸系技術，軸系配置技術が進む．プロペラも開発が進み，通常型プロペラ（CP）のほかに各種のプロペラが現れる．プロペラの種類，現状および最近の発達については第3章，第4章に述べる．

ローター船（フレットナー船）

　図2-58のように帆もプロペラもなく，ただ巨大な円柱が甲板の上に2本そびえている奇妙な船があった．1924年ドイツの物理学者アントン・フレットナー（Anton Fletner）がGT60 tの帆船を改装し，マグナス（Magnus）の原理を利用して作ったローター船，別名フレットナー船「ブルッカウ（Bruckau，改名後バーデン・バーデン）」である．

マグナスの原理とはドイツの物理学者ハインリッヒ・マグナス(Heinrich Gustuv Magnus)が1853年に発見した流体力学の原理で，図2-59にマグナスの原理とローター船への応用のイメージを示す．横風中で円柱が回転すると前方の流速が後方の流速より大となり，この結果ベルヌーイの定理により前方の圧力が後方の圧力より下がって矢印の方向に力（揚力，ローター船の場合はこの分力が推力となる）を生じるという原理である．これは野球のボールのカーブと同様の原理である．

本船には直径2.8m，高さ15.6mの鋼製円柱が2本立てられ，これが歯車を介して9馬力の電動機2基で中心軸周りに回転させられた．世界初のローター船「バーデン・バーデン」は1926年ニューヨークに向けて出帆し大西洋横断によりローター船の効果が認められた．

その後，ブレーメンのウェーゼル社は大型のローター船「バーバラ（Barbara）」（GT1,700t，L×B×D=89.71m×13.03m×13.03m）を建造した．3本のローター（直径4.01m，高さ17.09m）を各35PSの電動機により毎分150rpmで回転させた．補助機関としてディーゼル機関2基（合計1,060馬力）をもち，流体継手で推進器を回した．試運転によると，ディーゼル機関2基（ローターなし）で9kt，ディーゼル機関2基とローターを併用して

図2-58 ローター船「ブルッカウ」
（改名後「バーデン・バーデン」）
http://www.tecsoc.org/pubs/history/2002/may9.htm

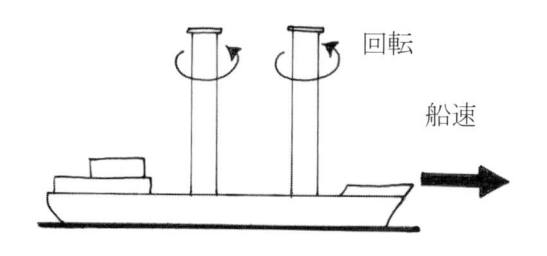

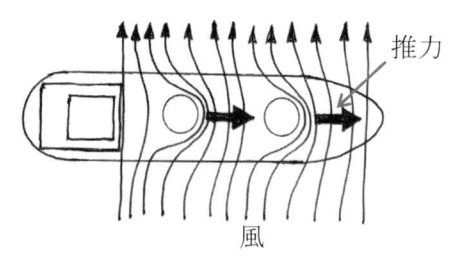

図2-59 マグナスの原理とローター船への応用（概念図）

10.5ktの速度を得た．船型理論によると9ktから10.5ktにディーゼル機関のみで増速するにはさらに640PS（約60％増）が必要となるが，使用したローターの総馬力は105PSであり約10％の馬力増で10.5ktが得られているのでこのローターの効率はかなり良いことがわかる．しかし，ローターが推力を発生するためには帆と同じく風があることが前提である．「バーバラ」はその後，果実運搬船としてハンブルグ～イタリア間を就航した．

(9) 大西洋航路の定期客船の発達

1) 汽船の大西洋航路進出の曙

　1800年頃から大西洋航路の帆船は大型化し船長100m級の船も現われたが，さらなる大型化が望まれた．これに並行して蒸気機関の発達により大西洋航路蒸気船の開発が進められていた時期でもあった．大西洋3,000海里を汽船で横断することが人々の新たな理想となってきた．1817年この計画はアメリカのスカーボロー（Scarborough）によって立てられ，1819年「サバナ（Savannah）」（L＝30.02m，GT320ｔ）により実行された．この船では帆走を主とし蒸気機関は補助的に使用したものであったが，ジョージア州サバナとリバプール間を29日11時間で走破した．蒸気機関で完全に横断したのは1833年の「ロイヤル・ウイリアム（Royal William）」（L＝48.76m，GT364ｔ）によってであり横断日数は19日であった．これらの経験から汽船による航海は大量の燃料を消費すること，したがってさらなる機関性能の向上と燃費軽減が必要であることがわかった．以下に，2.1.2項も参照しながら大西洋航路定期客船の発達について述べる．

　当時の高速帆船による大西洋横断は，往航に44日，復航に32日（平均38日）かかっていた．つまり，平均速力で3.5kt程度であった．英米汽船会社のアメリカ人ジュニアス・スミス（Junius Smith）は汽船をもってすれば15日で横断できるはずであると予想した．つまり，約8.5ktで航海できればこれが達成できることになる．この機運が高まり，英米汽船会社と競争相手であるグレート・ウエスタン会社（英国ブリストル）との間に激しい競争が展開された．1838年，英米汽船会社は「シリウス（Sirius）」（L＝54.25m，GT703ｔ，320PS：図2-60）を，グレート・ウエスタン会社は「グレート・ウエスタン（Great Western）」（L＝64.61m，GT1,340ｔ，750PS：図2-61）を投入して大西洋横断競争を行った．「シリウス」はアイルランド・コーク港～ニューヨーク間を19日，「グレート・ウエスタン」はイギリス・ブリストル～ニューヨーク間を15日で航海した．予想どおりの15日の航海で大西洋横断が可能であることを示した．船の特徴は木造，side lever機関，外車であり，航海速力は7 ktであった．

　表2-4に大西洋航路定期客船の曙となった上記4船の主要目を示す．

図2-60　「シリウス」　　　　　　　　図2-61　「グレート・ウエスタン」

2.1 船の世界史

表2-4　大西洋航路定期客船の曙

船名	GT (t)	L (m)	B (m)	L/B	船質	主機	馬力(PS)	推進型式	Vsd(kt)	日数	建造
Savannah	320	30.02	7.86	3.82	wood	斜機関	90	外車	4	27	1819
Royal Will.	364	48.76	8.53	5.71	wood	s.lever	180	外車	7	19	1831
Sirius	703	54.25	7.62	7.11	wood	s.lever	320	外車	8	19	1838
Great West.	1340	64.61	10.76	6.00	wood	s.lever	750	外車	9	15	1838

以降，要目表に示す略号の意味は次のとおりである．
GT：総トン数，L：船長，B：船幅，材質：船体の材料，主機：推進機関の種類，馬力：推進機関の馬力，
推進：推進器の種類（S.Prop.×2：スクリュー・プロペラ2基の意），Vsd：設計船速，建造：建造された年．

2)定期航路の開設：キュナード社の躍進

　当時イギリスでは18世紀半ばに起こった産業革命による生産過剰の製品のはけ口を新興国アメリカや植民地に求めた．またアメリカでは1848年にカルフォルニアに金鉱が見つかりフロンティアが西に移動する中で，ヨーロッパからの移民も増える．これにより，人，物資，郵便物などの交通量や輸送量が増加した時代である．「グレート・ウエスタン」の快挙が大西洋定期航路の発展の幕開けとなった．イギリス政府はこの成功に注目し，それまで帆船に与えてきた郵便運送契約を蒸気船運航業者に契約変更する方針を立て，海運関係者にアメリカへの郵便物定期航路の開設の可能性を検討させた．定期航路の開設に参入した船会社は，イギリスのキュナード（Cunard），ギオン（Guion），オーシャン（Ocean），アメリカのコリンズ（Collins），ホワイト・スター（White Star），ドイツのハパク（HAPAG）であった．以降，これらの会社の間に熾烈な大西洋定期航路高速横断競争が繰り広げられ，海運産業と造船技術を飛躍的に発展させることになる．

　キュナード社はカナダ・ノバスコシア（Novascotia，ハリファックス）のサムエル・キュナード（Samuel Cunard）が1839年に設立した船会社で，彼は蒸気船による定期航路開設に大いなる野望を抱いていた．海軍省から月2回の定期郵便運送契約と補助金を得たキュナード社は，まず「ブリタニア（Britania）」，「アカディア（Acadia）」，「カレドニア（Caledonia）」，「コロンビア（Columbia）」の4隻を建造した．「ブリタニア」（L＝63m，GT1,135ｔ，423PS：表2-5，図2-62）は1840年に建造された．この船は木製で外車推進の蒸気船であり機関出力は

図2-62　「ブリタニア」

表2-5　大西洋航路定期客船の最初（18世紀前半）

船名	GT (t)	L (m)	B (m)	船質	主機	馬力	推進	Vsd(kt)	建造
Britania	1135	63.09	10.36	wood	sidel.	423	外車	9	1840
Hibernia	1422	66.74	10.67	wood	sidel.	1040	外車	9	1843
America	1826	76.5	11.58	wood	sidel.	1400	外車	10	1848
Asia	2226	81.07	12.19	wood	sidl.	2400	外車	12	1850
Arabia	2408	86.62	12.5	wood	sidel.	2830	外車	12	1853

423馬力と小さい．リバプール〜ハリファックス間を115人の乗客を乗せて，西航14日8時間，平均速力9kt，東航を10日間，平均速力10.72ktで航海した．423馬力は現在の乗用車の約3台分であり，この少ない馬力で乗客115人を乗せ大西洋を横断できる船の輸送効率がいかに高いものかが理解できる．

1843年，「ヒベルニア（Hibernia）」（GT1,422 t，L＝66.74m，1,040PS，9kt）等2隻，1848年以降，「アメリカ（America）」，「アジア（Asia）」，「アラビア（Arabia）」等8隻が建造された．1853年建造の「アラビア」の船体要目はGT2,402 t，L＝86.62m，2,830PS，12ktである．先述の「ブリタニア」とわずか13年後の建造である「アラビア」の船のサイズと性能を比較すると，総トン数が2倍，長さが1.4倍，馬力が6.7倍，船速が1.4倍と増加しており，船舶の大型化，高馬力化，高速化が著しい勢いで進んだことがわかる．船体材質は木製，主機はside lever方式であるが推進器はまだ外車であり，スクリュー・プロペラの登場はこの約10年後となる．しかし，客室設備は極めて質素で狭く，食事が悪いこと，船は木の葉の如く揺れ船酔に苦しめられたことなど1842年「ブリタニア」でアメリカに渡ったイギリスの作家チャールズ・ディケンズ（Charles John Huffam Dickens：1812〜70）がその模様を著書「アメリカ紀行」の中で記しており，当時の定期客船の状況を臨場感あふれる表現で興味深く伝えている．

3）アメリカ船の参入と対抗：オーシャン社，コリンズ社

1840年頃になると，アメリカ政府はキュナード社の蒸気船の大躍進を知り，従来の帆船による定期運航がもはや対抗し難いことを悟った．そこで，アメリカの郵便物はアメリカ船で運送すべきであるという法律を制定し，1847年に政府援助下にオーシャン汽船会社を設立し，「ワシントン（Washington）」（GT1,640 t，船長70.22m，馬力1,100PS，船速9kt）を建造してイギリスに対抗させた．さらに1848年にはエドワード・コリンズ（Edward Collins）がコリンズ社を設立し，貿易量の奪回をめざした．コリンズは1847年に合衆国政府から郵便運送契約を獲得し，多大な補助金をもとに大型・高馬力な蒸気船をつくり，さらに船内サービスを向上させることでキュナード社に対抗した．1847年から1857年にかけて建造された「アークティック（Arctic）」，「バルティック（Baltic）」，「アドリアティック（Adriatic）」（図2-63）がそれである．「Adriatic（1857）」の要目は，GT4,145 t，船長105m，馬力3,600PS，船速13ktであり，船の材質は木製，外車推進で筒振機関であった．「Adriatic」をキュナード社の「Arabia（1853）」と比較すると総トン数が1.7倍，長さが1.2倍，馬力が1.3倍，船速が1.1倍と増加しておりコリンズ社が急激な大型化，高馬力化，高速化を進めてキュナード社へ対抗している姿勢がうかがえる．しかしながら，不幸にもコリンズ社の急激すぎた大型化，高速高馬力化志向が機関のトラブル，船舶同士の衝突，氷山との衝突などの海難事故を起こし1858

図2-63 「アドリアティック」

年に営業が停止された.

4）ドイツとフランスの参入

ドイツではハンブルグ自由都市で1847年ハンブルグ・アメリカ社（Hamburg America Line：HAPAG）が設立されハンブルグ～ニューヨーク間の就航についた．最初の汽船「ボルシア（Borussia：1856）」（GT2,131 t）や「ハンモニア」がある．HAPAGはその後，大型化，高速化を進め1890年代には強力な大西洋航路の競争メンバー会社に成長した．一方，ブレーメン（Bremen）を拠点とする北ドイツ・ロイド社（NDL）が1856年に創設された．ロイド（Lloyd）の名を付けているのは英国の造船所に船を注文する際に最高のロイド船級で造られたことに由来する．NDLはブレーメン～ロンドン～ニューヨークと大西洋運航サービス会社に成長し，HAPAGとともにドイツの両雄となる.

フランスは新大陸の植民地政策のため海運に特別の関心をもっていたが，1855年フレンチ・ライン（CGT）を開設し，ルアーブル～ブレスト～ニューヨーク線就航用として3,000トン級の蒸気船3隻を英国に発注した．さらに英国の技術指導下に自国サン・ナゼーレのアトランティク造船所で国産船を建造し始めた．主な建造船に「アンペラトリス・ウージャーニ」，「ナポレオン三世」などがある.

5）その後の大西洋航路の競争会社（1850～1880鋼船出現過渡期まで）

1850年頃になるとインマン・ライン社（Inman），ホワイト・スター・ライン社（White Star line：WSL），ギオン社（Guion Line）など新しい運航会社が続々と大西洋横断最短航海競争に参入し，航海時間を競う「ブルーリボン賞」の獲得を目指した「大西洋航路スピード競争」の幕開けとなった．表2-6をもとに18世紀後半の大西洋航路定期客船を概観する.

インマン・ライン社は1850年リバプール～フィラデルフィア間を運航した蒸気船会社である．スクリュープロペラ装備により機関室をコンパクトにして多くの客室を設け，当時増加していた北米へのスティアレジ（最下等船客：移民）を安い運賃で輸送することに重点を置いた（一方，

表2-6 大西洋航路定期客船（19世紀後半）

船会社	船名	GT（t）	L（m）	B（m）	材	主機	馬力(PS)	推進	Vsd(kt)	建造
Inman	C.O.Richmond	4,607	134.3	13.25	Fe	連成	4400	S.Prop.	14	1873
Inman	C.O.Berlin	5,419	148.9	13.47	Fe	連成	5200	S.Prop.	15	1875
Cunard	Persia	3,300	114.6	13.71	Fe	Side l.	3600	外車	13.5	1856
Cunard	China	2,638	99.4	12.31	Fe	筒振	2250	S.Prop.	12	1862
White Star	Britanic	5,004	138.7	13.77	Fe	連成	5100	S.Prop.	15	1874
Guion	Arizona	5,147	137.2	13.83	Fe	連成	6300	S.Prop	15	1879
Eastern	Great East	18,915	207.1	25.23	Fe	水平直動筒振り	4890 3410	S.Prop.×1 外車	12	1859

外車推進の安定さを好み,上等客を運んだキュナード社は1862年の「スコウシア(Scotia)」まで外車を使用した.スコウシアは「美しく,速く,堅牢な究極の外輪船」として称えられた).

ホワイト・スター・ライン社はリバプール出身のトマス・イズメイ(Thomas Ismay)が当時の新大陸アメリカへの移住ブームを見越して発展させたリバプール〜ニューヨーク間の運行会社である.1871年竣工の「オセアニック(Oceanic)」以降,「ブリタニック(Britanic)」,「ジャーマニック(Germanic)」を建造した.これらの船は「タイタニック(Titanic)」建造で有名なハーランド・アンド・ウルフ造船所(Harland and Wolff, Belfest)で作られた.

ギオン社はアメリカ人ステファン・ギオンが1866年リバプールに作ったアメリカの船会社で「アリゾナ(Arizona:1879)」,「アラスカ(Alaska:1881)」,「オレゴン(Oregon:1883)」を建造した.「オレゴン」は1884年ブルーリボン賞を獲得したがその後,ギオン社は経営の斜陽化により1894年解散した.

グレート・イースタン鉄道会社所有の当時最大の巨船「グレート・イースタン(Great Eastern)」とI.K.ブルーネル主任設計技師(Isambard Kingdom Brunel)について一言触れる.彼は最初の太平洋定期船「グレート・ウエスタン(1837)」や最初の鉄製船体でスクリュー推進船「グレート・ブリテン(1844)」の設計者である.ブルーネルは1852年に英国〜極東航路を走る蒸気船に着目し,運航効率向上のために燃料積み替えなしで到達できる大きな燃料庫をもつ巨船「グレート・イースタン」(図2-64)を建造した.サイズはGT18,915t,船長207.13m,幅25.23mで鉄製のスクリュー推進船であった.当時最大サイズの船は「ヒマラヤ(Himalaya)」(GT3,438t,船長113m)であるから,長さ1.8倍,容積5.5倍という巨船である.本船は1859年スコット・ラッセル造船所で竣工したが,不幸にも会社の倒産と大西洋航路への変更に遇い,さらに輸送貨物の減少から初期の目的を達することなく大西洋横断10回にして売却されてしまった.その後,海底電線施設船,パリ万博用Exhibition Shipと不遇の末路を辿り1887年解体された.

図2-64 「グレート・イースタン」

19世紀後半の大西洋蒸気船スピード競争は,その船を必要とする社会的ニーズと建造を可能とさせる科学技術の発達とが善循環を生み出し,新しい船舶への発展へと増幅していったものと考えられる.関連する科学技術の発展の変遷を見ると,

①木船から鉄船への変化:1856年に最初の鉄船「ペルシア(Persia)」が作られた.
②外車からスクリュー・プロペラへの推進装置の変化:最後の外輪船は「スコウシア(Scotia:1862)」(GT3,871t,L=115.6m,B=14.56m,鉄製,Side lever 3,200PS,外車,14kt)でスクリュー・プロペラの最初の船は「China(1862)」である.
③機関がSide lever方式からより高度な倒置立型連成機関へ:「C.O.Richmond(1873)」が最初
④船内電燈照明の完備:「C.O.Berlin(1875)」で実現

⑤特殊装置の製作技術と挑戦：一例として，上下可動式プロペラの装備「Britanic（1874）」

スクリュー・プロペラ採用是非の経緯を語る次の逸話がある．イギリスでは最初のスクリュー・プロペラが軍艦「ラトラー（Rattler：1842）」（排水量1,078t，437PS）に装備された．当時英海軍はスクリュー船と外車船の優劣判定に困り，1845年にプロペラ船「ラトラー」と外車船「アレクト（Alect）」（排水量880t，200PS）との綱引き実験を行わせその優劣を競い合わせた．「ラトラー」が勝ってスクリュー・プロペラ船の優秀性が認められ，以降スクリュー・プロペラ装備船が増えたというのである．いつの時代もプレゼンテーションが重要であることを示している．最初のスクリュー・プロペラ貨物船は先述した「ノベルティ（Novelty：1839）」（2翼プロペラ）で420 t の貨物を積んでリバプール〜コンスタンチノープル間を航海した．

キュナード社第1船の「Britania（1840）」と40年後建造のインマン社の「Arizona（1879）」を比較すると総トン数が5倍，長さが2.2倍，馬力が15倍，船速が1.7倍と船は巨大化，高馬力化，高速化を達成した．この要因をまとめてみよう．

- 船型：船幅/船長比B/Lの減少（船長/幅比：L/Bを増加させて船体抵抗を減少させる．）
- 推進装置：帆＋外車から帆＋スクリュー・プロペラあるいはスクリュー・プロペラ
- 船体材料：木製から鉄製
- 機関：連成大型蒸気機関と高馬力化

直観的に分かるようにB/Lの減少は船体抵抗を著しく減少させる．高速化のために幅をどの程度薄くしたのであろうか．B/Lの時代的変化を見ると表2-7のようである．

「City of Paris」のB/L＝0.12から「City of Berlin」の0.091とかなり小さくした．これは12年間にB/Lが24％も小さく（薄く）なったことを意味する．しかし，「シティー・オブ・ローマ（City of Rome：1881）」（図2-65）ではB/L＝0.093と逆に大きくなり，その後増加の傾向が続く．なぜであろうか．高馬力機関が出現して経済的に不利な薄い船に頼らなくとも速力向上が可能となったからである．

図2-65 「シティ・オブ・ローマ」

表2-7　船長/幅比の変遷

建造	船名	GT（t）	L（m）	B（m）	L/B	B/L	馬力（PS）	船速
1867	City of Paris	2,556	105.45	12.31	8.57	0.117	2,600	13
1869	City of Brussel	3,081	118.86	12.28	9.68	0.103	3,000	14
1873	City of Richmond	4,607	134.34	13.25	10.13	0.098	4,400	14
1875	City of Berlin	5,491	148.91	13.47	11.05	0.091	5,200	15
1881	City of Rome	8,415	170.74	15.94	10.71	0.093	11,800	16

6) 大型高馬力船への躍進（1880～1905マンモス船出現前まで）

第1次世界大戦勃発に至るこの時期は商船を戦時の補助艦隊とするという国家的方針をもって海運を増強させた国が多かった．この国策と本来の商船としてのニーズが大型客船の出現を生んだことは皮肉なことである．大西洋航路スピード競争が激化する1880年頃から船体材料が鉄から鋼への変化の過渡期となり1884年頃にはほとんど鋼船となった．1856年にイギリスのベッセマー（Henry Bessemer：1813～1898）が製鋼法（転炉法）を完成させ，簡単な操作で多量の鉄鋼が生産できるようになったからである．表2-8にこの時期の代表的客船の主要目表を示す．船体材料の向上と造船技術の向上が相まって船の大型化，高馬力化，高速化が進んだ．それまでの客船は大西洋横断に7日以上を要していたが，1881年ギオン社建造の高速客船「アラスカ（Alaska：1881）」がニューヨーク～クイーンズタウン間の東航を6日18時間（平均速力17.17kt），「オレゴン（Oregon）」が6日11時間（平均速力18.39kt）と7日を切る横断記録を作った．

ギオン社はその後キュナードに買収されたのでナショナル社，キュナード社，インマン社，ハパグ社，北ドイツ・ロイド社の各社が熾烈な競争を続けることになった．インマン社建造の「シティ・オブ・パリ（City of Paris）」は1892年の東航で5日14時間（平均速力20.17kt）と6日を切った．当時，高速度を出すための方策として，細長船体（L/Bを大きく）として抵抗を減少させ，高馬力機関を搭載し，プロペラを多軸とすることであった．ホワイト・スター・ライン社は1890年「オセアニック（Oceanic）」（GT17,272 t，L×B ＝209×20.84m，L/B ＝10.0，29,000PS，2軸：図2-66），Cunard社は「ルカニア（Lucania）」（GT12,950 t，L ＝183m，L/B ＝10.0，3連成機関30,000PS，2軸）と2軸プロペラを採用して航海日数が6日を切る船速21ktを達成した．

この頃，ドイツ海運もめざましい発展を見せていた．ウィルヘルム二世（Wilhelm：1859～1941）が即位（1888）するとイギリスを手本として巨大船建造による海運発展に力を注いだ．まず，北ドイツ・ロイド社（NDRA）は1897年には「カイザー・ウィルヘルム・デア・グロッセ（Kaiser Wilhelm der Grosse, KWDG）」（図2-67），1900年に「クロンプリンツ・ウィルヘルム（Kronprinz Wilhelm）」を建造し，つづいて1903年に「カイザー・ウィルヘルム二世（Kaiser Wilhelm Ⅱ）」を建造する．この船はGT19,000t，船長209mの巨船で4連成機関の全体馬力は42,000PSで2軸プロペラ装備である．1906年の東航では5日8時間（平均速力23.58kt）を達成し，1882年の「Alaska」の記録（東航，6日20時間）から24年を経て航海日数を1日10時間も短縮した．これは所要時間を22％縮めたことになる．一方，ハパグは1900年「ドイッチラント（Deutschland）」（GT16,500 t，

図2-66 「オセアニック」

図2-67 「カイザー・ウィルヘルム・デア・グロッセ」

2.1 船の世界史

表2-8 大西洋航路定期客船大型高馬力化への躍進

船会社	船名	GT (t)	L (m)	B (m)	材	主機	馬力(PS)	推進	Vsd(kt)	建造
Guion	Alaska	6,932	152.39	15.24		連成	10,000	S.Prop.	16	1881
Guion	Oregon	7,375	152.7	16.52	Fe	連成	12,500	S.Prop.	18	1883
WhiteS.	Oceanic	17,272	208.98	20.84	St	3連成	29,000	S.Prop.×2	19	1890
Cunard	Lucania	12,950	183.17	19.87	St	3連成	30,000	S.Prop.×2	21	1893
独Lloyd	KaiserWhdGr	14,349	191.22	20.11	St	3連成	28,000	S.Prop.×2	22	1897
独Lloyd	KaiserWh II	19,361	208.56	22.03	St	4連成	42,000	S.Prop.×2	23	1903
Cunard	Calmania	19,524	198.23	22.00	St	Turbine	21,000	S.Prop.×3	18	1905
WhiteS.	Adriatic	24,541	216.15	23.01	St	4連成	16,000	S.Prop.×2	17	1907

37,800PS，22.42kt）を建造しハンブルグ～ニューヨーク間に就航させた．その後，「アメリカ（America：1905）」（GT 22,225 t），「アウグステ・ビクトリア（Auguste Victoria：1906）」（GT 24,581 t）と大型船を建造した．クロンプリンツ・ウィルヘルムやドイッチラントなどの急激な機関馬力の増大はプロペラやエンジンが誘起する船体起振外力（Hull exciting force）を増大させ，過度な船体振動や騒音（Hull vibration and noise）を発生してその後の船体振動研究のさきがけとなった．

一方，キュナード社やホワイト・スター・ライン社はスピードをやや犠牲にしても安定した快適な航海ができてしかも採算性がよい客船を志向した．キュナード建造の「カルマニア（Calmania：1905）」（GT19,524 t，L＝198.23m，馬力21,000PS，18kt）やホワイト・スター・ライン社建造の「アドリアティック（Adriatic：1907）」（GT24,541 t，L＝216.15m，馬力16,000PSで17kt）を見ると他社に比べて大型であるが低速化の傾向が示されている．

7) マンモス船建造の競争（1907～1970頃まで）

20世紀初頭になると，アメリカの産業の隆盛が大西洋貿易のニーズに大きな影響を与えるようになり，イギリスのキュナード社，ホワイト・スター社とドイツの北ドイツ・ロイド社，ハンブルグ・アメリカ社の4社はより大型で高速な定期客船というニーズをめぐって国際間のさらなる熾烈な競争を繰り広げた．このようにして大西洋定期航路のマンモス船（Mammoth ship）時代の到来を迎えた．マンモス船とは「3万総トン以上の客船」という当時の呼称である．表2-9に代表的マンモス客船の主要目を示す．1900年初頭という時期はマンモス船実現というニーズを達成させる下記の3つの条件は整った時代であった．つまり，

① 技術的要素：産業革命以降，発展した近代科学的諸原理により，産業機械，材料，加工技術，エネルギー生産などの種々の科学技術的発展が一斉に開花し巨大製品の製造に利用可能となっていた．すなわち，マンモス船建造と運航に必要な要件である船舶設計・建造技術，豊富な鋼材供給，推進機関（蒸気機関，タービン等主機・補機），プロペラ・軸系，鋲接，航海機器，燃料の石炭の生産性などである．

② 社会的経済的要素：人間社会の前グローバル化時代に入り，英米間の旅客移動と貨物・郵便輸

第2章　船の世界史と黒船以降の日本の造船史

表2-9　マンモス船建造の競争（1907年～1970年頃まで）

船会社	船名	GT	L (m)	B (m)	主機	馬力	推進	Vsd	建造	Vmax
Cunard	Lusitania	31,550	232.31	26.75	Turbine	70,000	Prop.×4	25	1907	−
Cunard	Mauretania	31,938	232.31	26.82	Turbine	70,000	Prop.×4	25	1907	−
White star	Olimpic	45,324	259.83	28.19	Turbine +3連成	50,000	Prop.×3	21	1911	
	Titanic	46,328	259.83	28.19		50,000	Prop.×3	21	1912	
	Britanic	48,158	259.68	28.65		50,000	Prop.×3	21	1915	
H-A	Bismarck	56,551	279.03	30.51	3連成	66,000	Prop.×4	23	1914	−
独Llyd	Bremen	51,656	273.91	31.05	Turbine	96,000	Prop.×4	27	1929	−
Italy	Rex	51,062	254.16	29.56	Turbine	100,000	Prop.×4	28	1932	−
C.G.T.	Normandie	79,280	299.12	35.93	Turbo-E	160,000	Prop.×4	29	1935	−
Cunard	Queen Mary	80,774	297.23	36.14	Turbine	160,000	Prop.×4	29	1936	−
Cunard	Q.Elizabeth	83,673	300.94	36.14	Turbine	160,000	Prop.×4	29	1940	−
USA	UnitedStates	53,329	301.75	30.94	Turbine	158,000	Prop.×4	29	1952	38.32
French L	France	66,348	315.66	33.70	Turbine	160,000	Prop.×4	30	1962	35.2
Carnival	QE2	67,103	293.52	32.00	Turbine	110,000	Prop.×2	28.5	1969	32.46

送が増大した時代であった．

③国家的要素：不幸な悲しい動機であったが，政府はマンモス船を戦時には仮装巡洋艦や輸送艦へ徴用することを考えて大型客船建造の援助を行った．

種々の要因により多数のマンモス船が生まれ，多くの人々が巨大で力強い輸送システムである客船を利用して大西洋を渡り新興国アメリカとの間を行き来した．当時のマンモス客船を利用する船客の希望と自信にあふれた船旅光景を皮肉にも「タイタニック号の沈没事故」の映像記録によってうかがうことができる．

3万総トン級

図2-68　「ルシタニア」

第1次世界大戦（1914）前の1907年イギリスのキュナード社は建造客船が戦時徴用船として代替可能な能力（砲12門設置可能な甲板強度と船速24.5kt以上）を装備するという条件付で政府から建造補助をうけ，2隻の高速マンモス客船を開発した．1907年建造のマンモス客船姉妹船「ルシタニア（Lusitania）」（図2-68）と「モレタニア（Mauretania）」である．船体要目・性能はGT31,550 t，船長232.31m，推進機関：蒸気タービン馬力70,000PS（高圧2，低圧2），4軸プロペラ，航海速力25ktである．大西洋横断所要時間は4日19時間となり，念願の5日以内に短縮してイギリスはブルーリボン賞を10年ぶりにドイツから奪回した．「モレタニア」はプロペラが誘起する激しい船体振動に悩まされたが新プロペラに換装して軽減できた．しかし，1914年8月に第1次世界大戦が勃発し，「ルシタニア」は1915年ニューヨークからの帰途，

アイルランド沖で雷撃に遭い20分で沈没し1000名以上の死者を出した.

4万総トン級

　速力競争を断念して巨船主義で競っていたホワイト・スター社（社長トマス・イズメイ）は4万総トン級の巨大客船3隻を1911年から1915年にかけて建造した．有名な3姉妹船，「オリンピック（Olimpic：1911）」（図2-69），「タイタニック（Titanic：1912）」（図2-70），「ブリタニック（Britanic：1915）」である．「オリンピック」の一般配置図が図2-69中に示されている．「オリンピック」はサウサンプトン～ニューヨーク間を就航した．

　「タイタニック」は1909年に起工，1911年進水，1912年4月2日に引渡しが行われた．タイタニックの性能要目はGT46,328 t，船長259.83m，馬力50,000PS，3軸，プロペラ3個（Z×D：中央4×5m，左右3×7.2m），航海速力21ktである．主機関はレシプロ蒸気機関（左右プロペラ駆動用）とタービン（中央プロペラ駆動用）である．処女航海における氷山衝突による沈没は未曾有の海難事故である．「タイタニック」遭難までの経過の概略をたどってみよう．

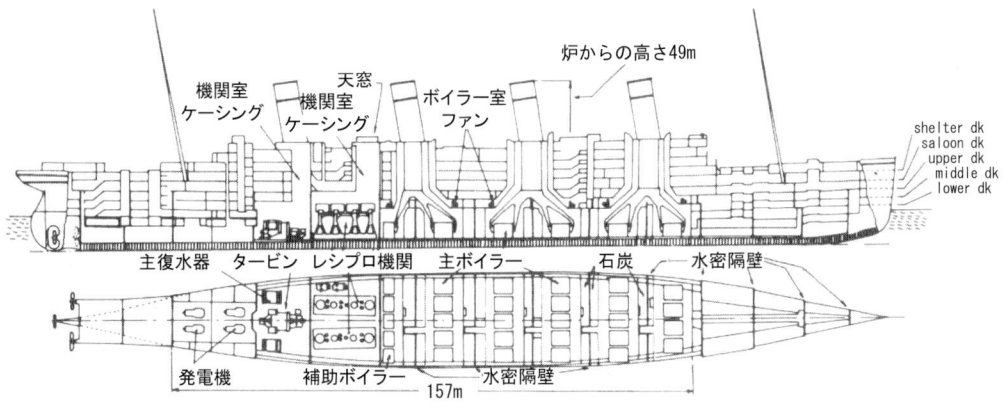

図2-69　「オリンピック」

第2章 船の世界史と黒船以降の日本の造船史

図2-70 「タイタニック」

4月10日12：00にサウサンプトンを出帆し，18：30シェルブール沖到着．4月11日11：30クインズタウン沖に停泊して，同日13：30にニューヨークに向け北大西洋横断航路に出港した．14日9：00に「カロニア（Caronia）」から「氷山多し」の信号を受信した．その後も次々に氷山情報を受信したが船客電報の対応に忙殺され，対応がなおざりとなる．17：30気温が零下0.6度に下がる．23：40氷山衝突，浸水し始める．23：50船首6区画の浸水を確認する．15日00：15最初のSOSを発信する．00：25乗客に退船命令が出される．船首部全体が水面に没し激しい船体縦傾斜の後02：20沈没した．04：00「カーパシア」が到着して救助．08：50ニューヨークに向けて現場を離れる．

この海難事故で1,503名の船客と乗員が死亡した．この未曽有の海難事故を契機として船客定員数に合わせた救命艇の搭載数や無線当直の24時間体制の義務付けなどが見直され，今日の船舶安全規則の基礎となった．

末妹の第3番船「ブリタニック」は「タイタニック」の事故と第1次世界大戦勃発のため工期が遅れ，1915年に客船としてではなく病院船（定員3,598名）として竣工し処女航海はダーダネルス作戦での多数のイギリス軍負傷兵の本国送還輸送となった．6回目の出動時エーゲ海を航海中にドイツ潜水艦の敷設魚雷に触れ，約1時間で沈没した．

5万総トン級

ドイツのハパグ社はイギリスの「ルシタニア」級，「オリンピック」級の巨船建造に対抗して1913年から1914年にかけて巨船3隻を建造した．「インペラトール（Imperator：1912）」(GT51,969 t：図2-71），「ファーターランド（Vaterland：1914）」（GT54,282 t），「ビスマルク（Bismarck：1914）」（GT56,551 t）である．これらの客船は建造当時は究極の巨船，浮ぶ宮殿といわれ，その威容とインテリアデザインの豪華さに世界が注目した．しかし，「ビスマルク」建造直後に第1次世界大戦が始まり，ドイツの既建造巨船は仮装巡洋艦あるいは輸送艦に使用された．ドイツの敗戦によりこれらの3船は賠償対象船となった．「インペラトール」はキュナード社に転籍され「ベレンガリア（Berengaria）」として，「ファーターランド」はUSL社（ユナイティド・ステーツ・ラインズ）に転籍，「リバイアサン（Leviathan）」として改装されGT59,956 tと一時期，世界最大の巨大客船となった．「ビスマルク」はホワイト・スター社に転籍，改装されて「マジェスティク（Magestic）」（GT56,551 t）となった．

北ドイツ・ロイド社は第1次世界大戦敗戦後の1929年「ブレーメン（Bremen：1929）」（GT51,656 t）を建造した．ブレーメンハーフェンからニューヨークへの処女航海で4日17時間42分，平均速力27.83ktの新記録を出し，20年振りにイギリスからブルーリボン賞を奪回した．また，「オイローパ（Europa：1930）」（GT49,746 t：図2-72）は1930年に竣工し同区間を航走してブレーメンの記録を更新した．イタリアはドイツの巨大客船に対抗して1932年に「コンテ・ジ・サボイア（Conte di Savoia）」と「レックス（Rex）」（GT51,062 t，254.16m，90,000PS，28kt）を建造した．「レックス」は1933年の西航で28.92ktを出してブレーメンの記録を破った．

図2-71 「ベレンガリア（前名インペラトール）」

図2-72 「オイローパ」

世界最大級の客船

フランスはドイツ，イタリア，イギリスに対抗するために1935年に16万馬力の電気推進機関船「ノルマンジィー（Normandie）」（GT 79,280 t，L＝299.12m，合計馬力160,000 PS，電気推進，4軸プロペラ，29kt）を建造し，大西洋を4日3時間で横断しブルーリボン賞を獲得した．巨大な3本煙突（最後部はダミー）を配した堂々とした船容とV．ユーケビッチ（Vladimir Yourkevitch）の設計による独特のデザイン（喫水線付近の水線水切角を小さくし，水線を凹形とし変曲点をもたせ，球状船首と組合わせて抵抗を減少させる）で客船設計の手本となった．1941年アメリカに接収されて「ラファイエット（Lafayette）」と改名したが，輸送船に改装中火災で転覆，現役期間4年で解体された薄命の客船であった．巨船建造に負けたイギリスはこれに

第2章　船の世界史と黒船以降の日本の造船史

対抗して，1936年に「クイーン・メリー（Queen Mary：QM）」（GT80,774 t，297.23m，タービン，プロペラ4軸，合計馬力160,000PS，29kt：図2-73）を建造したが，同年，「ノルマンジィー」は改装してGT83,423 t となり，世界一の大きさを保持した．1936年の東航で「QM」が3日23時間57分（平均速力30.63kt）

図2-73　「クイーン・メリー」

を出してブルーリボン賞をイギリスに持ち帰った．その後も熾烈な争奪戦が行われたが1939年に第2次世界大戦が勃発し中止となった．第2次世界大戦中は後述する「クイーン・エリザベス」とともに大収容能力と高速性をもって兵員輸送船として活躍し，戦後の1947年サウサンプトン～ニューヨーク航路に復帰した．1967年売却され現在ロングビーチ港に浮ぶホテル兼博物館として勇姿を残している．イギリスは1940年に「クイーン・エリザベス（Queen Elizabeth：QE）」（GT83,673 t，300.94m，タービン，プロペラ4軸，馬力160,000PS，29kt：口絵5）を建造し，世界最大の客船となった．「QM」と同じ運命を辿った後，1968年アメリカに，ついで1970年に香港の船主に売却され洋上大学船に改装中1972年火災により転覆，沈没した．第2次世界大戦前あるいは大戦中に建造されたマンモス客船の多くは戦時軍隊輸送船として改装，使用されてそれぞれ数奇な運命をたどり，戦後まで生き残ったマンモス船はごくわずかであった．

第2次世界大戦後の客船

　第2次世界大戦後は航空機，特にジャンボジェットの著しい発達により定期客船の旅客が減少した．繁栄を極めた大西洋横断定期旅客船は1957年を頂点として減少した．その結果，1952年建造の「ユナイティド・ステーツ（United States）」以降1970年までを見ると，6万トン級のマンモス客船の建造は「フランス（France）」と「クイーン・エリザベス二世（Queen Elizabeth Ⅱ：QE2)」の2隻のみであり，その他は3～4万トン級の客船となった．すなわち，
- 3万トン級：「カロニア」，「ロッテルダム」，「レオナルド・ダ・ビンチ」
- 4万トン級：「オリアナ」，「キャンベラ」，「ラファエロ」，「ミケランジェロ」
- 6万トン級：「フランス」，「クイーン・エリザベス2世（QE2）」

　3隻の超大型客船「ユナイティド・ステーツ」，「フランス」，「QE2」の要目と特徴は次のとおりである．

①「ユナイティド・ステーツ」（GT53,329t，L×B＝301.75×30.94m，合計馬力158,000PS，巡航速力29kt，最高速力38.32kt：図2-74）

　1952年アメリカが国力と科学技術の粋を結集して作った最高速超大型客船である．処女航海で東航3日10時間40分（平均35.59kt），西航3日12時間12分（平均34.51kt）の大西洋横断記録を作り，ブルーリボン賞が約70年ぶりにアメリカ側に輝いた．後に明らかにされた本船の情報によれば，最高出力は24万馬力，最高速力42ktで，危機管理の見地から機関部が完全に2系統に独立

し船内設備は不燃化が徹底されていた．有事の高速輸送船の役割を担って建造されていたことがわかる．その後の定期船航路の不振から1973年に連邦海事局に買い上げられた．

② 「フランス」（GT66,348t，L×B＝315.66×33.70m，合計馬力160,000PS，4軸，巡航速力30kt，最高速力35.2kt：図2-75）

フレンチ・ラインが建造した高速性と高い船客収容力をもち，シェルブール～ニューヨーク間を定期就航した．その後はカリブ海や地中海のクルーズ船として使用された．かんざし型の排気口をもつ特異なスタイルの煙突と船体の美しいラインが女性的フォームを形成している．

③ 「QE2」（GT67103t，船長293.52m，幅32.00m，合計馬力110,000PS，4軸，巡航速力28.5kt，最高速力32.46kt：図2-76）

フランスに競うべく建造されたキュナード社の豪華客船である．「クイーン・メリー」の代替として計画された定期客船である．定期/クルーズ用客船として設計変更されデビューした．現在も世界の各海域を就航し活躍中である．

図2-74 「ユナイティド・ステーツ」

図2-75 「フランス」

図2-76 「クイーン・エリザベス二世」

(10) クルーズ時代の大型客船

1900年代中盤まで大盛況だった大型客船による大西洋や太平洋の定期航路は，1903年ライト兄弟の飛行機発明に端を発した航空機の急速な発展により1960年頃には旅客を奪われ長距離定期客船としての役目を終えた．その後しばらく停滞気味であったが近年になってカリブ海を中心に新しいコンセプトの海洋レジャー産業が芽生え，1980年代には客船の大型化，寡占化を経て90年代の大型クルーズ船ブームへと発展した．そしてキュナード社がフランスのアトランティック造船所（Saint Nazaire）で建造した世界最大のクルーズ客船の「クイーン・メリー二世（QM2）」（GT150,000t，口絵1）が完成し，2004年1月12日，英国サウサンプトン港から米国フロリダに向けて14日間の処女航海に旅立った．同年2月27日には日本でもマンモス客船「ダイアモンド・プリンセス（Diamond Princess）」（GT116,000t，三菱重工㈱建造，口絵2．姉妹船はサファイア・プリンセス）が長崎港からサンフランシスコに向けて処女航海に出た．2004年はマンモス客

第2章　船の世界史と黒船以降の日本の造船史

船再来の象徴的な年であった．2006年4月にはさらなる巨大客船「Freedom of the Seas」が竣工した．この船は158,000GRT，全長339m，幅38.6m，吃水8.5m，AZIPOD 4基，21.6ktで3,600人の船客を乗せる．その後，続々と巨大客船の建造が予定されているが超巨大級の客船が，2009年秋竣工予定されている．この客船のサイズは全長360m，幅47m，220,000GRTで5,400人の船客を乗せるというものである．両船とも造船所はフィンランドのAker Finnyards shipyardで運航会社はロイアル・カリビアン・インターナショナル社（Royal Caribbean Inernational）である．もしこれが実現すると，トン数で「QM2」の約46％も上回る巨大客船が登場することになる．21世紀は巨大クルーズ客船時代となるのであろうか．

　欧米においてクルーズ船業界が現代の多忙な顧客のニーズにマッチして受け入れられ巨大レジャー産業として発展するに至った要因として，
①定地点，定期日の発着スケジュール
②短期間のクルーズ
③飛行機とクルーズとの組み合わせ（フライ＆クルーズ）
④船の巨大なスケールメリットの利用による居住性
⑤競合運航会社間のルートの的確な設定による豊富な選択肢とほどよい価格
⑥最新の船内装備（ハードとソフト）の開発と導入
などがあげられる．

　クルーズ船のガイドブックや新聞等による旅行企画案内の一例を見ると下記のようである．

```
• 旅行企画　　　：○○観光株式会社
• クルーズ名称：メキシコ・クルーズ9日間
• クルーズ船名：□□□□□□□
• スケジュール：△△△△～△△△△
  関空➡ロサンゼルス➤クルーズ➡メキシコ各港➡クルーズ➤ロサンゼルス空港➡関空
• 出発日－費用：人数，キャビン（内側，海側，海側バルコニー，ミニ・スイート）
• 食事回数
• 早期割引
• その他，1人部屋追加代金，3人目割引代金，ビジネスクラス割引追加料金
• 最少催行人員，利用予定航空会社，添乗員
```

　クルーズの内容，旅行期間，部屋のランク・種類（内側，海側），費用などが航空機等とのセット価格として明示され，旅行者が希望に応じて選択でき，しかも短い休暇で，比較的安い価格で参加できる仕組みとなっている．このようなフライ＆クルーズシステムは，クルーズ船の発着港がどんなに遠くても参加する客を最寄りの都市まで飛行機が短時間で運んでくれ，乗船後はゆっくりと船旅を楽しめるという現代人の好みにマッチしたレジャー形態を提供してくれる．一例として「ダイアモンド・プリンセス」の主要目と船内居住施設の配置を図2-77に示す．

　「QE2」は大西洋定期航路時代末期の1969年に建造され，現在も豪華クルーズ客船として活躍

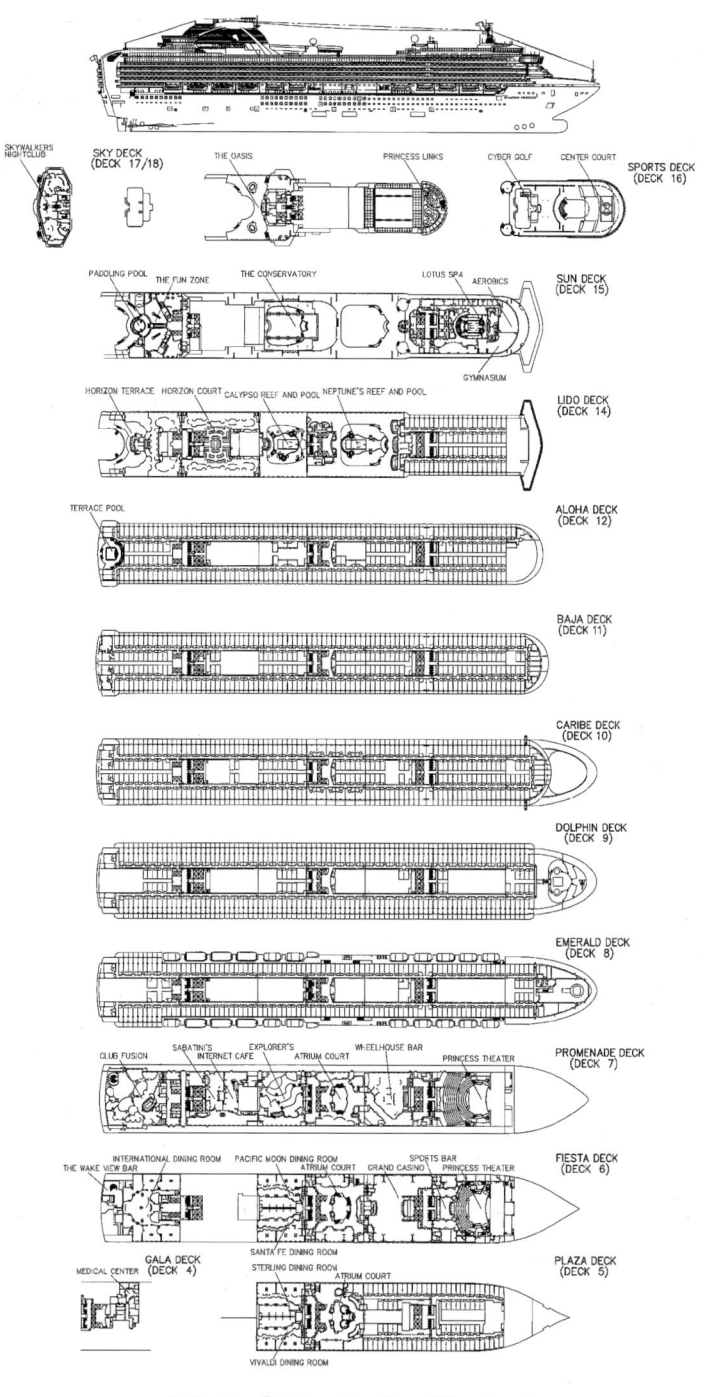

図2-77 「ダイアモンド・プリンセス」
(三菱重工株式会社より)

船級:ロイド船級協会, 総トン数:116,000 t, 船客数×乗員数×合計=3078×1232×4160人
Loa×Lpp×B×Bmax,deck×D×Habove-water×d = 約290×246×37.5×41.5×41.3×54×8.05m
Main Engine Generator: Diesel 2×9,450kW, 2×8,400 kW, Gas Turbine 1×25,000 kW
Propulsion Motor: 2×20,000 kW, Propeller:2×Fixed pitch propeller, Ship speed:22.1kts
Rudder:2, Side thruster:3×Forepart, 3×Aftpart, Fin-stabilizer:1

第2章 船の世界史と黒船以降の日本の造船史

表2-10 最近の大型クルーズ客船

運航会社	船名	GT (t)	L (m)	B (m)	d (m)	propulsion	合計馬力	推進器	建造年	乗員	船客	客室数	建造費	造船所	船級
Cunard L...	QE2	70,327	293.5	32.03	9.87	D-E:2prop	135,864	Prop.×2	1969	1015	1906	950	£29M	Upper Clyde	Lloyd
R. Caribbean	Sovereign o. t. Seas	73,192	268.2	32.3	7.6	D:2prop	29,707	Prop.×2	1988	825	2852	1138	$184M	C.d.l'Atlantique	DNV
Mitsui o.p.l.	Fuji Maru	23,340	167	24	6.55	D:2prop	21,406	Prop.×3	1989	190	603	164	$64M	MHI	NK
Crystal C.	Crystal Harmony	48,621	240.96	29.6	7.5	D-E:2cpp	47,001	Prop.×2	1990	505	960	780	–	MHI	Lloyd
P&Ocruise	Oriana	69,153	260	32.2	7.9	D:2prop	64,940	Prop.×2	1995	760	1975	914	$200M	Meyer Werft	Lloyd
Crystal C.	Crystal Symphony	51,044	237.1	30.2	7.6	D-E:2prop	46,076	Prop.×2	1995	545	1010	480	$300M	Masa-Yard	Lloyd
Holland America L	Rotterdam	59,652	237	32.25	7.8	D-E:2prop	51,000	Prop.×2	1997	593	1668	660	$250M	Fincantieri	Lloyd
Princess C	Grand Princess	108,806	290	36	8	D-E:2prop	57,120	Prop.×2	1998	1100	3100	1300	$450M	Fincantieri	Italiano
R. Caribbean	Adventure o. t. sea	137,276	311.1	47.4	8.8	D-E:3AZP	102,816	AZP×3	2001	1185	3838	1557	$500M	Kvaerner M.	DNV
Norweigian C	Norweigian Star	91,740	294.13	32.2	8.2	D-E:2AZP	53,040	AZP×2	2001	1100	4080	1122	$400M	MeyerWerft	DNV
R. Caribbean	Brilliance o. t. Seas	90,090	293.2	32.2	8.5	GT:2pod	53,040	Pod×2	2002	869	2500	1094	$350M	Meyer Werft	DNV
Carnival C.	Carnival Glory	110,000	290	35.5	8.2	D-E:2prop	86,224	Prop.×2	2003	1160	3700	1487	$500M	Fincantieri	Lloyd
Cunard L...	QM2	150,000	345.03	41	9.95	GT/D-E:4AZ,F	160,480	AZP2,Pod2	2004	1254	3090	1310	$800M	C.d.l'Atlantique	Lloyd
Pricess C.	Diamond Princess	113,000	290	37.5	8.05	GT:2AZP	82,552	AZP×2	2004	1238	3100	1337	$400M	MHI	Lloyd

中である．この「QE2」から「QM2」および「ダイアモンド・プリンセス」までの主要な大型クルーズ客船14隻を抽出し，船体関連主要目を年代的にならべて表2-10に示す．これらのクルーズ大型客船主要目の時系列的変遷を大型定期客船の変遷とともに考察して次項2.1.2に示す．

　クルーズ船の目的は定期航路客船のような乗客の移動手段でなくレジャーとして短期間の船旅と快適な船上生活を乗客に提供することである．多数の乗員が安全運航と旅客へのサービスのために多数乗船しており，乗客・乗員を合わせると数千人規模の人口（1家族3.5人単位で考えると1,500所帯程度）となるので1つの町を運んでいるともいえる．つまり，短期間ではあるが独立した洋上都市としての機能をもたなければならない．つまり，第1章1.4節「QM2」の一般配置図に見たように，最近の大型クルーズ客船には通常設備のほかに各種エンターティンメント，レストラン，ホテル，図書館，プール等のスポーツ設備，劇場，デパート，公園があり，これを支える電源，空調設備，調理室，廃棄物処理，冷凍設備，倉庫，医療設備，通信，消火設備，危機管理設備など街としてもつべき機能がすべて装備されていなければならない．また，海象や気象が刻々変化する実海域中での船の推進性能はもとより，安全航行を保証する構造設計と操縦性能，船体動揺が少なく振動，騒音，煙害がない快適な耐航性能と居住性能がクルーズ船の価値として強く求められる．このために最近のクルーズ船には，アジポッド（Azimuth Propeller）装備電気推進装置，インテグレイティド・ブリッジ，オンボード・コンピュータ，フィン・スタビライザーや減揺水槽（ART：Anti-rolling Tank）など各種の安全航行，航海性能，快適な居住性向上のための最新の技術が装備されている．人と生活と物資と快適な時間を運ぶ客船は作る人にも乗る人にも果てしない興味と夢を与えてくれる対象物である．

2.1.2　船型要目の変遷の考察：
　　　　大西洋航路定期客船時代から大型クルーズ客船の現在まで

(1)　大西洋航路定期客船時代から大型クルーズ客船までの変遷

　2.1.1項にて，大西洋航路定期客船の歴史は，その曙である「サバナ（1819）」（30.02m）と「ロイアル・ウイリアム（1831）」（48.76m）の競争で始まり，その後，キュナード社の設立・躍進と他社の参入，競争，大型高馬力化，マンモス客船時代，航空機時代の到来による定期客船の衰退，最近の大型クルーズ船時代の到来の7時期に分けられることを述べた．ここでは1819年から2004年までの185年間の主な定期客船，マンモス客船および現在の大型クルーズ客船の中から主として文中で述べてきた82隻を抽出し，船型要目，馬力，船速および性能評価指標についてエクセルで解析し，諸量の歴史的変遷を考察する．なお，それらの船型主要目は主として上野喜一郎著『船の世界史』，野間恒著『豪華客船の文化史』等およびDouglas Wards著"Ocean Cruising & Cruise Ships"によった．

第2章　船の世界史と黒船以降の日本の造船史

1）船の長さと幅の変遷（図2-78）

　図2-78に船の長さと幅の西暦年数に対する変遷を示す．大西洋航路定期客船の曙の1819年以降，諸船会社の躍進，参入による競争時代では船の大型化はめざましく船長の増加率は約20m/10年の割合で大きくなった．大型高馬力化競争が始まる1880年頃からは2次曲線状に急増し全長増加率は約40m/10年となる．そして1907年の「ルシタニア」（全長232m）に始まるマンモス客船時代に入る．1935年に「ノルマンディー」は全長299.12mと約300mに達し，1962年「フランス」の全長315.66mをもって当時の最大長さに達する．その後，航空機輸送の台頭と定期客船の衰退時期を迎え，船の全長は「オリアナ（Oriana：1995）」に代表されるように260m前後の中型客船級（1910年頃に対応）の寸法に戻った．しかし，最近の大型クルーズ客船の発達により「アドベンチャー・オブ・ザ・シー（Adventure of the Sea：2001）」にみるように全長300m前後の大型船が建造されるようになり，2004年には，全長345.03mの「QM2」（史上最大）が出現し往年の「QM」に比べて総トン数で1.86倍，船長で1.16倍，馬力でほぼ同等という大型客船の時代を迎えた．そして，2009年には全長360m，総トン数22万GRTの巨大クルーズ客船が登場する計画が発表されている．

　1860年のひときわ高いところに「ポツン」と点がある．I.K.ブルーネル設計の全長207.13mの巨大客船「グレート・イースタン」（本文62頁）である．時代を進取した設計思想のもとに建造された巨船であったが時代に合わず不遇に終わった船である．1890年に全長208.98mの2軸プロペラ装備大型客船「オセアニック」（White Star Line）が建造され大型高馬力客船時代の幕を開けた．この船は「グレート・イースタン」とほぼ同じサイズである．ブルーネルの巨船の出現は約30年早すぎたのである．船幅は直線に増加しているが詳細な考察は4）L/Bの変遷で述べる．

2）船速の変遷（図2-79）

　大西洋定期航路が開始された1819年頃の船速は高々数ノットと低速であったが，年々船の高速化が進み，1850年頃にはキュナード建造の外車付サイドレバー蒸気機関の木造船「アラビア」が12kt（2,830PS）で航海するようになる．1900年初頭に3連成蒸気機関の鋼製マンモス客船「タイタニック」などが出現して船速20～25ktで走った．1910年頃にはタービン機関が実用化され，1936年には16万PS，GT8万tの超大型マンモス客船「QM」が29ktで航海した．船速増加率はほぼ直線的に2kt/10年の割合で高速化したことを示す．その後は頭打ちとなり1962年の「フランス」まで30ktが保たれ，1969年建造の「QE2」の28.5ktを最後にサイズの中型化とともに船速は22kt程度に低下する．定期客船が航空機に座を明け渡し細々と船客を運んでいた頃である．1980年以降になり大型クルーズ客船のニーズが徐々に上昇し，最近のクルーズ船の正確な船速が不明なため置点が省略されているが高速化の傾向が出てきた．2004年には大型クルーズ船「QM2」が出現して往年の30kt台に復帰し1960年頃の超大型マンモス客船の巡航速力と肩をならべた．

3) 船の搭載馬力の変遷（図2-80）

　定期客船の曙の時代（1820年頃）には90～180馬力の小馬力で大西洋航路に乗り出した．これは乗用車のエンジン1台分に相当する馬力である．イギリス，ドイツ，アメリカの海運数社の速力競争が繰りひろげられた．船体のサイズと船速は図2-78，図2-79にみたように年々増大した．船型学によると，大型化高速化に必要な馬力は大略，船速の3乗と長さの2乗に比例する．しかし，図2-80を見ると機関馬力の増加率は低く，1880年頃でも20,000PS程度であった．つまり，1880年頃まで高馬力機関の際立った発展がなかったことがわかる．では，一体，大型化した船の高速化はどのようにして達成したのであろうか．この理由は次項4）で考える．機関馬力はその後の技術革新が進みタービンによる高馬力機関が続々と出現したので1900年には50,000PS，マンモス客船時代には70,000PS，「QM」，「QE」時代は160,000PS（乗用車の1,000台分）と2次曲線的に増加し高速マンモス客船を生んだ．その後，航空機輸送時代に入り高速マンモス客船は敗退の時期には「サブリン・オブ・ザ・シー（29,700PS）」や「オリアナ（64,900PS）」にみるように30,000～60,000PS程度で十分な中速客船時代が続く．2000年頃になり大型高馬力クルーズ客船として息を吹き返し100,000～160,000PSとマンモス高馬力客船時代のレベルに復活した．

4) 船の全長幅比（L/B）とアドミラルティ係数（図2-81）

L/Bの変遷

　図2-81にL/Bの変遷を見る．1820年の船の全長幅比L/B＝4から年々6，8，10と直線的に増大し1870年頃には最大11に達した．紙に11cm×1cmの長方形を書いてみよう．この船がいかに細長く薄い（船幅が小さい）船であるかがわかる．しかし，その後，徐々に減少し「QM」，「QE」が活躍した1930年頃にはL/B＝8～9と小さくなる．1950～60年のマンモス客船最後の閃光的存在である「ユナイティド・ステーツ」，「フランス」，「QE2」ではL/B＝9.2～9.7と再びやや増大している．高速高馬力を国力で競った船であった．その後，定期客船の衰退を経て2000年以降の現在の大型クルーズ客船ではL/B＝7～9（平均で8）という値を保っている．L/Bは船の船体抵抗を著しく左右する重要な船型パラメータで，L/Bを大きくすると船は薄く細長となるので船体抵抗が減少する．つまり少ない馬力でその速度が達成できる．逆に，L/Bが小さくなると"ずんぐり"して船体抵抗が増大し馬力は増加する．その代り沢山の荷物が積める．タンカー船型ではL/B＝6程度であることがうなずけよう．前項3）で抱いた疑問，つまり，「機関の高馬力化が十分に進まなかった1820年から1870年の50年間に大型船の高速化が達成できたのはなぜだろうか？」．それは，当時の船舶設計技術者たちが高速化の期待に応えるためにL/Bをできるだけ大きく（船を細長く）して船体抵抗を減少させ船速を向上させたからであると考えられる．

　しかし，細長の船は有効なスペースが取れない（荷物をたくさん積めない），船体強度も悪化する．復原性が悪く乗り心地が悪いなど短所がある．このような研究課題が蒸気機関のその後の急速な高馬力化を推し進めL/Bを下げることができた．

第 2 章　船の世界史と黒船以降の日本の造船史

アドミラルティ係数の変遷

　船の推進性能の指標を表すアドミラルティ係数C_{ADM}（Admiralty coefficient）を使ってやや理論的に推進性能の変遷を見てみる．
アドミラルティ係数は下式で定義される．

$$C_{ADM} = \Delta^{2/3} Vs^3 / HP \quad (\propto \eta / Ct) \tag{2.1}$$

　ここで，Δ：排水量（t），Vs：船速（kt），HP：馬力，η：推進効率，Ct：船体の全抵抗係数

　この式の意味は，排水量Δの船が船速Vsで走るためにはどの程度のエンジン馬力を必要としているかを示すもので，馬力が少なければC_{ADM}は大きくなり性能がよいことを示す係数である．無次元値で書くと$C_{ADM} \propto \eta / Ct$となり，対象とする船のCt（全抵抗係数）が小さく，η（推進効率）が高いときに良い船型である．つまりC_{ADM}は大きければ大きいほど良い船であることを示す．（注）(2.1)式は第 4 章(4.66)～(4.68)式を使用し，$S_s \propto \Delta^{2/3}$を仮定すれば得られる．

　図 2 -81には1820年代から2004年までのC_{ADM}の変遷を示した．船体材質（木，鉄，鋼），形状，推進器のタイプ（外車，プロペラ），機関タイプと馬力出力が歴史的に大きく変化した時代であり厳密な比較はできないが，その変遷を眺めると1880年頃にやや窪みがみられるが，概してC_{ADM}は横向き放物線状に単調増加し推進性能の向上が認められること，近代的船型の域に入った1900年から2000年を比較するとC_{ADM}は約1.3～1.5倍となり，推進性能が向上していることがわかる．

　グラフに重ね書きしてあるL/BとC_{ADM}の変遷を対比してみる．1820年から1870年のL/Bの増加はC_{ADM}と同様の傾向で直線的に増加していることがわかる．ここで，L/Bの増加が抵抗係数を減少させるので近似的に$Ct \propto 1/(L/B)$と置き，推進効率ηの変化は緩やかに上昇することを仮定すると，

$$C_{ADM} \propto \eta \cdot (L/B) \propto (L/B) \tag{2.2}$$

となり，L/Bの人為的増加が船体の抵抗性能を向上させ機関馬力の未発達だった時期（1820～1870年）の船速向上に貢献していることが理解できる．1870～1900年にかけてL/Bを減少させて高馬力を投入して船速を増加させている時期ではCtが大，ηが小となるのでC_{ADM}がやや減少しているが，1900年以降になるとC_{ADM}が横向き放物線状に単調増加しているのは船型学，機関工学，造船工学等の発達により総合的に性能が向上していることがうかがえる．

5) 船の輸送効率（輸送効率指標TEI）の変遷（図 2 -82）

　第 1 章で示した輸送効率を表すTEI（Transportation efficiency index）の定義においてWをGTと考えれば次のとおりである．

$$TEI = (GT \times Vs)/HP \tag{2.3}$$

　ここで，GT：総トン数，Vs：船速（km/hour），HP：馬力

　TEIはその搭載馬力で輸送物量をどこまで運べるかを示す係数で，異なる輸送システムの輸送効率を比較するのによく使われる．TEIが大きいほど輸送効率が高い（輸送コストが安い）ことを示す．本来の定義ではトン数としてDW（載貨重量）が使われるが，客船の輸送効率としては

GTが妥当である．一般的傾向を考察すると，
- 1820年から1870年頃のL/B増加の時代は船型改良により馬力が削減されていてTEI＝27±5程度であるが，1880〜1910年では機関の改善で馬力増大が可能となり始めた過渡期でありTEI＝20程度に下り輸送効率は悪くなっている．
- 1920年ごろにTEI＝35程度になり，1930年代の「QM」，「QE」の時代に28程度になる．16万馬力という大馬力で力まかせに高速航行していたためにTEIは低い値となっている．
- その後，定期客船不況の時代には単調に増加し，2000年に入り，「QM2」等GTを増やし巡航速度をやや落とした大型高馬力クルーズ船になると船型学の発展による推進性能向上も相俟ってTEI＝55程度まで上昇している．第1章にタンカーなど大量のものをゆっくり運ぶ船は輸送効率が高いことを述べた．最近の大型高馬力クルーズ船が1930年代の「QM」，「QE」に比べてTEIが高いのはこの理由も考えられる．

6）外車とプロペラの性能比較（図2-83）

定期客船の推進器は外車で始まり機関は100馬力程度であった．外車船は40年間ほど使用された．最後の外車船は1856年の「ペルシア」で機関出力は3,600PS（「グレート・イースタン」では8,300 PS）で，最初のプロペラ船は1862年の「チャイナ」で2,250PSであった．その後の定期客船はすべてプロペラ船となった．図2-66に示す1885年ごろまでの機関馬力の変遷をみると，1860年付近を境にして馬力の不連続が見られる．その付近の概略馬力を見ると，外車船で5,000PS，プロペラ船で2,500PS程度となっている．船のサイズ，船速が統計的にみて連続的に増加しているという仮定で本図の傾向をみると，過渡期でのプロペラ船の推進効率は外車船に比べて約2倍優れていたものと予想される．

(2) 大型クルーズ船時代の変遷

「QE2」から「QM2」および「ダイアモンド・プリンセス」までの主要な大型クルーズ客船14隻について，船体主要目，馬力，居住性，サービス等の時系列的変遷を考察する．

1)搭載馬力HP，総トン数GT，HP/GT比の変遷（図2-84）
- 図2-84に横軸に船名（年代順）をとり，搭載馬力HPと総トン数GTを示した．「QE2（1969）」（GT70,327t，135,864PS）は高速定期航路時代の名残を受けて馬力HPが著しく高いが，その後1995年ごろまでの客船はGT，HPとも小さい中型客船が続く．1995年頃になると例えば「オリアナ」のGTは69,000tと「QE2」の70,3000tに近づくが，馬力は65,000PS程度で約半分と低い．その後，2005年に向かって大型クルーズ船志向となり，GT，HPともに増加して「QM2」級に向かう傾向が見られる．
- 同図にはHP/GTが示されている．「QE2」の1.93を基準とすると「オリアナ」は0.94で49％と低く，特に，2002年前後の「Brilliance of the Sea」では0.59で「QE2」の30％と低くなって低速

型の大型クルーズ船となっている．「QM2」では1.07と増加し「QE2」の55％である．「Diamond Princess」では0.73と「QE2」の38％となっている．「QE2」と比較してGTの増加の割に馬力が少なく巡航速度が低くなっている傾向がみられるが，図2-82に見たようにこれが輸送効率TEIを高める原因となっている．

2）船の大きさと乗員数，船客数の経緯（図2-85）
　図2-85は，縦軸に船長，乗員数，船客数を，横軸に船名（年代順）をとって示したものである．「Adventure of the Sea（2001）」や「Norwegian Star（2001）」では船の大きさ，乗員数に対して，船客数が約4000人と多い．その後，減少傾向になり2004年の「Diamond Princess」や「QM2」では同程度の乗員数に対して船客数が約3,000人と75％に減少し，船客へのサービスが上昇していることがわかる．これらに比べると往年の「QE2」は船客が1,900人程度と少ない．サービスが格段に良いのであろうか．

3）空間度（総トン数/船客数）とサービス度（船客数/乗員数）の変遷（図2-86）
　図2-86には縦軸に総トン数／船客数および船客数／乗員をとり横軸に船名（年代順）をとって並べた．これは船客への空間的余裕度と乗員のサービス度の概略指標と見ることができる．
• 総トン数／船客数の比について「QE2」を基準として他船を見ると大小の山谷がある．「Fuji Maru（1989）」から「Crystal Symphony（1995）」にかけては余裕度が大でゆったりとし，「Rotterdam（1997）」から「Carnival Glory（2003）」にかけてやや「QE2」より低下し余裕度の減少が感じられる．2004年の「Diamond Princess」では平均的であるが「QM2」では増加の傾向が見られ「QE2」の30％増となっている．
• 船客数/乗員数の比を見ると上記の総トン数／船客数の比と全く正反対の山谷の傾向が見受けられる．当然ながら空間的余裕度が高い船ではサービス度が高い．しかし「QM2」等最近のクルーズ船では空間的余裕度と乗員サービス度が良くなる傾向がうかがえる．大型クルーズ船顧客競争時代を迎え，種々の面での乗客へのサービスが重要視されてきたものと思われる．

2.1 船の世界史

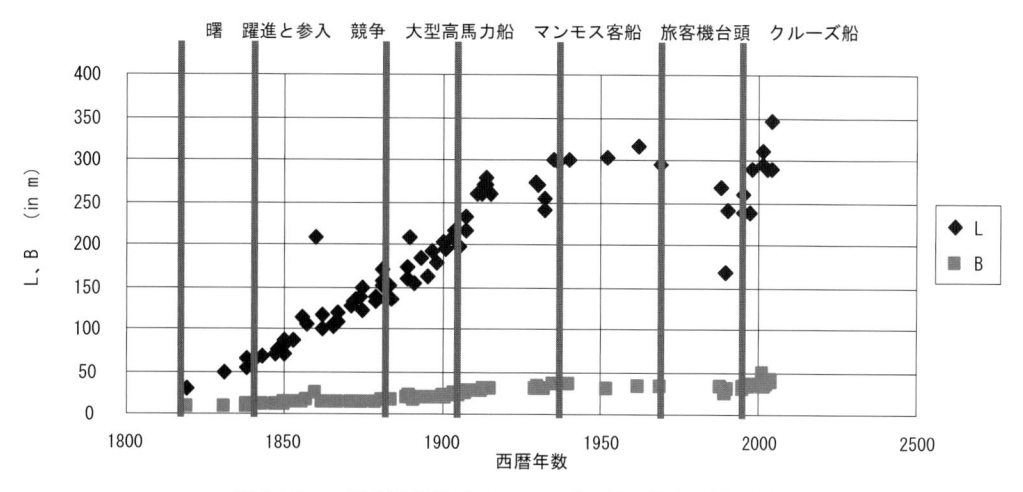

図2-78 大型定期客船（1819〜2004） 船の長さと幅の変遷

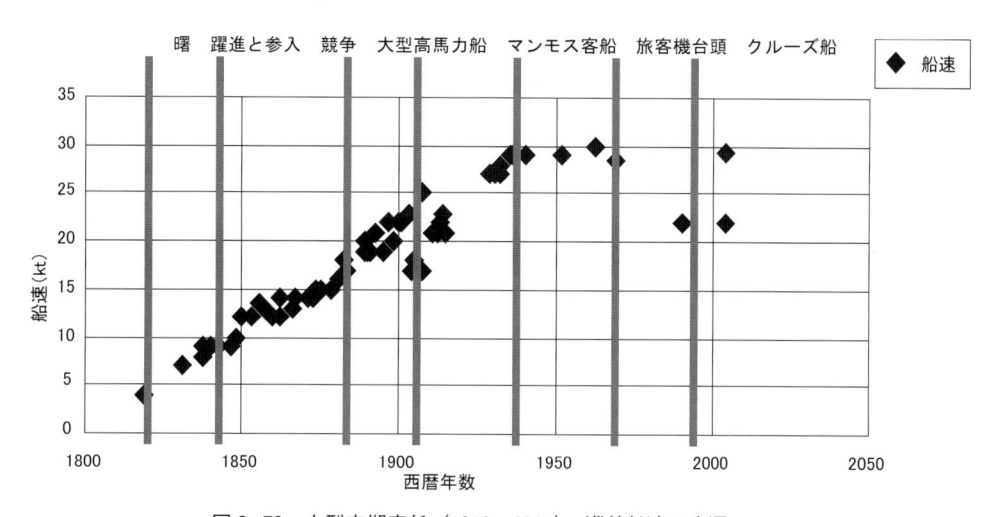

図2-79 大型定期客船（1819〜2004） 巡航船速の変遷

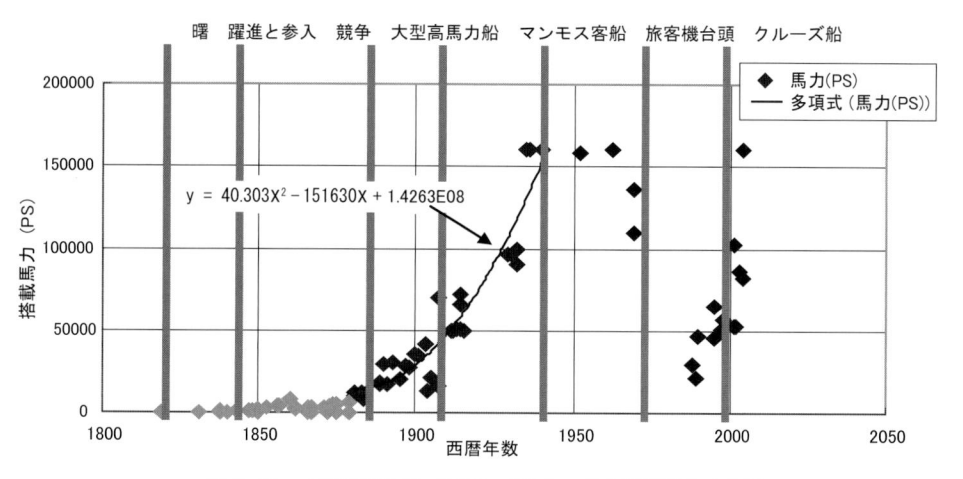

$$y = 40.303x^2 - 151630x + 1.4263E08$$

図2-80 大型定期客船（1819〜2004） 船の搭載馬力の変遷

第 2 章 船の世界史と黒船以降の日本の造船史

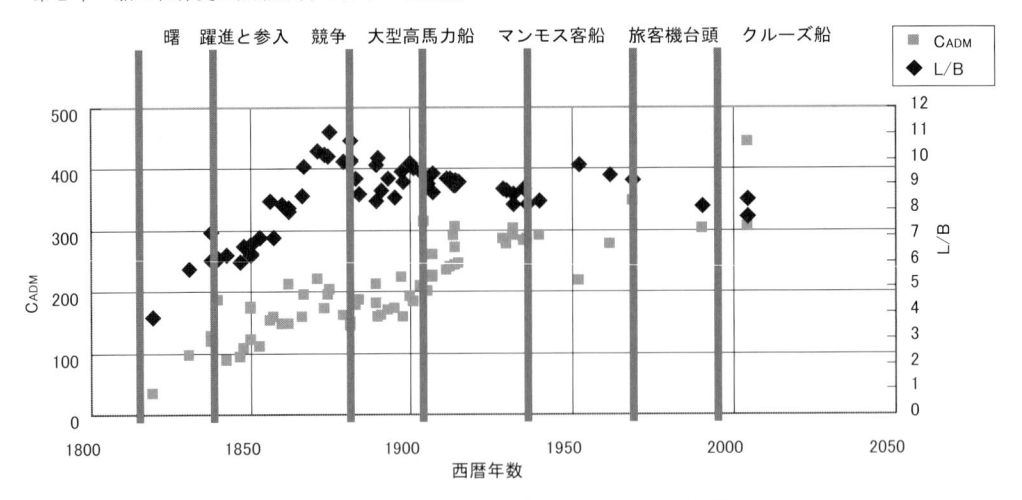

図 2-81 アドミラルティ係数 C_{ADM} と L/B の変遷

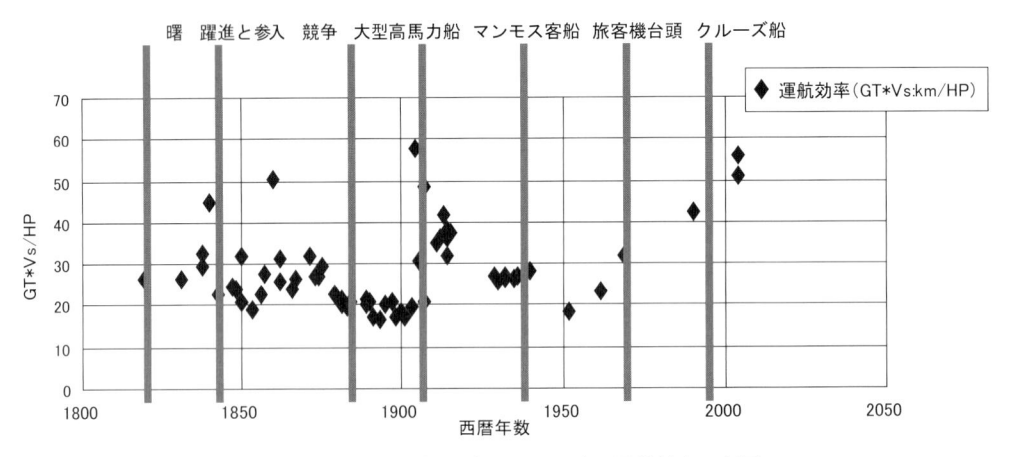

図 2-82 大型定期客船（1819～2004）運航効率の変遷

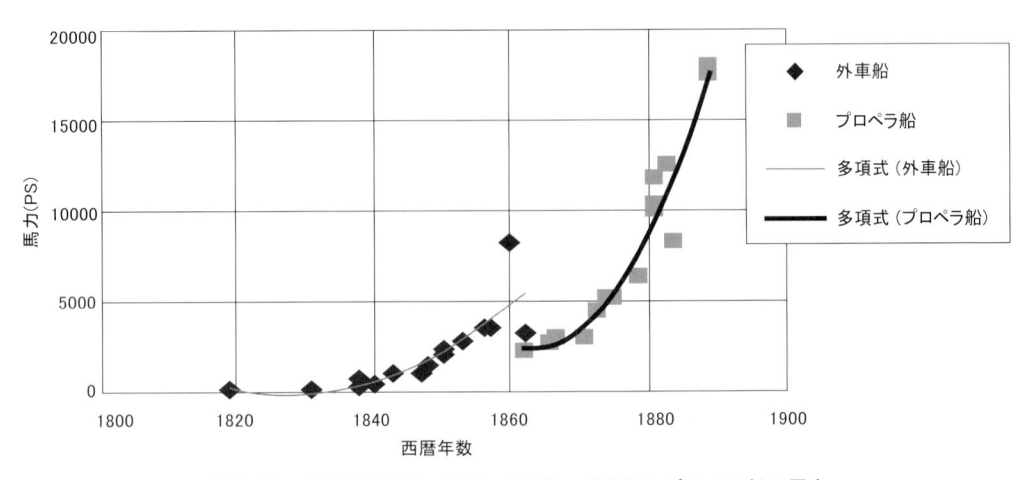

図 2-83 大型定期客船（1819～2004）外車船とプロペラ船の馬力

2.1 船の世界史

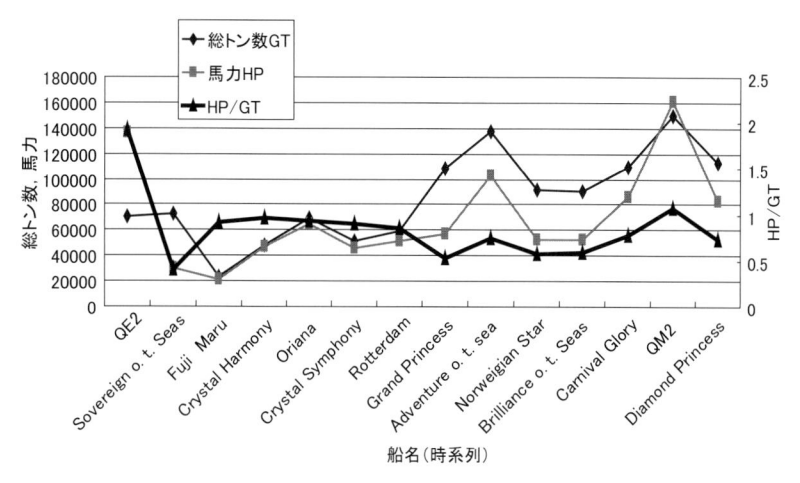

図2-84 最近の大型クルーズ客船 馬力，総トン数，馬力/総トン数比

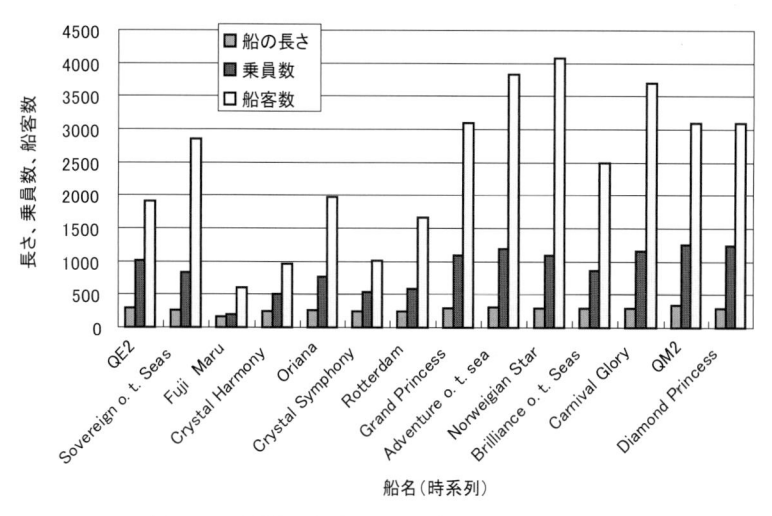

図2-85 最近の大型クルーズ客船 長さ，乗員と船客の数

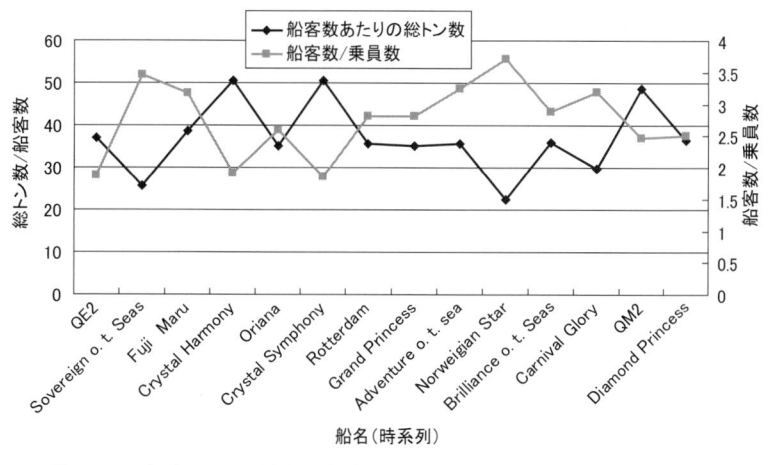

図2-86 大型クルーズ客船 船客数あたりの総トン数，船客数/乗員数

2.2 日本の船と造船技術

2.2.1 黒船来航と日本

(1) 黒船来航

　1853年6月，アメリカ東インド艦隊司令官ペリーは外車蒸気船「サスケハナ(U. S. S. Susquehanna)」を旗艦とした蒸気船2隻と帆船2隻計4隻を率いて浦賀に現われ，米国大統領の国書を示して開国を迫った．1633年の鎖国令から220年後に起こった「黒船来航」の難局に老中主席阿部正弘は幕政の転換を計って挙国的対応を始めた．その驚きが開国前夜の落首に表れている．
- 泰平の眠りをさます上喜撰（蒸気船）たった四はい（四隻）で夜も眠れず
- 陣羽織異国から来て洗いはり　ほどいてみれば裏が（浦賀）大変

1) 日米和親条約

　翌1854年，ペリー提督は蒸気船3隻「サスケハナ」，「ミシシッピ」，「ポーハタン（U. S. S. Pouhattan)」（サスケハナと同型船）と帆走船「プリマス」等6隻の計9隻を率いて再び来航，幕府は度重なるその西欧威力に圧倒されて日米和親条約を締結した．ロシアの使節プチャーチン等も同じ頃，長崎で開国を要求していたので，アメリカに続いてロシア，イギリス，オランダとも同様な和親条約を結んだ．鎖国日本は黒船「サスケハナ」到来を発端として開国の扉を開かざるを得なくなり，突如として大洋の荒波のインパクトをうけてグローバルな世界の中に身を乗り出すことになった．来航した黒船とはどのような船であったのであろうか．蒸気船「サスケハナ」と随伴した帆走船「プリマス」の要目を表2-11に，「サスケハナとペリー提督」と「ポーハタン」を図2-87および図2-88に示す．

　幕府は急速な国防と国交の充実の必要性から，まず，江戸湾の台場（砲台），江戸の番書取調所，講武所，反射炉の建設など自国防衛のための軍事改革に着手した．島国である日本にとって，国防，外交，通商，科学文化導入のいずれを進めるにも第一にすべきことは自国で太平洋を渡る汽船を所有し，さらに造船能力を導入・育成することであった．鎖国をしていた日本では西洋型船舶の造船技術はほとんどなく，急速な造船技術の導入と習得が不可欠であった．造船・海運は種々の工学からなる総合工学であり，特にイギリスの産業革命後約百年たった当時において世界の先端技術・産業であった．即刻，外国への視察や技術移転が開始された．1854年洋式船「鳳凰丸」起工，1855年長崎にオランダ支援の長崎海軍伝習所，洋学所設置，1857年軍艦教授所，「咸臨丸」の購入，1862年オランダ留学生の派遣（榎本武揚，津田真道，西周等：造船・操船学，国際法等の習得）が行われた．その後，技術導入として1865年日仏技術援助契約，イギリスによる技術支援が矢継ぎ早に続いた．

表2-11 「サスケハナ」,「プリマス」の要目と形状

船　名	サスケハナ	プリマス
英名	Susquehanna	Plymouth
建造年	1850	1844
造船所	フィラデルフィア海軍工廠	ボストン海軍工廠
船種	木造外車フリゲート	木造帆走スループ
長さ×幅×深さ×喫水	76.2×13.72×8.08×5.94m	44.96×11.61×5.23m×－
満載排水量	3,824t	－
帆装	3本マストバーク型	3本マストシップ型
蒸気機関　出力	斜動型×2　795IHP	
推進器　形式×数　直径（m）　毎分回転数	外車×2　9.45　12	
石炭搭載量（t）	900	
航海速力（kt）	8	
備砲	10インチ・シェルガン　3（門） 8インチ・シェルガン　6（門） 合計　9（門）	8インチ・シェルガン　4（門） 32ポンド砲　18（門） 合計　22（門）
乗組員	300	210

図2-87 「サスケハナ」とペリー提督
（社団法人日本船舶海洋工学会より）

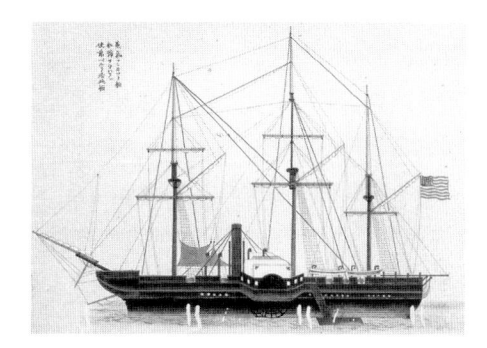

図2-88 「ポーハタン」
（神奈川県立歴史博物館より）

2) 太平洋への船出

日本が太平洋に船出したのは1860年のことである．日米和親条約以降，日本総領事ハリスは英仏の中国侵略を危惧して，日米修好通商条約の早急な締結を強く望み1856年にそれを締結させた．その条約の批准交換のために1860年には幕府外国奉行新見正興一行が「ポーハタン」でアメリカに向かった．勝海舟は「咸臨丸」（図2-89）の艦長として使節に随行した．これが日本人の日本人によるはじめての太平洋横断である．この航海には福沢諭吉と中浜万次郎が参加している．福沢諭吉は帰国後，この遣米使節とその後の遣欧使節（1862）で得た見聞を「西洋事情」（初版1866）として出版し日本に紹介した．

「咸臨丸」は1857年オランダ・カンテル市キンデルダイク造船所で建造された長崎海軍伝習所の練習船で，主要目は次のとおりである．

・船型：木製三檣バーク型コルベット船でスクリュープロペラ付き機帆船

第2章　船の世界史と黒船以降の日本の造船史

図2-89　「咸臨丸」
(社団法人日本船舶海洋工学会より)

- 長さ：49.68m
- 幅：8.53m
- 総トン数：380 t
- 排水量：約600 t
- 主機：蒸気機関（100馬力），6 kt

「咸臨丸」はその後，機関が取り外され軍籍から除かれて帆走運輸船となる．1868年戊辰戦争勃発により榎本武揚らが操船する8隻とともに品川を脱走し北海道へ向う途中銚子沖で暴風に遭遇して艦隊とはぐれて下田に漂着，政府軍に敗北した．後に北海道開拓使に交付されて物資輸送に従事するが1870年北海道沖で座礁，難破した．

黒船来航（1853）をきっかけとして，幕藩体制の崩壊，尊王攘夷運動，討幕運動が急速に進み，大政奉還勅許と王政復古大号令（1867）により明治維新（1868）を迎えた．

以下，表2-12の明治から平成までの主な客船の主要目を参照しながら，各時代の海運・造船の発展の経緯を見てゆく．

(2) 明治時代（1868～1912）

明治時代は欧米列強との国際関係の中で日本の政治，外交，経済，教育，思想，科学技術，文学，美術芸能のすべてが一時に西洋化に向けて変化し発展した時代である．とりわけ，日本が諸外国に伍して国際社会の中で生き，国内の経済的社会的発展を遂げてゆくための必要な要件，それは富国強兵と殖産興業であった．そのために明治政府は，中核となる欧米技術の早期導入・徹底模倣・殖産興業を最大目標とし，近代工業化と経済自立のために，①資本の蓄積，②市場拡大，③労働人口の増大に邁進した．

2.2 日本の船と造船技術

表2-12 明治から平成までの主な客船の主要目

Era	船会社	船名	GT (t)	L (m)	主機	馬力	Vs	建造	航路	同型船
M	NYK	常陸丸	6,172	135.64	3連成2基	3,847	14.18	1898	欧州	阿波丸
M	東洋汽船	日本丸	6,168	126.80	3連成2基	8,500	17.00	1898	桑港	亜米利加丸, 香港丸
M	NYK	賀茂丸	8,524	141.73	3連成2基	7,582	16.41	1908	欧州	平野丸等5隻
M	NYK	加賀丸	6,301	135.64	3連成2基	5,365	15.15	1901	北米シアトル	伊予丸, 安芸丸
M	NYK	丹後丸	7,463	135.64	3連成2基	6,424	15.61	1905	北米シアトル	
M	NYK	横浜丸	6,469	121.92	3連成2基	5,510	15.17	1912	北米シアトル	静岡丸
M	NYK	日光丸	5,539	128.02	3連成	6,694	17.77	1903	豪州	
M	東洋汽船	天洋丸	13,454	167.64	Turbine3基	19,000	20.61	1908	桑港	地洋丸, 春洋丸
M	大阪商船	たこま丸	6,178	124.97	3連成2基	4,975	15.45	1909	北米タコマ	しあとる丸, しかご丸
M	大阪商船	ぱなま丸	6,058	121.92	3連成2基	5,173	14.96	1910	北米タコマ	めきしこ丸, かなだ丸
T	NYK	香取丸	10,513	149.35	T付3連成2基	11,562	16.73	1913	欧州	
T	NYK	諏訪丸	11,927	153.92	3連成2基	10,958	16.46	1914	欧州	八阪丸, 伏見丸
T	大阪商船	まにら丸	9,506	144.78	3連成2基	7,991	16.28	1915	北米タコマ	はわい丸等5隻
T	東洋	安洋丸	9,534	140.21	Turbine2基	7,465	15.31	1913	南米西岸	樂洋丸
T	東洋	銀洋丸	8,450	135.64	Turbine2基	5,444	14.74	1921	南米西岸	墨洋丸
T	大阪商船	笠戸丸(英国建造)	60,209	—	—	—	14.5	1900	南米東岸	
T	大阪商船	さんとす丸	7,267	131.06	Diesel2基	4,600	15.75	1925	南米東岸	らぷらた丸, もんてびでお丸
S	NYK	浅間丸	16,947	170.69	Diesel2基	16,000	20.71	1929	北米桑港	龍田丸, 秩父丸
S	NYK	橿原丸	27,700	218	Turbine2基	45,000	24	1941	北米桑港	出雲丸
S	NYK	氷川丸	11,622	155.45	Diesel2基	11,000	18.21	1930	北米シアトル	日枝丸, 平安丸
S	NYK	三池丸	11,738	155.1	Diesel2基	14,000	20.61	1941	北米シアトル	安芸丸
S	NYK	照国丸	11,930	153.62	Diesel2基	10,000	17.76	1929	欧州	靖国丸
S	NYK	新田丸	17,150	168	Turbine2基	25,200	22.47	1940	欧州(米国/徴用)	八幡丸, 春日丸
S	東洋	平洋丸	9,815	140.21	Diesel2基	8,599	16.73	1930	南米西岸	
S	大阪商船	ぶえのすあいれす丸	9,625	140.21	Diesel2基	6,000	16.6	1929	南米東岸	りおでじゃねろ丸
S	大阪商船	あるぜんちな丸	12,755	155	Diesel2基	16,500	21.48	1939	南米東岸	ぶらじる丸
S	大阪商船	報国丸	10,438	152.2	Diesel2基	13,000	21.15	1940	南アフリカ東岸	愛国丸, 護国丸
S	NYK	阿波丸	11,249	153	Diesel2基	14,000	20.82	1943	豪州	他一隻
S	大阪商船	さんとす丸	8,515	134	Diesel	6,160	18.8	1952	南米移民	
S	大阪商船	あめりか丸	8,343	134	Diesel	5,600	17.74	1950	南米移民	
S	大阪商船	ぶらじる丸	10,100	145	Diesel	9,000	20.31	1954	南米移民	
S	大阪商船	あるぜんちな丸	10,863	145	Diesel	9,000	19.83	1958	南米移民	
S	商船三井客船	さくら丸	12,628	145	Diesel	9,800	17.9	1962	巡航見本市船	
S	商船三井客船	新さくら丸	17,390	160.15	Diesel	21,600	18	1972	クルーズ客船	
H	日本チャータークルーズ	ふじ丸	23,340	147	Diesel	21,400	18	1989	クルーズ客船	
H		おせあにっく・ぐれーす	5,050	92	Diesel	3,530	19.6	1989	クルーズ客船	
H	商船三井客船	にっぽん丸	21,903	166.6	Diesel	20,900	18	1990	クルーズ客船	
H	日本郵船	Crystal Harmony	48,621	205	D-Electric	32,640	22	1990	クルーズ客船	
H	日本郵船	飛鳥	28,856	160	Diesel	23,540	21	1991	クルーズ客船	
H	日本クルーズ客船	おりえんとびいなす	21,884	174	Diesel	18,540	18.5	1993	クルーズ客船	
H	日本クルーズ客船	ぱしふぃっくびいなす	26,518	183.4	Diesel	18,540	18.5	1998	クルーズ客船	
H	プリンセスクルーズ	ダイヤモンド・プリンセス	116,000	246	D-Electric	54,400	22.1	2004	クルーズ客船	サファイア・プリンセス

87

第2章 船の世界史と黒船以降の日本の造船史

「国際」とは「国」の「きわ(際)」であり，島国日本がその間を自由に行き来し交易し防備するためにはまず船を持たねばならない．つまり，最重要課題は「海運」と「造船技術」を早急に発展させることであった．明治時代はこれらを先進国に学び発展させた時代であったといえる．

当時，諸外国はすでに東洋航路進出を計っており，1867年にはアメリカの太平洋郵船会社(PML)が上海まで太平洋航路を延ばしていた．このような状況下で政府主導で行なわれた海運・造船関連の事例を列挙すると次のとおりである．

①明治政府主導の郵便貨物船輸送を開始(1870)
②海運会社の設立：三菱商会(1870：後の三菱会社)，共同運輸(1882)，大阪商船(1884)，東洋汽船(1896)の発足
③航海・造船奨励法(1896)，商船建造の補助：外国船購入を廃止して国産船建造への指導
④民間造船所・製鉄所の設立：三菱(1884)，川崎(1886)，石川島(1876)，八幡製鉄(1901)
⑤各種学会の設立：日本造船学会(1897)，日本機械学会(1897)，関西造船協会(1912)
⑥海軍の艦船建造：日清戦争(1894)，日露戦争(1904)のための軍艦購入，開発と建造
⑦大学・研究所・各種施設：工学寮，海軍水路部(1871)，鉄道開通(1872)，東京気象台(1875)

商船の海運・造船の歴史について述べる．三大海運会社の発足・経緯は下記のとおりである．

ⅰ)日本郵船

1870年土佐藩士岩崎彌太郎は三菱商会の名で汽船三隻による東京～大阪～高知間の回漕業をはじめた．大久保利通等明治政府要人とのつながりで有事の兵員輸送に協力する，いわゆる政商として力を伸ばし，1875年郵便汽船三菱会社に改名し，沿海のみならず，琉球，小笠原，上海，朝鮮，香港，ウラジオストック等の遠海や海外への運航も手がけた．益田孝(三井物産)，浅野総一郎など財界人らは井上馨ら政府要人の支援の下に1882年海運会社「共同運輸」を創立し三菱会社との運航競争を繰り広げたが両社は1885(明治18)年に政府の仲介で合併し日本郵船と改名された．

ⅱ)大阪商船

1884(明治17)年，大阪府知事，管船局長，住友家の資金援助をうけ住友家総理人広瀬宰平を頭領とし創立された．1888年から政府補助金を得て新船を増強し発展した．日本郵船に比して小型船が主で，当初は瀬戸内海航路や大阪～釜山定期航路を運航した．

ⅲ)東洋汽船

1896年浅野総一郎が渋沢栄一，安田善次郎らを発起人として創立した海運会社である．浅野総一郎は1848年富山県に生まれ，セメント工場，炭坑業と手を広げ，1886年浅野回漕業として海運会社を設立し東洋汽船の創立に至った．大胆な発想と周到な調査のもとに外国船が地歩を固めるサンフランシスコ定期航路に乗り出す．東洋汽船が創立した1896(明治25)年には航海奨励法と造船奨励法が制定されたので船はさらに大型化が進んだ．

2.2 日本の船と造船技術

　上記の海運会社の主な海外就航航路は北アメリカ（シアトル，サンフランシスコ）航路，欧州航路，オーストラリア航路であった．当時の配船状況を見てみる（以下，船の主要目の略称用語として適宜，次の記号を使用する．GT：総トン数（t），L or Lpp：船の長さ（m），B：船幅（m），D：深さ（m），PS：主機馬力単位，kt：船速単位（ノット））．

1）日本郵船会社

　欧州航路用として貨客船「常陸丸（1898）」（GT6,172t）等6隻を建造した．「常陸丸」（図2-90）はGT6,172 t，L＝135m，3連成往復動蒸気機関を2基搭載し機関馬力3,847PS，2軸プロペラで船速14.18ktであった．「咸臨丸」の購入後，約40年を経て建造された国産第一号であった．北アメリカ・シアトル航路用として「加賀丸（1896）」型2隻（Lpp×B×D＝135.64×14.99×10.21m，主機レシプロ3連成2基2軸5,365PS，15.1kt，GT6,301 t），「丹後丸（1905）」（GT7,463 t），オーストラリア航路用として「日光丸（1903）」（GT5,539 t）等を建造し就航させた．

2）大阪商船会社

　北太平洋航路（香港〜日本〜タコマ）用として，「たこま丸（1908年，同型船2隻「しあとる丸」，「しかご丸」）」「ぱなま丸（1990年，同型船2隻「めきしこ丸」，「かなだ丸」）」等6隻を建造し遠洋航路に進出した．これらの船型要目は次のとおりである．

　「たこま丸」：GT6,178 t，L＝124.97m，3連成機関2機，4,975PS，15.45kt

　「ぱなま丸」：GT6,469 t，L＝121.92m，3連成機関2機，5,510PS，16.73kt

3）東洋汽船会社

　サンフランシスコ航路貨客船として1898年に「日本丸」型3隻（「日本丸」，「亜米利加丸」，「香港丸」）を建造した．「日本丸」はイギリスSir James Laing Co.のSuderland造船所建造の外国船で，

図2-90　「常陸丸」
http://www.mhi.co.jp/nsmw/html/siryou2.htm

第2章　船の世界史と黒船以降の日本の造船史

当時の日本郵船の「神奈川丸」等に並ぶ大型船であり，クリッパー船首3檣2煙突をもつ白色船体の派手な容姿の客船であった．主要目はLpp×B×D＝126.80×15.39×9.91m，GT6,168，レシプロ3連成2基2軸8,500IHP，17ktである．1908年に当時の大型貨客船総トン数の約2倍の総トン数をもつ「天洋丸」（GT13,454t，L＝167.64m，19,000PS，20.61kt，タービン：図2-91）と同型船2隻「地洋丸（1908）」（GT13,426t），「春洋丸（1911）」（GT13,374t）を建造した．その後，南米西岸航路に「安洋丸」，「静洋丸」，「アメリカ丸」を配船し，北米からの原油輸送も行ったが，外国船の追い上げと関東大震災（1923）の打撃により採算が悪化して1924年に日本郵船会社に吸収合併された．

ここで，当時の歴史的巨船「天洋丸」の建造の経緯と性能について述べておく．

①建造の経緯

「天洋丸」（図2-91）は浅野総一郎が英国から輸入した鋼材と英国パーソンス社製主機タービンを三菱造船所に支給して建造した重油焚きの船である．主要目はLpp×B×D＝167.64×19.20×11.73m，GT13,454tでParsons Turbine式3基3軸19,000PSを装備し船速は20.6ktである．船客数は1等249人，2等73人，3等600人である．

「浅野総一郎がなぜ，当時，造船海運新興国であった日本で「天洋丸」のような巨船の建造を考えたのか」ということは興味あることである．この破天荒な大型船新造計画の決断は日露戦争（1904）直後の国内および国際関係下の状況を考慮しつつ，彼自らが行った現地ニーズ調査と造船用基盤技術導入の洞察に基づいたものであり，太平洋航路の競争会社であるパシフィック・メール社（PML）への果敢な挑戦（PML社はすでに13,000トン級2隻を投入）であった．

外国産の安い原油の輸入による重油焚き機関の採用（それまでは石炭焚であった），新技術の導入（空気暖房機，テレモーター操舵機，クォードランドダビット，電動隔壁扉，電気賄器具な

図2-91　「天洋丸」

ど），居住艤装の向上（居室，寝室，浴室を 1 組にした特別室やラウンジの導入，アールヌーボー様式の室内装飾）がなされた．「春洋丸」にはわが国最初の短波無線送受信装置が装備された．船のサイズだけでなく質，即ち艤装品の向上に当時第 1 級の欧米技術を導入し日本造船技術の向上をはかった．なお，「天洋丸」は 25 年，「春洋丸」は 26 年の船齢を全うして解体された．「地洋丸」は就航後 8 年目に香港沖タンカン島付近で座礁し解体された．

②要目性能の船型学的考察

当時，欧州では大西洋定期マンモス客船「ルシタニア（1907）」（GT31,550 t，232.31m，70,000PS，25kt，タービン，Prop.×4）や「オリンピック（1911）」（GT45,324 t，259.83m，50,000PS，21kt，タービン推進，「タイタニック」と同型船）等による高速横断競争時代の全盛期を迎えていた．「天洋丸」の要目性能は「ルシタニア」と比較してどのようなレベルにあったのであろうか．フルード（Fruode）の船型学的相似則を使用して考察してみる．この方法は次のとおりである．「天洋丸」の性能（馬力，船速）から「天洋丸：T」を相似的に大きくして「ルシタニア：L」と同じ寸法の「天洋丸型ルシタニア」（T→L船と呼ぶ）にしたときの馬力，船速を推定し，実物の「ルシタニア」の馬力，船速と比較・評価する．まず，「ルシタニア」/「天洋丸」の長さ比（寸法比）は $a = 232.31/167.64 = 1.386$ である．フルードの相似則を使用して，「T→L船」の総トン数GT，馬力，船速は a を使って次のように換算できる．太字は天洋丸，（ ）値はルシタニアの値である．

- $L = 232.31\text{m}$（232.31m）
- $GT = a^3 \times \mathbf{13{,}454} = 35{,}881\text{ t}$（31,550t）
- 馬力 $= a^{3.5} \times \mathbf{19{,}000} = 59{,}500\text{PS}$（70,000PS）
- 船速 $= a^{0.5} \times \mathbf{20.6} = 24.25\text{kt}$（25kt）

ここで $a = 1.386$，$a^3 = 2.667$，$a^{3.5} = 3.131$，$a^{0.5} = 1.77$

「T→L船」の船速は24.25ktと予測されたが，「T→L船」は「ルシタニア」に比べると①GTが1.137倍でやや大きく，②馬力が0.85倍で約15％小さいので，この2点を（2.1）式の C_{ADM} 一定の仮定で補正した船速を推定する．

①GTの補正：$V_s = 24.25\text{kt} \times 1.137^{2/9} = 24.25\text{kt} \times 1.029 = 24.95\text{kt}$

②馬力の補正：ルシタニアの馬力70000PSまで「T→L船」の馬力を上げたとすれば，

$V_s = 24.95\text{kt} \times (70000/59500)^{1/3} = 24.95\text{kt} \times 1.055 = 26.32\text{kt}$

以上により「天洋丸」をベースとした「T→L船」の船速は26.32ktと推定される．一方，「ルシタニア」の船速は25ktであるので「天洋丸」の性能はそれ以上となる．しかし，上記の推定には種々の誤差が混入していることを考慮すれば，船型学的に「天洋丸」は「ルシタニア」と同等以上の性能をもつ船であることが推論できる．「天洋丸」の線図はどこで作られたものであろうか．イギリスから導入されたものなのであろうか．興味は果てしなく続く．

欧米の長い造船・海運の歴史を考えると，日本は黒船来航後わずか55年でサイズ的に3/4，船型性能学的尺度でみても互角の船を製造するところまで追いつくことができたことは興味のある

ことである．しかし，建造材料や艤装品は殆ど欧米からの輸入品であるから造船設計技術，設備・機器の国産能力，室内装飾のノウハウとスキルの面は大差があり学ぶべき課題であった．

海軍艦船については，明治政府は日清戦争（1894）後，ロシア帝国の中国南下政策に対抗する国防的見地から装備を急いだ．当時は建造能力がなかったために日露戦争における日本海海戦の旗艦「三笠」（1902：図 2-92：大日本帝国海軍の戦艦で連合艦隊司令長官東郷平八郎が座乗し，ロシア・バルチック艦隊と交戦し勝利した）以下戦艦 6 隻，装甲巡洋艦 8 隻すべての設計・建造を高額な費用を払ってヨーロッパ諸国に委ねたのでその建造費は膨大なものとなり国内経済を圧迫した．以降，国産化技術の向上に努めた結果，戦艦「薩摩（1909）」（L×B×d×△＝146×25.4×8.4m×19,372 t，2 軸垂直 3 段膨レシプロ：17,300IHP，18.25kt），「安芸（1910）」（19,300 t）は国産で建造された．

戦艦「三笠」は1898年英国に発注し1902年に竣工した購入軍艦で，イギリス戦艦「フォーミダブル」級準姉妹艦で世界的に見ても当時の第一級最大最強の戦艦であった．1906年に英国は「ドレッドノート号」（17,900 t，蒸気タービン，21kt）いわゆる，「ド級戦艦」を完成させた．その後，1912年に英国はド級戦艦を超えた「オライオン号」を完成させたのでこれを「超弩級戦艦」と呼んだ．イギリスに注文した最後の戦艦「金剛（1912年，基準排水量（改装）31,720 t，全長219.4m，蒸気タービン 4 機 4 軸，136,000PS，Vmax＝30.3kt）」はこの「超弩級戦艦」である．

戦艦「三笠」の主要目と形状は次のとおりである．

- 建造造船所：英国ビッカース・ソンズ・アンド・マキシム社
- 建造年，価格：起工1899年，竣工1902年，当時価格120万£（兵装込み，国家予算の1/25）
- 主要寸法：L×B×d＝131.7×23.2×8 m　L/B×B/d×C_b＝5.68×2.9×0.60
- 常備排水量：△＝15,140t
- 機関：直立 3 気筒 3 連レシプロ蒸気機関 3 段膨張×2
- 馬力，軸数，船速：15,000PS，2 軸，船速18kt（Fn＝0.258）
- プロペラ：2 軸，内回り回転，翼数：4 翼固定ピッチプロペラ（FPP）　翼輪郭：楕円形，翼断面形状：オージバルタイプ（ogival type：円弧状，原義は建築用語で尖頭迫持（せりもち，太鼓橋をアーチ状に組み上げる構造の形））
- 主砲（口径inch/口径比×数）：12/40×4，副砲（口径inch/口径比×数）：6/40×14
- 石炭搭載用（常備/最大 t）：700/1,520
- 舷側装甲の厚さ（インチ）と材質：9×クルップ鋼
- 乗員定数：859人

現在，横須賀市の三笠公園に記念艦として保存されている．

(3) 大正時代（1912～1926）

大正時代は，国際的には明治後半の日清戦争（1984），日露戦争（1904）とそれに続く第 1 次

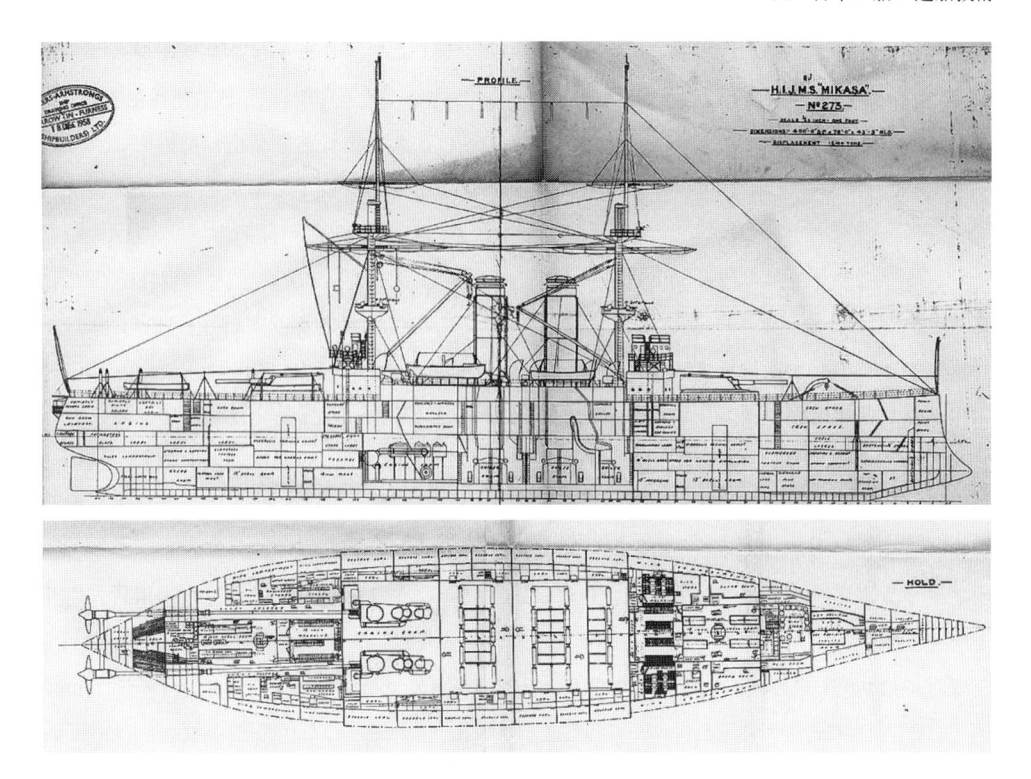

図2-92 戦艦「三笠」の一般配置図と公試運転時写真（明治35年1月）
（呉市海事歴史科学館（大和ミュージアム）より）

世界大戦（1914），国内的には官僚統制規格と大量生産，関東大震災（1923）の大打撃を特徴とした時代である．明治時代に導入した様々な科学技術の種が学習と実践により日本独自の技術として芽生え，とりわけ近代的海運業や造船技術が急速に進歩した時代であった．海運3社は欧州，北アメリカ，南アメリカに航路を伸ばした．

欧州航路では，日本郵船は本航路の増益を見込み1913（大正2）年に同型船2隻「香取丸」，「鹿島丸」を建造，就航させた．主要目はLpp×B×D＝149.35×18.59×11.13m，レシプロ排気タービン付3基3軸，馬力11,562PS，15.5ktであり三菱長崎造船所で建造された．船客数は1等112人，2等56人，3等186人であった．「鹿島丸」は同年川崎造船所で造られたレシプロ機関3連成2基2軸船である．

北アメリカ・タコマ航路では，大阪商船会社は中国，日本からの北アメリカへの移民船として，「まにら丸」，「はわい丸（1915）」（図2-93）等6隻を就航させた．移民輸送用客室，絹物格納庫，冷蔵貨物庫を装備している．「はわい丸」の主要目はLpp×B×D＝144.78×18.59×14.48m，GT95,063t，8,336PS（IHP），11.5/16.04ktで主機はレシプロ3連成2基2軸船である．

第 2 章　船の世界史と黒船以降の日本の造船史

図 2-93　「はわい丸」
http://homepage3.nifty.com/jpnships/taisho/taisho_kenzosen.htm

北アメリカ・サンフランシスコ航路では，東洋汽船は太平洋郵船会社（PML）が太平洋航路を廃止したのでこれを買収し，1921年「大洋丸」等4隻を就航させた．「大洋丸」は旧ドイツの貨物船で第1次世界大戦の賠償船として入手し改装した船で主要目はLpp×B×D＝170.99×19.89×13.03m，主機レシプロ4連成2基2軸10,600PS（IHP），16.5ktであった．

南アメリカ西岸航路では，1913年東洋汽船会社が南アメリカとの貿易を見込んで「安洋丸」等4隻を就航させた．主要目は Lpp×B×D＝140.21×18.29×9.91m，主機は三菱 Parsons Turbine 2基2軸7,425PS（SHP），14/15.5ktである．主機にギヤード・タービンを装備したわが国最初の貨客船である．

南アメリカ東岸航路では，大阪商船会社は1925～26年にかけて南米東岸移民輸送用貨客船「さんとす丸」型3隻：「さんとす丸」，「らぷらた丸」，「もんてびでお丸」を建造した．「さんとす丸」の主要目はLpp×B×D×GT＝131.06×17.07×10.97m×7,266ｔ，スイス・ズルツァー社（Sulzer）製ディーゼル機関2基2軸，4,600/6,159PS，11.96/16.44ktで，わが国最初の大型ディーゼル船である．「もんてびでお丸」にはズルツァー社から製造特許権を取得した国産ディーゼル機関とジャイロコンパスに連動する自動操舵装置をはじめて装備している．

海軍艦船については，大規模な拡張が行われ国産建造技術が発展した．大正時代に巡洋戦艦「金剛」を除き日本の主力艦隊のほとんどが国産として整備された．1920年から1921年には戦艦「日向」や巡洋戦艦「霧島」等が，また八八艦隊計画の一環として戦艦「陸奥」，「長門」が相次ぎ建造された．

日本の発明として，三菱造船会社元良信太郎技師が考案したフィン・スタビライザー（Fin stabilizer：翼付き減揺装置，1923）があった．しかし，減揺効果に対する無理解と制御装置の未発達による騒音問題から日本では採用されずイギリス・デニーブラウン（Denny Brown）社に売却された．デニーブラウン社は新しい自動制御技術を採用し継続的な改良を行い大西洋マンモス客船や現在の豪華クルーズ船に不可欠な減揺装置に発展させた．発明元の日本は特許料を払って使用する立場になった．一般に発明製品はその時代の評価による価値が絶対的なものではなく，周辺の技術が発展すると新たな価値が生まれること，逆境に耐えて育てていかねば良いものは得られないという科学技術的価値観の重要性を教えてくれる．

大正時代の日本の船舶建造量は世界の9％程度であった．第1次世界大戦後の造船建造のピークを過ぎ1922年のワシントン軍縮会議の影響もあって造船不況が続いた．大正時代は明治時代に続き，国際関係が先鋭化しアジアへの帝国主義侵略が行われた時代で1914年の第1次世界大戦へと続く．ヴェルサイユ条約（1919），ワシントン条約（1922），国際連盟の成立（1920）とつなが

った．一時期は国際協調の時代に入ったように見られたが，1929（昭和4）年の世界大恐慌がこれを崩壊させその後の世界再編成へと激動の時代に入る．

(4) 昭和時代から第2次世界大戦終戦まで（1926～1945）

　昭和初期から第2次世界大戦終戦までの期間は大正時代の延長として，政治的，経済的，社会的には矛盾に満ちた苦しい時代であった．しかし，科学技術，文学，美術分野では成長した面も多い．日本やドイツ等海外市場の狭い国は恐慌からの脱出を植民地の再分割に求め，軍国化と侵略主義のファシズムを助長した．日本は満州事変（1931），日中戦争（1937）を経て，太平洋戦争へと進んだ．当時，海運界は不況であったが諸外国との航路競争のために船舶投入，老齢就航船の代替，そして西欧海運国と同じく第2次世界大戦時の軍用転換を想定して大型貨客船が多数建造された．政府が施した商船隊育成と国防上の見地から1937（昭和12）年の優秀船建造助成施設は最大規模で最高の内容をもつ助成策であった．図2-94に昭和時代の日本の主な商船，艦船のシルエットを示す．

　商船については，1926（昭和元）年には日本郵船が東洋汽船を吸収合併して新たな日本郵船が生まれた．命令航路代替船助成，船舶改善助成等の政府の施策により，大馬力舶用ディーゼル機関を装備した優秀客船が建造された．つまり，「浅間丸」型3隻（1929），「橿原丸」型2隻（1941），「氷川丸」型3隻（1930），「ぶえのすあいれす丸」型4隻（1929），「新田丸」型3隻（1940））や

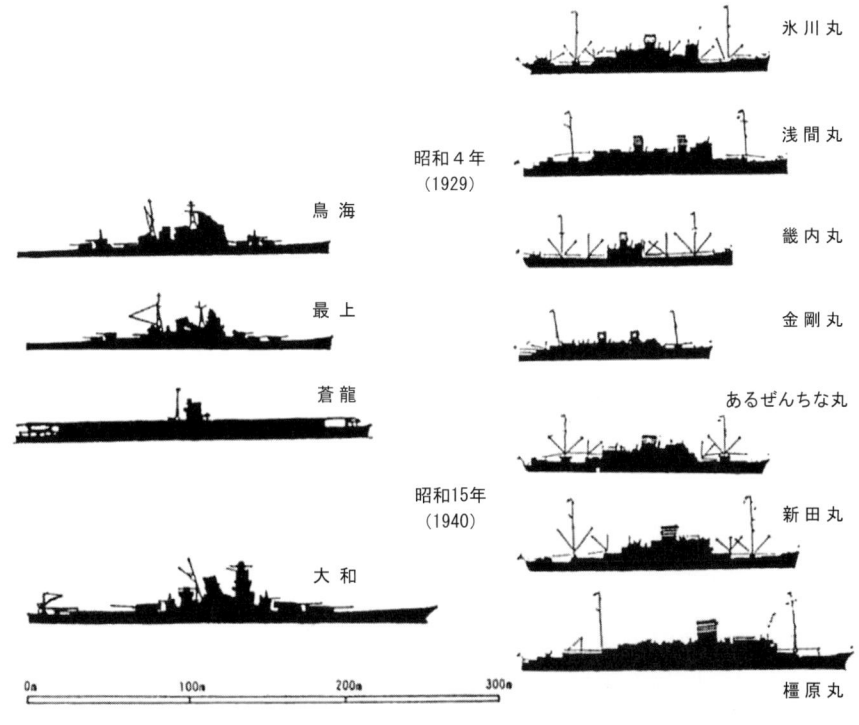

図2-94　昭和時代の日本の主な商船，艦船のシルエット
(社団法人日本船舶海洋工学会より)

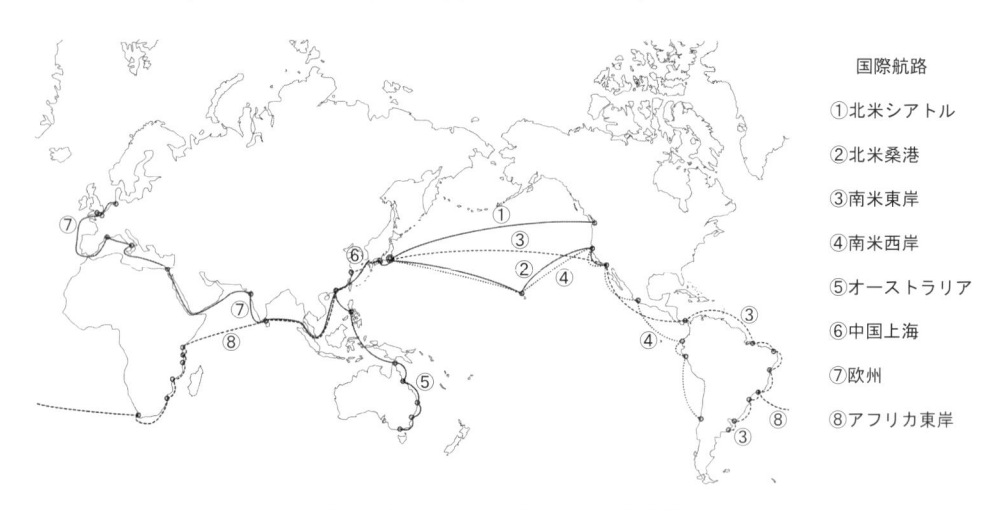

第2章　船の世界史と黒船以降の日本の造船史

国際航路
①北米シアトル
②北米桑港
③南米東岸
④南米西岸
⑤オーストラリア
⑥中国上海
⑦欧州
⑧アフリカ東岸

図2-95　日本の主な定期貨客船の航路（昭和初期）

貨物船（「畿内丸」，「霧島丸」等）である．図2-95に昭和初期の日本の主な定期貨客船の航路を示す．

北アメリカ・サンフランシスコ航路では，日本郵船会社は東洋汽船会社との合併の所産として，「浅間丸（1927）」（GT16,947 t，船長170.69m，ディーゼル機関16,000PS，20.71kt：図2-96），「竜田丸」，「秩父丸」（後に「鎌倉丸」と改名）の3隻の同型船を建造し就航させた．これらの船は日本で建造された客船とはいえ船体仕様・設計・艤装品・インテリアについてはイギリスやアメリカが設計・製作したものを購入して船体に取り付けて完成させたものであり国産の客船とは呼ぶことはできない．客船造船技術の習得と発達期にあった当時の日本の建造技術レベルを示している．

「浅間丸」が就航していた1929年10月24日，ニューヨーク・ウォール街の株価大暴落がおこり世界経済は大恐慌に突入した．以降，数年間にわたり世界の海運界は不況に悩まされた．さらに本航路には1930年イギリス・カナダ太平洋汽船（CPL）がエンプレス級大型船（「エンプレス・オブ・ジャパン」GT26,032 t）を，1931年アメリカ・ダラー汽船会社がプレジデント型（「プレジデント・フーバー」GT21,936 t 級）等2隻投入してきた．これらの船の巡航速力は「浅間丸」級より1～2kt速い22kt級であったため運行上の不利を強いられたが「浅間丸」等3隻は日本の看板客船として活躍した．

不幸なことにこれら3隻の商船としての平和な運航は短かく，その後の日本商船隊の悲哀の先駆けとなった．1939年に第2次世界大戦が勃発し戦時下軍用転換船とされた．「浅間丸」は1944年10月にバシー海峡で魚雷を受

図2-96　「浅間丸」

けて10分で沈没,553名が犠牲となった.「龍田丸」は1943年伊豆御蔵島東方海上で魚雷により数分で沈没し乗組員全員の198人が犠牲となった.「鎌倉丸」は1943年マラッカ海峡北バリックパパン沖で魚雷により沈没,約2000人が死亡した.1940年東京オリンピック開催(第2次世界大戦勃発のため未実施)をめざして同型船2隻,「橿原丸」,「出雲丸(1941)」(GT27,700t,L=218.0m,タービン2基45,000PS,24kt)が建造されたが,竣工前に海軍省に買い上げられ航空母艦(「隼鷹」,「飛鷹」)に改装されてしまった.

北アメリカ・シアトル航路では,日本郵船会社は本航路の増強を計り同型船3隻,「氷川丸(1930)」(GT11,630t,L=155.45m,ディーゼル2基11,000PS,18.2kt,図2-97),「日枝丸」,「平安丸」を就航させた.

欧州航路では,日本郵船会社が英仏伊等の有力船主との競争のため就航船の改善と拡充を計った.「照国丸(1927)」(GT11,930t),「靖国丸」がそれである.また,本航路のドイツ船に対抗するために「新田丸(1940)」(GT17,150t,L=168m,タービン2基,25,200PS,22.474kt:図2-98),「八幡丸」,「春日丸」等3隻の貨客船を建造した.第2次世界大戦の勃発により予定の航路には就航できず,「新田丸」,「八幡丸」は北アメリカ航路を経てまもなく,また「春日丸」は進水後,海軍省に徴用されてそれぞれ航空母艦として「沖鷹」,「雲鷹」,「大鷹」に改造された.

図2-97 「氷川丸」

図2-98 「新田丸」

南アメリカ西岸航路では,日本郵船会社は「平洋丸(1930)」(GT9,815t,L=140.12m,ディーゼル機関2基8,599PS,16.727kt)を建造した.

南アメリカ東岸航路では,大阪商船会社は同型船2隻,「ぶえのすあいれす丸」,「りおでじゃねいろ丸(1929)」(GT9,626t)を改造・建造した.その後,同型船2隻,「あるぜんちな丸(1939)」(GT12,755t,L=155.00m,ディーゼル16,500PS,21.48kt:図2-99),「ぶらじる丸(1940)」(GT12,755t)を建造し運航サービスを強化した.本船は第2次世界大戦前の国内の最大で最高速の豪華客船である.「あるぜんちな丸」は

図2-99 「あるぜんちな丸」

第2章　船の世界史と黒船以降の日本の造船史

1937年に三菱長崎造船所に発注された．就航後まもなく第2次世界大戦が始まったため商船としての活動は短く，「あるぜんちな丸」は4航海（1年3ヶ月），「ぶらじる丸」は3航海（11ヶ月）をもって南米線が中止された．大阪～大連間を就航後，1942年「あるぜんちな丸」は海軍省に売却されて特設空母「海鷹」に改装され，戦後直後，解体された．「ぶらじる丸」は1942年トラック島北方水域でアメリカの潜水艦の雷撃にて7分後に沈没した．

アフリカ東岸航路では，大阪商船会社は同型船3隻，「報国丸（1940）」（GT10,438t，L＝152.2m，ディーゼル機関2基13,000PS，21.148kt），「愛国丸」，「護国丸」を建造した．

オーストラリア航路では，日本郵船会社は「阿波丸（1943）」（GT11,294t，L＝153m，ディーゼル機関2基14,000PS，20.823kt）他1隻を建造し就航させた．

軍艦については，各種軍艦の研究，設計，量産が進み，重巡洋艦（「鳥海」，「最上」等），戦艦（「大和」（図2-100），同型艦「武蔵」）などが明治以来培われた造船技術の粋を集めて建造された．

戦艦「大和」は昭和9年から18inch砲（口径46cm）9門搭載の戦艦として研究され，昭和12年には排水量69,300t，turbine 4基，20万SHP，31kt案が出されたが，その後，再検討されて下記の最終要目と形状となった．艦船として重要な復原性は，GM＝2.6mとして動揺周期が18秒，復原範囲が70°となった．推進性能は3mの突出Bulbous bowをつけて10%の抵抗減少を達成した．

$Lwl \times Lpp \times Bmax \times Bmaxwater \times d = 256 \times 244 \times 36.9 \times 38.9 \times 10.4 m$

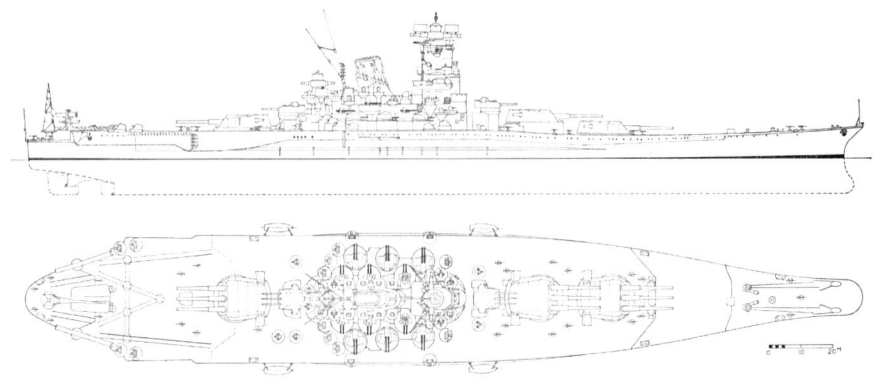

図2-100　戦艦「大和」
（社団法人日本船舶海洋工学会より）

$L_{WL}/Bmax \times Bmax/d \times Cb \times \Delta/_{LWL}^3 = 6.94 \times 3.55 \times 0.667 \times 3.72 (\times 10^{-3})$

Displacement (design) ×Displacement (trial) ＝64,000×69,100ton

Main Engine：Geared Turbine 4：150,000SHP，4 propellers，27kt，Fn＝0.277

Fuel：重油6,400ton，航続距離：7,200海里，乗員2,500人

装甲（鋼板厚さ）：水線部甲鉄最大410mm，甲板230mm，司令塔500mm

建造年月：起工S12-11/4，進水S15-8/8，完成S16-12/16　場所：呉工廠

轟沈年月，海域：S20-4/6，16：00，徳之島北西200海里，水深430m

　大艦・巨砲時代は航空機時代の前に敗れ去った．日本海運，造船界が長い歴史をかけ努力して発展させ，世界経済の発展，社会の平和繁栄のために使われるべき多くの大型優秀商船のほとんどが航空母艦等に改造されその大部分が撃沈され海の藻屑と消え，1945年の敗戦時には日本の商船隊は歴史上類を見ないほどの壊滅状態となった．日本の商船建造の歴史は痛ましくも雷撃沈没の歴史でもある．客船として生まれた海の貴婦人たちは戦争という名の下に多くの船員とともに海底深く沈んだことを忘れてはならない．

2.2.2　日本造船業の急成長と技術革新（第2次世界大戦敗戦1945〜）

(1)　戦後国際環境下での造船と科学の小史

　日本は第2次世界大戦敗戦でほとんどの商船が撃沈されるとともに設備等多くのものを失い零からの出発であった．しかし，その後，半世紀の日本造船技術の復活・発展は目覚しいものがあった．表2-13(1), (2)は第2次世界大戦敗戦1945年以降の日本造船技術の変遷を，国際関係下における日本の科学技術，経済，社会・文化の一般傾向の変遷と比較して示したものである．日本造船技術の復活・発展がそれらの変遷と強い相関関係があることが示される．

　日本の科学技術史は下記の4時期に分けて考えることができる．図2-102に昭和期の造船量の変遷が示されている．年表と図を参照しながら戦後の日本造船技術と科学技術，経済，社会・文化の発展を概観して見よう．

1) 占領政策の影響（1945〜54）：憲法改正/再建/計画造船/占領政策転換

　占領軍GHQによる武装解除とニューディーラーによるソフトな日本再建政策が始まった．米国主導の日本学術会議や工業技術庁（後の工技院）の発足と経済復興，米ソ間の冷戦開始と朝鮮動乱による占領政策変更とその特需により高品質の製品を製造することが米国の急務となったために米国デミング博士らが派遣されてQC（Quality Control）技術の指導を受けた．サンフランシスコ講和条約と日米安全保障条約締結による新しい日米関係に変化する．人口増加が豊富な労働力強化を生み中東大油田の発見による石油エネルギー需要への転換・輸送・生産・消費の時代になった．このような情勢下で日本は経済大国・軍事小国と規格大量生産型近代工業社会を目指した．湯川秀樹博士のノーベル賞受賞も戦後の国民を元気づけ，米ソ二大陣営の対立（冷戦）の

顕在化の下に禁止研究分野の航空機工業が復活し海上保安庁，防衛庁が設置された．石油エネルギー需要と製品輸出の増大が輸送システムである大型タンカーや各種船舶の建造を促進したので造船工作技術（建造技術，品質管理，コストダウン）が飛躍的に進歩した．朝鮮動乱の特需が造船発展を加速した．

2）高度成長の奇跡（1954～70）：技術移転/理工ブーム/産官学研/造船技術/民需

　高度成長の奇跡が起こり，「もはや戦後ではない」といわれるようになる．通産省の産業助成政策とともに，欧米からの科学技術の導入・移転が急速かつ効率的に行われ製品開発に結び付けられた．ソ連邦の宇宙衛星スプートニックの成功がインパクトになって理工系ブーム，大学院修士の採用を促進した．大企業が競って中央研究所を設立し，優秀な学生が官産学の研究構造を強化していった．豊富で安い石油エネルギーが大量に輸入され，これを原料とする産業の高度化が進む．科学技術の発展が機械化を促し製造工数を削減し，それが再び高度成長技術・産業を向上させ民需を増大させるという善循環を生み出し，家庭電化製品が豊富に安く手に入る生活革命を成し遂げた．日本式経営（年功序列，終身雇用，日本的風土）とマッチして高度経済成長の善循環が加速された．使い捨て文明がピークへと連なる．造船界では，1956年には第1次造船ブームとなり造船進水量が世界一となり，やがて造船が日本経済の総輸出額の10％を占めるまでになった．1965年頃からの大型コンピュータの急激な普及が船体開発設計技術を発展させ，年々，巨大タンカー，高速高馬力コンテナ船など種々のタイプの船が設計建造された．急激な船舶の発展や使用の結果，船体折損等の海難事故が起こり，これがまた船体性能・構造設計・建造技術の理論的実験的方法を発展させた．

3）科学先行主義の曲角（1970～81）：公害問題/オイルショック

　急激な科学技術の発展と効率化は水俣病など各種の公害問題，殺戮兵器を生んで冷戦下の戦争拡大の原因となった．科学技術は社会を豊かにし人類を幸福にするとのみ過信していた人々は今までの科学先行主義を反省し，科学批判がおこり大学紛争や反戦運動が怒濤のように全世界に巻き起こった．2度にわたるオイルショックは中東に原油のほとんどを依存する日本に大打撃を与え，代替輸入先の模索やクリーンエネルギーとして液化天然ガス（LNG），原子力等を志向した．北極海の石油，LNG開発が叫ばれ砕氷タンカーや氷海構造物の研究開発が盛んとなった．1970年米国制定のマスキー法を満たす排ガス有毒物質を抑えた省エネタイプの日本小型乗用車が一躍世界に脚光を浴び，輸出用のPCC（専用自動車運搬船）が建造される．規格大量生産型社会が終焉を迎え軽薄短小産業としてのハイテク産業が発展する．多様化，情報化，省資源化を目指す時代となる．大量輸送システムの機械である船舶はタイムラグ（時間的ずれ）をもって上述の影響を受け，投機も加わり船腹過剰となって巨大タンカーは頭打ちとなり注文が減少して造船不況となる．他国（韓国，中国）の造船建造能力の発展がこれに拍車をかけ建造コスト削減競争のなかで日本造船業は不況で苦しい時期を迎えた．この期間には多様な種類の商船が建造された．

2.2 日本の船と造船技術

表2-13(1) 国際関係下における日本の造船技術・科学技術の変遷（1853〜1945）

西暦	元号	国際関係	海運・造船関連	日本科学技術の変遷	経済史	日本の主な出来事	世界事件	西暦	元号
1853		黒船来航		韮山反射炉起工	黒船のメッセージ	滝沢馬琴	太平天国の乱	1853	
54		日米和親条約／英・露・蘭との和親条約	洋式船鳳凰丸起工		海外貿易と物価高騰		クリミア戦争(54〜56)	54	
55		長崎海軍伝習所開設		洋学研究所設置(江川)				55	
56		アメリカ総領事ハリス着任				52大日本史	アロー号事件	56	
57		軍艦教授所(講武所内)						57	
58		日米修好通商条約	咸臨丸(購入)			安藤広重没	英インド併合	58	
59		開港：横浜,長崎,箱館(生糸,海産物等)：安政の大獄					種の起源(ダーウィン)	59	
60		遣米使節団咸臨丸出発,桜田門外の変			農村一揆			60	
61		開港：兵庫・新潟 60〜68攘夷論開港幕藩体制崩壊			打ちこわし		南北戦争(61〜65)	61	
62		遣欧使節団,生麦事件	幕府オランダ留学派遣(榎本武揚,西周…)		ええじゃないか		ビスマルク時代(62〜92)	62	
65		日仏技術援助契約77迄,以降イギリスの技術移転						65	
66		薩長同盟,長州征伐		西洋事情福沢諭吉			マルクス資本論(67)	66	
67		大政奉還 王政復古大号令					米アラスカを買収	67	
68	M1	明治元年,五箇条の誓文		慶応義塾と改称	・安定→効率化	廃仏毀釈		68	M1
69	2	版籍奉還,東京九段招魂社(現靖国神社)建立		人力車発明,英米の科学書輸入		横浜毎日新聞(70)	スエズ運河開通	69	2
70	3	明治政府郵便貨物輸送開始	三菱商会船舶運航	工学寮整し,海軍水路部		平民苗字	普仏戦争(70〜71)	70	3
71	4	廃藩置県 岩倉具視欧米派遣		鉄道開通(新橋横浜)		西国立志編(敬宇)	フランス第三共和制	71	4
72	5	学制頒布,国軍創設,徴兵令		富岡製糸工場(72)		学制,学問ノススメ	パリ・コミューン	72	5
73	6	征韓論敗れ西郷隆盛・板垣退助下野,東京外国語学校				東京銀座赤煉瓦街	イタリア統一(70)	73	6
74	7			鉄道開通(大阪神戸間)		野球輸入(83)		74	7
75	8	ロシアと千島・樺太の交換		東京中央気象台		文明論の概略(諭吉)	清の光緒帝(75〜)	75	8
76	9						英大后摂政(75〜89)	76	9
77	10	西南の役西郷隆盛自殺,木戸孝允死			・尊皇攘夷の波力が	自由民権,	英領インド帝国成立	77	10
78	11	大久保利通暗殺,陸軍士官学校創立,参謀本部設置		東京電信局開業	富国強兵推進力へ	欧化主義議盛ん	ベルリン列国会議	78	11
79	12					美術界の復興	エジソン電燈発明(78)	79	12
80	13						李鴻章海軍創設	80	13
81	14	国会開設,自由党成立：総理板垣退助				テニス輸入(83)		81	14
82	15	立憲改進党：総理大隈重信	共同運輸創立	日本気象学会	日本銀行創立	鹿鳴館落成	三国同盟	82	15
83	16					鹿鳴館舞踏会盛行		83	16
84	17		三井商船創立			婦人洋装,フェノロサ		84	17
85	18	内閣制度制定		近代的機械工業の進歩				85	18
86	19					帝国大学,小中学校令	ベンツ自動車を発明	86	19
87	20						仏領インドシナ成立	87	20
88	21			東京天文台・電気学会		独KiserWilhelmII即位		88	21
89	22	大日本帝国憲法・皇室典範発布		東海道本線開通	・ドイツ帝国官僚主義		ドイツ統一の完成	89	22
90	23	第1回帝国議会				教育勅語,浪漫主義		90	23
91	24			下瀬火薬発明			露仏協商	91	24
92	25					浪漫主義文学起る	エジソン活動写真発明	92	25
93	26						朝鮮東学党の乱	93	26
94	27	日清戦争 軍制の改革 ↓露仏独の三国干渉	↓航海造船奨励法(96)		・徹底模倣		94-95乙清戦争	94	27
95	28	下関条約(遼東半島・台湾割譲・償金2億両)	↓鋼船建造増大		と殖産興業		ナンセン北極探検	95	28
96	29		外国船購入に依存		金本位制確立		アテネOlimpic第1回	96	29
97	30		東洋汽船創立・日本郵船欧／米航路	豊田自動織機			帝国主義国際関係鋭	97	30
98	31		日本機械学会創立(97)	東京大阪長距離電話			独ロ英仏の租借	98	31
99	32		常陸丸欧州航路,日本丸桑港航路 日本造船協会(98)				→膠州湾/旅順,大連	99	32
1900	33		笠戸丸				/威海衛/広州湾	1900	33
1	34		八幡製鉄創業 加賀丸				米/清門戸開放宣言(99)	1	34
2	35	日英同盟協約調印				福沢諭吉〜中江兆民	シベリア鉄道完成	2	35
3	36	03ロシアとの満韓問題協商談判	日光丸				露満州占領,ライト兄弟	3	36
4	37	日露開戦			近代工業化の条件	自然主義文学起る		4	37
5	38	旅順開城,日本海海戦,ポーツマス条約	丹後丸	無線電信(日本海海戦)			日露戦争	5	38
6	39		戦艦薩摩進水			坊ちゃん(夏目漱石)	ロシア血の日曜日(05)	6	39
7	40							7	40
8	41							8	41
9	42	伊藤博文狙撃死,大逆事件	天洋丸,地洋丸,	水力発電・工場電化	自立経済		01北進事変	9	42
10	43		たこま丸,日本独自戦艦｢薩摩｣,			石川啄木没(12)		10	43
11	44	特別高等警察	｢安芸19300t｣・ぱなま丸			野口英世,南肝正統	辛亥革命	11	44
12	T1	明治天皇逝去(61),大正元年	造船協会阪神倶楽部(関西造船前身)		1. 資本の蓄積	宝塚少女歌劇演初	清朝滅ぶ	12	T1
14	3	第1次世界大戦	横浜丸,香取丸(12),安洋(13),まにら丸(15)	東京横浜電車開通	2. 市場拡大		第一次世界大戦	14	3
16	5		加茂登丸	理化学研究所(17)	3. 労働人口増大	夏目漱石没	アインシュタイン(相対性)	16	5
19	8		戦艦｢長門｣｢陸奥(20)｣,88艦隊				ヴェルサイユ条約	19	8
20	9			高層気象台海洋気象台	大戦景気		国際連盟成立：国際協調	20	9
21	10					プロレタリア文学起る	ドイツナチ党結成	21	10
22	11			アインシュタイン来朝	官僚統制規格と	森鴎外没	ワシントン軍縮条約	22	11
23	12	関東大震災	フィンスタビライザー三菱発明・売却		大量生産主義へ	甲子園球場	ソ連成立	23	12
24	13				議会政治の失墜	ラジオ放送,谷崎		24	13
25	14	普通選挙法・治安維持法公布	さんとす丸,もんてびでお丸(国産ディーゼル)	東京放送局ラジオ開始		6大学野球,日本文響楽団		25	14
26	S1	昭和元年▼成長期と戦争	日本郵船東洋汽船合併				蒋介石国民革命軍北伐	26	S1
27	2			東京地下鉄銀座線開通	戦争に連なる道	円本,円タクの初め		27	2
28	3		命令航路代替船助成,船舶改善助成		アジア諸国へ進出		張作霖爆破事件	28	3
29	4		浅間丸,照国丸,ぶえのすあいれす丸			トーキー輸入	世界大恐慌	29	4
30	5		戦時軍用(空母等)転換想定→	特急つばめ開通(67.4km/h)	無理		ロンドン軍縮会議	30	5
31	6	満州事変と日本の国際的孤立	氷川丸,龍田丸(30),平洋丸(31)	東大航空研究所		国産トーキーの初め	満州事変	31	6
32	7	5.15事件		MK磁石鋼発明(三島)	敗戦へ		満州国建国	32	7
33	8	国際連盟脱退				日本製鉄㈱設立	米ニューディール政策	33	8
34	9	満州国帝制実施		日米間無線電話開通			ヒトラー総統就任	34	9
35	10	美濃部達吉天皇機関説問題化		寺田寅彦没			独ラインラント進駐	35	10
36	11	2.26事件		朝日新聞訪欧機ロンドン			西安事件	36	11
37	12	日中戦争(盧溝橋事件)・日華事変,三国防共協定調印		航研長距離飛行世界記録11651km		朝日新聞ロンドン着	日中戦争	37	12
38	13	国家総動員法成立				37文化勲章制定	独ポーランド侵攻	38	13
39	14	大政翼賛会創立	あるぜんちな丸,ぶらじる丸				第二次大戦	39	14
40	15	東京オリンピック中止	新田丸,報国丸		(昭和16年体制)		ロンドン大空襲 日独伊	40	15
41	16	太平洋戦争:12.8真珠湾攻撃,米,英に宣戦,緒戦勝利,総力戦体制:戦艦｢大和｣｢武蔵｣,橿原丸	関門海底トンネル3614m	1. 経済の全面的統制		太平洋戦争	41	16
42	17	戦局悪化と国土決戦,情勢暗転と敗戦への傾向	橿原丸	2. 製品の規格化				42	17
43	18	ガダルカナル敗退 進出の世界に訴える普遍的理由文化なし ，侵略 ，阿波丸	3. 国民学校体制		細雪：谷崎潤一郎	B29完成	43	18
44	19	大東亜会議(43),米爆撃(アッツ,マーシャル,マリアナ,サイパン,レイテ),神風特攻隊,11月B29東京初空襲	4. 有機型地域構造			ノルマンディー上陸	44	19
45	20	4米沖縄上陸,8.6広島8.9長崎原爆投下,ポツダム宣言受諾,終戦詔ラジオ放送,商船80%を失う		新しい正義の追求		ヤルタ会談 国際連合	45	20

参考資料：『日本造船技術100年史』日本造船学会、中山茂『科学技術の戦後史』岩波新書、堺屋太一『日本経済の100年を考える』NHK人間講座 ほか

101

第2章 船の世界史と黒船以降の日本の造船史

表2-13(2) 国際関係下における日本の造船技術・科学技術の変遷（1945～2006）

西暦	元号	日本造船業復興と発展の変遷	新製品・新技術	日本科学技術の変遷	新しい政策の方向	日本の主な出来事	世界の主な出来事	国際連合	西暦
1945	20	広島・長崎原子爆弾投下、終戦詔書		武器開発研究と経済復興		敗戦ポツダム→戦後		ヤルタ会議	1945
46	21	▼戦後混乱期と復興期		1. ソフトな日本再建論	改革→陸海軍解散・平和憲法	陸海軍解散/憲法改正/農地改革		45エルベ→45日米安保	46
47	22	GHQ管理下残存約180万DW→15万DWとする		米国による新しい科学技術	4.改革→農地解放、労働者保護、憲法	教育基本法6334制	一大陣営の対立合戦		47
48	23	計画造船(1～23次)		2.工技院発足と経済復興	東西冷戦発生と警察予備隊	海上保安庁警察予備隊設置	韓国、北朝鮮成立		48
49	24	造船工作法改善		3.工技院発足と経済復興	1講和と日米安保		中共成立、北大西洋条約		49
50	25	●ブロック溶接、ガス切断等、新造船技術実用化		4.冷戦開始 朝鮮動乱特需	2. 人口増加→海外移民と労働問題	朝鮮戦争始まる NHKテレビ放送	朝鮮戦争		50
51	26	●旋盤、溶接、ガスカッター、船尾工数減少			3. 資源小国戦後復興に中東大油田発見	民間航空・東大航空学科再発足		サンフランシスコ講和条約	51
52	27	●品質管理導入、造船保険、ヒラ船期短縮			講和と日米安保条約	ビキニ水爆災害、水俣汚染ヘドロ確認		エリザベスⅡ世即位	52
53	28		さんとす丸		目標大量生産性重工業化	保安庁→防衛庁へ、MSA条約	5兆→3兆 水爆→ア水兵死		53
54	29		ぶらじる丸	▽船台延期長ヒンダー		防衛二法、自衛隊成立	53ソ連水爆保有、アイク就任		54
55	30	▼急成長期					55年体制		55
56	31	第1次造船ブーム	Voodol(56)	◎日本商船 水量 世界一	1.キャッチアップ	水爆病確認	バンドン会議バグダード条約		56
57	32				2. 戦後 もはや 戦後ではない	科学技術庁有機合物理示出展日	スエズ国有化		57
58	33	日本経済自立に寄与、商船(総船舶の10%)位置			1. 通産省指導のターゲットの追求	教室 こどもと愛子と運送日本	人口爆発フルシチョフ		58
59	34	世界のエネルギー革命・石炭→石油依存→大型タンカー需要 船舶振興会		Universe Apollo(114)	2.技術援助と移転	中東油田発見 水平力水位有機水銀症	アフリカ諸国独立EFTA		59
60	35	大型ブロックと連続建造 先行義装の発達			3. 労働力人口増加、省力化、平準化	日本安保条約改定/企業戦士でも	ドロリー体調		60
61	36	世界Topマンモス造船業生(56.)	長英丸(60)		4.経済高度化	池田所得倍増論、高度成長	キャネディ立候補		61
62	37	水中翼船			所得倍増論、大量消費		ケネディ時代		62
63	38		日昇丸(132) 東京丸(154)		3品神器、3C、my home→自動車	国産YS11			63
64	39	●船舶研究開発産官学官組合研究所			5.官産学育成、科学技術要素産業育成		ベトナム対抗		64
65	40	●大型computerと大型溶接自動化Bulb	さくら丸1962		戦後の大成長を踏まえ	東京オリンピック新幹線/名神全通		バンドン会議バグダード条約	65
66	41	第2次造船ブーム			需政産官推進自主体育、年功序列	富士山レーダー/朝永振一郎(N)	ベトナム戦争北爆開始		66
67	42	●貨物船山鹿丸			要因・営業推進型	全日空羽田中型機133人	中国文化大革命		67
68	43	Alaska North Slope原油発見	VLCC建造:出光丸(206)		6. 国民生活の向上と内需	川端康成(N)/環境庁水俣有機水銀症	中東戦争スカルノ大統領		68
69	44	●大型ドック建造・設備投資	太平洋横断フルコンテナ船		高度経済成長(10%以上)	原子力試験船むつ/企業戦士	ドゴール大統領辞任		69
70	45	●NCガス切断 造船抵抗新設計FEM	「パシフィックトレーダー」		品種改良化→肥料・機械化	万博EXPO70/Japan as No.1	ニクソン大P.アポロ11		70
71	46	50万トンクラス新造船各社の研究盛ん	自動車運搬専用船の出はじめ		→労働者の平準化と生活安定				71
72	47	100万tタンカー中央研究所	各種商船に冷蔵貨物船		Japan as No.1→近代のnetwork				72
73	48	●第1次オイルショック	PCC第10 トヨタ丸		7. 転換期は工業主義への反省	成田空港開港反対	中東戦争4		73
74	49	超高速コンテナー			近代化と文明化の完成				74
75	50	●世界建造量3500万DW			科学技術への批判		ベトナム戦争終結		75
76	51		EssoAtlantic(516)		反省: 現代生産が資源の消費の抵抗				76
77	52	ポリマー丸等折損事故多発	RORO船 コンテナ船		反省:科学技術への批判	ロッキード事件			77
78	53	北海圏原油の安全供給	2000m潜水調査船「しんかい」		反省、ベトナム反戦、イタイイタイ病		中国文化大革命		78
79	54	●20万DW型氷海タンカー Polar Pioneer、ANV研究	Seawise Giant(564)		公害問題Clean Energy追求	学生生協の自主発足/赤痢の時代			79
80	55	氷海水槽建設進む	LNG Golar Spirit		グローバル化と地球環境問題	石油危機(2)/南極ソナー到来			80
81	56	●第2次オイルショック			現代版モビリティ会議のピークから	SSK造船ブームNo.1			81
82	57	*(1300万DW)	砕氷船しらせ		オイルショック→消費生産へNGO	神戸ポートピア81/日航機墜落、御巣鷹	エジプトサダトP暗殺		82
83	58	●変革期	イージス艦こんごう		1980年代以降反原子戦争安全体制化	日本海中部地震、青森/山形大火開始			83
84	59		半没水双胴船	CIMS	企業・生産・過剰生産・資産の減少	毛別ドル紛争、学校金閣2日/	大韓航空機撃墜		84
85	60	船舶設計建造のコストダウンの研究と模索		CALS	1. 科学技術立国の宣言	北海道自内地震	サンユン人事件		85
86	61	石油備蓄期			2. 米国との科学技術研究摩擦	関空島大三区事件（第二回）	プラザ合意→円高		86
87	62	*(1800万DW)	Bulk carrier	超伝導電磁推進船	3. 高速増殖原子炉ふんじゅ始動	阪神電鉄ジェット/オウム・サリン被害	85つくば万博		87
88	63	第2次オイルショック		TSLA研究	4. アジア諸国との国際的関係	大腸菌O157、秋田長野新幹線	Japan bashing		88
89	平成元	継続商船続く		MegaFloat研究	5. 地球環境問題NGO	臓器移植法	約220円→150¥/$		89
90	2			船舶CFD共同基礎研究			ベルリンの壁崩壊		90
91	3	*(1500万DW)	各種客船		続現代モデルの終焉	雲仙普賢岳噴火トバ災多発	湾岸戦争		91
92	4				1. 科学技術創立国の宣言	北海道奥尻南西沖地震	91ソ連崩壊		92
93	5			新製品研究	2. 米国との科学技術研究摩擦	関空開港/兵庫南部地震、神戸			93
94	6			超伝導電磁推進船	3. 高速増殖原子炉もんじゅ始動	阪神電鉄ジェット/オウム・サリン事件			94
95	7	*(2500万DW)	Tanker	TSLA研究	4. アジア諸国との国際的関係	不良債権(39兆円)・対策なし現象			95
96	8		Container	MegaFloat研究	5. 地球環境問題NGO	貸し渋り・貸し剥がし倒産続出			96
97	9		LNG	石油備蓄白鳥80m³×8		村山内閣			97
98	10		LPG	石油備蓄基地インセラ		橋本内閣			98
99	11	*(3100万DW)	大型クルーズ船建造	船舶CFD 共同応用研究	4. アジア諸国との国際的関係	小渕内閣			99
2000	12				5. 地球環境問題NGO	マッカーサー ノーベル賞	プーチンP		2000
01	13	*(4000万DW)		オイル流出(エリカ)船貨等シェア(日韓40/33%)		バブル崩壊	同時多発テロ、BSE		01
02	14				新科学戦略とグローバル化				02
03	15	船舶建造シェア(日韓36/37%)	QM2. Diamond Princess	オイル流出(プレステージ)諫早干拓潮止め		東海村臨界事故/9.11/長野知事(N)多発	イラク戦争		03
04	16	継続建造: 大型コンテナ船、カーキャリア、バルクキャリア		船舶建造、大型コンテナ船	バブル崩壊 10年	東南アジア直下、鹿児島緊張50mm豪雨			04
05	17			Ocean Drilling Ship地球、6500m³システムしんかい	感覚現象を感じ、物価マイナス、求人減少	中部国際空港/JR尼崎脱線事故107人	スマトラ沖大津波		05
06	18			大学COEグローバル化、大学の独法化・行政法化	経済成長率マイナスに、環境成長	鳥インフルエンザ、小柴昌俊(N)			06

4) オイルショック以降（日本型モデルへ）（1981～）：多様化/環境評価/IT/Global化

　オイルショックが解消し大量消費型から省エネ型，重厚長大から軽薄短小技術へと移行し，科学技術発展のために新しい日本型モデルが模索された．地球環境問題がクローズアップし日本では1997年，悲願であった環境影響評価法が制定される．通産省を中心とした科学技術立国のスローガンは米国との科学技術摩擦を生み，科学技術の国際化とグローバル化が求められて新しい科学技術発展方法が模索された．国内の継続的な新技術への挑戦が行われ，深海，宇宙，H2ロケット，リニアモーターカー，新幹線拡充が進められた．コンピュータ，パソコン，IT技術が大進展しIT国家戦略が打ち出される．大学のCOE問題，独立行政法人化により，教育と研究の新しい方法が模索される．造船部門では日本は建造量第1位の座を韓国に譲ることになったが適切なシェアーを堅持し発展している．世界の経済・社会の発展が続く限り船舶輸送は不可欠で重要な輸送システムである．第1章にみたように船舶輸送量や必要船腹量は増大の一途をたどっている．船舶輸送貨物の増大化・多様化・特殊化は効率化とともにグローバルな海陸一体の輸送システムの研究（ロジスティックス）と実践が強く要望されている．

　戦後の歴史を概観すると日本造船工業の歴史は上記の4時期に符合して，日本の科学技術，経済，社会の変化に影響を受けあるいは影響を与えながら発達してきたこと，造船工業が戦後の日本の復興発展に極めて主要な役割を演じたKey Industryであったことが理解できる．さらに大きくみれば，日本の造船工業は船舶建造と輸送を通して全世界の復興発展のために大きな貢献をしてきたともいえる．以下に戦後日本の船舶発展の変遷を客船部門と一般商船部門に分けて述べる．

(2) 戦後の日本の客船

1) 客船の再起

　第2次世界大戦が終わり，1951年サンフランシスコ講和条約が締結された．そして太平洋に客船の平和な姿が戻ってきた．シアトル航路の定期客船サービスでは，アメリカン・プレジデント・ライン（APL）が「プレジデント・クリーブランド」（GT15,973t）および「プレジデント・ウィルソン」を配して旅客輸送の70％を独占していた．当時のプレジデント級客船は有事の雷撃による浸水，沈没を想定してタービンを別区画に配置し，上甲板の構造物，煙突，マスト等をアルミニウム製にして重心を下げた復原性能優先の設計が行われており戦時中の爆沈後遺症が消え去らない時代であった．

　日本はGHQ（The General Headquarters of the Supreme Commander for the Allied Powers：連合国最高司令官総司令部，第2次世界大戦後，日本の占領管理の実施にあたった連合国最高司令官幕僚組織）に太平洋定期サービスの申請をして1946年から貨客船「氷川丸」を使用して細々と運航を始めた．戦火を潜り抜け30年間という長寿を全うした「氷川丸」は1960年に退役し，現在，横浜港山下公園前の岸壁に係留され静かに当時の面影を伝え訪ねる人を微笑ませている．

第2章　船の世界史と黒船以降の日本の造船史

図2-101　「さんとす丸」
http://www.interq.or.jp/white/ishiyama/column43-10-6.htm

2) 移民船の建造

極東南米航路については，大阪商船会社は1950年GHQの許可を得て南アメリカ移民用外航貨客船2隻「さんとす丸（1952改造）」（GT8,515t，L＝134.0m，ディーゼル機関6,160PS：図2-101）と「あめりか丸（1953改造）」（GT8,354t）を使用して南米航路を再開した．その後，移民の増加により建造した2代目「ぶらじる丸（1954）」（GT10,100t，L＝145m，ディーゼル機関9,000PS），「あるぜんちな丸（1958）」（GT10,863t）および日本産業巡航見本市協会の「さくら丸（1962）」（GT12,628t）等の計5隻の移住客船の管理を行う日本移住船株式会社が発足し，南米航路と日本～香港～日本～北米の2つの定期航路を営業した．

3) 航空機輸送の台頭と定期船の衰退

東京オリンピック（1960年）開催の頃からジャンボジェット等大型旅客機による太平洋定期便が著しい進展を遂げて船舶定期航路の乗客が激減した．また，日本からの南米移民も1959年の6,663名をピークとして減少し始めていた．船舶定期航路の役目は終焉の時期を迎え，横浜港の大桟橋で眼にしたアメリカのクリーブランド級客船の運航サービスは姿を消した．日本では1964年に大阪商船と三井客船が合併して大阪商船三井船舶（商船三井）となり，1970年商船三井の客船部門が商船三井客船（MOPAS）と改名し運航を続けてきたが1972年には南米航路から撤退した．「さんとす丸」，「ぶらじる丸」，「さくら丸」は売船され，以降，「あるぜんちな丸」が純客船に改装されて「にっぽん丸」と改名し，本船一隻でレジャー・クルーズ中心の運航を始めた．日本の奇跡的高度成長（1954～1970）末期の象徴であった日本万博EXPO70が終わった頃のことである．

4) クルーズ客船への志向と現在

オイルショックや公害問題で代表された科学先行主義曲角の時代（1970～1981）を経て現在に至るまで日本では次のようなクルーズ客船が作られ運航されるようになった．

1972年　「新さくら丸」（GT13,082t，全長160m）
1975年　「セブンシーズ備船」（GT9,772t，全長150m）
1989年　「ふじ丸」（GT23,340t，19.8kt），「おせあにっく・ぐれーす」（GT5,218t，18.0kt）
1990年　「にっぽん丸」，「Crystal Harmony」（GT48,621t，22.0kt），「フロンティアスピリット」

1991年 「飛鳥」(GT28,717 t，21kt)
2004年 「ダイヤモンド・プリンセス」,「サファイヤ・プリンセス」(GT113,000 t，同型船)

世界最大の客船「QM2」と同じ2004年に建造された「ダイヤモンド・プリンセス」型2隻の建造は日本の巨大クルーズ客船の建造として明るい話題である．本船は「カーニバルグローリ(2001)」(GT110,000 t)，「アドヴェンチャー・オブ・ザ・シー(2003)」(GT137,276 t)，「QM2(2004)」(GT150,000 t)と並ぶ世界に誇る巨大客船である．

(3) 戦後の日本の造船

1) 占領政策影響 (1945〜1954)

日本は第2次世界大戦で商船の80%を失い海運業は壊滅状態となった．また，敗戦により，80万トン/年だった造船建造能力はGHQの管轄下で年15万トン/年に減少し，100総トン以上の船がGHQの管理下に入った．しかし，1947年以降，計画造船政策とGHQの外航船建造許可などGHQのソフト統治により早期に輸出船の受注も始められ，1949年の固定為替レート (1$ = 360円) により建造船が増加した．朝鮮動乱 (1950)，スエズ動乱 (1956) の勃発は不幸な出来事であったが，これらが日本を造船ブームに導く転機となった．また，戦前の設計技術，建造技術（船殻工作，艤装工作，ブロック建造の技術）が戦後の日本造船技術の基礎になり，短期間の造船工業の復活につながっていった（図2-102）.

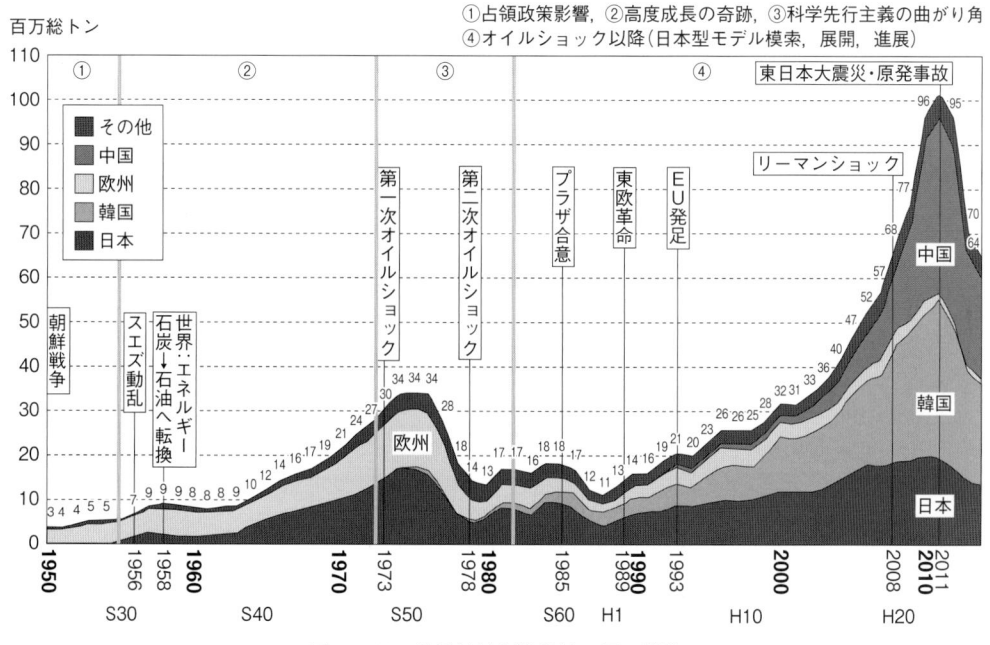

図2-102 世界地域別造船竣工量の推移
(出典：日本造船工業会資料に加筆)

2) 高度成長の奇跡以降の変遷と発展（1954～）

世界経済，日本経済の回復が進み，世界の海運市場が高揚してきた．特に1956年頃まで全世界の経済成長に不可欠なエネルギー資源であった石炭が石油へと転換されたために，原油輸送用タンカーの需要が年々増大することにより日本の造船輸出量は年間総輸出額の10%を占め外貨獲得の花形産業となった．その結果，1956年には日本は英国を抜いて造船量世界一になり，1974，1975年には世界の建造量の50%を占める空前の造船ブームとなった．この造船全盛期に建造された船の種類はオイルタンカー，コンテナ船，カーキャリヤー，LNG船などであり，それらの船型シルエットを図2-103に示す．それらの特徴と課題を以下に述べる．

図2-103 全盛期の建造船シルエット
（社団法人日本船舶海洋工学会より）

大型オイルタンカー（図2-104）

大型オイルタンカーの需要が急上昇し，毎年，大型タンカーの大きさがその記録を伸ばした．その発展の模様をオイルタンカーのDWT（載貨重量）の変遷で見てみる．

1953年頃までは3万DWT程度，

1956年頃までは4～5万DWT程度，

1959年：「Universal Apollo」（11.4万DWT）

1962年：「日章丸」（13.2万DWT）

1962年：「東京丸」（15.38万DWT）

1966年：20万DWT超大型タンカー（VLCC）
　　　　「出光丸」（20.6万DWT）

1973年：50万DWT超超大型タンカー（ULCC）
　　　　「Globtik Tokyo」（48.3万DWT）写真2-32

1977年：世界最大の超超大型タンカー（ULCC）
　　　　「Esso Atlantic」（51.7万DWT）口絵12

1980年：改造後世界一の「Seawise Giant」（56.5万DWT）

高度成長の奇跡といわれた時代にはDWTが約20年間で約10倍の速度で急速に大型化していた．1966年には20万DWTのVLCC（Very Large Crude oil Carrier）が建造され，1973年には50万DWT

2.2 日本の船と造船技術

	年	DWT	船名
①	1953年	26,503DWT	Stanvac Japan
②	1956年	45,830DWT	Veedol
③	1960年	60,499DWT	長栄丸
④	1962年	132,334DWT	日章丸
⑤	1966年	153,685DWT	東京丸
⑥	1966年	209,000DWT	出光丸
⑦	1971年	372,400DWT	日石丸
⑧	1973年	483,600DWT	Globtik Tokyo
⑨	1975年	484,000DWT	日精丸
⑩	1977年	516,895DWT	Esso Atlantic
⑪	1980年	564,763DWT	Seawise Giant
⑫		1,000,000DWT	

図2-104 タンカーサイズの変遷
（社団法人日本船舶海洋工学会より）

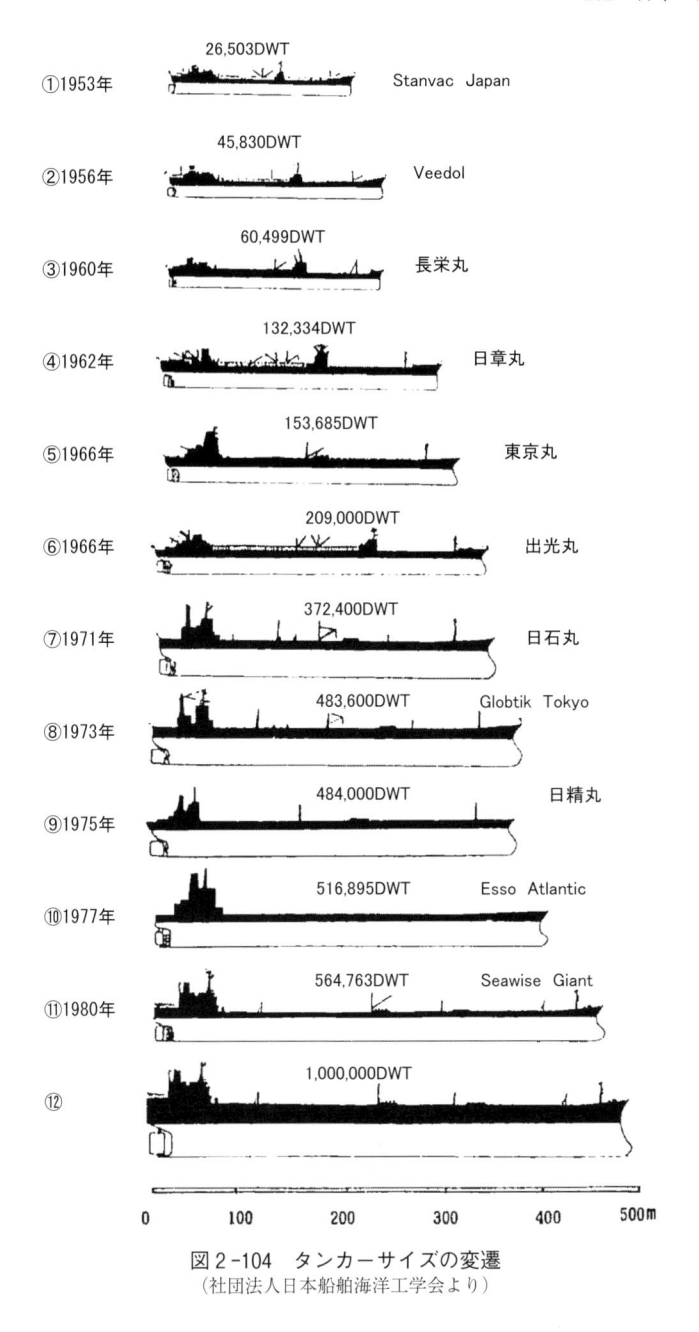

のULCC（Ultra Large Crude oil Carrier）が建造された．1970年頃には造船各社は100万DWTタンカーの試設計を終わり，近い将来に備えていた．しかし，1973年と1978年の2度にわたるオイルショックによる影響とその後の油流出事故によるタンカーのタンク・サイズ規制国際条約の発効により巨大化の傾向は頭打ちとなり，造船業の構造不況が重なって100万トンタンカーは実現されないまま21世紀を迎えた．

図1-11，図1-12，図2-102から，船舶建造量，荷動量，船腹量の変遷のピークはオイルショ

ックの年から数年後の1977年頃になっている．船は巨大構造物のゆえに発注から建造，竣工までの期間がかかり，そのために経済環境の変化に鈍感で投機の対象になりやすい性質をもっており，このようなピーク時期のずれ（Time Lag）を生じやすい．オイルショックによるタンカーの需要が激減し，契約のキャンセルもでて造船量は激減したが運輸省指導による24％の造船設備処理政策が行われ不況を脱した．その後韓国，中国との競合が激化し，2000年に約38％であった日本の世界における造船竣工量のシェアは，2011年には10％台に減少した．しかし，2013年以降，再び20％台へと持ち直している．船種の1つとしてDouble hull（二重殻，p.153）のVLCCの建造が続いている．現在のサイズは25万〜30万DWTのVLCCが主体である．

タンカー設計の興味ある課題としては，
- 運航効率の良い船型要目形状の決定
- 抵抗・推進性能の良い肥大船型の形状の設計，特に，タンカー用バルバス・バウの研究，船首形状，船尾形状の設計法
- プロペラ起振力，キャビテーション
- 操縦性能
- 大型構造物の構造強度設計

などがあったが現在の課題でもある．船は注文生産として一品生産であるため合理的な船型形状の追求と性能および構造強度の研究は終わることがない．現在も油流出やバラスト水の入替えなど環境汚染防止問題とともに種々の研究が継続されている．

コンテナ船（図2-105）

戦後生まれで日本の高度成長とともに船舶の主製品の1つとして著しく発展してきた船がコンテナ船である．タンカーと異なり世界各地のポート間の物流に寄与し経済動向に大きく左右される船種のためコンテナ個数，船型，プロペラ軸数，サイズ，速力などの変遷の歴史は興味深い．池田良穂著「コンテナ船の大型化の歴史」（文献No.54）等を参考としてその概略を見てみる．

コンテナ船の歴史の始まりは1956年マクリーン・インダストリー社の「アイディアルX」がわずかにコンテナ58個をデッキ積搭載して運んだことに端を発し，1957年シーランド社はフルコンテナ船「ゲートウェイ・シティ」を建造した．その後，1966年大西洋横断フルコンテナ船「マトソン・ライン」，1967年三菱建造の太平洋横断のフルコンテナ船「パシフィック・トレイダー」，「パシフィック・バンカー」が作られた．20ftコンテナ換算（TEU）で400〜500個であった欧州や日本の船主も1960年代後半からコンテナ

図2-105　5250個積みコンテナ船「Cosco Shanghai」
（L×B=267×39.8m，43,100kW，24.5kt，㈱川崎造船より）

船を建造し，variationとしてリフトオン・リフトオフコンテナ船，ロールオン・ロールオフコンテナ船（RORO）がでてきた．この頃から港湾を埋め立てたコンテナヤードに大きなキリン状のクレーンが林立する光景が目立ちはじめ，一般の人はそこに横付けされた船を遥か遠くから眺めるのみで近づき難い存在になり始めた．

1960年代に700〜750個，1970年代に1,000〜1,200個と増加し，1970年代では，欧州，北米東岸，地中海航路が開発されて1800個積みコンテナ船と大型化が進んだ．船速は25〜26kt，蒸気タービンが採用され，高馬力で高船速のために2軸船や3軸船がでてきた．さらに，1973年頃には欧州や日本の大型化，高速化に対抗して米国シーランド社の高速コンテナ船SL-7型船（33kt，35ftコンテナ896積み）がドイツで8隻建造された．

しかし，1973年に起こったオイルショックにより経済成長が鈍化して高速化が不必要となった．日本の欧州航路コンテナ船は省エネ対策として蒸気タービン船からディーゼル船へと改装され，船速20〜22ktで3000個積みの大型低速型コンテナ船が主流となった．

1980年代になると，世界一周航路の大型コンテナ船が出現し速力も増加した．パナマックス・マックス（Panamax）船はパナマ運河通行可能な最大サイズの船（船幅≦32m，船長≦294m）で，コンテナ数4400〜4700個の船が出現した．船体鋼材として高張力鋼を使用し高馬力ディーゼルエンジンを使用した．船幅の制限から1900年代のマンモス客船のような$L/B ≒ 9$の細長船で復原力が悪い特異な船型がでてきた．パナマ運河を通らないことを前提とした幅の広い船（オーバー・パナマックスコンテナ船）が出現し，1988年アメリカン・プレジデント・ラインの4340積みの船は船幅が$B=39.4m$となった．1990年代には世界各国が連続建造して競争した．船速が24〜25ktで船幅$B=40m$，ホールド内14列5000個積みとなり，1996年デンマークのマークスライン「レジナ・マークス」は$L×B=318.2×42.8m$，6250個（8000個可能）積であった．2004年現在の巨大Over Panamax型7,500TEU積みコンテナ船の一例は次のとおりである．

Loa × Lpp × B × D × d × DW × GT × Diesel HP × N × 船速 × 乗員 =

335 × 319.9 × 42.8 × 24.4 × 14.0m × 97,520 t × 94,724 t × 61,900kW × 94.0rpm × 24.5kt × 33人

その後，年々コンテナ船の大型化が進み，2015年には19,224個積という超大型コンテナ船「MSC Oscar」（口絵6，p.7）が出現した．さらに21,100個積コンテナ船建造が計画されている．

現在，日常生活で欠かすことのできない食料，日用品，電化製品などの輸入品，輸出品のほとんどがコンテナ船で運ばれている．輸送効率向上に関連して，コンテナ船の大型化，アライアンス化が進んでいる．

カーキャリヤー（PCC）（図2-106）

日本の自動車輸出が本格化した1960年中頃から自動車兼バラ積み貨物船（Car Bulk Carrier, 往復航でCarとBulkを積み替えて輸送）という兼用船が一時期出現した．長さが約150m，載貨重量約19,000 t，船速15kt程度のずんぐりした船であった．その後，国産車の輸出が急増して輸送効率に優れた自動車専用船（PCC：Pure Car Carrier）が生まれた．1970年建造の「第十とよ

第 2 章　船の世界史と黒船以降の日本の造船史

図 2-106　日本初の自動車運搬船「第十とよた丸」（2080台積）
（㈱川崎造船より）

た丸」（2080台積，Lpp × B × D × d × DW × HP × Vs = 150 × 23.4 × 14.3 × 7.5m × 9,248 t × 9,252PS × 18.6kt）が国内の第 1 番船でこの船は 4 船倉と 9 層のカーデッキをもっていた．一般に，PCC船型の特長は，自動車のかさ比重が非常に軽く積み容積が大きいため水線下の船型形状は痩型（fine）で深さが大きい割に喫水が浅い．このために風圧面積が大きく，強風下の操船性能や限界風速を考慮した船型や舵の設計が重要となる．また，層内は多数のカーデッキをもち，一般乗用車以外にバスやトラックなど車高の高い車種も運べるように一部のデッキがリフタブル（高さ調節可能）となっている．各舷や船尾にランプウェイを設けて完全自走で積み降ろしされる．2015年現在，世界最大のPCC「Hoegh Target」（8500台積，Loa × B × GT = 199.9 × 36.5m × 77,000 t）が建造され就航している．

ばら積み運搬船（Bulk carrier）

鉱石，石炭，小麦，飼料などのばら積み貨物は通常の貨物船のホールドに積んで運ばれていたが，この種の貨物の増加によりばら積み専用ホールドを持ち，専用港使用のカーゴギアなしの船が作られるようになった．これが「ばらの状態」で船倉に積むばら積み運搬船の出現の経緯である．船体構造も工夫が重ねられ，積みやすく，荷崩れ防止のシフティングボードを不要とし，しかもホールド底の貨物を浚い易い船倉形状（ビルジホッパーとトップサイドタンクをもつ）へと発展した（149頁）．

大別して，載貨重量DW14万〜18万トンの大型ばら積み運搬船（通称，Cape size Bulk carrier）からDW 3 万〜5 万トンの中型多目的ばら積み運搬船（通称，Handy size Bulk carrier，港湾設備が十分でない港に自由に入り自前の荷役設備で積み卸し）があるが，その時点の使用目的によりサイズや装備が変化する．最近，多数のばら積み運搬船が作られている．

55,000DWT多目的ばら積み運搬船の主要目の一例を示すと次のようである．

Loa × B × D × d × DW × GT × HP × N = 190 × 32.26 × 17.8 × 12.5m × 55,500 t × 31,000 t × 8,200kW × 110rpm

LNG運搬船（図 2-107）

LNG船は1950年代から各種の開発がなされてきたが，現在では信頼性，安全性，経済性の見地から球形タンクとメンブレン方式（金属の薄膜を利用したもの）の 2 方式が主流となっている．LNG（液化天然ガス）はクリーンエネルギーとして1969年ごろから日本に輸入されその後増加の

2.2 日本の船と造船技術

一途をたどり現在では約55百万トン（全世界の約60％）が日本に輸入されている．LNGはガスを液化することによる体積減少（約1/600）の利点を利用して運ばれるが，約-162℃という極低温の液体となるため，輸送のため特殊な防熱タンクが必要になる．わが国の最初の大型LNG運搬船は1981年建造の「Golar Spirit」（129,000m³型）である．輸送コスト低減のため大型化が進んでおり2005年現在では135,000〜145,000m³型LNG運搬船が作られている．今後200,000m³以上の大型LNG船も建造が予定され，将来は250,000m³程度のものも期待されている．

図2-107 LNG船（128,000m³）
（㈱川崎造船より）

特殊任務船と高速船

オイルショック以降は建造船種の多様化がみられている．図2-108に1990年代建造の各種船舶や特殊任務船のシルエットを示す．そのいくつかをみてみる．

①6500m潜水調査船支援システム

海洋研究開発機構（JAMSTEC：独立行政法人海洋研究開発機構）は，1989年に深海6500m調査船システムとして世界最深潜航可能の有人潜水調査船「しんかい6500」とその支援母船「よこすか」を建造した（口絵11）．潜水調査船には操縦者と研究者2人の計3人が搭乗でき，往復各3時間と海底調査3時間の計9時間の潜水ができる．「よこすか」は単独および調査船と連動して海底調査の解析とマップの作成をリアルタイムで実施可能な装置をもつ．無人探査機「かいこう」（深度10,000m）を搭載した同型の深海調査研究船「かいれい」も所有する．その他，原子力船「むつ」から改造された海洋地球研究船「みらい」，双胴型海洋調査船「かいよう」，研究船「白鳳丸」，「淡青丸」等が活動している．

図2-108 1990年代建造の各種船舶・特殊任務船シルエット
（社団法人日本船舶海洋工学会より）

第2章　船の世界史と黒船以降の日本の造船史

②砕氷船しらせ

1982年砕氷船「しらせ」が建造され南極観測支援に活躍している（口絵16）．「しらせ」は長さ134m，排水量17,600t，電気推進3軸プロペラ，合計30,000馬力で1.5mの海氷中を3ktで連続航行する．建造後24年が経過した．「しらせ」後継船（2軸，30,000馬力）が2009年に竣工予定である．1978年には砕氷型巡視船「宗谷」，1995年に「てしお」が建造され，北海道オホーツク海の巡視活動と冬季結氷時の航路啓開や海難救難を行っている．

③地球深部探査船「ちきゅう」

海洋研究開発機構は2005年地球深部探査船「ちきゅう」を建造した（図2-109）．IODP（Integrated Ocean Drilling Program：統合国際深海掘削計画）において，水深2,500m～4,000mの深海域で海底下7,000mの地球深部のコアを採取し地球規模の環境変動，地震発生メカニズム，海底下に広がる未知の生物圏等の解明を進め，新しい地球・生物科学の創成を目指す．耐氷構造で主要目は，Loa × Lpp × B × D × d = 210 × 192 × 38 × 16.2 × 9.2m，GT57,500 t，推進装置：ディーゼル電気推進，全体馬力10,750kW，航海速力10ktで船首4個／船尾3個のスラスターで推進，作業を行う．搭載人数は150人である．

図2-109　地球深部探査船「ちきゅう」
（独立行政法人海洋研究開発機構より）

④TSL型高速船

2005年，超高速貨客船TSL「SUPER LINER OGASAWAERA」が建造された（図2-110，図2-111）．本船は東京～小笠原父島間（約1,100km）を無補給での往復が可能な空気圧力式複合支持船（TSL-A型）で世界最大級のアルミ高速船である．主要目は全長約140m，幅29.8m，深さ10.5m，旅客定員は740人，GT14,500 t，積載量210 tである．推進用機関は航空転用型ガスタービン2基，ウォータージェット2基で最高42.8kt（時速約80km），計画速力39ktで走る．浮上機関として高速ディーゼル機関4基をもつ．

テクノスーパーライナー（TSL）は1990年から数年間行われた国家プロジェクト研究で，国内だけでなく中国上海・九州間を半日で結びアジア諸国間の貿易・経済の発展に寄与することを目的とした次世代型超高速船である．実証実験船として「飛翔」が作られた．船型要目は長さ74m，GT2,785 t，船速40kt，推進機関：Gas turbine16,000ps × 2，浮上用diesel機関2,000ps × 4である．実験後は「希望」と改名し，現在，カーフェリーとして清水～下田間を就航している．非常時の防災船を兼ねる．「SUPER LINER OGASAWAERA」は「希望」の約2倍のサイズをもつ実用TSLである．

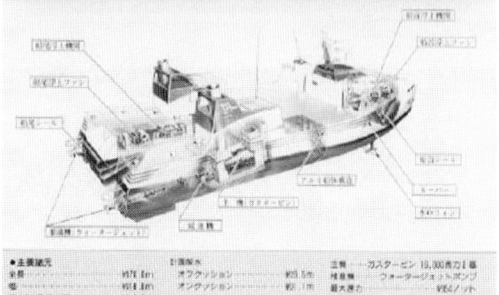

図 2-110　テクノスーパーライナー（TSL）「希望」
　　　　（TSL実船実験後）
（テクノスーパーライナー（新型式超高速貨物船）カタログより）

図 2-111　超高速貨客船 TSL「SUPER LINER OGASAWARA」
（三井造船株式会社提供）

⑤高速船の一例
- 単胴高速船「ゆにこん」：L pp×B×GT＝90×14.9m×1,498 t，船客423人／自動車106台，機関：高速ディーゼル6,500kW×4，Water jet×4，船速42.4kt（35kt），（MHI建造）
- SSTH「オーシャンアロー」：SSTH，熊本〜島原を30分で結ぶ．
  L×B×d×GT＝72×12.9×4.5m×1687 t，船客430人／自動車51台，
  機関：4 cycleディーゼル3,925kW×2，船速31.3kt，F＝0.58，（IHI建造）

　日本の高速船は，極東におけるニーズが少なく，欧米に比べてかなり遅れている．参考として，欧米の状況を概説しておく．

　欧米では高速カーフェリーの建造が盛んで，長さ100m，40〜50ktの単胴型（monohull）および双胴型（catamaran）の高速船が現在150隻以上運航している．大型3胴型（trimaran）1隻が2004年に就航した．最大級の単胴型，双胴型，3胴型の主要目を挙げると，

- 単胴型：MDV3000（イタリア・フィンカンティエーリ建造）
  L×B×GT＝145.5×22m×11,300 t，船客1800人／自動車460台，馬力66,000kW，40kt
- 双胴型：INCAT91型WP（タスマニアン・デビル建造）
  船客900人／自動車240台，馬力16,200kW×4，48.7kt，44kt
- 3胴型：「ベンチジグア・エクスプレス（Benchijigua Express）」（オーストラリア・Austal建造，口絵10）

Loa×B×D×d×DW＝126.7×30.4×8.2×4.2m×1,000 t，船客1291人/自動車341台，馬力8,200kW×4，船速40.5kt

　1973年，1978年のオイルショックは世界中の種々の事柄に大きな影響を与えた．特徴の1つとして世界の経済・社会に対する物の見方，時代のとらえ方（価値観）が，「エネルギー消費型・大量生産大量消費型/集中型・重厚長大生産物等の時代」から「省エネルギー型・少量生産型/多様化・軽薄短小生産物，地球環境重視型，IT活用等の時代」へと大きく変化したことがあげられる．これにともなって必要物資を運ぶ船舶の種類，サイズ，船腹量も多様化し，造船建造国のシェアの割合も変化してきた．

　主機関もディーゼル機関の高馬力化・効率改善が進み，ディーゼル船が増大した．船の大型化，混乗化，運航アライアンス化が進んでいる．単にその時点で必要となった船を造り，ある区間を動かすという従来の戦術的船舶輸送から船と船・車・鉄道・社会および人の嗜好を考慮した戦略的船舶輸送システム，ロジスティック運航システムの構築がより重要となってきた．

(4) 日本造船業の急成長と技術革新

　日本は1945年第2次世界大戦終戦までに商船の80％を失い，造船能力は零のレベルにまで落ち込んでしまったにもかかわらず，すばやく復興して立ち直り1956年には造船進水量が世界第1位となり，戦後29年目の1974年には日本の船舶建造量が世界の50％を占めた．この日本造船業の急成長と技術革新の要因は一体何であったのであろうか．戦後の日本の科学技術一般に関していえることであるが，この大躍進の要因を理解することは造船業に限らずこれからの各種分野の技術開発を考えていく上で極めて有意義で価値のあることである．2つの視点が考えられる．

①黒船来航（1853）から第2次世界大戦（1945）までの海運・造船業の発展
②第2次世界大戦敗戦（1945）以降現在までの造船業の発展

　①に対する要因として，
　ⅰ）黒船来航のインパクトとそれに対する幕末・明治政府のすばやい応答
　　・徹底した技術導入と学習
　　・海運助成と造船等製造設備の充実
　　・民間育成
　ⅱ）黒船以前の日本人固有の気質（勤勉さ，向上心，連帯意識など）
　　　代々，特に，江戸時代以降に養われてきた日本人の基礎的知識，潜在能力
　②に対する要因として，
　ⅰ）第2次世界大戦による壊滅的インパクトとそれに対する産官学の旺盛な復興に向けた応答
　ⅱ）明治時代以降蓄積され受け継がれてきた海運・造船基盤技術と戦前・戦中の造船技術者が推し進めてきた設計・建造技術の伝承と学習，技術導入と改良
　ⅲ）コンピュータ等ハード・ソフトの支援技術環境とのマッチング

iv) 船舶を必要とする世界情勢とのマッチング
v) 船舶建造が戦後の日本と世界の発展に寄与することを感じ，奮起した日本の技術者
vi) 国際環境下でGHQが行った日本のソフト統治と占領政策の転換および技術供与

などの要素が位相を合わせて復興を向上させ，これがさらに発展的スパイラル（善循環）として技術革新への駆動力を増強させたものと考えられる．

以下，②に関して，その具体的要点を「我が国造船百年の歩み」（文献No.31）等を参考として考察する．

1) 建造技術の改革

敗戦により日本国中がすべて零からの出発というあれこれと迷う余地のない極めてクリアな初期条件・境界条件の基に政府主導の学習と技術移転が徹底的に行われた．

a) 学習
- 産学協同研究委員会：造船学会を中核とした鋼船工作法委員会や電気溶接委員会の発足
  運輸省の仲介で発足した財団法人造船研究協会の成功
- 造船業界の一致団結：世界経済の発展に不可欠な船舶輸送，無限の需要を秘めた課題の認識と
  世界の造船界に貢献することへの気概と挑戦

b) 技術移転と各種造船技術の開発
- 米国NBCによる米国技術が日本技術者に技術移転された．
  米国NBCは日本政府より呉の海軍工廠を借り受け米国流工作法で船舶を建造した．貸与条件として日本側への技術の公開が行われたことにより，各種の造船技術（区画別艤装法，工程別予定表等）に関する日本独自の画期的建造技術が開発される基盤となった．
- 各種造船技術の開発

①建造方式の変革と進歩：鋲接から溶接へ，原図や縮尺図のマーキング法の研究，ガス切断の採用，ブロック建造方式の導入，先行艤装の導入，品質管理の導入，作業の合理化TQC，コンピュータによる工程管理
②建造船大型化・ブロック建造移行への設備投資：船台拡張，組み立てヤード，大型ドック建造
③建造技術の革新による作業効率向上：船殻加工工数の減少，船台期間短縮，工費コスト削減

などいずれをとっても高度な技術開発や設備投資が善循環的に行われた．

図2-112に造船全盛時代の大型ドックでの建造風景を示す．

2) 設計技術の改革

1965年ごろからコンピュータが日進月歩の発展期に入り船舶設計への導入，高度化を促した．この時期は高度経済成長が叫ばれた時代，理工系ブームの時代でもあった．理工系志望の優秀な人材の確保ができ若手研究者による産学官共同研究の活発化が造船技術の高度化を加速した．

第2章 船の世界史と黒船以降の日本の造船史

図2-112 造船全盛時代の大型ドック建造全景
（㈳日本造船工業会30年史より）

①基礎・実用化研究の進展

　理論的実験的研究がコンピュータ技術とともに大いに発展した．各造船所は大技術研究所の所有がStatus symbolとなり，各社は競って大型船型試験水槽を建設し研究を行った．

②船型性能の基礎研究

　船型設計に不可欠な推進性能関連研究（造波抵抗・粘性抵抗），操縦性能および耐航性能の研究（理論/実験）が活発に行われた．

③船型開発と設計技術

・船型設計で重要な最小抵抗，最小馬力を与える船型形状の開発がW.Froudeの時代以来の多くの実験的・理論的研究を基盤として盛んとなった．

・排水量を一定としたとき抵抗が最小になる船型形状の決定法を目的として造波抵抗理論の研究がきわめて活発に行われ，多くの進展があった．中でも，Bulbous bow（バルバス・バウ，球状船首：元東京大学乾崇夫教授考案）の研究が有名で，大学・造船所の若手研究者の共同研究会が行われ，設計速力に応じた最適船型形状や船首形状の設計方法が研究された．

・図2-113は最適Bulbous bow装備の「くれない丸」であり，これとまったく同型であるが通常船首をもつ「むらさき丸」との実船速力比較実験が行われた．図2-114がその有名な関西汽船のバルバス・バウ船型の比較試験である．図の上の「くれない丸」は速力が勝り，造波が少ないが「むらさき丸」は造波が大きく3船長ほど遅いことがわかる．本実船試験以降，造波抵抗理論の有効性が確認され，「乾バルブ」の名称が一段と有名になった．

2.2 日本の船と造船技術

④操縦性性能の進展

　船舶の大型化により旋回性能や操縦性能が相対的に低下して海難事故を起こす事例が頻発し，これをきっかけとして操縦性能研究が進展した．

⑤耐航性能推定法の進展

　1969年に野島崎東方海上で「ぼりばあ丸」が，翌1970年に同じ海上で「カルフォルニア丸」が折損沈没し造船界に大きな衝撃を与えた．その後もその海域では20隻の大型船が海難事故を起した．これらの事故をきっかけとして波浪中の船体運動や船体に及ぼす波浪荷重の研究が進展し，統計的荷重予測評価法またこれに基づく船体構造設計法の研究が盛んに行われ急速に発展した．

⑥構造設計法の改革

　コンピュータの発展により有限要素法（FEM）を中核とした構造解析法が高度化し，船体局部解析や全体解析の実用化が図られ，船型設計での構造設計法が発達した．さらにこれらに波浪外力（船体に作用する波浪荷重）の研究の発展が加味され，性能，安全性，居住性に優れた今日の船体設計法の基盤となった．

図2-113　「くれない丸」のバルバス・バウ
（上野喜一郎『船の世界史』より）

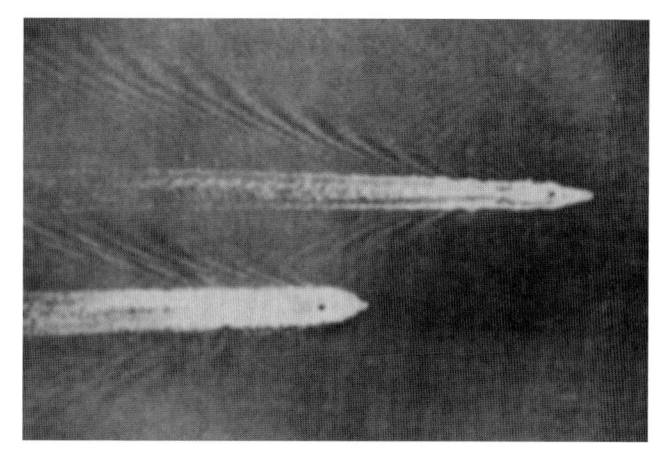

図2-114　バルバス・バウ船型の比較実船試験
（「くれない丸」（Bulbous bow装備）/「むらさき丸」）

2.3　和　船　小　史

2.3.1　黒船来航（1853）までの和船

　日本の和船は一本の木材を刳りぬいた単材刳船に始まる．その後，外海への進出，大陸との交易が進み乗船人数や貨物が増加した．このために載荷量が多く耐航性能にすぐれた大きな船が必要となり，単材刳船を結合した複材刳船が発展した．さらに積載量と耐航性を向上させるために，複材刳船の上に両舷に舷側板をつけて深さを増した準構造船が出現した．宮崎県西都原169号古墳や大阪市長原高廻2号墳で船型埴輪として発見された．これらは古墳時代中期（5世紀）のもので長さ12～20m，幅2mと推測されている．

　飛鳥時代には600年以降，小野妹子や犬上御田鍬らが遣隋使船で数次，海をわたり，奈良時代には遣唐使船（第1次派遣630年犬上御田鍬～15次派遣838年藤原常嗣）が15回にわたって航海した．はじめは北路，つまり，九州，壱岐，対馬，朝鮮半島西岸，黄海を横切って山東半島に至る航路をとった．船は大略，L×B＝30×3mの準構造船であった．8世紀になると日本と新羅との関係が悪化したため南路をとるようになるが季節風により多くの難破船が出たという．遣唐使船の建造に当たってはジャンクなど大陸船の導入があったといわれる．建造を司る造舶使長官などがおかれた．菅原道真の建議で遣唐使は廃止になり大陸船の技術的接触はなくなるが，唐，南宋からの中国文化人の渡来は続く．平安時代・鎌倉時代になると，準構造船は北野天神縁起の菅原道真配流の船に見るように高度化し，300石（約DW30t）の大きな船も作られた．

　室町時代に入り1402年足利義満は明の国書を得て勘合貿易（1404～1547）を始め，100石～400石積みの大型船が航海するようになる．この時代にはポルトガル人やスペイン人が来航し交流が始まる．その数例をあげると次のようである．1543年ポルトガル人が種子島に鉄砲を伝え，1549年ザビエルが鹿児島にキリスト教を伝えた．1567年ポルトガル人が長崎に来航し，1569年織田信長がルイス＝フロイスを謁見した．1570年にはスペイン人がルソンを占領した．1582年から1590年にかけて九州の少年使節団が渡欧し，1584年にはスペイン人が長崎に来航した．大航海時代にポルトガル人やスペイン人が海外に進出し世界の海上権を独占した余波が日本にも押し寄せてきた時代であることがわかる．その後1588年スペインの無敵艦隊がイギリスに破れ海上権がイギリスに移る．1592年秀吉は朱印船制度を定めた．

　1600年関が原の戦いを経て徳川幕府の時代に入る．1600年にはオランダのリーフデ号が豊後に漂着する．1604年家康は江戸幕府の内外貿易船に朱印状を下付する制度を作る．朱印船とは幕府から異国渡航朱印状を交付されて東南アジアと交易した貿易船である．朱印船（図2-115）として用いられた船は，朱印前，日本前と呼ばれたジャンク形船で中国やシャムで購入されたが日本でも建造されるようになり3,200石（DW480t）という大きな船までであった．寛永期になると朱

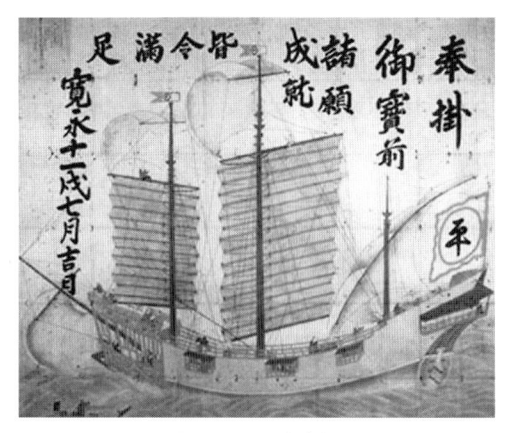

図 2-115　末次船
（長崎歴史文化博物館所蔵）

図 2-116　菱垣廻船

印船の種類が末次船，末吉船など多種多様になる．これらの船型を見ると当時，西欧で貿易船として活躍していたガレオン船と酷似するところがあり，その技術を取り入れたジャンクとの折衷型船型であるといわれている．1609年には幕府はオランダとイギリスを相手に平戸貿易を始める．1631年幕府は奉書船制度をつくり奉書船以外の海外渡航を禁じ海外渡航者の帰国を制限した．朱印船交易や外国船来航による交流は日本における洋式造船技術の習得の良い機会であったが，徳川幕府の大船建造禁止令（1635）と鎖国政策（1639）によりその機会が失われることになった．その後，洋式造船は発達せず国内海運業のための大和形船としての弁財形和船（菱垣廻船：図2-116，樽廻船，北前船）が発達することになった．

　弁財形和船の特徴が，構造的にはフレームなどの骨格をもたず，板構造で釘やかすがいで強固に接合された船である．船底にバー・キール（bar keel）のように深くなった部分が追加され横流れを防ぐ抵抗が増加するように工夫されている．また，帆走性能については江戸時代以前の和船では，追い風のみでの帆走とし，向かい風の場合は強風下では風待ち，微風時は大勢の漕手が櫓で推進したが，弁財形船では横風で一番早く進むようになり，風上にも少しは推進できた．これにより風待ち時間がなくなり水夫の数も減らすことができて運航効率が向上した．これが弁財形船が江戸時代の海運輸送システムの中核となった理由といわれている．一方，弁財形船は洋式船に比べて平水中性能は優れるが波浪中の耐航性能が劣るといわれ黒船来航以降の新しい船型を発展させる発端となった．

2.3.2　黒船来航後の和船と洋式和船

　1853（嘉永6）年7月8日ペリーの黒船が浦賀に来航した．この未曾有のインパクトは幕府に急速な政策転換を促した．同年9月5日には洋式軍艦鳳凰丸（竣工1854）とスループ型船2隻の建造命令を浦賀奉行所に下し，9月15日には大船建造禁止令の解除を布告した．同年，浦賀，石

川島に造船所を，韮山に反射炉を建設した．洋式船舶の購入と造船技術の積極的導入を進め，1855年には長崎海軍伝習所を開設した．洋船建造の実地研修として重要な出来事があった．ペリー来航と同じく開国を求めて来日していたロシアの使節プチャーチン提督の乗艦「ディアナ号」が1854年の下田地震の大津波で大破したため，幕府は帰国用の小型帆船を西伊豆の君沢郡戸田村で建造させた．設計と指導は乗組員の士官が行ったが建造は幕府が差し向けた船大工が行った．長さ24m，2檣スクーナー（schooner）の2隻の同型船を建造しプチャーチン等は帰国した．その後，幕府は船大工にその同型船を多数建造させた．君沢形の呼称はこれに由来する．ディアナ代替船建造を出発点として始められた君沢形洋式帆船（図2-117）の建造は逆風航走が可能で乗組員が少なくて済むため明治大正時代多数の沿岸帆走船の建造に応用された．スクーナーは18世紀に北米東海岸の植民地で生まれた縦帆船で快速と風上航海の性能で知られていたため19世紀には西欧においても大型スクーナーが作られるようになった．

　ディアナ代替船建造以前の日本に「hybrid ship（歴史名は「合いの子船」であるが「hybrid ship」と呼称する）」が芽生えた．幕府は方針を180度転換して沿岸帆船についても西洋式帆船に置き換えて近代化を計ろうとした．しかし，弁財形船をはじめとした沿岸帆船については日本に長く豊富な実績がある．幕府の西洋式帆船奨励に対して「西欧，日本，中国の船にはそれぞれ長所，短所があり，三者の長所をとって折衷すれば良い船ができるはずである」という建議書が建造に際して多く出された．1861年に箱館奉行所が作った「豊治丸」は本格的な「hybrid ship」の第一船である．これを建造するにあたり箱館奉行所が幕府に出した「新造建議書」の中で西洋型（箱館形，君沢形）と弁財形船（在来形）の長所と短所を分析・比較し，「hybrid ship」採用を上申した．表2-14にその比較をまとめて示す．

　このような経緯で両船の長所をとった「hybrid ship」の建造が実現した．図2-118に「hybrid ship」の一例を示す．外国製品をそのまま模倣せず折衷して改良製品を作ることを得意とする日本人の気質を表わす事例として興味深い．その後，庄内藩の「竜神丸（1861）」，秋田藩の「福海丸」が建造され，明治，大正時代まで「hybrid ship」とその改良型が盛んに建造された．

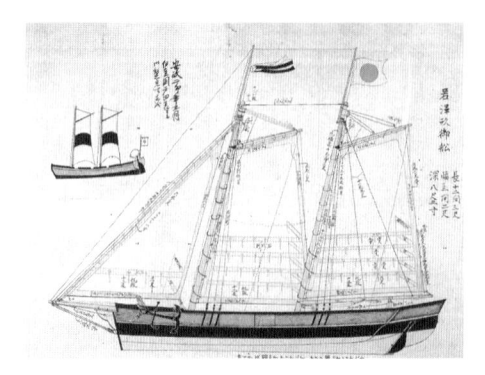

図2-117　君沢形洋式帆船
（福井県立図書館所蔵）

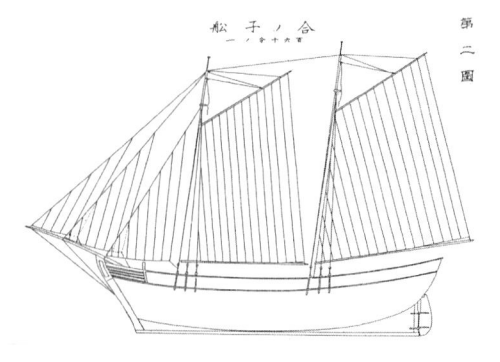

図2-118　hybrid ship
（福地文一郎：日本工学会，1890）

表 2-14 西洋型（箱館形，君沢形）と弁財形船（在来形）の比較

種　類	箱館形船（500石積）	君沢形船（400石積）	弁財形船（在来形1600石積）
性能	波浪中耐航性，頑強	波浪中耐航性，頑強	平水中良好，耐航性悪く脆弱
建造費	9,457両	4,538両	2,200両
建造費理由	竜骨，肋材，内外板	同左	梁材と板材の組み合わせ
乗組員	20人	18人	16人
操帆経験	貧弱	貧弱	豊富

（安達裕之『日本の船　和船篇』P141より作表）

第 3 章

船の分類としくみ

第3章　船の分類としくみ

3.1　船　の　種　類

3.1.1　保持形態

　船は水と空気の境界面上，あるいは水中を走る構造物である．船が航走すると全抵抗（水抵抗）R_Tを受ける．船の馬力はこの全抵抗と推進効率により決まるが本節では全抵抗のみを考える．R_Tは造波に起因する造波抵抗R_Wと水の粘性に起因する粘性抵抗R_Vで構成されて

$$R_T = R_W + R_V \qquad (3.1)$$

とかける．船型開発の歴史はR_Tを軽減する船体形状の探索の歴史ともいえる．R_WとR_Vは異なった性質をもっており，低速では船が起こす波は小さいのでR_WよりもR_Vが主体的である．高速になるほど造波が増大してR_Wは船速の3乗～4乗で増加するようになるが，R_Vはほぼ船速の2乗で増加するだけなのでR_Wが主体的になる．船速に応じた抵抗の性質が船型形状や航走形態を変える．

　船を水面に浮上させる力の原理として浮力（X），揚力（Y），空気圧力（Z）の3つの要素が考えられる．図3-1に示すようにこれらを三角形の頂点として描くと，その頂点はその原理に100％依存する船である．$X+Y+Z=1$として要素（X, Y, Z）をもつ船を考えると，各要素を併せもつ種々の船が考え出される．

　100％浮力依存の船（$X=1$）は通常のタンカーやコンテナ船などほとんどの商船に相当する．排水量型船（displacement ship：水上船）とよばれ低速あるいは中速で走る大型船が多い．船速は10～30kt程度で，造波抵抗は全抵抗の9％～25％程度と比較的小さいので排水量型でしかも単胴の船が経済的で推進効率もよい．つまり，大量のものをゆっくりと運ぶ船のタイプである．しかし，船速が40～60kt（85～110km/hour：Fn＝0.65～1.0）と高速で走るカーフェリーのような船になると排水量型単胴船ではR_WがR_Vに比べて激増してエンジン馬力が増大する．すると機関室スペースが増大して客室の数や載貨量が減少するとともに燃料費が増加するので，もはや船として経済的に成り立たなくなる．

　高速船では次項に述べるように，多胴の排水量型船（双胴船catamaran，三胴船trimaran）が採用されるようになり，さらに高速になると，揚力浮力型（$X+Y=1$），空気圧力浮力型（$X+Z=1$）など，図3-1の三角形の左辺や右辺上の船も出てくる．さらに極端な場合は，揚力浮上の水中翼支持型船（$Y=1$：水中翼船など）や空気圧力浮上のエアークッション型船（$Z=1$：ホバークラフト）等が有利となる．これらの高速船は小型ではあるが実際に建造されている．図3-1には実際に作られた実船や試験船の例が描かれているが，その周辺を満たす複合タイプ（combined type：$X+Y+Z=1$）などたくさんのバリエーションが考えられる．上記の範疇からやや逸脱するが，水面上をすれすれに滑空する興味深い船がある．WISES（Wing In Surface

3.1 船の種類

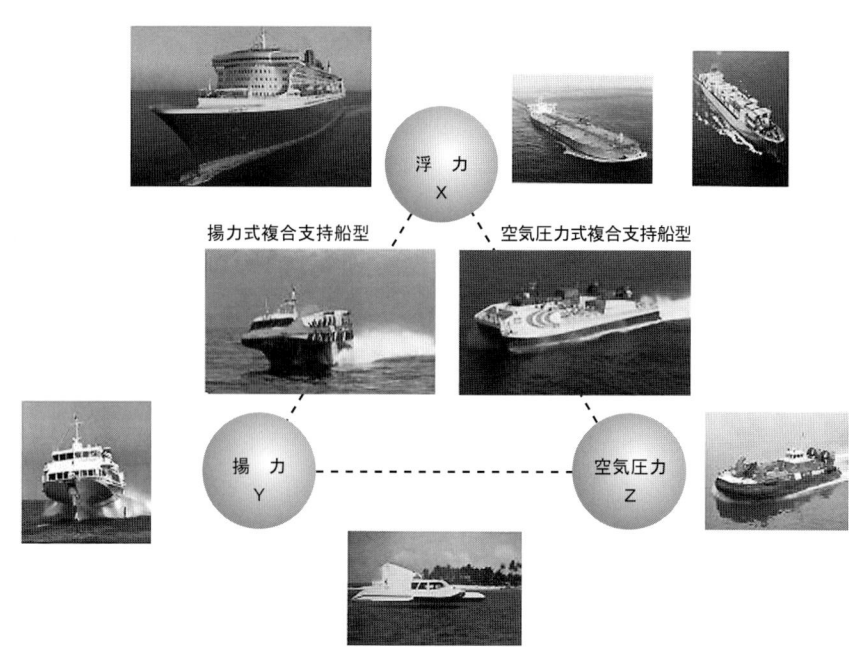

図3-1 浮力，揚力，空気圧力を3頂点とした各種保持形態の船舶
（テクノスーパーライナー（新型式超高速貨物船）カタログより加工）

Effect Ship：水面効果翼船，別名，Wig：Wing in ground effect）や水面滑走艇（Airfoil Flairboat）である．Wigは水面影響の流体力学的効果を船体の空中浮上に役立たせた飛行艇で水面，氷面や平らな地面の上を高速で飛ぶ快適な船でありロシアで研究が進んでいる．

以下に各タイプの船型について少し詳しく概説する．

1) 排水量型船（displacement type）

図3-1の上部（$X=1$）に位置する船で，浮上メカニズムはアルキメデスの原理（第4章参照）により，船体重量とその喫水での排水量が釣り合った状態で水面に浮き，プロペラの推力で航行する船である．第1章で分析した「QM2」，巨大タンカー，大型コンテナ船など通常のほとんどの船舶，また，船の世界史で見てきた船はほとんどが単胴排水量型船である．これについては次節3.2以降に詳述されている．しかし，特殊な船として高速多胴排水量型船がある．これは船体が幅方向に複数並んで構成される船で，胴数により2胴船（双胴船：カタマラン），3胴船（トリマラン：図3-2），また近年話題となっている5胴船（ペンタマラン）等がある．今までにも中小型の低中速カーフェリー等では，貨物，客室，自動車の積載スペ

図3-2 3胴型高速カーフェリー（トリマラン）
「Benchijigua Express」（2005, April）

125

スを確保する広い甲板面積が必要なため，船を2つ並べてデッキを張った双胴船が建造された．しかし，船体が2隻分になると確実に船体の浸水表面積が約2倍になり摩擦抵抗を倍加させるため従来の速度の範囲では推進性能（燃料消費量）上の見地から双胴船のメリットがなくなり建造実績は少なかった．

しかし，最近，欧米では観光を主目的とした40ktから60ktの超高速カーフェリーのニーズが増加し船長100mを超えるカタマランが多数建造されている．カタマランにするとL/B（長さ幅比）を大きくでき，さらに2船体の波を干渉させて増大する造波抵抗を減らすことができ馬力を下げることができると同時にカーフェリーに必要な広い甲板面積を確保できる．2004年には高速トリマラン・カーフェリー「Benchijigua Express」（図3-2）がオーストラリアで建造された．主要目は全長126.7m，水線長114.8m，全幅30.4m，深さ8.2m，喫水4.2m，船客1,291人，車両341台，機関8,200kW，Water Jet Propulsion×2，船速40.5kt（Fn＝0.621）である．中央の船体は非常に細長いデミハルとして造波抵抗を減少させ，これによる復原力の低下を薄く小さなサイドハル（side hull, outrigger：排水量比2〜3％（片舷/全体），空中部分が徐々に厚くなっていて横傾斜時の予備浮力をもたせている）で補い，広い甲板面積を実現させている．

2）水中翼支持型（foil supported type）

図3-3に高速船型の分類を示す．単胴船（モノハル：mono hull），多胴船（multi hull），水中翼支持型（hydrofoil），エアークッション型（hover craft）が示されている．水中翼支持型は

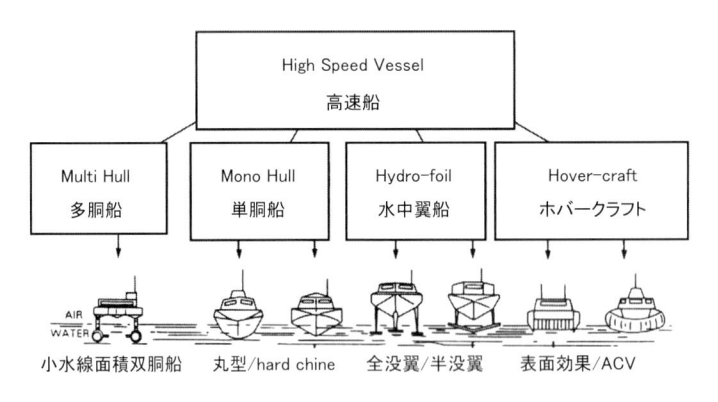

①高速船の種類

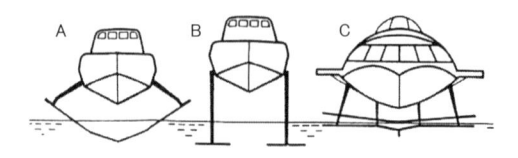

②水中翼船の種類（A：半没水翼型，B：全没水翼型，C：浅喫水翼型）

図3-3　高速船型の分類
（田中拓：高速艇の研究と開発方法（日本造船学会シンポジウム）より加工）

船体重量を船底下に付加した水中翼に働く揚力で支えて航行する形式の船である．図3-1の$Y=1$に位置する船である．翼の支持形態によって全没水翼型と水面貫通型の2つの形式がある．

一般に水中翼船は船首部と船尾部の2箇所に水中翼をもつ．助走時は通常の高速船と同様に水面に浮かんだ姿（hull born）で航走するが，船速の増加とともに，航空機の翼と同様な原理で水中翼が揚力を発生し，やがて船体は水面上に持ち上げられ，翼のみが没水した状態（air born）で高速度にて航走するようになる．水抵抗が極めて小さくなるため40kt以上という非常な高速度が得られる．船体を軽く作ることが重要であるためアルミニウム材で作られる．

水面貫通翼型水中翼船（図3-4）は，船首部の水中翼は船体中心面底部から船側に向かって斜めに伸び船側に固着されている．高速航走状態でも翼の上部が空中に露出しているので水面貫通翼型あるいは半没翼型といわれる．このタイプの特徴をあげると次のようである．

①復原性が良い．横波を受けて船体が傾斜すると傾斜した側の水中翼の没水面積が増加して揚力を増し，復原力が自然に増加して元の状態に戻る．
②船体が水中翼で水面上に持ち上げられるので船体の水抵抗がなくなり高速航行ができる．これは全没翼型水中翼船の長所でもある．
③高速航走時であっても推力を落とせば船体が瞬時に没水して緊急停止する．
④荒天時や水中翼が故障した時には，船速は落ちるが通常の船と同様に水面に浮かんで航行ができる．プロペラやウォータージェット推進器で航走する．

一方，全没翼型水中翼船（図3-5）は，面積の小さい前部水中翼と船幅にわたる細長い後部水中翼からなり，ストラット（strut）と呼ばれる薄く鋭い支柱により船底下に水平に固定される．高速で航走すると前後の水中翼の揚力により船体が完全に空中に持ち上げられる．船体と翼は波

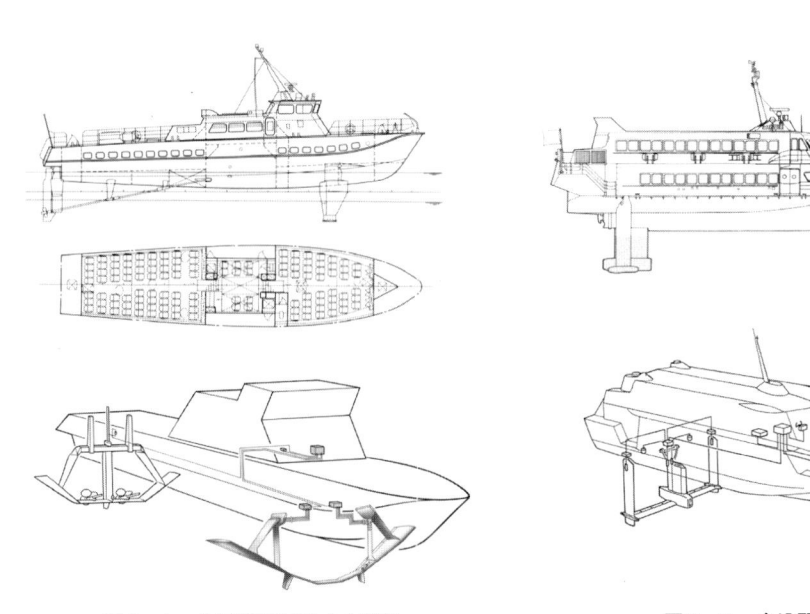

図3-4　水面貫通翼型水中翼船　　　　　　　図3-5　全没翼型水中翼船

から力を受けないため水抵抗が少なく極めて高速で航行できる．しかし，全没翼型は水面貫通翼型と異なり自己復原力が得られないので水中翼には自動制御付きのフラップが装備され，航空機の翼と同様に横傾斜（ヒール），縦傾斜（トリム）の微調整ができるようになっている．両舷2基のウォータージェット推進器で推進する場合が多い．

また，ハイブリッド型水中翼船といわれるものもある．これは双胴船間に水中翼をもち，船体没水部分の浮力と水中翼の揚力の両方をミックスさせて船体を支え高速航走するもので（$X + Y = 1$）型である．ウォータージェット推進器を複数装備する場合が多い．

3）エアークッション型（air-cushion type）

カタマラン形状をした船体下部から大量の空気を水面に吹付け空気圧力により揚力を得ながら浮上航走する船で表面効果（surface effect）船ともいい，図3-1の$Z=1$に位置する船である．通常プロペラ，ウォータージェット推進器または空中プロペラ，ジェット噴射によって推進する．エアークッション型には全周スカート型（エアークッション用のスカートを船の周囲全体にめぐらして揚力を得る方式）と側壁型（双胴船のように横方向に並べてサイドハルをもち，前後部のみエアー流出防止のスカートで閉囲して揚力を得る方式）の2つがある．前者のタイプの製品は「ホバークラフト」の製品名で有名である．後者は双胴船が浮力を発生し船の重量の一部を支えるので空気圧力式複合支持型，つまり，（$X + Z = 1$）型である．推進方式としてはウォータージェット推進器で複数装備する場合が多い．

2005年に建造された超高速貨客船TSL「SUPER LINER OGASAWARA」（図2-111，113頁）は空気圧力式複合支持船（TSL-A型）で，全長約140m，旅客定員は740人，GT14,500 t，ウォータージェット2基で，最高42.8ktで走る．先に建造された実験船「飛翔」は「希望」と改名し，カーフェリー（清水～下田）として就航している．「SUPER LINER OGASAWARA」は「希望」の約2倍のサイズをもつ実用TSLである．

4）潜水型および半潜水型（submerged type & semi-submerged type）

潜水型と半潜水型船型は高速商船への応用が種々研究されてきた．潜水船は水上船に比べて船体の浸水表面積が増え低速域では輸送効率は良くないが，高速域では没水深度が大きくなると造波抵抗が減少し海洋波の影響も少なくなるので総合的には利点が出てくる．艦船としての潜水艦は多数建造されているので技術的には商船への応用も可能であるが，水中航走時の重量の調整，荷役方法，航海方法等は在来船と全く異なること，水圧の増加による船体構造強度も増加することなど実用化には運航コスト評価が重要となり，潜水型商船は実用化されていない．

半潜水船（半没水船）は排水量型と潜水型の中間型で，主船体は水中にあって浮力を受け持ち，貨物甲板や居住区を配置する空中のデッキを水線面積の小さい細長いストラットで支える複合船型（SWATH：Small Water plane Area Twin Hull）である．在来型の水上船に比べて高速域で造波抵抗が少なく耐航性が優れているが喫水が深くなり重量調整のためのバラストタンクの量が増

えるという欠点がある．

　最近の欧米の超高速船設計の考え方を見ると，既成の船型ですべてを満足させる方法ではなく，まず高速化で増大する造波抵抗を減少させるために船体を細長くし，次にこれによる復原性の不足を多胴化（カタマランやトリマラン）してカバーする方法がとられている．言わば，加算的積極的な設計法であり興味深い．図3-1の三角形を基にして$X + Y + Z = 1$ 周辺の高速船を加算的アイディアで考えてゆくとさらに夢のある新しいタイプの高速船が次々に想いつくであろう．

3.1.2 用途と種類

　表3-1に船の用途による分類と種類を示す．商船，漁船，作業船，特殊船，艦船，レジャーボートがある．この分類に属する船の種類は普遍的なものでなく，その時代の産業構造の変化に応じて生じる輸送物や輸送システムにより新しく生まれ，また姿を消してゆく．

表3-1　船の用途と種類

No.	大分類	中分類	小　分　類
1	商船	客船	クルーズ船，定期客船，貨客船，鉄道連絡船
		カーフェリー	高速カーフェリー，中速カーフェリー
		貨物船	定期船，不定期船
		タンカー	原油タンカー，砕氷・耐氷タンカー，プロダクトキャリア
		コンテナ船	コンテナ船，バージキャリア
		ばら積み運搬船	ばら積貨物船，鉱石船，その他
		特殊貨物船	木材船，チップキャリア，冷凍貨物船，自動車運搬船，フェリー
		ガス運搬船等	LNG運搬船，LPG運搬船，ケミカルタンカーなど
2	漁船	漁業船	トロール船，捕鯨船，まぐろ延縄漁船，かつお釣魚船，底引魚網船
		母船	捕鯨母船，さけます母船，まぐろ母船など
		漁業調査船	漁業指導船，漁業調査船，漁業練習船，漁業取締船
3	作業船	曳船	
		浚渫船	
		起重機船	
		補給船	
		施設船	
		石油掘削船	通常海洋掘削船，氷海掘削船
4	特殊船	海洋調査船	海洋調査母船，潜水調査船
		砕氷船	砕氷船，砕氷観測船，砕氷サプライ船，
		気象観測	
		航海練習船	
		巡視船	
5	艦船	護衛艦	
		潜水艦	
		輸送艦	
6	レジャーボート	高速艇	
		ヨット	

3.2 船の主要目と形状

3.2.1 主要目表

第1章に客船「QM2」の要目表を例にとっていくつかの言葉の定義を示した．ここでは，通常船型の代表としてタンカーの標準的な主要目表（Table of Principal Particulars）を表3-2に示す．車やパソコンを購入する時にはカタログを取り寄せて性能を比較する．船の主要目表とはこの性能要目表に相当するものである．主要目表にはその船に関する最も基本的で重要な項目である船の型式，船級協会，船の主要寸法，排水量，積載量，エンジン，船速などが書かれている．船主からの引き合い時や契約時に最初に決めなければならない重要な数値である．

表3-2は最も簡単な主要目表の例で，目的に応じて，燃料や清水の容積，荷役装置，甲板機械，発電機の要目，燃料消費量，航続距離，乗組員数などさらに詳細な項目が記される．船の主要目表とともに概略の一般配置図（GA：General arrangement，3.3節）があれば船の概要が把握できる．この表に記載された用語の定義を以下に示す．

表3-2 油槽船計画主要目表の例

項　目	記　号	一　例
船　型	Ship type	船首楼付平甲板船
船橋・機関室の位置	Position of bridge and engine	船尾船橋／船尾機関室型
船　級	Register of Shipping	NK
全　長	Loa	211m
垂線間長	Lpp	201m
型　幅	Bmld	33.5m
型　深	Dmld	18.6m
計画満載喫水（型）	dmld	13.9m
方形係数	Cb	0.822
総トン数	GT（Gross Tonnage）	33,460 t
満載排水量	Displacement	78,860 t
軽荷重量	LW（light weight）	12,590 t
載荷重量	DW（dead weight）	66,270 t
貨物油槽容積（100%庫量）	Cargo oil capacity	75,500㎥
主　機　型式×台数	Main Engine（type×number）	デイーゼル×1台
MCR×RPM	Maximum Continuous Rating	17,000PS×123RPM
NOR×RPM	Normal Rating	15,300PS×118.8RPM
航海速力（NOR，15%SM）	Service speed	15.3kt
試運転速力	Trial maximum speed	15.6kt

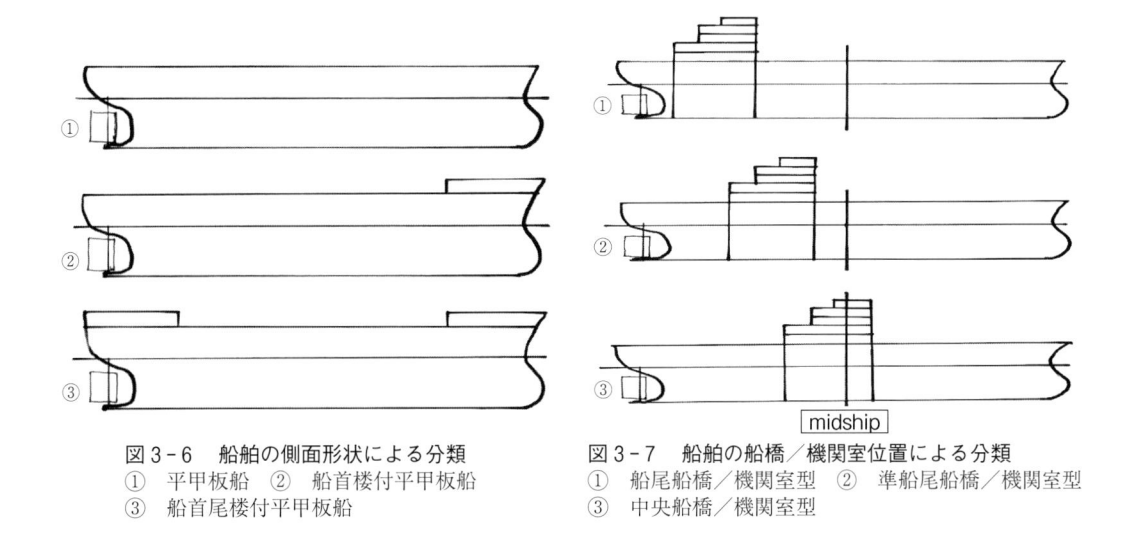

図3-6 船舶の側面形状による分類
① 平甲板船　② 船首楼付平甲板船
③ 船首尾楼付平甲板船

図3-7 船舶の船橋／機関室位置による分類
① 船尾船橋／機関室型　② 準船尾船橋／機関室型
③ 中央船橋／機関室型

船型形式

- 側面形状による分類：①平甲板船，②船首楼付平甲板船，③船首尾楼付平甲板船（図3-6参照）．なお，①は大型タンカーなど，②，③は中，小型貨物船に多い．
- 船橋／機関室位置による分類：①船尾船橋／機関室型（aft bridge/machinery type），②準船尾船橋／機関室型（semi-aft bridge/machinery type），③中央船橋／機関室型（midship bridge/machinery type）（図3-7参照）．なお，①は大型タンカーなど，②，③は高速な船，コンテナ船に多い．

船級協会：Classification society

船級協会とは世界の主要な海運国や造船国に設けられたその国の政府が認めた法人組織である．材料，船体構造工作法及び機関，電気等の艤装品について詳細な規則を定め，規則どおりに建造されているかどうかを検査し，それらがすべて一定の基準を合格した船舶に対し一定の資格を与える（入級という）組織である．世界の主要な船級協会は次のとおりである．

NK：日本海事協会，日本

LR：Lloyd's Register of Shipping, England

NV：Det Norske Veritas, Norway

AB：American Bureau of Shipping, USA

BV：Bureau Veritas, France

船級協会は自国船のみならず依頼があれば外国船の入級手続きや技術上の問題に対して船籍国政府の代表機関としての働きをする．近海以上の海域を航行する商船は必ずいずれかの船級協会の資格を得る必要がある．船級協会の与えた資格にしたがい，保険会社は船体や積荷の海運事故に対する保険金額を定める．

第3章 船の分類としくみ

船籍

　船舶の国籍．船舶はその船舶が登録されている国の船籍を有する．船籍を取得するための登録要件としては，船舶の製造地が自国であることを要件とする例や船舶の所有者が自国民であることを主要な要件とする例があるが，便宜船籍といって船舶の登録を誘致するために登録要件，船舶に関する行政上の規制や税制上の優遇措置を緩やかにする国があり，そのような国家に船籍を置く船舶（便宜置籍船）もある．リベリヤ船籍は日本で建造される輸出船に多い船籍である．

3.2.2　主要目の定義

　船の設計に重要な各種の定義は次のとおりである．

1）主要寸法

　船の長さ，型幅，型深さ，型喫水等であり，定義を図3-8に示す．

①船の長さ：3種類あり目的により使い分ける．

- 全長：L_{OA}（Length over all）

　船尾端から船首端の間の全長で，運河の通過や港内操船上制限を受ける長さである．

- 垂線間長さ：L_{PP}（Length between perpendiculars）

　船尾・舵頭材の中心を通る垂線（後部垂線 A.P.：Aft perpendicular）から満載喫水線と船首材前面の外板外側の交点を通る垂線（前部垂線 F.P.：Fore perpendicular）間の水平距離．船の基本設計・建造や船の登録の基準になる長さ．

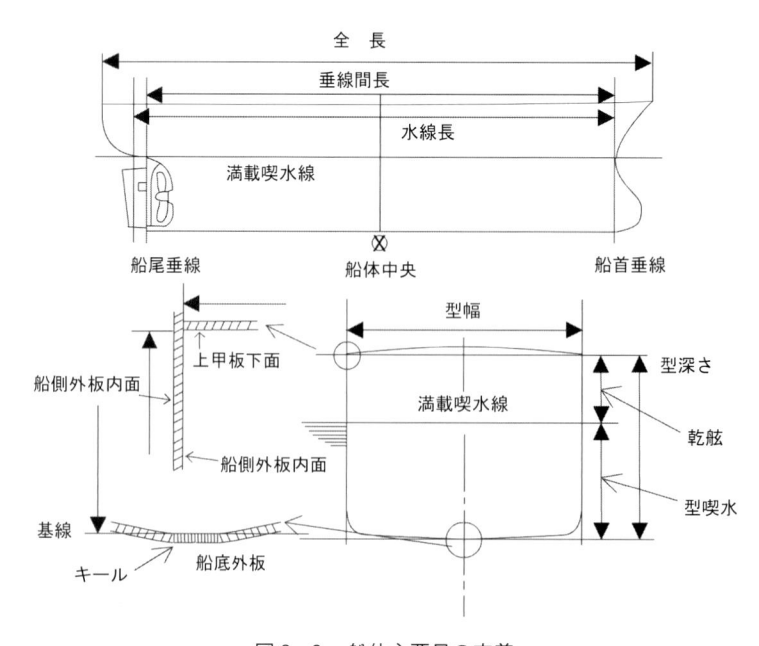

図3-8　船体主要目の定義

3.2 船の主要目と形状

- 水線長：L_{WL}（Length of waterline）

満載喫水時に船が水に漬かっている部分の長さ．船首水切り点から船尾水切り点までの長さ．造波特性や粘性抵抗等流体力学的現象に関連する長さであり，性能計算に使用する．

②型幅：B_{MLD}（moulded breadth），船体外板の内側間の幅

③型深さ：D_{MLD}（moulded depth），竜骨（Keel）上面から上甲板外板の舷側下側までの距離

④型喫水：d_{MLD}（moulded draft），竜骨（Keel）上面から満載喫水線までの距離

型幅，B_{MLD} 等のように，「型」や「MLD」等が付けられているのは，mould（鋳型）に由来し，船の外板の厚みを除いた内法寸法となっていることによる．船の契約時や初期設計時には外板の厚さは決定されていないため，内法寸法で設計が進められる．基本設計が進み構造設計の段階で船体の安全を満たす外板や部材寸法が決められる．

2) 排水量，排水容積

船の重量を表すものとして，満載排水量，軽荷重量，載貨重量がある．

①満載排水量：Δ（full load displacement）

計画満載喫水で船が排除する海水の重量（通常，海水密度 $\rho = 1.025$ t/m³ とする）を満載排水量と呼ぶ．アルキメデスの原理により排除する体積と同体積の海水重量に等しく，単位を重量トン（tw：質量 1 t に働く重力の大きさ）とすると

$$W = \rho V = \Delta \text{ (tw)} \tag{3.2}$$

がその喫水における船の満載排水量である．これは満載の船の全重量 W に等しい．以下の LW，DW も単位は（tw）である

②軽荷重量：LW（light weight）

船の自重（荷物を積まない状態）を軽荷重量という．

③載荷重量：DW（dead weight）

載荷重量は満載排水量から軽荷重量を差し引いた数値で，計画満載喫水で船に貨物等を積載しうる最大の重量である．ただし，船には貨物のほかに航海に必要な燃料，清水，食料等を搭載する必要があるから，積載貨物の重量はこれらの水，油等を差し引いた数値となる．

上記の①，②，③の間の関係は（3.3）式のようになる．

$$\Delta = DW + LW \tag{3.3}$$

3) トン数（tonnage）

これは 2) に示すような重量を示す数値ではなく，積載容積に関係する数値をトンの名称で呼称する容積トン数で，客船でよく使われる．下記の 2 つがある．

①総トン数 GT（gross tonnage）

測度甲板（tonnage deck，全通甲板，上甲板）から下の船の内容積に測度甲板から上の閉囲された場所（ただし，船の航海，推進，衛生等に必要な場所を除外する）の容積を加え，100 立

第3章 船の分類としくみ

方フィートにつき1tの単位で表示したものである（つまり，100ft^3＝2.83m^3＝1 GT）．総トン数は日本では固定資産税，登録税，積量測度手数料，検査手数料，係船岸壁使用料，係船浮標使用料，水先案内料，引船料，入渠料，保険料，等の各種の手数料や税金を算定するときの基礎になる数値である．

②純トン数NT（net tonnage）

純トン数は総トン数から機関室・船員室・脚荷水槽等の船の運航に必要な場所を排除した容積を100立方フィートにつき1tで表示したもので，主として，貨物等を積載する場所の容積を示す．

4) 貨物倉容積

①貨物倉容積（cargo hold capacity）

貨物倉内の荷物を搭載しうる場所の総容積を示す．船の貨物倉には構造上，肋骨，梁，内張部材など突起したところが多いため，貨物の形態が穀物状（グレーン：grain），梱包状（ベール：bale）かにより積み込める容積が異なる．これを明記するもので，大略，グレーンは船体外板内側までの容積，ベールは船倉内骨材等の突起物内側までの容積である．通常，両方を記載するが，ばら積み貨物船はグレーンのみを表示する．

②載荷係数（積付率，stowage factor：SF）

SF＝貨物倉容積／満載喫水時貨物重量（単位：cf/LT, cf：cubic feet, LT：long ton）でこの逆数は等価密度（ρ_{EQV}）のようなものである．1 cf/LT＝0.0279m^3/t＝1/35.8m^3/tである．SFの例として，

$\quad\quad$ 木材チップ： 100 cf/LT（2.79m^3/t）でρ_{EQV}＝0.358t/m^3
$\quad\quad$ 鉄鉱石 ：15〜20 cf/LT（0.425〜0.566m^3/t）でρ_{EQV}＝2.39〜1.74t/m^3
$\quad\quad$ 小麦 ：43〜55 cf/LT（1.22〜1.56m^3/t）でρ_{EQV}＝0.82〜0.64t/m^3

5) 方形係数C_B

方形係数C_B（block coefficient）は船の肥痩度（fineness）を表す主要な係数の1つで，その定義は

$$C_B = V/(L_{PP} \times B_{MLD} \times d_{MLD}) \tag{3.4}$$

である．C_Bは船（水中部分）を$L_{PP} \times B_{MLD} \times d_{MLD}$の直方体ドックに入れたときにドックの体積に対する船の体積の比である．船の中央部は概略長方形であるから直方体の前半部と後半部がどの程度削られているかを表す係数で，船の肥痩の度合いが理解できる便利な数値である．船の設計に重要な肥瘠係数は次項3.2.3の2）船型の肥瘠係数に再掲する．

3.2.3 船体形状と線図

1)船型の表現方法

　口絵や図に見るように，水面に浮いている船の外形（水面上の形：above-water configuration）はよく見かけるが水に没した部分の形（under-water configuration）はほとんどの人は見る機会がないので本当の船の形を知る人は少ない．船の性能を支配する重要な水面下の形（船体形状）はどうなっているのであろうか，そしてどのように設計して行くのであろうか．

　図3-9は乾ドック（dry dock）中で作業中の白鳳丸（海洋調査船：Oceanographic ship）でかなり痩せた船（fine ship）である．図3-10は地上に仲良く並んで置かれたバルクキャリア（bulk carrier）で，造船所で艤装中に台風により係留索（mooring cable）がはずれて漂流し砂浜に乗り上げたとても珍しい写真である．普段は水面下に隠れている船体形状を見ることができる．かなり太った船型（full ship）である．これらの船は次のような特徴をもっている．

　高速で痩せた（fine）海洋調査船では，

- 船首下部に薄型の球状曲面（球状船首：bulbous bow）が突き出し，上方に行くと錨台座（bell mouth），ナックルライン（knuckle line）を経て，外板（shell plate）が急勾配で立ち上がり「朝顔」のように広がり船首部甲板付近に至る．水平に伸びる黒（実際は赤色の防錆塗料，水に没する部分）と白のペイントの境目が満載喫水線（load water line）で船首水線角（水平面内水切り角：entrance angle）はかなり小さい．船幅（ship breadth）は後方に向かって徐々に広くなり船体中央（midship）付近で最大となる．そこでは最大幅の外板が上甲板（upper deck）から喫水，船底（bottom）に向かって垂直に降り外板湾曲部（bilge part）を経て船底になり船体中心線部（keel，竜骨）に達する．

- 方形係数はかなり小さく，$C_B = 0.6$程度である．

図3-9　海洋調査船「白鳳丸」
dry dockにて作業中

図3-10　バルクキャリアーの形状
台風による漂流打ち上げ

- 船首部に錨（anchor）と船首部スラスター（bow thruster：船首部横力発生装置）2基の穴が見える．

一方，太ったバルクキャリアーでは，
- 船首部には下側に大きな丸い球状船首（large bulbous bow）が突き出している．海洋調査船に比べると船体後方に向かって急激に膨らみを増し，ずんぐりした形状となっている．
- 中央部では外板が垂直にそそり立ち，下側の隅が丸くなり（bilge circle）船底へとつながる．バルクキャリアー船型は中央平行部（parallel part：断面形状が同一の部分）が長い．
- 方形係数は$C_B=0.8$程度とかなり大きい．

このような複雑な船型は船体線図（Ship Lines）で図面に表現される．線図とは何か？を図3-12を参照しながら説明する．まず，船の主要目として，長さL，幅B，深さD，喫水d，排水量Δ，浸水面積Sをもつ船を考える．この船を図3-11のように置いて見る．平面，側面，正面の各方向に薄切り（slice）して眺めてみよう．

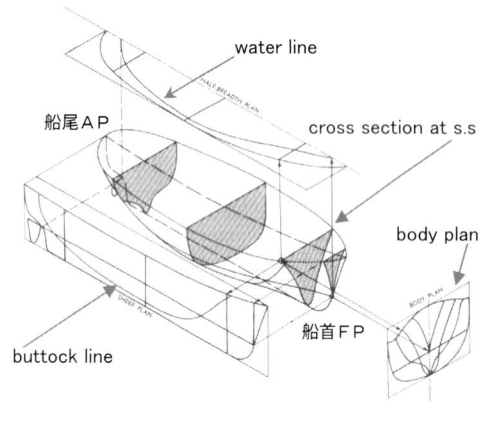

図3-11　船体線図と説明図
平面図，側面図，正面図

平面図

船を水平面方向に，底面（keel）から満載喫水線にむかって等間隔（例えば1m）に切断し，その断面形状曲線を平面図に重ねて置く．これがWater Line（WL）線図である．

側面図

船体中心面（$y=0$）から幅方向に等間隔（例えば1m）にずらしながら垂直方向に切断し，その断面形状曲線を側面図に重ねて書く．これがButtock Line線図である．

正面図

長さ方向に10等分（SS：square station，AP〜FP）さらに船首船尾の曲りの急な所はさらに細かく輪切りにして正面図に重ねて書く．これがBody Plan線図である．

船舶工学では，平面図（water line），側面図（buttock line），正面図（body plan）と寸法表オフセットを総称して船体線図"ship lines"と呼ぶ．この図面があれば全く同一形状で同一性能の船ができる．それゆえに，船体形状性能の全情報を示すものとして極めて機密性の高い重要な図面である．その一例を図3-12に示す．船首を右向きとし，Water LineとButtock Lineが重ねて書かれ，Body Planは船体中央部に書かれるのが普通である．船の形が，曲率を徐々に変えながら美しく変化する曲線群であることがわかる．

図3-13は3方向からスライスした切断線（Water Line，Buttock Line，Body Planに表れる3

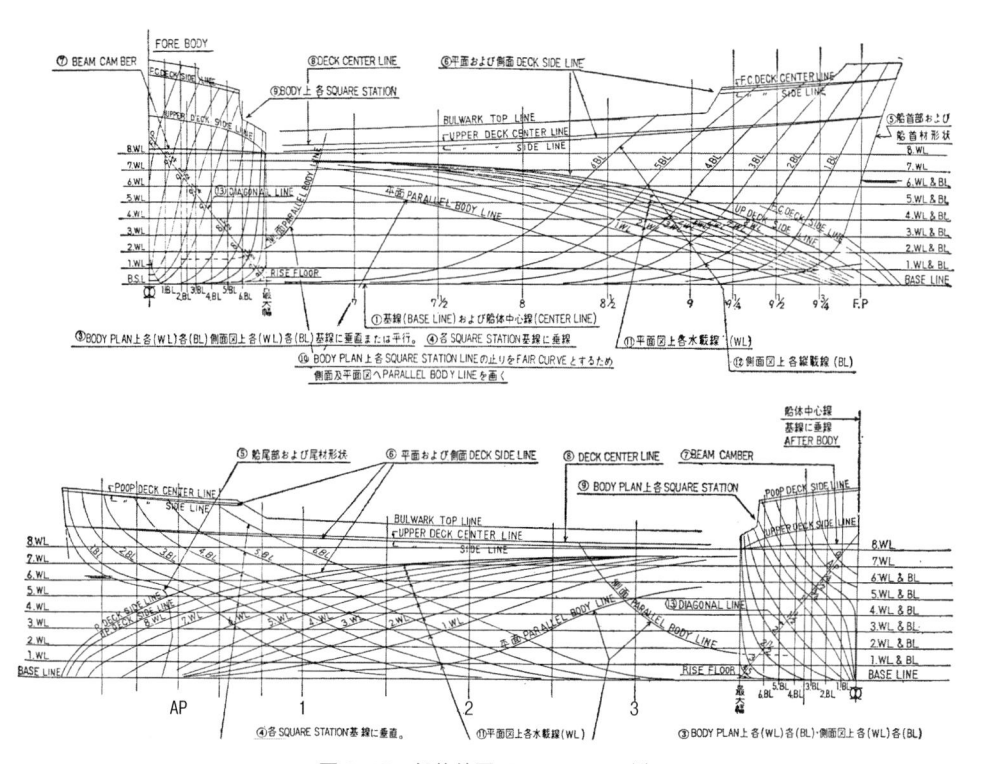

図 3-12 船体線図 Ship Lines の例
（大串雅信『理論船舶工学(上)』より）

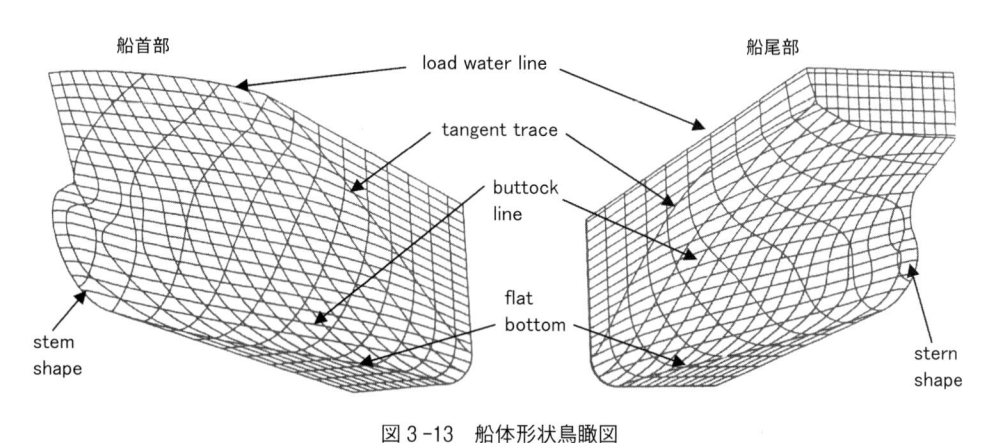

図 3-13 船体形状鳥瞰図

種類の線群）を船体表面上に残して眺めた鳥瞰図である．船の立体形状が理解できる．注目しなければならないのは 3 種類の線群はいずれも船体表面上で交点をもち，滑らかな船体表面形状を構成しなければならないことである．この状態を滑らかな線図（fair lines）と呼ぶ．

①船の形状は直方体（L×B×d）から，ⅰ)満載水線面形状（load water line），ⅱ)船底部平面形状（flat bottom），ⅲ)最大幅 buttock line（tangent trace），ⅳ)船体プロフィル輪郭線（Profile of stem (bow) and stern）を境界線として各 SS（square station）の肋骨線形状（frame line）に合わ

せて滑らかに削られた物体と考えることができる．つまり，境界線①〜⑩は船体線図を決定する重要な線である．

②船体は境界線間を結ぶ平面，側面，横断面方向の多数の3次元的曲線が排水量や浮心位置を満たし，必要な抵抗特性を満足するように作図される．このようにして得られた滑らかで複雑な線群や曲面が線図となる．

③バルクキャリアーなどの肥大船ではparallel part（船の長さ方向の最大横截断面形状が同一の部分）が長く，船首（船尾）で急激に丸みを帯びた船型である．一方，海洋調査船やコンテナ船などの痩せた船ではparallel partがない（最大横断面が一点）かあってもわずかである．

以上，船体主要目と船型表現法としての線図とその意味を述べたが，もう少し具体的に船型の総括的性質，つまり，肥痩度，長さ方向や喫水方向の変化の度合い，性質，分布などを数値で表現する方法はないものであろうか．

2) 船型の肥痩係数

実船の線図は通常1/50スケールで画かれる．船長300mの船では6mにもなるので，大きすぎて全貌が把握しにくいし曲面で構成されているので特徴がつかみにくい．船の主要目（排水容積，寸法等）を使ってその船固有の特徴をあらわす係数はないものであろうか．この目的のためにいくつかの肥痩係数が考えられている．

船の垂線間長 L_{PP}，型幅 B_{MLD}（以下，B），満載型喫水深さ d_{MLD}（以下，d），排水容積（V），船体中央断面積（A_M），満載喫水線での水線面積（A_W），浮心の前後位置（浮心－船体中央（midship）間の距離（L_{CB} あるいはMB））を用いて各種の肥痩（fineness）係数を下記のように定義する．図3-14は船を取り囲む直方体（$L_{PP} \times B \times d$）と排水容積，水線面積，中央横断面積の説明図である．

　　方形肥痩係数　　$C_B = V/(L_{PP} Bd)$，（船型の肥痩度を示す基準）
　　柱形肥痩係数　　$C_P = V/(A_M \cdot L_{PP})$，（排水容積が中央部に集中する度合いの基準）
　　中央横断面係数　$C_M = A_M/(Bd)$，　（中央横断面の肥痩度を示す基準）
　　水線面積係数　　$C_W = A_W/(L_{PP} B)$，（船体水線面の肥痩度を示す基準）
　　竪柱形肥痩係数　$C_V = V/(A_W \cdot d)$，（排水容積が水線面に集中する度合いの基準）
　　浮心位置　　　　$l_{CB} = (L_{CB}/L_{PP}) \times 100$，（% L_{PP} で通常船尾方向を正）　　　(3.5)

上記の係数間には次の関係がある．

$$C_P = C_B/C_M, \quad C_V = C_B/C_W \qquad (3.6)$$

その他，船型設計においてよく使われる重要な無次元係数や量として

　　L_{PP}/B：船の薄さの度合い，ずんぐり度，　　B/d：船の扁平度
　　V/L_{WL}^3：Volumetric ratio（排水量長さ比），細長比，太り具合比
　　MF　：浮面心F（水線面の長さ方向の重心）と船体中央Mからの距離で船尾側を正

がある．　　　　　　　　　　　　　　　　　　　　　　　　　　　　　　　　　　(3.7)

3.2 船の主要目と形状

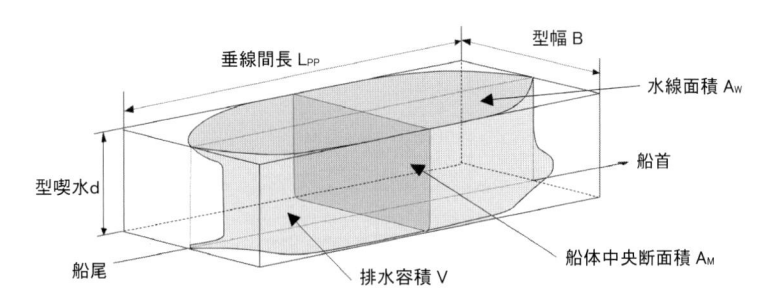

図3-14 船を取り囲む直方体（L×B×d）と排水容積，水線面積，中央横断面積

　C_B，C_P は肥った船では大きく痩せた船では小さい．C_B は船の積載性能，C_P は船の抵抗性能を評価するパラメータとしてよく利用される．これらの値は船種固有の速度により変わる．船速についても大小の船の性能を比較する時には相対的な船速である無次元船速であるフルード数Fnで考える必要がある．Fnは第4章で詳述するが，$Fn = V/\sqrt{gL_{WL}}$ という無次元値であり，船速V（m/s）が速く船の長さLが小さいほどFnが大きく相対的には船速が速いことを示す係数である．造波はFnが等しい時には船の造波現象（波紋，波の高さ，抵抗係数）が相似になり，他船との比較が可能となる．多数の船の性能（抵抗係数等）を肥瘠係数やフルード数を関連させて蓄積したデータ群を設計データという．船種による違いが統計的に把握でき相互に換算できるので新しい船の設計に不可欠で貴重なデータである．

　図3-15は無次元船速フルード数Fnベースに C_P，C_M，V/L_{WL}^3 を種々の船に対して置点したものである．種々の船の値を見るために代表的数値を図3-15から読み取ると表3-3になる．タンカー，バラ積運搬船は低速で肥大，コンテナ船は中速で痩せ型，カーフェリー・客船はさらに高速で痩せ型であり，その概略の数値がわかる．

　図3-16は種々の船の浮心位置 l_{CB} をフルード数Fnベースに置点したデータである．l_{CB} の定義は船体中央から浮心までの距離 L_{CB} の船長 L_{PP} に対する割合 $L_{CB}/L_{PP} \times 100$（%）で通常，船尾側をプラス（+），船首側をマイナス（-）で呼称する．l_{CB} の特徴を見ると，データのある範囲（Fn = 0.13〜0.30）で図中の線のように，ほぼ直線を中心に分布しており，Fn = 0.22付近を零として，高速側で船尾側，低速側で船首側に浮心が選ばれている．この理由は大変興味深く，次のように説明できる．

　船の全抵抗は (3.1) 式のように，造波抵抗と粘性抵抗の和（$R_T = R_W + R_V$）であることから，タンカーのような低速船では，造波抵抗が粘性抵抗に比べてかなり小さいため船首側に浮心をもつ粘性抵抗の少ない形，すなわち，雨滴（流滴）型がよい．一方，高速になると造波抵抗が粘性抵抗と比較して無視できなくなってくるため，船首を痩せさせた船型，つまり矢尻型として浮心を船尾にもってくる方が望ましくなる．表3-4，図3-16はこの傾向をよく示している．

第3章 船の分類としくみ

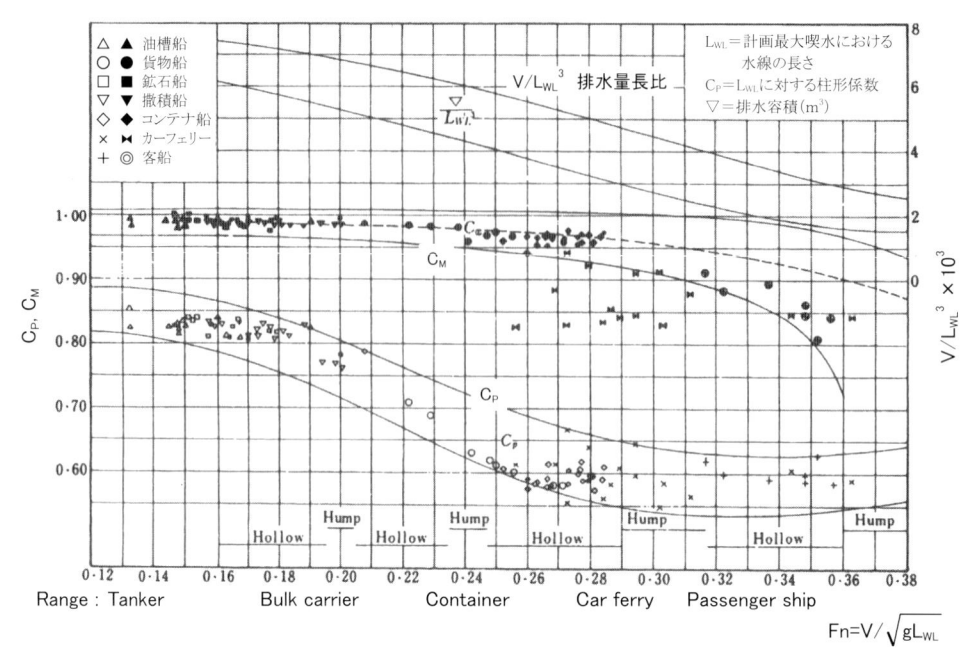

図3-15 種々の船についてのフルード数FnとC_P,C_W,V/L_{WL}^3

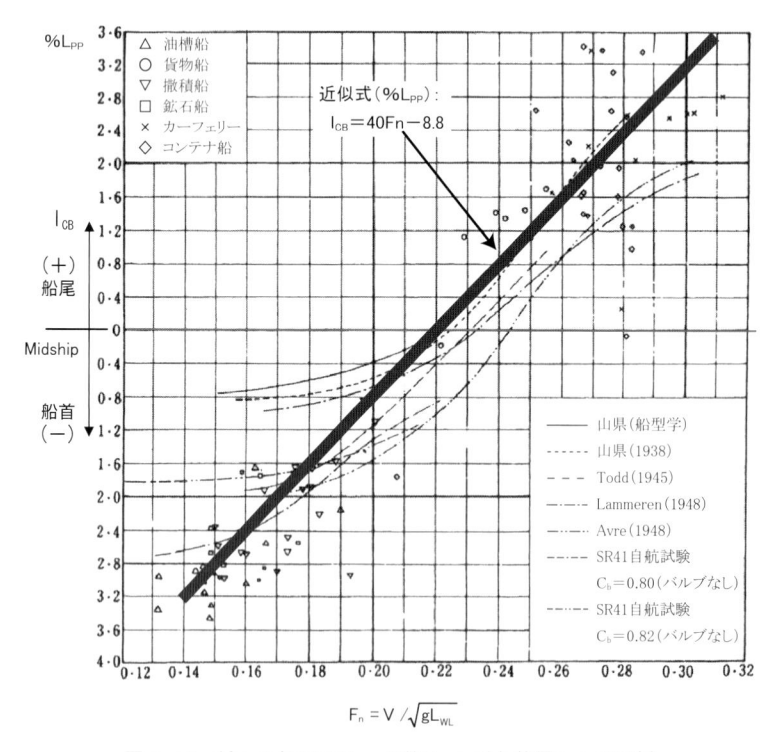

図3-16 種々の船のフルード数Fnと浮心位置Lcbの関係

(図3-15,図3-16 『造船設計便覧第4版』関西造船協会より)

3.2 船の主要目と形状

表3-3 船の種類とFn, C_P, C_W, V/L_{WL}^3の関係

船の種類	Fn	C_P	C_M	$V/L_{WL}^3 \times 10^{-3}$
タンカー	0.12〜0.13	0.82〜0.88	0.98〜0.99	7.0〜9.0
バラ積運搬船	0.18〜0.20	0.74〜0.83	0.96〜0.99	5.6〜7.0
コンテナ船	0.23〜0.25	0.62〜0.70	0.95〜0.98	4.3〜6.0
カーフェリー・客船	0.30〜	0.55〜0.65	0.92〜0.95	4.0以下

表3-4 種々の船の浮心位置l_{CB}とフルード数Fnの関係

船の種類	Fn	l_{CB}（%L_{PP}）	位置
タンカー	0.12〜0.13	-3.0〜-2.0	船首側
バラ積運搬船	0.18〜0.20	-2.0〜-0.8	船首側
コンテナ船	0.23〜0.25	0.6〜0	船尾側
カーフェリー・客船	0.28〜0.30	2.8〜1.2	船尾側

3) CpカーブとCwカーブ

船の性能に関係する重要な曲線として，Cpカーブ（横截面積カーブ）とCwカーブ（水線面積カーブ）がある．

①Cpカーブ：プリズマティックカーブ

Cpカーブはプリズマティックカーブ（横截面積カーブ）といい船の排水量の船長方向分布（slenderness）を示す．満載喫水線下の船長方向Xステーションでの横断面積Axと中央横断面積A_Mの比（Ax/A_M）を長さ方向（船長を1として）にグラフ化したもので，Cpカーブの面積がCp値である．船の抵抗性能と強い関係をもつ．船体前半部形状は造波抵抗と強い相関があり，Cpが同一であっても設計速力が遅いときは，船首付近が尖り，速いときには，丸くbluntな形状となる．造波抵抗理論によりその船速で造波抵抗を最小とするCpカーブを求めることができる．後半部形状は粘性抵抗と強い相関がある．

②Cwカーブ：水線面積カーブ

Cwカーブは満載喫水における船幅B_xを船体中央の幅（最大幅）Bで割った無次元船幅分布B_x/Bを船長方向にグラフ化したものである．船体前半部，特に船首部水切り角度は造波抵抗と強い相関があり，設計速力が遅いときは，水切り角度の小さい尖った形状となる．

その他，重要な値として船体の浸水表面積（S, wetted surface area：水に没している船体の表面積）がある．浸水表面積は満載喫水線下の船体各部断面の周長（girth長さ）を船の長さ方向に積分したもので定義される．船体の摩擦抵抗と関係の深い数値である．図3-17にタンカー船型（$L \times B \times d \times C_b \times lcb \times \nabla$ = 320m×53.5m×19.3m×0.802×-2.56%×264,000m³：研究船実船対応寸法）のCpカーブ，Cwカーブを示す．船尾のCpカーブは1本であるが，Cwカーブは3本（A, B, C）描かれている．これは図3-18の図からわかるように，Cpカーブ一定（排水量は不変）のまま，断面形状を変形させた船のシリーズとなっている．つまり，A船型を標準として，B船型は水線幅を広げて下側の船幅を狭くした船型（V型），C船型は水線幅を狭め下側の船幅を広くした船型（U型）とした船型である．低速タンカーの粘性抵抗を低減させるための

第3章 船の分類としくみ

図3-17 タンカー船型のCpカーブ，Cwカーブの例（A，B，C 3船型）

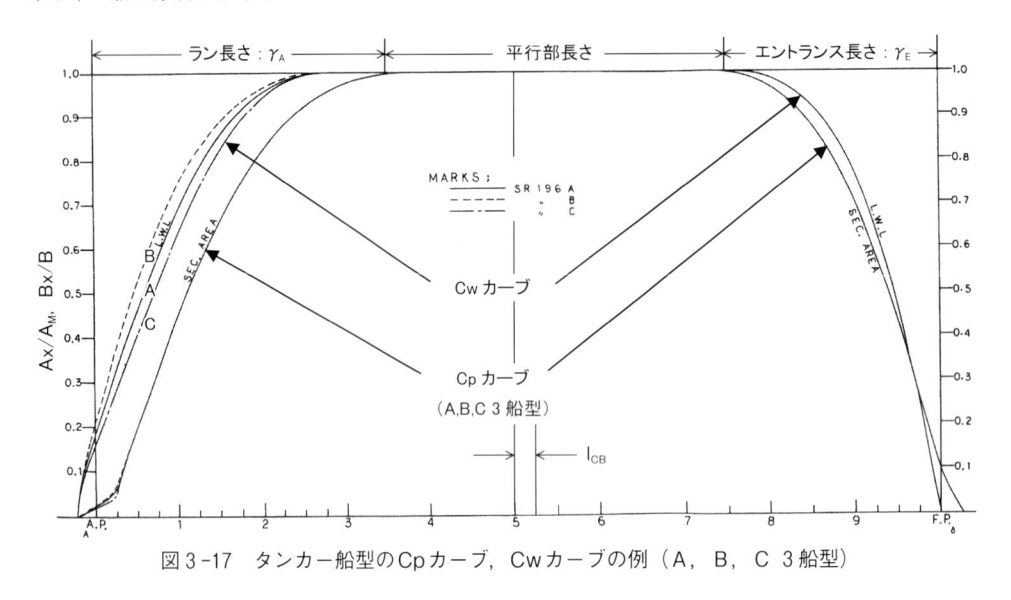

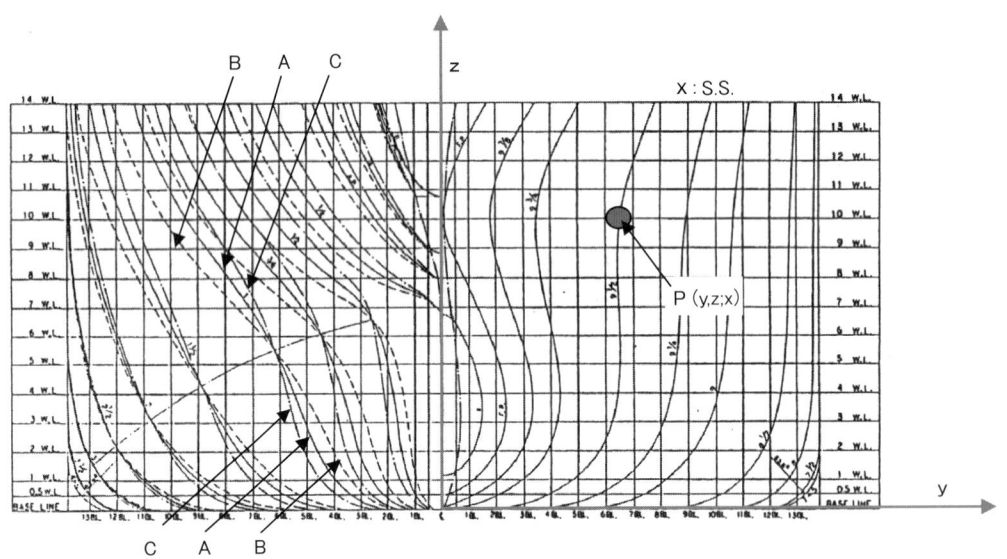

図3-18 タンカー船尾の肋骨線形状の変形（A，B，C 3船型）

（図3-17，図3-18 『SR222成果報告書』社団法人日本造船研究会より）

研究に使われたシリーズ模型船（模型船長：6m）である．これは船の変形の一例であり，主要目と排水量が同一であっても，長さ方向，深さ方向の分布が異なる船は無数に存在する．第4章にも述べるように，主要目，線図，肥瘠係数，Cpカーブ，Cwカーブは，船の性能（抵抗，横揺れ，操縦性等）全般に関係する．建造した実績船の試運転や模型実験のデータを整理すると，船の種類による形状特性や性能との関係を統計的に示すデータベースとなる．これらは設計データといい，性能の優れた船型線図を作成するために不可欠なデータとなる．

3.2.4 排水量とハイドロスタティック曲線

1) Simpsonの公式

複雑な形状をもつ船の断面積や体積はどのように計算するのであろうか．線図を書くと得られる船体形状寸法をオフセット（offset）という．Body plan（図3-18）中に示す座標系（y, z-0）において船の長さ方向のある位置 x（S.S.：square station，図3-12のようにL_{pp}を1/10に分割して船尾から番号をつける）の断面形状について考える．この肋骨線上に点P$(y, z; x)$をとり，船体半幅yの喫水方向zの形状は数学式で書くと

$$y = f(z; x) \tag{3.8}$$

である．船底（baseline）から喫水方向に決められた刻み幅Δzごとに甲板まで水線半幅$y(z)$を読み取る．これを船尾から船首までS.S.位置の断面についても読み取り，まとめたものが船体オフセット表である．

船の形 f が関数で与えられていれば一般的には体積や面積は定積分で求められるが，実際の船は数値（オフセット）で与えられるので数値積分となる．以下に船舶の設計でよく使われる数値積分法であるSimpsonの法則について説明する．

一般に図3-19のような曲線を考え，図形OABCの面積Sを計算することにする．曲線ABの式が与えられてなく，等間隔hの分点x_0, x_1, x_2におけるオフセットy_0, y_1, y_2が与えられているとする．Simpsonの公式では，曲線ABが2次曲線で近似できると仮定すれば図形OABCの面積Sは下式で与えられる．

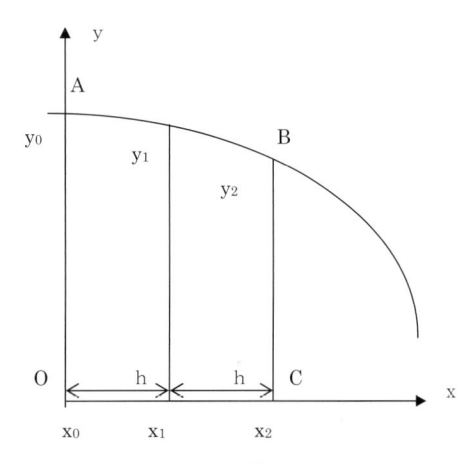

図3-19 Simpsonの法則による数値積分

$$S = (h/3)(y_0 + 4y_1 + y_2) = (h/3)\sum(y_i \cdot s_i) \tag{3.9}$$

ここで，

y_i ： offsetでy_0, y_1, y_2

s_i ： Simpson定数でここでは1, 4, 1

この公式の意味を考えてみよう．Simpsonの公式では（$0 : 2h$）間を放物線で近似しているので，AB間の曲線を

$$y = ax^2 + bx + c \tag{3.10}$$

と置き（$0 : 2h$）間で定積分し得られた式を変形してみる．

第3章　船の分類としくみ

$$\begin{aligned}
S &= \int_0^{2h}(ax^2+bx+c)dx\\
&= \left[1/3\cdot a(2h)^3 + 1/2\cdot b(2h)^2 + c(2h)\right]\\
&= h/3\left[\{a(2h)^2+b(2h)+c\} + 4\cdot\{a(h)^2+b(h)+c\}+c\right]\\
&= (h/3)(y_0 + 4y_1 + y_2)
\end{aligned} \quad (3.11)$$

これは明らかにSimpsonの公式になっている．

　複雑な曲線でも刻み幅hを曲線の傾向に合わせて細かくすれば精度よい結果が得られる．図3-12に示した複雑な船体形状についてもSimpsonの公式を連続的に使用して面積を求めることができる．例えば，ある喫水dの水線形状を図3-20としてオフセット y_0, y_1, ……y_{10} が与えられたとする．水線面積Awを求めるには（3.9）式を連続使用して加算すればよく，

$$\begin{aligned}
A_W &= (h/3)(y_0 + 4y_1 + 2y_2 + 4y_3 + 2y_4 + 4y_5 …… + 4y_9 + y_{10})\\
&= (h/3)\sum(y_i\cdot s_i)
\end{aligned} \quad (3.12)$$

として得られる．hは等分割幅で，Simpson定数は次のとおりである．

$$s_i = 1,\ 4,\ 2,\ 4,\ 2,\ 4,\ ……,\ 4,\ 1 \quad (3.13)$$

分割数を適度に多くとれば計算精度は驚くほど増加する．このように船の寸法表（オフセット）が与えられれば面積が容易に計算できる．同様にして船長方向のx位置の横截面積も計算できる．

　図3-18に見るように，船首，船尾の水線形状や船体横断断面形状の中央部付近の船底ビルジ部や船首部，船尾部のフレームラインでは曲線が急激に変化するところがある．このような部分では局所的に刻み幅hを半分あるいは1/4と小さくとりSimpsonの公式を工夫して計算すれば十分な精度で計算が可能である．

　船の排水容積を求める時に2重積分になるのでSimpsonの公式を2回重ねて使用すればよい．例えば，第1段として船の喫水方向（j方向）の各水平断面積（つまり，喫水 d_j 位置の断面積 A_j）を（3.12）式で求めておき，これをz方向（j方向）に積分すればよい．すなわち，次のよ

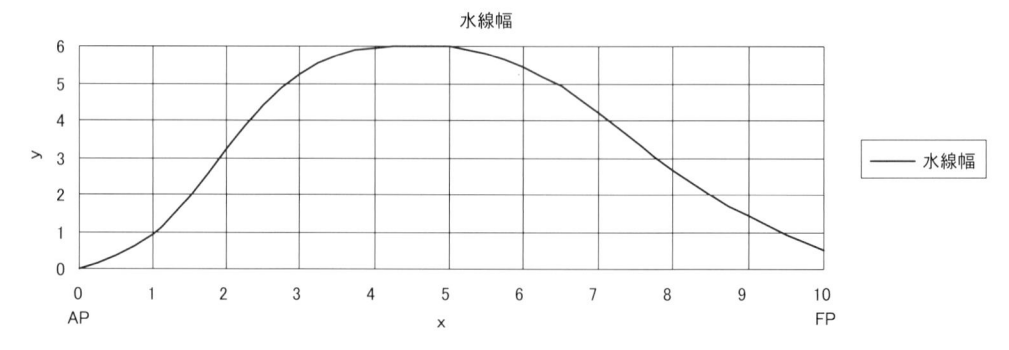

図3-20　船の水線形状のような長い曲線の面積を求めるオフセット例（Simpsonの法則による数値積分）

3.2 船の主要目と形状

うに求められる．l_i，m_jはx方向とz方向のSimpson定数，h，h'はx方向とz方向の刻み幅とすれば，（3.14）式で体積が求められる．

$$V = (h/3)\sum_j \left\{(h'/3)\sum_i (y_i \cdot l_i)_j\right\} \cdot m_j$$
$$= (h/3)(h'/3)\sum_j \left\{\sum_i (y_i \cdot l_i)_j \cdot m_j\right\} \quad (3.14)$$

重心を出すためには，モーメントの計算が必要となるがこれも全く同様に計算できる．

2) ハイドロスタティック曲線（Hydrostatic Curve）

上記の方法で，船体の形状を表すオフセットから喫水dを変化させたときの排水量Δや中央横截面積A_M，水線面積A_W，x方向の各横截面積が計算でき，それらからx方向のモーメントも計算できるので（3.5）式に示した各種係数（C_B，C_P，C_M，C_W，l_{CB}）が各喫水ごとに計算できる．さらに，船に荷物を積み込んだときの前後方向の傾斜（トリム：trim）や横方向の傾き（ヒール：heel）を求める諸量や船の復原性を評価するメタセンター高さ（GM，第4章参照）が計算できる．これらは貨物の積み下ろしの重要な計算である．以上の計算で得られる船の静力学的特性が図3-21に示すハイドロスタティック曲線（Hydrostatic Curve）と呼ばれる重要な曲線である．縦軸の喫水dに対し，横軸に排水量や各種係数の値をスケールを変えて小さなグラフに効率よくまとめた曲線群である．

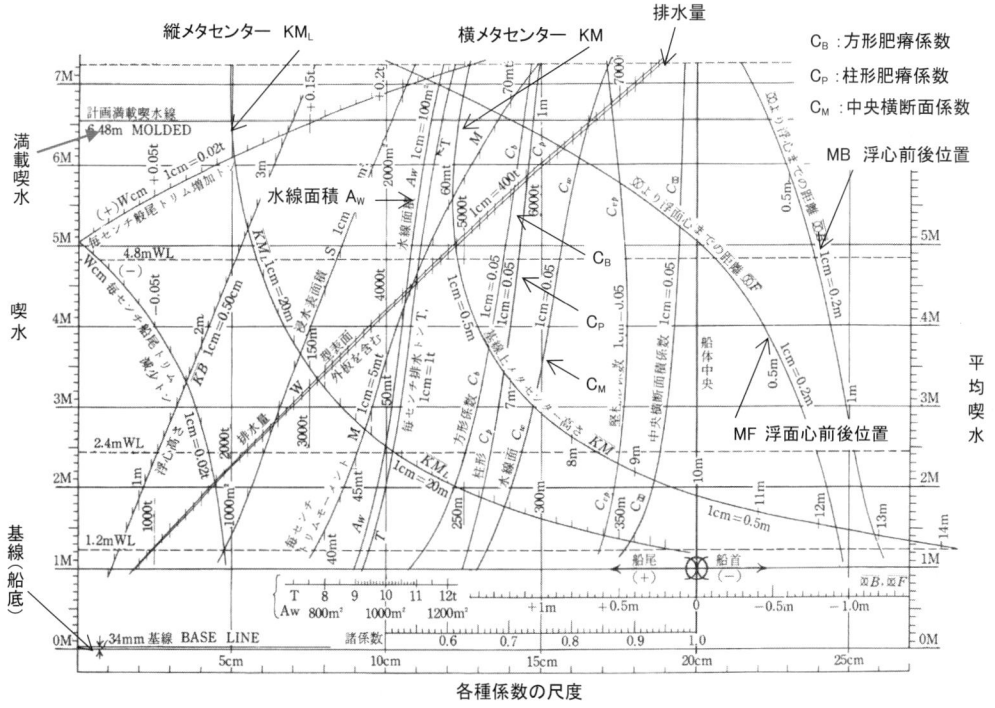

図3-21 ハイドロスタティック曲線の例
（大串雅信『理論船舶工学(上)』より）

第3章　船の分類としくみ

　ハイドロスタティック曲線の有効性の一例を説明する．図3-22は図3-21のハイドロスタティック曲線をもつある船に荷物を積み込み，後方に移動させたときの図であるとする．喫水の変化とトリム（船の傾斜）を求めてみる．

積載前の船体条件

　長さ，幅，喫水，排水量（L，B，d，W_0）の船が前後等喫水（Even Keel）の満載喫水線で浮かんでいるとする．この時のハイドロスタティック曲線の諸係数は図3-21の満載喫水dで読めばよい．喫水dで排水量はW_0（tw）になっているはずである．この状態において，
①貨物の積載：重量w（tw）の貨物をちょうど浮心の直上に積んだとすると船は傾くことなく沈む．この時の喫水はいくらになるか．

　喫水増加量をδzとすると，積載重量wに相当する排水量分だけ沈む．喫水dでの水線面積A_Wをハイドロスタティック曲線から読み取る．δzが小さいとすればA_Wは略一定とみなせるから，

$$Wg = \rho g \delta z \cdot A_W$$
$$\therefore \delta z = W/\rho A_W$$
(3.15)

よって，新しい喫水は$d_{new} = d + \delta z$，排水量は$W = W_0 + w$（tw）となる．
②貨物の移動：その貨物を後方に距離 l だけ移動すると船はどれだけ傾くか．

　詳細は第4章4.2節に述べるが，造船学の理論にメタセンターという概念がある．船を微小な

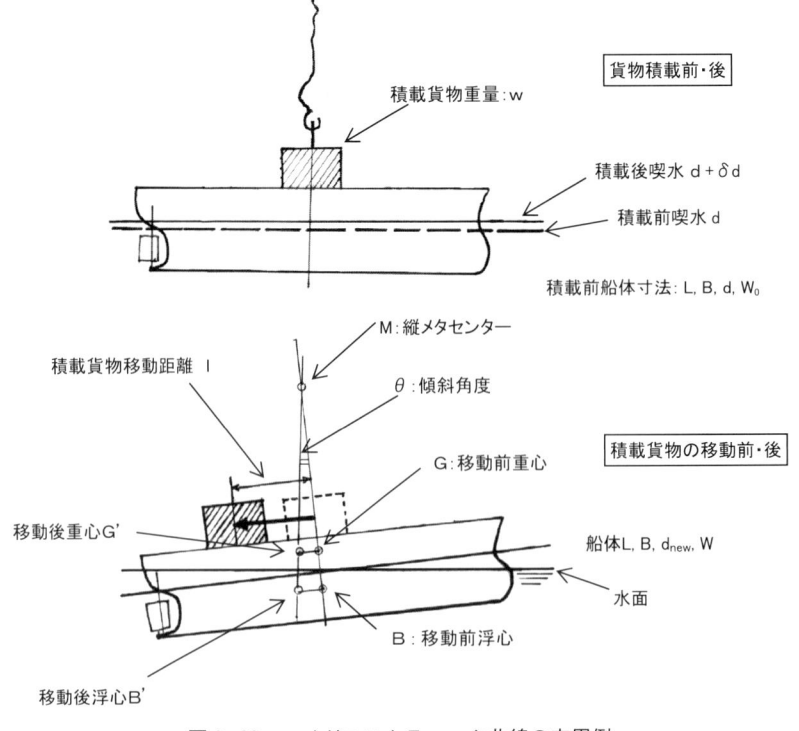

図3-22　ハイドロスタティック曲線の応用例

角度だけ種々，縦傾斜させたときにそれぞれの状態での移動浮心B'から鉛直に上げた直線が移動前の浮心Bからの鉛直線と常に交わる一点がある．これを縦メタセンター（longitudinal metacenter）といいMで表す．船の重心G（不動点）からの距離GMは一定となり船の静的傾斜に関係する量となる．

　距離GMは次の手順で求める．船底キールKから浮心Bまでの距離KBはハイドロスタティック曲線で与えられているので新しい喫水d_{new}から読みとることができる．浮心BからメタセンターMまでの距離BMは造船学の公式（4.35）式を縦傾斜に応用して求められ，よって，キールKからメタセンターMまでの距離KM（= KB + BM）が得られる（図3-21に横メタセンターKMと区別して縦メタセンターKM_Lが画かれている）．船の重心Gの高さKGは船体形状のみならず，船体構造，艤装品，貨物，燃料等の重量分布により決まる既知量である．よって，GMは

$$GM = KM - KG \tag{3.16}$$

として求められる．GMが得られると船をθだけ傾斜させるモーメントは図3-22からわかるようにW・GM $\tan\theta$となり，これは荷物移動による発生モーメントwlに等しいので

$$W \cdot GM \tan\theta = wl \tag{3.17}$$

となり，傾斜は

$$\tan\theta = wl/(W \cdot GM) \tag{3.18}$$

船の傾きは船舶用語でトリム（trim）といい，船尾喫水から船首喫水を引いたものである．よって，トリムは

$$t = da - df = L\tan\theta = Lwl/(W \cdot GM) \tag{3.19}$$

である．

第3章 船の分類としくみ

3.3　一般配置図と船体中央横断面図

3.3.1　一般配置図

　船の一般配置図（General Arrangement）とは住宅の見取り図のようなもので，側面図，平面図，正面図で構成される．船主の要望に応える船を作るためには，引合時，契約時，設計時，建造時等どのような段階であれ協議をして決めて行かねばならない．そのためには対象物の形を表す図面が必要である．特に，設計時，建造時にも大きな構造物を大勢の人数で作る造船の場合は図面を通してお互いに建造船を理解し議論しながら進めて行く必要がある．それが一般配置図の重要な役割である．第1章では「QM2」の一般配置図を見たが，本章では一般的な商船の一般配置を見てみる．表3-5に一般配置図の作成の流れを示す．その概要は次のとおりである．
①建造にあたり，船主から船舶建造の意向が条件（船種，航路，喫水d，載貨重量DW，船速Vsなど）とともに造船所に示され，造船所は概略仕様書と見積書を付けて船主に示すことから始まる．合意が得られると建造契約に向けて基本計画が開始される．
②基本計画：
　概略検討として主要目（全長L，幅B，深さD等），概略一般配置図，排水量，概略馬力，船速，容積，乾舷計算，主要目を概略決定する．
③基本設計：
　初期一般配置図，線図，ハイドロスタティック計算，馬力計算，燃料清水量，主機，軸系配置，トリム・スタビリティ計算，損傷時スタビリティ計算，縦強度計算，船体中央断面図，浸水計算を行ない，主要目，初期一般配置図を決定する．
④詳細設計：
　基本設計の結果を基礎として建造用の図面を作成する．一般配置図には船の間仕切り（隔壁）や居室，甲板機械，船橋部，居住区配置，管系統配置図面の作成，各種流体力学的性能検討，航路，操船要件等の総合的検討が一般配置図をもとにして進められる．建造に進む．
⑤完成時：
　完成図面用一般配置図とともに船が引渡される．船は

表3-5　一般配置図作成の流れ

船主からの引き合い	
設計条件	DW，Vs，d
基本計画	L，B，D，Cb設定
	主機馬力
	軽荷重量
	満載排水量
	馬力計算
	船速の確認
	貨物倉容積推定
	乾舷計算
船型	主要目の決定
	概略一般配置図
	概略Lines
	Hydrostatic計算
	プロペラ計算
	容積図
	トリム計算
構造	縦曲げモーメント
	スタビリティ計算
	浸水計算
	中央横断面図
	構造部材検討
最終決定	主要目
	一般配置図
	Lines

3.3 一般配置図と船体中央横断面図

大きく複雑で建造期間が長いため，ごく概略なものから詳細に至るまで各段階でいくつもの一般配置図が作られ，設計が進められていく．「QM2」のような客船では一般配置図の作成は通常商船と比較できぬほど重要であることはいうまでもない．

バルクキャリアー

　穀物などバラ船倉に入れて運ぶ船がバルクキャリアー（Bulk carrier）で近年多数のバルクキャリアーが作られている．図3-23にバルクキャリアーの概略一般配置図の例を示す．この船は平甲板型の船尾船橋／機関室型で船首船倉・隔壁（Forepeak Bulkhead），機関室（Engine room），船尾船倉・隔壁（Aftpeak Bulkhead）を除いた部分が貨物用船倉となっていてこの船は隔壁により7つの区画に分けられている．区画は4，5，6，7と種々採用されるが，積荷が少ないときには1区画おきに満載して安定よく積めるので奇数の区画数がよく採用される．船体横断面形状は図3-23の上部に示すように，矩形の四隅が切り落とされtop side tankとhopper部で構成され，バラ積み荷物積み込み時に上部に隙間が残らぬように，また搬出時では四隅に溜まらぬような形状になっている．なお，この図はごく概略の一般配置図であり実際の図面はスケール1/200の図面に各甲板の平面図，側面図，正面断面が描かれ，航海甲板，会議室，居室と家具の配置，通路，階段，機関室などのすべてが正確に書き込まれている．一例として，図3-24にバルクキャリアーの船尾楼甲板（Poop Deck）上の居住区の一部を示す．船の真ん中に吹き抜けとなった機関室区画がある．その周りには正面に船員の部屋，左右舷にレクリエーション室や船員食堂，厨房などが配置されている．居住区は上甲板，船尾楼甲板，船橋甲板，航海甲板の4階建てとなっており，操舵室は航海甲板に装備されている．この図面には何がどのように配置されているかだけでなく居住スペースや配置物の間隙の合理性，移動のための通路や階段の機能性などが考慮され，また検討できるようになっている．

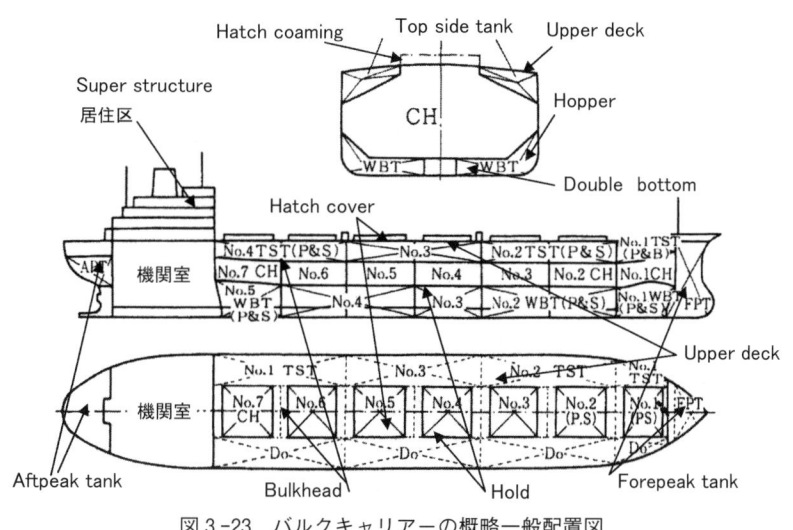

図3-23　バルクキャリアーの概略一般配置図
（造船テキスト研究会『商船設計の基礎』より）

第3章 船の分類としくみ

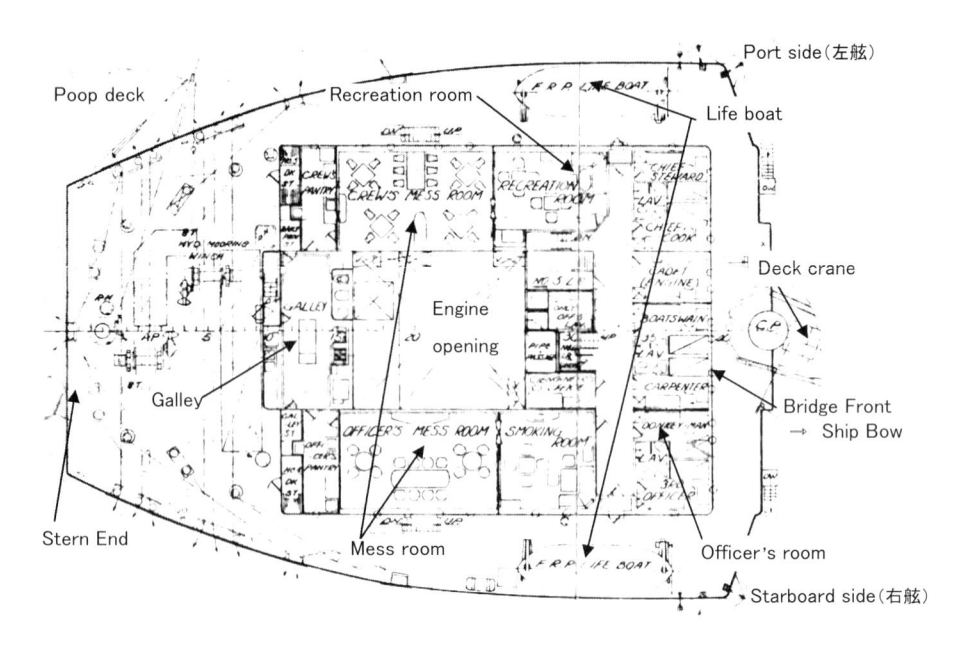

図3-24 船尾楼甲板（Poop Deck）上の居住区の一例（バルクキャリアーの例）

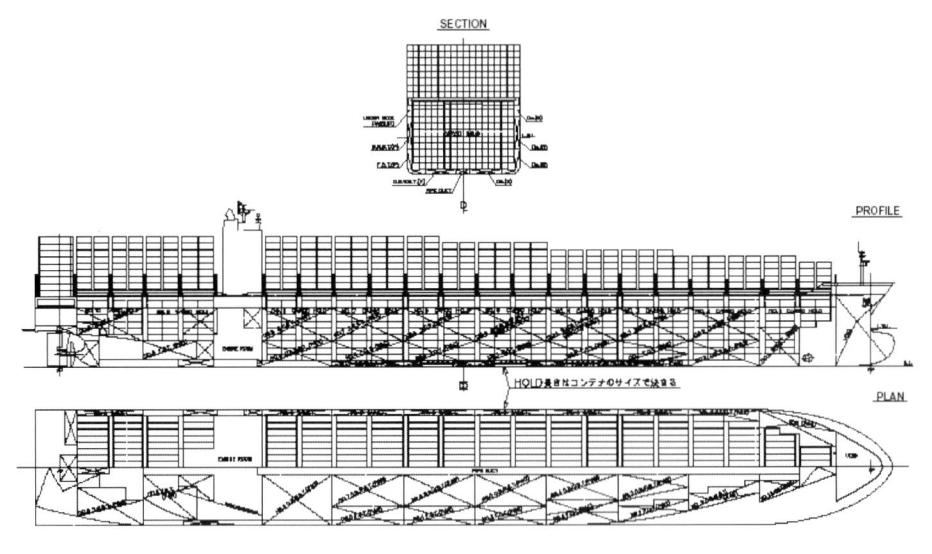

図3-25 コンテナ船の概略一般配置図の一例

コンテナ船

図3-25にコンテナ船（Container ship）の概略一般配置図の例を示す．

20feetや40feet長さの規格化されたコンテナを8000個以上も運ぶ大型コンテナ船が増えてきた．通常の乾荷物用のコンテナだけでなく冷凍コンテナの発達により，世界中の生鮮水産物や野菜がコンテナ船で運ばれるようになった．

3.3.2 各部名称

図3-26に，カーフェリー（Car Ferry）の各部名称を示す．図3-27にカーフェリーの前部の光景を示す．

- 船体外側では，船首部から，①球状船首，②喫水標，③アンカー，④フェアリーダ，⑤バウスラスター，⑥ビルジキール，⑦フィンスタビライザー，⑧シャフトブラケットとボス，⑨船外軸受，⑩可変ピッチプロペラ，⑪舵，⑫船側はしご，⑬舷側と船尾端には車の昇降用ランプウェイ，⑭ランプウェイ・ハンドリング・ポスト，⑮国旗竿，⑯水泳プール，⑰救命筏，⑱ドーム，⑲煙突，⑳救命艇
- 船首甲板上には，A）船首旗竿，B）通風筒，C）ボラード，D）揚錨機，E）係船ウインチ，F）操船船橋，G）レーダーマストとスキャナー
- 船の中には，運行用設備として，船員用居室，機関，発電機，各種配管，燃料・清水タンクな

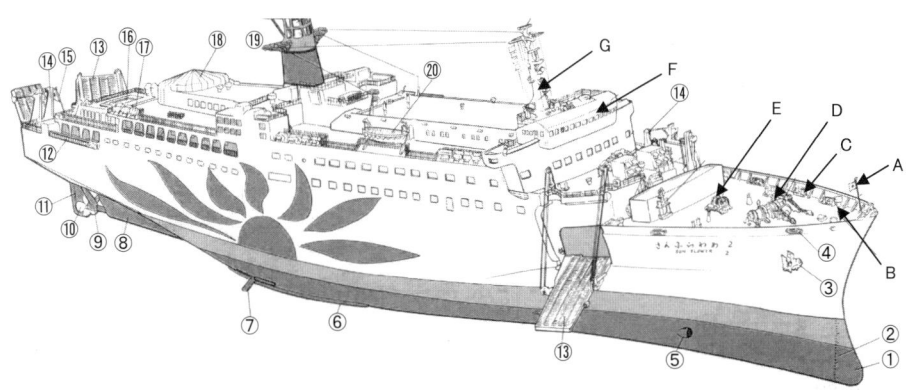

図3-26 カーフェリー「さんふらわー」の各部名称鳥瞰図
（池田勝『改訂 船体各部名称図』より転載加筆）

図3-27 着岸中のカーフェリーとランプウェイから降りる車
（長田州平氏撮影）

ど，客用施設として居室，レストラン，売店，各種娯楽施設，自動車用スペースなどがある．

船の種類が異なっても，特殊なものを除き，大部分は同様な艤装品が装備されている．

港内に入ると船長は2軸可変ピッチプロペラと舵，バウスラスター（Bow thruster）を巧みに使って船を前後進，横移動，回転させて瞬く間に岸壁に横付け（着桟）にする．船客は甲板上からその巧みさに感心しながら船の動きを見守る．やがて船が止まり，舫い綱で係留されると，船客は船側はしご（舷梯，タラップ）や港のタラップを使って下船する．図3-27に示されるように，車は船首と船尾の2箇所のランプウェイを使って，スムーズに乗船下船できるようになっている．

3.3.3 船体中央横断面図

1）船体構造設計の目的と船体中央断面図

船体構造設計は船の安全性，つまり船体破損のみならず乗客・乗員の人命に関わる最も重要な事柄であるため，満たすべき構造方法や部材寸法は船級協会の規則により定められ，設計図面の承認が行われる．近海以上の海域を航行する商船は必ずいずれかの船級協会の資格を得ている．

船体構造に関する船級協会規則は最近では理論的に定められた部分も増えてきてはいるが，船は建築物と異なり，動くことを前提にしていること，実海域での船体に作用する荷重は自然現象に従いその極値は統計的にしか把握できないこともあり，構造方法，強度検討法，許容応力，安全率の取り方等には過去の経験（実績）が非常に重要になる．船体構造設計法は実績と理論に基づき定められているといえる．

船殻構造とは船体の骨格，船体構成強度部材を指す．構造設計の目的は次のようである．
①所期の推進性能，安定性能および排水量を実現する為に外板，肋骨等により船体を形成すること．
②計画載貨重量を運び得るように二重底，甲板等の構造強度を保つこと．
③座礁，衝突等によって船体内に浸水しても沈没が防止できる壁を設ける．
④運行に必要な機関，艤装品を設置できる十分な強度の構造を提供すること．
⑤乗組員の居室として安全な構造区画を提供できること．

主な構造部材は甲板構造，船側構造，船底構造，隔壁構造である．設計した船体構造の妥当性は強度計算を行って安全性を確認する．強度計算の種類には，縦強度，横強度，局部強度がある．

2）オイル・タンカーとバルクキャリアーの船体中央部構造の特徴

タンカー

図3-28にオイル・タンカー（Oil tanker）の船体中央部横断面（Ship Midship Section）構造の概略図を示す．

従来のタンカーは船体外板が単層の一重殻構造（Single hull construction）であったが，1989

3.3 一般配置図と船体中央横断面図

年3月「Exxon Valdez号」のアラスカPrince William水道での座礁による船底破損が起こした原油流出（36,000 t）による大規模環境汚染をきっかけとして，現在はタンカーの油流出事故による海洋汚染防止条約規則により，二重殻構造（Double hull construction）が義務付けられている．

主な構成部材は，トランス，縦通肋骨，外板，隔壁である．

①トランス（transverses or transverse web）

トランスは船長方向約3.5mないし5.0mごとに設けられたリング状の大骨で，タンカーの中央切断図には必ず記載される．これらは5つの部材，すなわち，船底トランス（bottom transverses），船側トランス（side transverses），縦通隔壁付縦桁（vertical girder on longitudinal bulkhead），クロスタイ（cross tie or strut），上甲板トランス（deck transverses）から構成される．トランスはウエブ（web）と面材（face plate）からなり，ウエブを貫通するロンジを支えている．

②縦通肋骨（longitudinal frames or longitudinals）

ロンジという名称で呼ばれる．貨物船は通常，横式肋骨（transverse frame）であるが，タンカーではこのロンジ方式が用いられる．船底ロンジ，船側ロンジ（bottom, side longitudinals），縦通隔壁防撓材（stiffeners on longitudinal bulkhead）および甲板ロンジ（deck longitudinals）に分けられる．ロンジは一定の間隔で外板または縦通隔壁に直角に固着され，トランスのスロット間を貫通する．

③外板（shell plate）

キール，船底外板，船側外板，舷側厚板，甲板，縦通隔壁が一体となってタンクの囲壁を構成する．

④隔壁構造（bulkhead）

通常，左右一対の縦隔壁（longitudinal bulkhead）を船幅の35～40％程度の位置に配置し，センタータンクとウィングタンクを構成して荷液の自由表面を小さくすると同時に船側外板と共にトランスを支持する．横隔壁（transverse bulkhead）とともに，格子構造を形成する．

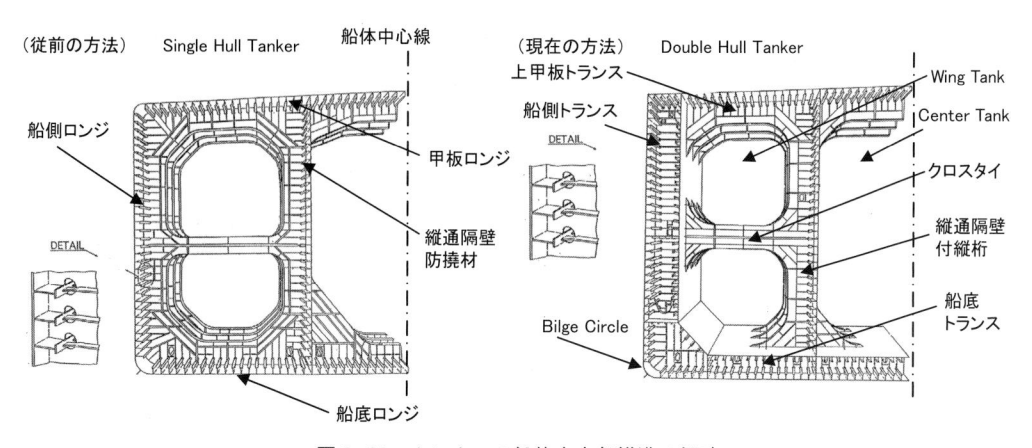

図3-28 タンカーの船体中央部構造の概略

第3章 船の分類としくみ

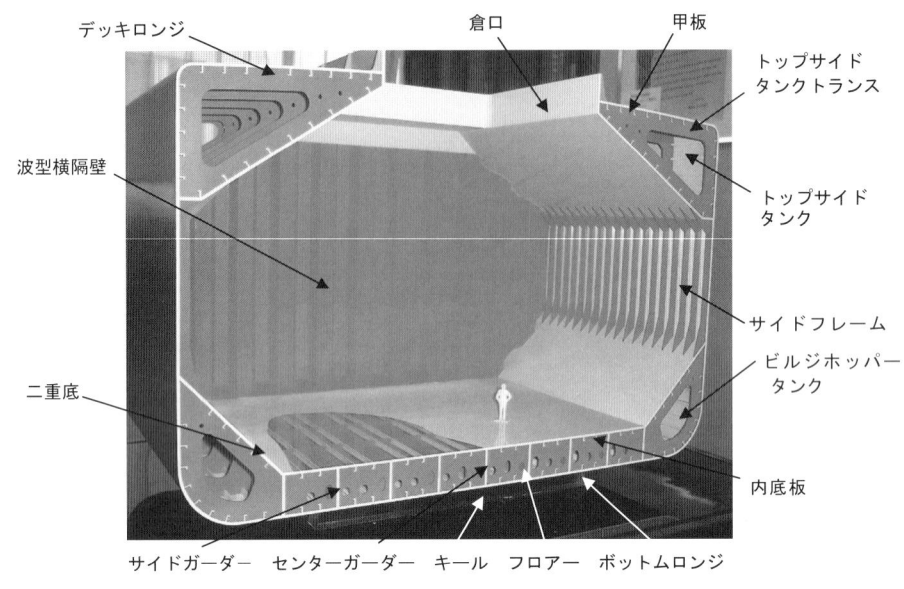

図3-29 バルクキャリアーの船体中央部構造の概略図
(大阪大学船舶海洋工学部門船舶設計製図教材)

バルクキャリアー

図3-29にバルクキャリアーの船体中央部構造の概略図を示す.
①バルクキャリアーは穀類等をバラ積みする船であるため,スタビリティー向上(荷貨の荷崩れ防止)と搬出の容易さの観点から下記のようなトップサイドタンクとビルジホッパータンクをもち,船倉(hold)の4隅が削られた形状となっている
ⅰ)トップサイドタンク(top side tank:傾斜角約30°):積荷の安息角を考慮して傾斜させたタンクでバラストタンク,燃料タンク,カーゴスペースに使用する.縦肋骨方式で inner bottom longitudinals は底板の下側に取り付けられる.
ⅱ)ビルジ・ホッパー・タンク(bilge hopper tank:45〜60°):積荷を揚げやすくするためにビルジ部内側の内底板の隅を傾斜させたタンク.これから船体中心部にかけて二重船殻構造(船底外板と内底板)になっており,桁(girder)と肋板(floor)が格子状に組まれる.
②横隔壁と船倉数

船倉は横隔壁(transverse bulkhead)により仕切られている.船倉数には奇数と偶数の場合がある.貨物により積み方を変える場合がある.
ⅰ)homogeneous loading(全船倉に均等に積む):比重が約0.8 t/m^3の軽い小麦等の場合,
ⅱ)alternate loading(1つおきに積む):比重が約2.2 t/m^3の重い鉄鉱石の場合.

波状隔壁(corrugated bulkhead)が用いられ,上部と下部にスツール(stool)を付け隔壁の上下方向のスパンの増大を防いでいる.

3) 船体に作用する縦曲げモーメント

①縦曲げモーメント

図3-30に示すように静水中に浮いている船を考える．船はアルキメデスの原理により船の重量W（weight）と浮力B（buoyancy）が釣り合って浮いている．しかし，船が一体で作られているために船全体（積分値）として釣り合い，(a)のように船底と甲板が水平になった状態で浮いているだけである．もし船体が長さ方向に分割されて作られているとすればどうなるであろうか．通常の船ではx点の単位長さの重量$w(x)$と浮力$b(x)$が異なっている，つまり，長さ方向の分布が異

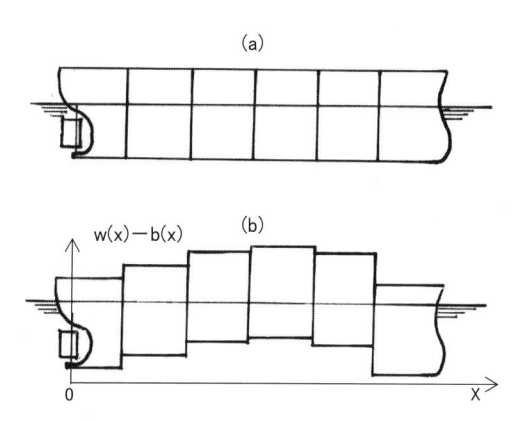

図3-30 船の各断面の浮力と重量のつりあい
(a) 一体船体，(b) 分割船体

なっているので，(b)に示すように船首，船尾では喫水が大きくなり，中央付近では喫水が浅くなって同じ喫水で浮かぶことはない．つまり，船体の各断面は$w(x)-b(x)$の符号と大きさに依存して上方あるいは下方に押されていることになる．これにより船体構造部材には剪断力（shearing force）および縦曲げモーメント（longitudinal bending moment）が働いて応力$\sigma(x)$が生じていることになる．

波浪中になると図3-31(a)のようになり，波高の分布が与えられるとそれによる船体の浮力が加算されて静水中よりも剪断力および縦曲げモーメントのピークは大きくなる．船体は長大であるため縦曲げモーメントによる縦強度（londitudinal strength）が重要になる所以である．船体の縦強度設計においては，船体形状，重量分布，設計波（波高と波長）を与えて発生最大応力が設計応力値以下になるように船体の構造を決定する．実際の設計ではコンピュータを使った詳細な計算が行われるが，ここでは簡単にするために，船体を水面に浮いている一本の梁と考えて船体縦強度設計の原理を理解する．

船体に作用する剪断力$F(x)$，縦曲げモーメント$M(x)$の計算式

基本設計段階で船体線図が決まると静水面に浮いている船の排水量分布が計算できるので浮力分布$b(x)$が決まる．また船体軽荷重量分布と載貨積付計算から重量分布$w(x)$が計算される．これらから，船体に作用する剪断力$F(x)$，縦曲げモーメント$M(x)$は，下式により求められる．

$$F(x) = \int_0^x w(x)dx - \int_0^x b(x)dx \tag{3.20}$$

$$M(x) = \int_0^x \int_0^x w(x)dxdx - \int_0^x \int_0^x b(x)dxdx \tag{3.21}$$

ここで，積分範囲は（0〜x）で，APを$x=0$，FPを$x=L$とする．

波の中を船が進む場合には波と船体の動的な相互作用を考慮する複雑な計算も可能であるが，

第3章　船の分類としくみ

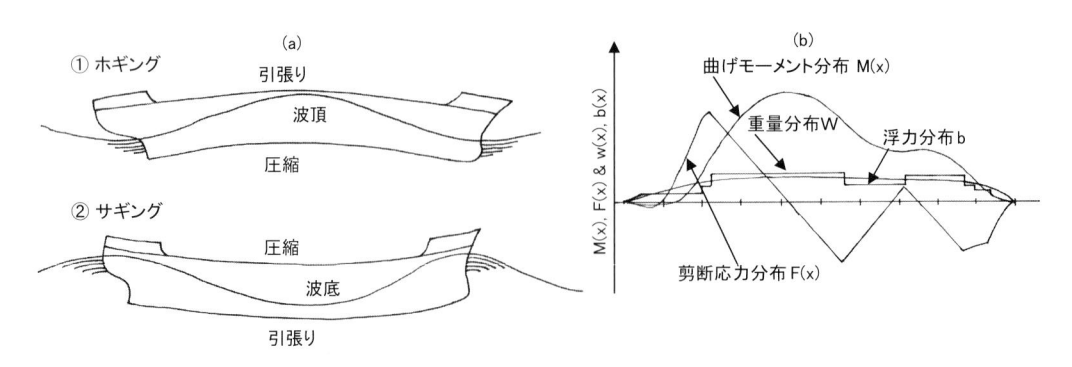

図3-31　船のホギング，サギングと縦強度（曲げモーメントとせん断力）
　　　　（a）縦強度計算用波状態と波高
　　　　（b）剪断力分布と曲げモーメント分布

簡便法としては静力学的仮定のもとに与えられた形状の波の上に船体が浮いていると近似すれば浮力分布$b(x)$が計算でき，$F(x)$，$M(x)$が計算できる．
②波浪中縦曲げモーメント

　大洋の波は波高，波長，波向きが変化する不規則波である．不規則中で航行する船の曲げモーメント$M(x)$は船体運動理論（Strip法など）あるいは実験により推定できるが，航行期間が長くなればなるほど大きな不規則波に遭遇し大きな$M(x)$を生ずる確率が大となる．長期予測として船の一生涯（20年といわれる）で一度発生する$M(x)$を推定し非常に大きな値をそのまま設計に使用するのは合理的ではない．なぜならば，荒れた海域に遭遇すると船長は避航操船を行い船体運動が過大にならない海域に進路を変えるからそれほど大きな$M(x)$に遭遇しない．どのような仮定で$M(x)$を推定し設計に使用するか種々研究されている．

　一方，実用的設計法として次のような方法が使われている．仮定した設計波高Hwと船の全長Lに等しい波長をもつトロコイド波（trochoid wave：流体力学的にモデル化された海洋規則波）あるいは正弦波を仮定して前項で述べた方法で$M(x)$を計算し，実用的経験係数を考慮した設計応力を満たすように部材の厚さ決める方法である．

　船の全長Lを波長λとし適当な波高，例えば，Murrayによると

$$H_w = 0.6\sqrt{L} \tag{3.22}$$

のトロコイド波を与え，その波に船が乗った極端な場合の船体縦曲げ計算を行って求める．図3-31（a）のように極端な2ケースが考えられる．

　　ⅰ）ホギング：Hogging，波の谷に船首尾（波の頂に中央部）が位置した時
　　ⅱ）サギング：Sagging，波の頂に船首尾（波の谷に中央部）が位置した時

上記の仮定により，重量分布$w(x)$と浮力分布$b(x)$が計算され，$F(x)$，$M(x)$が計算できる．ⅰ），ⅱ）のように波の中では浮力分布$b(x)$が船長方向に大きく変化するので水平時に比べて大きな力が働く．

③中央部船体横断面係数と部材の板厚

上記の縦曲げで船体横断面内の最大応力となる位置は甲板と船底である．縦曲げモーメント M_{MAX} が計算されると，材料力学の公式により曲げ応力 σ は縦曲げモーメント M と断面係数 Z (section modulus： $Z = I/\eta$：船体部材の位置と厚さの分布から求められる値で横断面形状の中性軸周りの慣性二次モーメント I を中性軸から計算したい場所までの距離 η で除した値) から，下式で計算される．

$$\sigma = M/Z \tag{3.23}$$

船がこの波の中でも安全であるには許容応力 $\sigma = \sigma_{allowable}$ （各船級協会の推奨値がある．約15〜16kg/mm²) を満たさなければならない．よって，必要な断面係数 Z は（3.24）式から求められる．

$$Z = M/\sigma_{allowable} \tag{3.24}$$

必要な断面係数 Z が決まるとこれを満たす船体中央横断面の構造方法や鋼材の厚さ t が決まる．

造船所では種々の建造船の航海データから海象，発生応力，損傷箇所のデータなどの情報収集に努め，実績データを基にした強度設計データを作成している．上記で与えた許容応力の妥当性や実際に必要な断面係数 Z が把握され更新されるのでこれを用いて結果を修正すればより安全な推定が出来る．

造船所で設計された船体中央横断面図や各種の強度計算書は船級協会規則に記載された計算法で計算され船級協会に送られ承認を受けることになっている．

4) 横強度の考え方

横強度（transverse strength）の計算では，横方向部材（肋板，肋骨，トランス，横隔壁等）の強度計算が行われる．入力される外力としては，水圧，波浪による変動水圧であり，簡易計算やFEM計算（Finite Element Method：有限要素法）により実施される．必要に応じて①縦強度計算，②船体局部計算を通した全体計算が行われる．

5) 船体振動・騒音

船体の安全性や居住性の観点から船体振動（hull vibration）を軽減する設計が重要である．大きな船体振動は一度発生すると修復が難しく対策に費用がかかるので基本設計段階で十分な検討が行われる．船体振動の問題は①船体起振力の大きさと②構造様式による振動応答の2つに分けて考えられる．

①船体起振力

船体を振動させる周期的外力を船体起振力（hull exciting force）という．これにはプロペラ誘起起振力（propeller induced exciting force）と機関誘起起振力（machine induced exciting force）がある．

- プロペラ誘起起振力にはサーフェスフォース（surface force：翼厚とキャビテーション発生による）とベアリングフォース・モーメント（bearing force and moment：船尾伴流の不均一性に

よる)の2種類がある.

　サーフェスフォースは有限翼であるプロペラが船尾船体近傍で回転することにより船体表面に誘起する圧力変動から生じる.プロペラ翼面キャビテーション(propeller blade cavitation)の発生がこれを著しく助長する.翼面キャビテーションの減少,プロペラと船体・舵との間隙(clearance)を増加させることによりこれを減少させる.ベアリングフォース・モーメントは船尾不均一伴流中をプロペラが作動するときに発生するスラスト・トルク等流体力の変動に基づく起振力でプロペラの軸受(ベアリング)を経て船体に伝搬する.プロペラ翼数に強く依存する起振力である.伴流をできるだけ均一化する船尾設計を行うこと,プロペラ翼数を合理的に選択することにより減少させることができる.プロペラ起振力の周波数はBlade Frequency(翼周波数,ZN×K:翼数×プロペラ回転数の整数倍)となるのでプロペラ翼数をうまく選ぶことにより起振周波数を大幅に変化させることができる.翼周波数と船体固有周波数とを可能な限り離すように設計することが重要である.

・機関誘起起振力はディーゼルエンジンの場合,爆圧とピストンの運動による不平衡力により発生する.起振周波数はエンジン気筒数とエンジン回転数に基づく.

②船体振動応答

　船体振動の大きさは,船体起振周波数,即ち,Blade Frequencyと船体振動応答(hull vibration response)の共振周波数(resonance frequency)が一致したときに著しく大きくなる.したがって,船体振動を減少させるためには①船体固有周波数を翼周波数からずらす,②船体起振力の振幅を減少させることの2つが重要である.①のためには設計船の船体固有周波数を推定しなければならない.造船所では,次々に造られる実船において起振機実験(起振機を船体上に設置して周波数を変えて船を加振し船体各部の振動応答を計測する実験)を行ってデータを蓄積している.異なる構造や甲板数をもつ実船の計測データ,理論計算による推定計算による補強を行って推定用設計資料をつくり,設計船の共振周波数(resonance frequency)を推定する.プロペラの翼周波数が共振周波数から離れるようにプロペラ翼数,回転数や機関気筒数が選定できれば過度の船体振動や騒音を避けることができる.②の船体起振力の振幅,特にプロペラ起振力の振幅減少についてはプロペラ要目の合理的設定,不均一伴流の均一化,キャビテーション発生を減少させるプロペラ設計が重要であるが,最近発展しているCFD(Computer Fluid Dynamics:数値流体力学)によるシミュレーションによりこれらがかなり改善されるようになった.

3.4 舶用機械

一般商船に使用されている主機には，ディーゼル機関，蒸気タービン，ガスタービン，原子力機関がある．直接動力を出す主機（Main engine）とそれを助ける補機（Auxiliary engine）からなる．

3.4.1 主機の種類

1) ディーゼル機関

ディーゼル機関（diesel engine）は現在最も多く使用されている主機である．ディーゼル機関搭載の船は船名の前にM.S.（motor shipの意）をつけてM.S.○○○と呼ばれることもある．一般商船用の主機は低速ディーゼル（回転数が約250～300rpm以下），中速ディーゼル（回転数が約300～900rpm），高速ディーゼル（回転数が1000rpm以上）がある．低速ディーゼルは一般商船用の1軸直結の機関として最も広く使用されており，最近では最高出力が一基で100,000PSを超えるものまで製造されている．一方，中速ディーゼルは1台あたりの馬力は高くなく回転数が高いこともあり2～4基の主機を組み合わせて駆動し，減速歯車を介して1軸プロペラを稼動させるが，低速ディーゼル機関に比べて容積が少なくなるのでカーフェリー，客船，ロールオン／オフ型貨物船など高速大馬力で容積が重要な船や機関室高さに制限のある船に採用される傾向がある．ディーゼル機関には2サイクル機関（2 cycle engine）と4サイクル機関（4 cycle engine）がある．2サイクル機関は，排気・吸気（掃気）→圧縮→燃焼→排気・吸気の行程をクランク軸が1回転する間に行う．概して大型低速ディーゼル機関はこの形式である．4サイクル機関は，吸入→圧縮→燃焼→排気の行程をクランク軸が2回転する間に行う．概して中速ディーゼル機関に採用されている．

2) 蒸気タービン

蒸気タービン（steam turbine）は大型タンカー，高速コンテナ船，大型客船等の主機として使用されてきた．蒸気タービン搭載の船は船名の前にS.S.（steam shipの意）をつけ，S.S.○○○と呼称されることもある．一般商船用としての出力は1軸で50,000～70,000PS程度である．蒸気タービンの燃費（燃料重油の消費量）はディーゼル機関に比べて同一馬力で50％程度高い欠点がある．保守点検がディーゼル機関に比して比較的簡単な利点があり，また減速歯車を介してプロペラを回すので大型タンカーのように喫水が十分にとれる船ではプロペラの効率を高めるために回転数を70rpm程度まで下げプロペラの直径を大きくした「低回転大直径プロペラ」の採用が可能となること，また，ディーゼル機関に比べて，起振力の原因となる不平衡力の原因がないた

め，船体に誘起する振動・騒音レベルが低く，居住性に優れる機関であるとして以前は大型タンカー等によく使用された．しかし近年，低速ディーゼル機関の発展により，最適なプロペラが設計できる大馬力低回転ディーゼルも提供されており，採用の利点は少なくなった．

3) ガスタービン

ガスタービン（gas turbine）には航空機用のジェットエンジンを舶用に転用した航空転用製と陸上の産業用ガスタービンを舶用に転用した重構造型とがある．ガスタービンは小型軽量なので機関室の艤装が簡単で容積が少なくなる利点があるが，高価な燃料である軽油を使用するガスタービンは一般商船には不向きである．特殊船舶である艦船，高速船，客船にはガスタービンのメリットが生かせる条件があるので今後も使用されるであろう．また近年，大型大出力のLNG船ではボイルオブガス（boil of gas）を燃料としてガスタービン電気推進の採用が研究されている．

4) 原子力機関

原子力機関（nuclear propulsion plant）はボイラに相当する原子炉で一次蒸気を発生させ，さらに熱交換器によって安全な二次蒸気を得て蒸気タービンを駆動する機関である．商船ではまだ実験船しか建造されていない．以前は10万馬力以上の高馬力では原子力船の方が経済的に有利であるといわれ大馬力大型コンテナ船等への採用が考えられたが，現在では10万PS以上の大馬力低速ディーゼルが出現したこともあり国民の強い拒否反応がある原子力の商船への応用は現時点では考えられない．

5) 電気推進

ディーゼル機関，蒸気タービン，ガスタービン等で発電機を回して推進用電動機を駆動する方式の船である．電動機は回転数の制御が容易で低回転域でのトルクが大きいという機関特性があるためプロペラ回転数を頻繁に制御する必要のある砕氷船やフェリー，海底電線敷設船等の低速高馬力を必要とする船に使用されるが，高価であるのが欠点である．ガスタービンと電動機を組み合せた推進プラントは機関室の容積を大幅に減らすことができる．最近では電気推進機関とポッド型およびアジポッド型推進器（168頁参照）を組み合わせて装備した大型クルーズ客船が多く建造されている．船内のディーゼル，ガスタービンあるいはその組み合わせで発電機を回し，その電力をプロペラポッド内の電動モーターに導いて駆動する形式の電気推進船である．プロペラと船内機関が切り離され電線で結ばれるため船尾設計の画期的改善が期待される．

6) そ の 他

以前は蒸気往復動機関（steam reciprocating engine）が主機として広く採用されていたが現在では全く使用されていない．また小型漁船等には焼玉機関（semi-diesel engine）が用いられたが，最近はディーゼル機関が使用されている．

3.4.2 ディーゼル機関の構造と性能

1)高馬力ディーゼル機関の例と馬力

　図3-32に10シリンダーのディーゼル機関の外形を示す．カタログからこのエンジン型式k108ME-Cの主要寸法は，長さ×幅×高さ＝23.4×4.64×13.8m，重さ2,422t，馬力は最高69,500kW（94,500PS）である．ディーゼル機関の構造を図3-33に示す．シリンダー内の燃焼爆発圧力Pによりピストンヘッドが押し下げられその力がピストン棒，連結棒，クランクを介してクランク軸の回転力となり，そのトルクQが直結あるいは減速歯車を介してプロペラ軸を回す．トルクQから機関の伝達動力$P_D = 2\pi nQ$が得られる．

図3-32　ディーゼル機関の外形
（川崎重工業㈱Kawasaki MAN B&W 2-Stroke Diesel Engine カタログより）

　機関動力P_Dと機関要目との関連を見てみる．P_Dは（3.25）式で計算される．

$$P_D = 1000 \times P_{me} \times A \times L \times N \times Z/60 \qquad (3.25)$$

ここで，

P_{me}：機関シリンダーの正味平均有効圧力（Break mean effective pressure）

$\qquad\qquad\qquad\qquad\qquad\qquad (P_{me} = 1.82MPa,\ MPa = 1000kN/㎡)$

A　：ピストンの面積：$\pi B^2/4$，ここで，B：シリンダー直径(m)

$\qquad\qquad\qquad\qquad\qquad\qquad (B = 1.080m \rightarrow A = 0.916㎡)$

L　：ピストンストローク（m）　　　　　$(L = 2.660m)$

N　：エンジンの毎分回転数　　　　　　$(N = 94rpm)$

Z　：シリンダー数　　　　　　　　　　$(Z = 10)$

なお，右の（　）の数値はエンジン型式k108ME-Cの主要目性能値である．

（3.25）式に代入すると

$$\begin{aligned}P_D &= 1000 \times P_{me} \times A \times L \times N \times Z/60 \\ &= 1000 \times 1.82 \times 0.916 \times 2.660 \times 94 \times 10/60 \\ &= 69{,}500kW\ (94{,}500PS)\end{aligned}$$

となり，上述のカタログの動力値が得られる．

第3章 船の分類としくみ

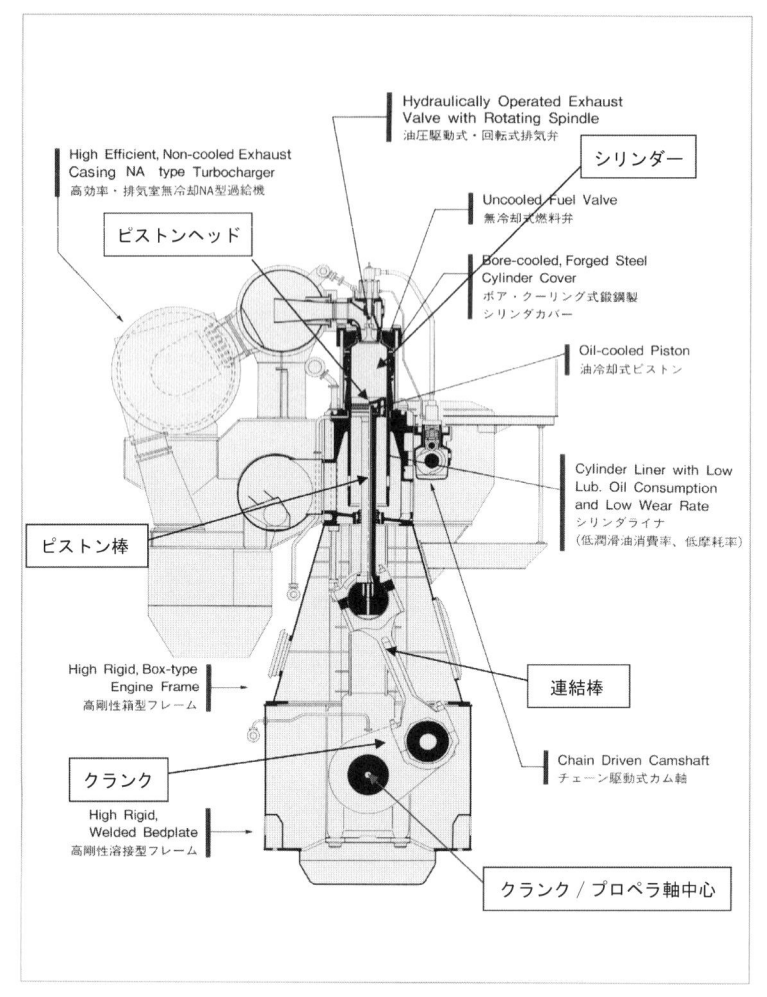

図3-33 ディーゼル機関の構造図
(川崎重工業㈱Kawasaki MAN B&W 2-Stroke Diesel Engineカタログより転載加筆)

2) ディーゼル機関の運転領域とプロペラ設計

図3-34にディーゼル機関の運転領域を示す．縦軸に無次元機関馬力P_D/P_{DMCR}，横軸に無次元回転数N/N_{MCR}をとっている．これらは各々，機関最高出力時（MCR：maxium continuous rating）の動力P_{DMCR}とその回転数N_{MCR}で無次元化したものである．④-⑤-⑦-③は機関馬力の使用範囲でディーゼル機関のトルク特性と構造上の制限から決められた運転領域の限界線である．プロペラ設計に際してはその中のプロペラ運転領域①-⑦-③の中で設計しなければならない．①はMCR（馬力，回転数とも100％）を通るプロペラ稼動曲線，⑦は常用出力限度，③は許容最大回転数であり，特に，斜線領域⑥の中でプロペラが稼動するように設計することが推奨される．

①プロペラ設計条件の設定 $P_{DMCR} \times N_{MCR}$：基本設計段階では設計船の初期馬力曲線により設計船

速V_Sに必要な馬力（MCR）P_{MCR}が，また初期プロペラ計算から初期プロペラ直径と回転数が推定されている．これを参考として機関カタログから馬力P_{MCR}を満たす機種が選ばれ馬力×回転数（$P_{DMCR} \times N_{MCR}$）が決まる．

②プロペラの設計条件：設計条件（$P_{DMCR} \times N_{MCR}$）が決められたが回転数はN_{MCR}（100%定格回転数）をそのまま使うのではなく，回転数の上限を考慮し，103〜105%N_{MCR}と数%高い回転数で設定するのが定例である．長期間の就航による経年変化や海水汚損により船体抵抗やプロペラの抵抗が増加してトルクが増加する傾向になる．この状態で運航を続けるとプロペラ回転数が定格回転数よりも減少しトルクが増加するのでエンジンはトルクリッチ（回転数低下とトルク上昇によりエンジンに負担がかかる現象）になる．これを避けるために設計回転数を数パーセント上げて設計するのである．例えば，設計回転数を$N_{design} = 1.05 N_{MCR}$と設定してプロペラ設計に入る．チャート等を使って性能を満たすプロペラを設計すれば，長期にわたって斜線領域⑥のなかで稼動できるプロペラが得られる．プロペラ設計が終わると第4章199頁の方法で馬力計算が行われて本船の最終馬力曲線（図4-17, 200頁）が得られる（付録：演習参照）．

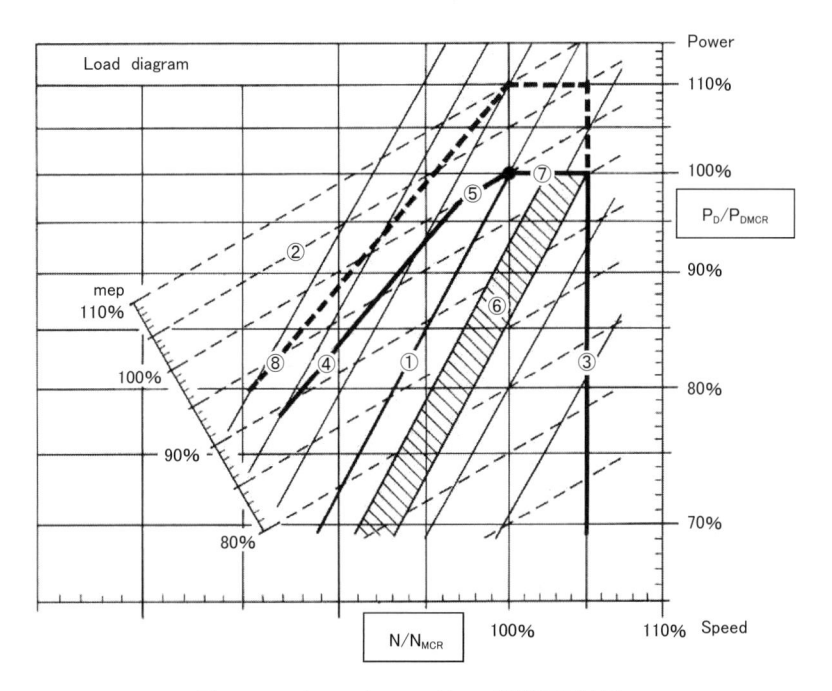

図3-34 ディーゼルエンジンの稼動限界範囲
①Propeller curve through the MCR point: プロペラ曲線，②Const. mean effective pressure lines: 正味平均有効圧力一定線，③Speed limit: 許容最大回転速度，④Torque/speed limit: 常用限度線，⑤100% mean effective pressure limit: 100%正味平均有効圧力線，⑥Designing point of propeller: プロペラ設計点，⑦Powre limit for continuous running: 常用出力限度，⑧Overload limit: 運転限度線

（川崎重工業㈱Kawasaki MAN B&W 2-Stroke Diesel Engineカタログより転載加筆）

第3章 船の分類としくみ

3.5 プロペラ

　船の推進方式の分類を表3-6に示す．古代に原始的な丸木舟と櫓が生まれてから長い年月をかけて，櫂から帆へ，そして18世紀には複数の帆（Sail）を配置した高度な大型帆船に発展した．産業革命で生まれた陸上用蒸気機関が船に応用されて外車を回し，帆と外車の併用した時代が続く．1800年頃スクリュープロペラ（screw propeller）が発明され，その後大西洋横断高速定期船に使用された．高馬力機関の開発により船体の大型化，高速化とともに2軸，3軸，4軸とスクリュープロペラの多軸化が進み1900年代初頭にはマンモス客船建造の時代に入った．第4章に示すがスクリュープロペラは原理的にきわめて優れた効率をもつ推進装置であり発明後約200年を経た今日もこれに代わる高効率の推進装置は出現していない．大型主機の発展と相まって，スクリュープロペラの設計法，材質・製造法が発展し，現在，直径10mを越える大直径プロペラも製造され使用されている．今日，実用化されている推進装置は大別して，次のとおりである．

①螺旋堆進器（Screw propeller）
②Water Jet Propulsion
③Voith-Schneider propeller
④ポッド型プロペラ（ポッデドプロペラ）

　表3-6に示すように多種多様の推進装置がある．流体力学的メカニズムからみると，程度の差はあれスクリュープロペラの原理に帰着できるものが多い．スクリュープロペラについてその種類を見ると，通常の固定ピッチプロペラや可変ピッチプロペラの他にTandem propeller（タンデムプロペラ），OLP（Overlapping propeller：オーバーラッピング・プロペラ），ILP（Intelocking propeller：インターロッキング・プロペラ），CRP（Contra rotating propeller：二重反転プロペラ），GVW Propeller（Grim Vane Wheel propeller：グリム・ヴェーン・ホイール付きプロペラ），DP

表3-6　推進装置の分類表

	種　　類	Pitch	Skew	Variation	shape	軸
1	螺旋推進器 Screw Propeller	固定ピッチFPP 可変ピッチCPP	Normal HSP	Tandem	くし型	1軸・多軸
				OLP	over lapping	2軸・偶数
2	water jet propulsion			ILP	inter locking	2軸・偶数
3	foith schneider propeller			CRP	contra rotating	1軸・多軸
4	air propeller			GVP	Grim vane wheel	1軸・多軸
5	magnet-hydrodynamic propulsion		for future	DP	ducted	1軸・多軸
6	rotating cylinder（Flettner ship）			Ring		1軸・多軸
7	paddle propeller			SCP	super cavitating	1軸・多軸
8	oar, paddle			SPP	surface piercing	2軸・偶数
9	sail			電気推進用		
				POD	fixed	1軸・多軸
				Azipod	Azimuth	1軸・多軸

3.5 プロペラ

(a)Tandem　　　　(b)Over lapping　　　(c)Inter locking

(c)Contra-rotating　　　　　　(d)Grim Vane Wheel

(e)Duct　　　　　　　　　　　(f)Ring

(g)Super cavitation　　　　　　(h)Surface piercing

super cavity

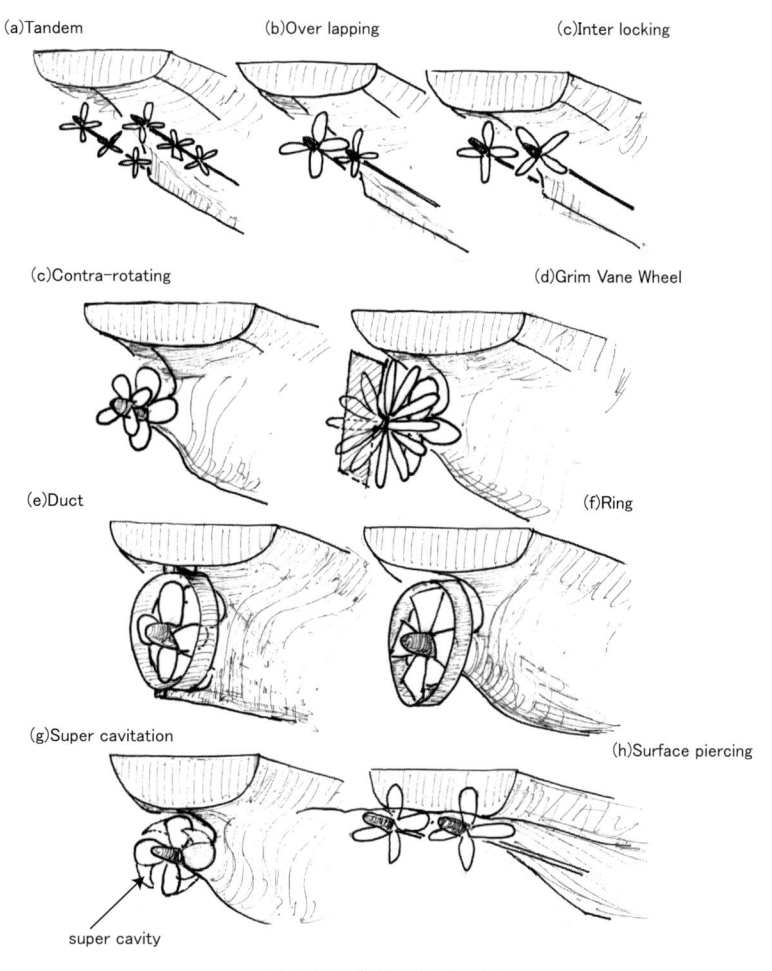

図3-35　各種の推進装置

（Ducted propeller：ダクトプロペラ），Ring propeller（リングプロペラ），SCP（Super caviting propeller：スーパー・キャビテーティング・プロペラ），SPP（Surface piercing propeller：サーフェス・ピアシング・プロペラ）等の特殊プロペラが使われるようになった．

図3-35に派生した各種の推進装置の形状を示す．

1) 螺旋推進器（screw propeller）

螺旋推進器には大別して，固定ピッチプロペラ（fixed pitch propelle：FPP）と可変ピッチプロペラ（controllable pitch propeller：CPP）の2種類がある．これらはスキューの大きさにより，通常型とmoderate skew propeller，highly skew propeller（ハイリースキュー：HSP）に分けられる．

固定ピッチプロペラは，プロペラ翼とボスが一体になったプロペラである．図3-36と図3-37に実船プロペラの形状とプロペラ図面の概要を示す．第2章プロペラの歴史に述べたように，1

第3章　船の分類としくみ

図3-36　実船に装備された6翼プロペラ
（住友重機械工業㈱提供）

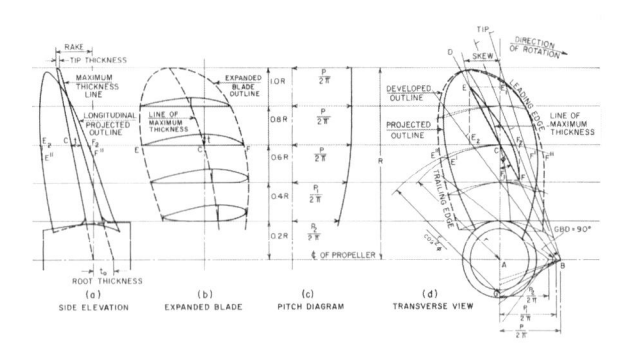

図3-37　プロペラ図面の例
（SNAME：Principales of Naval Architectureより）

条螺旋面あるいはN条螺旋面のアルキメデス型のプロペラに始まり，スクリューアパーチャーに収まるように，進行方向にある幅で切り落としたものに近い扇子型のプロペラ（図2-57参照）からさらに翼輪郭にスキュを加えて楕円状に滑らかに整形し流線型翼断面としたプロペラに発展し，理論的実験的研究を経て今日のプロペラに至る．

可変ピッチプロペラは全翼のピッチ角が可変なプロペラである．図3-38にメカニズムと形状を示す．操舵室にある翼角コントロールレバーで変節すると，中間軸，プロペラ軸の中に導かれた油圧等の作用によりプロペラが回転したままで全翼のピッチ角を同時に正から負まで変えることができる．前進している船を後進させるためには，固定ピッチプロペラの場合はプロペラの回転方向を変えなければならない．すなわち，プロペラ正転→停止→逆転の操作が必要であり，時間がかかる．一方，可変ピッチプロペラではプロペラの回転を正転にしたままで，ピッチを逆転させれば逆の推力が発生して後進状態になるので，瞬時に後進スラストを発生でき短時間で船を停止させることも後進状態にすることもできる．

図3-35に示したプロペラから実際に使用されている特殊プロペラとしてCRP，GVW，DP，を概説する．

CRP

2つの逆ピッチの固定ピッチプロペラを前後に配置し，お互いに反転・作動させて後流の回転エネルギー（4.4節本文および図4-21，図4-22参照）を回収し，効率を向上させるプロペラである．プロペラ回転数を適切に選ぶことができれば推進効率向上効果（馬力低減効果）は大略12%と大きい．日本では中型船に2隻，大型船に1隻装着された例がある．大型船の実績が少ないのはプロペラ軸を2重シャフト形式にするために工作と保守の見地からコスト高となることとCRPのメリットが出せる低速回転の大馬力機関がなかったためであるが，CRPに適合する低速回転のディーゼル機関の出現と軸回転方向の反転技術の向上により高効率のCRP装置が可能となった．

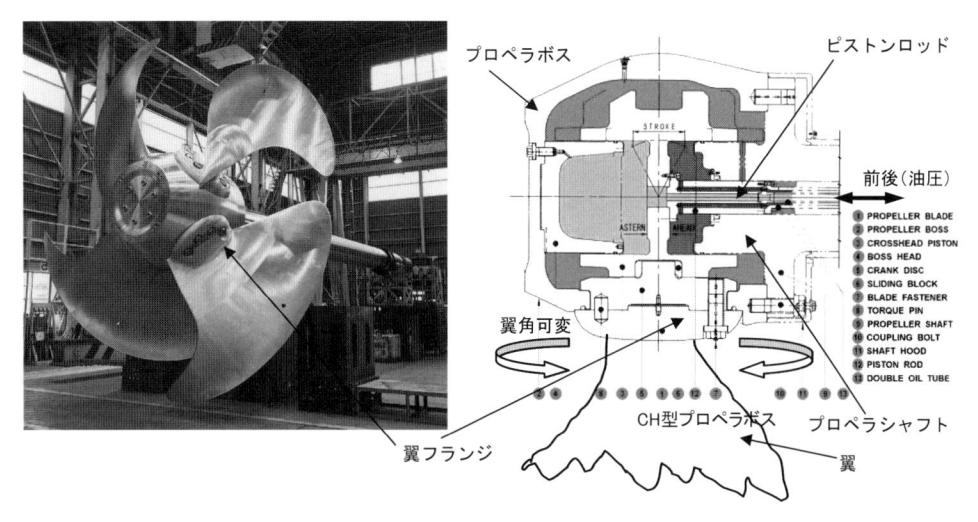

図3-38 可変ピッチプロペラの形状と構造
（川崎重工業㈱提供加筆）

GVW

プロペラの後方にそれより直径が20％程度大きい風車状のホィール（翼数は7〜9と多く細い）を置く．ホィール内側の部分（エンジンパートと呼ぶ）がプロペラ後流の回転エネルギーを捕捉して回転トルクを得るのでホィールが遊転する．ホィールが回転すると外側つまり，ホィール先端部分の翼（プロペラパート）が推力を発生する．「QE2」にはGVWが装着されていた．

DP（付録：補遺2参照）

プロペラの周りに断面が翼型をしたダクト（円環翼）を置くとプロペラが外側から吸引する流れの作用により，ダクトの円周に沿ってプロペラ中心前方に向いた揚力が生じ，分力として推力が増加する．タンカーのプロペラのように重荷重度プロペラ（重い船体を大きな馬力をかけて推進するプロペラの略称）の場合は水流の吸引作用が大きいのでダクトの推力が大きくなり，推進効率が向上する．初期のVLCCによく使われたが，現在はあまり使われていない．理由は，ダクト内面上部に達したプロペラのチィップ・ボルテックス・キャビテーションの崩壊によるエロージョンを生じ，ダクト内面の貫通破壊の被害が出たこと，ディーゼル機関の低速化により高効率の低回転大直径プロペラが出現しプロペラの水流吸引作用が弱くなってダクトの効果が減少したことによる．しかし，砕氷船ではDPが極めて有効で多く使用されている．この理由は，氷海航行時には砕氷抵抗が著しく大きくなるために大きな推力が必要となるがこの状態ではプロペラが極めて重荷重で作動するためダクト推力が増加し効果が大きいこと及び通常プロペラでは氷塊流入・衝撃によるプロペラ翼の折損が多発するがダクトをつけるとそれをガードするからである．

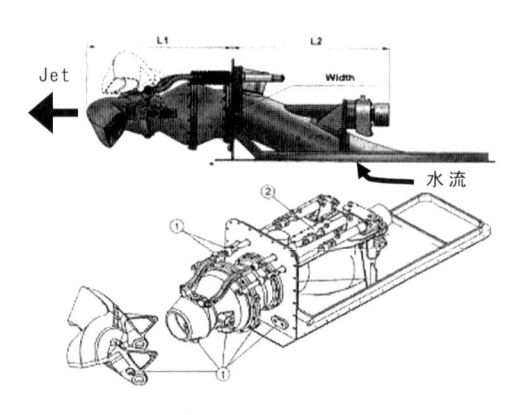

図3-39 Water Jet Propulsion
（松村竹実：ウォータージェット推進船の水槽試験 KANRIN 4, 2006より）

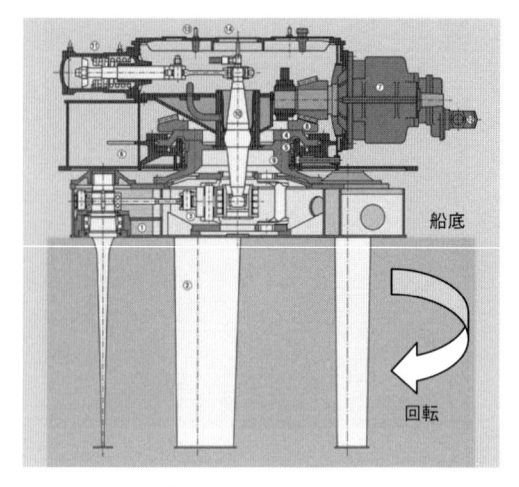

図3-40 翼車推進器（Voith Schneider Propeller）
http://www.voithturbo.de/vt_en_pua_marine_vepropeller/htm

2）Water Jet Propulsion

　船底部の取水口からポンプで水を吸引し，船体後部に導いて後方に向けて吐き出させ，その反力によって推力を得る方式である（図3-39）．スクリュープロペラに比べて効率が低く，価格も高いが，Water Jet Propulsion Systemとして一体化して売り出され高速船等に装備し易いこと，舵の装備が不要であることの理由から小型高速船によく使用されてきた．近年，高馬力のWater Jet Propulsionが製造され，100m級の高速カーフェリー（単胴船，カタマラン）に多軸装備で使用されている．

3）翼車推進器（Voith - Schneider propeller）

　図3-40に見るように，水平に置かれた円輪に数個の翼が垂直に装備された巧妙なメカニズムをもつ推進器である．円輪の回転とともに翼が回転するが，一回転中に各翼の迎角も変化させることができる機構になっており翼の推力の方向を任意に変えることができる（メカニズムは図2-52　ガロウェーの羽打翼外車と酷似する）．したがって操船性能に優れており曳船などにしばしば採用されている．しかし，通常のらせん推進器に比べて構造が複雑で高価であることと，1馬力当たりの推力が劣ること，水面下の露出が多いので曳船などではプロペラ翼がロープを引っ掛けて損傷をこうむり易いなどの欠点がある．最近では次項のAzipod（全方位の推力発生可能なプロペラ）が同様の効果をもつ推進装置として代用されつつある．

4）ポッド型プロペラ（ポッデドプロペラ）

　最近欧州で発明された電気推進による新しいシステムのプロペラであり，クルーズ客船「QM2」等大型船や砕氷船に活発に使用されるようになった．従来のプロペラはプロペラシャフトに装備され，船尾管軸受けと中間軸を介して船体内部の主機に直結，あるいは減速ギヤー等を経て接続

されていた．つまり，プロペラは船体に固定され機関と接続し一体で作動していた．推力は船長方向に限られるため操船時にはプロペラの背後に置かれた舵が必要であった．しかし，近年，図3-41～図3-44に示すようなポッド型プロペラが開発され，電気推進の砕氷船，砕氷商船，客船等に装備されるようになった．この推進器は船尾底から垂下した水密のラッパ状構造物と回転体型構造物（ポッド）およびプロペラで構成される．プロペラはポッドの中の電動モーターに直結され回転する．必要な電源は船内の発電機から鉛直軸上方のSlip Ring unitを通してモーターに供給される．

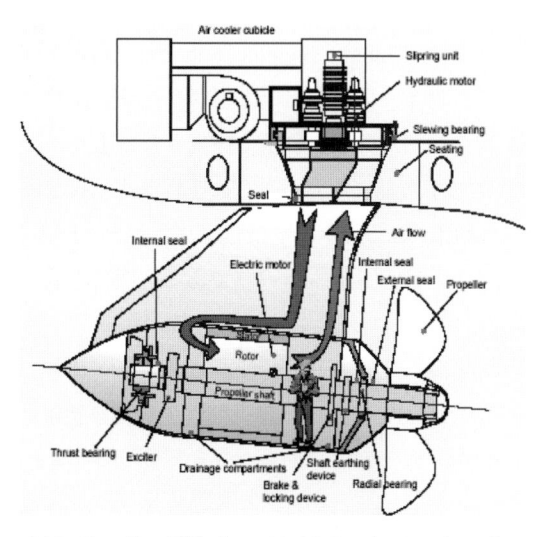

図3-41 ポッド型プロペラ（Azipod）のメカニズム

図3-42 ポッド型複合プロペラ
（2重反転プロペラ）
http://www.hightechfinland.com

図3-43 ポッド型プロペラ装備例（2軸）
http://www.ship-technology.com/projects/elation/elation7.html

図3-44 ポッド型複合プロペラ
（タンデムプロペラ）

第3章　船の分類としくみ

ポッド型プロペラは垂下鉛直軸のまわりに360°回転可能な回転型と固定型がある．回転型は全方位に推力が発生できるので「Azimuth thruster」と呼ばれる．通常のプロペラと区別する名称として"Azipod"と呼ばれることもある．航海時に鉛直軸の回転角を操作すれば推力方向が変化し横力（船体の横方向の力）を発生する．したがって船体を旋回させるモーメントが得られるので舵が不要となる．プロペラの向きが変えられるので通常のプロペラのようにポッドの後にプロペラを装備（プッシャー型：Pusher unit）することも，ポッドの前にプロペラを装備（トラクター型：Tractor unit）することもできる．通常はこの形式が使われる．

ポッド型プロペラは各製造メーカーによりAzipod system（ABB：Finland），Mermaid system（Kamewa：Finland），Dolphin podded propulsion（STN&Lips），Siemens-Schottel propulsor system等の商品名（メーカー名）で販売されている．近年，大馬力ポッド型プロペラの開発により，大型のクルーズ客船，LNG船等一般商船や砕氷商船，砕氷船に多く採用されるようになった．一基21.5MW（29,200ps）のような大きな馬力まで可能であり，さらに多軸形式で複数装備すれば極めて大きな馬力が発生できる．図3-42はCRPとしたポッド型複合プロペラ，図3-43は2軸Azipod，図3-44はタンデムプロペラとしたポッド型複合プロペラである．次に実績の数例を示す．

- 客船「アドベンチャー・オブ・ザ・シィー（Adventure of the Seas）」

  乗客3,840人，3軸船，Kvaerner Masa-Yards造船所，14MWのAzipod推進装置3基（合計動力42MW：51,700馬力），1基が固定，2基がAzimuth

- 客船「QM2」

  乗客・乗員3873人，4軸船，仏アトランティック造船所，21.5 MWのAzipod推進装置4基（合計動力86MW：117,000馬力），2基が固定，2基がAzimuth，2004竣工

- 砕氷タンカー「テンペラ（Tempera）」，「マステラ（Mastera）」

  11万DW，Double Acting Tanker（DAT）1軸船，住友重機械工業㈱建造，16MWのAzipod推進装置1基，2002竣工

- 砕氷タンカー「Uikki」，「Lunni」

  全長164m，Product tanker，1軸船，11.8MWのAzipod推進装置1基

ポッド型プロペラが砕氷船や砕氷タンカーに多く使われるようになったのは，Double Actingという新しい概念の導入による（氷のない海ではバルバスバウを前にした通常の航行を，氷海ではAzipodプロペラを180°回転させて船尾を前にして前進する推進方法）．ポッド型プロペラの利点をまとめると，通常プロペラに比べて，機関室（主機や発電機）の配置に自由度があり，②船尾形状の最適化が可能，③舵，スターンフレーム，ボッシング等の付加物が不要，④サイドスラスターが不要，⑤船体の建造作業の単純化，⑥軸芯見通しの作業が不要，⑦パイプ等の艤装工数の減少，⑧主機搭載時期が緩和できることがあげられ，以上の結果として，建造期間－20%，建造コスト－10%，推進効率＋12%，操縦性向上が期待できる．欠点としては，初期投資額が約10%増加することである．

3.6　船の引き合いから引渡し

3.6.1　設計・建造工程

　超大型構造物である船の建造物としての特徴は，ⅰ)注文生産である，ⅱ)引き合いから完工までが長期間，ⅲ)建築構造物や土木構造物と異なり船は造船所という一定の場所で建造，ⅳ)構造物を工期中に進水等移動させる，ⅴ)完成後，常に航行すること，などがあげられ巨大構造物として特異な性質をもっている．

　図3-45に船の引き合いから解船（船が任務を終えて除籍廃船となること）まで流れを示す．商船の設計・建造の工程は，(1)引き合い設計，見積設計，(2)基本設計，(3)詳細設計，(4)建造・試運転，(5)引渡しの5段階に分けられる．一般商船も「QM2」のような客船もその工程は大略，同様であるが，客船の場合は，船客の居住性，快適性を重視した客室，各種施設のデザインが重要で設計・建造期間は長期にわたる．ここでは，通常の商船の一般的な設計および建造工程について述べる．

(1)引き合い設計，見積設計

　船主からの引き合いで始まる．要求事項である船の種類，積載貨物，船速，積載重量，航行区域と喫水，搭載人員，適用規則，船級，諸制限（船長，幅，喫水…）等に対して，造船所は要求に合致する船型の概略設計とコストを検討し，見積資料（仕様書と船価見積）を提出する．見積資料には，一般配置，載貨重量，容積，主機馬力，喫水，速力，トン数，燃料消費量，定員等が記載される．両者の合意が得られるまで詳細なやり取りが繰り返される．

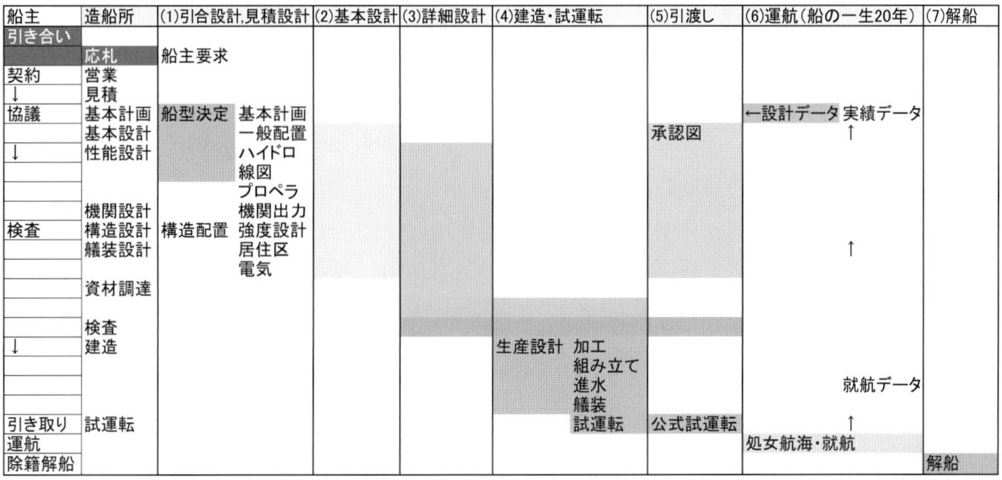

図3-45　船の引き合いから解船までの流れ

第3章　船の分類としくみ

(2)基本設計

　応札，内示を得る頃には基本設計が始まる．契約内容の詳細な検討を経て仕様書を作成し契約に至る．基本設計では詳細仕様に基づいた主要目の決定，一般配置図，線図，プロペラ形状図，中央横断面図等の作成，主機・補機の決定，トリム・スタビリティー／縦強度計算書，損傷時復原性計算書，主要材料・購入品表の作成などが細かく設計される．

(3)詳細設計

　建造用図面の作成，すなわち，船殻構造図，艤装図（船殻，機関，電気等の装備図），各種製作図，機器・材料の物量把握と注文書，船主承認図が作成される．

(4)建造・試運転，完工・引渡し

　建造から引渡しまでの工程の流れを図3-46～図3-48に示す．その概要を以下に示す．

　①生産設計では設計図をもとにして生産に必要な工程管理，工作法の指示，工作の過程で生産に必要な情報を電子データの作成を行う．建造工程で必要な②現図，③罫書での工作に必要な板割りや部材番号，加工に必要な切断線の鋼板上への罫書情報が，④加工工程に伝達される．建造用鋼材は必要な寸法，形状に加工される．鋼材の切断は基本構造図と船体線図から複雑な曲面や展開形状を数値データ（Numerical Data）として生成し，NC（Numerical Control）切断機で自動的に行う．切断方法は従来のガス切断，プラズマ切断からレーザー切断機まで種々使用される．プラズマ切断により品質と作業効率が大いに向上した．加工工程では船体形状に合わせて切断された鋼材をさらに曲げ加工する工程もある．曲げ加工には"撓鉄"（ぎょうてつ）と呼ばれる熱間加工（hot working，鋼板を局所的に加熱し，水冷収縮させて曲げる加工）とベンディングローラーによる冷間加工（Cold working，常温で行われる曲げ加工）がある．いずれも形状データをもとに木型等に合わせて加工する．人工知能（ＡＩ）等コンピュータ技術を応用した自動曲げ装置を開発し導入している造船所もある（図3-47参照）．

　⑤小組立はブロックといわれる最小の構造単位を先行して組立てる工程である．次工程の大組立にスムーズに流れるように系列化されて工程管理されておりロボット等による自動溶接が適用されている．⑥大組立は内業（屋内での作業）の最終工程として小組立工程で製作された小ブロックを接合し，大ブロックに組立てて外業工程に供給する工程である．船体の平行部構造物，二重底構造物等のブロック，曲がり外板等を有する構造物，船首尾構造物等を組立てる．⑦搭載準備工程では大小ブロックの搭載順序と方法を決める．

　⑧外業工程は屋外の作業で，ⅰ）総組立とⅱ）船内組立と2つに分かれる．

ⅰ）総組立：内業工程で作られた各々の小ブロックを一体化して大きなブロックを作る．良好な環境下での先行作業となるので作業効率向上と建造ドックでの作業量減少が達成でき建造期間の短縮につながる．係船装置，パイプ類，ハンドレールなどの艤装品の取り付けや塗装工事も行われ，完成した船の部分品まで製作する．

ⅱ）船内組立：総組立で造られた大ブロックを建造ドック内に並べられた渠底盤木（ドック内で船体を支える台）の上に搭載し船体を建造する工程である．通常の船では船尾部に船橋と機関室

3.6 船の引き合いから引渡し

図3-46 船の建造工程

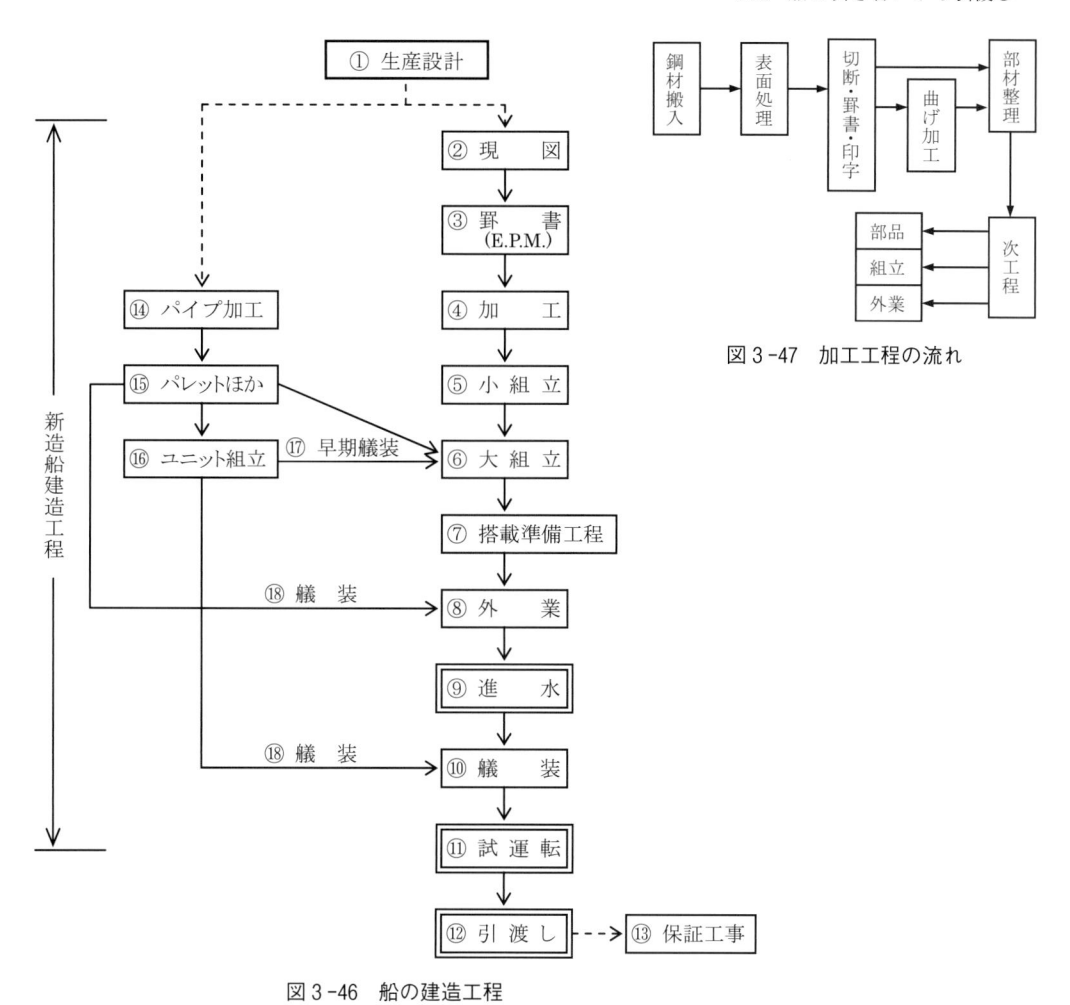

図3-47 加工工程の流れ

をもち，構造も複雑で機関・発電機などの主要機器が取り付けられため工期が最も長くかかる．このため建造は船尾部から始めるのが一般的である．総組立で組み上げられた数十から数百のブロックを順次盤木上に搭載し，船体構造をかたちづくる．

⑨進水は船体構造がほぼ完成した時点で船体を水面に浮かばせる作業であり，新造船を祝って進水式が行われる．この段階では機関・プロペラは搭載されているが船は自走できない．⑩艤装では，岸壁工事にて機関，係船装置，居住区，配管，配電等の艤装を行う．すべての建造作業が終わり自走できる段階となる．⑪試運転では，造船所がその船の性能を確認する．機関の摺り合わせ運転を始め，航海計器や自動操舵システムの機能確認，諸性能（速力，旋回，操縦，機関，燃費，甲板装置等）の確認，振動・騒音の計測・確認が行われる．⑫完工・公式試運転・引き渡しでは，船主立会いのもとにその船を披露し，諸性能保証項目の確認のための試運転が行われる．船を船主側の乗組員に引き渡すための講習が行われる．燃料，水，食料，日用品等さまざまな物品が船に積み込まれ，船主に引き渡される．船は長い建造期間に終わりを告げて処女航海へと出

第3章　船の分類としくみ

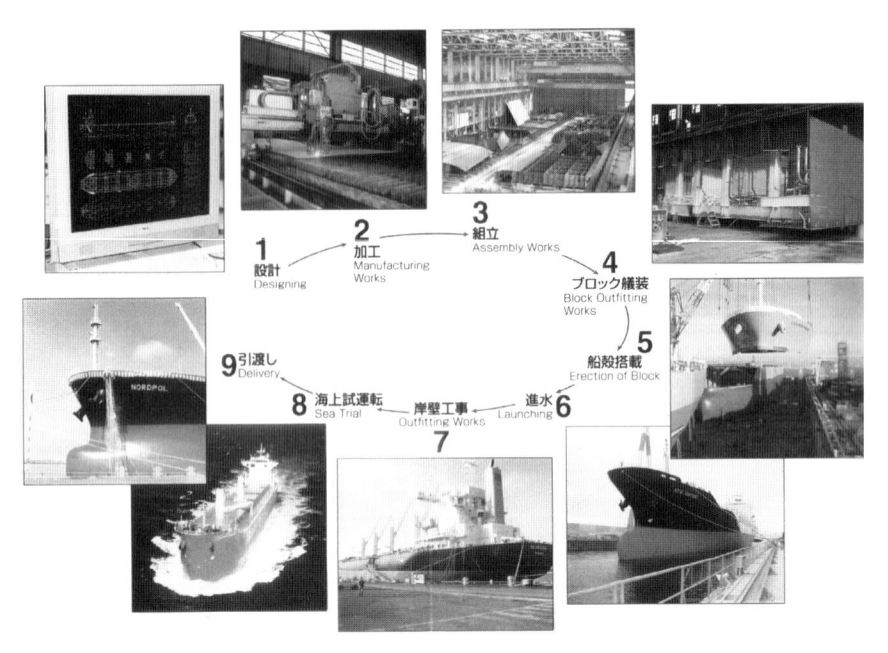

図3-48　船舶の建造工程
（株式会社豊橋造船カタログより）

発する．

3.6.2　船の検査

　船体の検査は建造期間内と試運転時において建造者にとっては設計値との差異がないか船主にとっては契約事項が守られているかをチェックし確認する重要な作業である．性能試験，構造試験，艤装品試験がある．

1) 性能試験
　模型試験と海上試運転がある．模型試験は主として設計段階での性能確認および海上試運転では実施不可能な性能の確認を目的とする．海上試運転では実船性能が契約事項を満足するかを船主立ち会いで確認する．
①模型試験：推進性能試験では長大な試験水槽で船長約6m程度の模型船を使用して，抵抗試験・自航試験を行い，機関動力を推定して保証速力を確認する．耐航性能試験では角型の耐航性水槽において海洋波を再現して船体動揺，海水打ち込み等の挙動を計測・観測し，就航後遭遇するさまざまな海象での挙動を推定確認し対策を行う．操縦性能試験では旋回性能，保針性能を確認する．その他，プロペラ性能試験，キャビテーション試験などがある．以上の試験はデータベースの有無や数値シミュレーションによる予測の可能性等を考慮して，必要に応じて実施する．

②海上試運転：

ⅰ）速力試験では，試運転海域で船体を試験状態（喫水，トリム）に調整して，主機関の最大出力までの各出力で船を航走させ，馬力，回転数，船速を計測して保証速力を確認する．諸量を正しく算出するために試運転実施方法や風，潮流の影響を考慮した試運転解析方法が提案されている．

ⅱ）船の操縦能力を知るために，操縦性試験（旋回試験，Z操舵試験，停止試験，スパイラル試験等：第4章参照）が行われる．旋回試験では主機関全力で前進中，最大舵角（35度程度が多い）に取り，緊急時に発揮できる最大回頭能力，旋回径（Tactical diameter），旋回縦距（Advance），旋回横距（Transfer）を計測・確認する（口絵18．旋回中のバルクキャリヤー）．Z操舵試験は舵を左，右交互に切り替えして舵角と船の回頭角度の関係を計測し操縦性能の定量的能力を知る．停止試験は主機関全力で船体前進時に主機関を全力後進として船体が減速，停止，後進整定するまでの軌跡，時間を計測する．スパイラル試験では舵角変化と定常旋回角速度から角速度−舵角曲線を求めて，原点付近の舵効きや進路不安定の度合いを知る．操縦性能の良否は船舶衝突事故による油流出など海洋汚染と関連するので国際海事機構（IMO）は「船舶操縦性能暫定基準」を定めもつべき操縦性能の達成度を評価している．

2）構造試験

①鋼材受け入れ検査：鋼板と形鋼の受け入れ時（水切り，荷降し時），表面処理（ショットブラスト：shot blast，鋼板研磨法，プライマー（下地塗料）塗布）時，切断加工時などに行われる．検査は通常目視や超音波探傷検査を行う．

②外観検査：船殻の外観検査は，小組立，大組立および外業のそれぞれの工程で実施される．検査内容は図面との照合，開先角度，ギャップ量，目違い等の取り付け精度，溶接脚長，溶接欠陥などである．

③リークテスト（漏れ試験）：船殻の外板，隔壁等の水密性を検査するためにリーク（漏れ）テストが行われる．リークテストには水圧試験とエアーテストがあり，該当するタンクに所定の水頭あるいは気圧まで水，空気を入れる．漏れの確認は水圧試験では漏水を目視で，エアーテストでは石鹸水をかけて泡の発生をみる．

④構造試験（強度試験）：船殻構造の変形確認のために，船級協会規則で定めたタンクに所定の水頭まで水を入れてその変形量を確認する．

⑤非破壊検査：主として船体中央部外板や縦強度部材の溶接線に対してX線と超音波による検査を行う．

3）艤装品試験

揚貨装置，舷梯，消火装置，火災探知装置，空調機，艙内通風などの試験を行う．

第 4 章

船の性能と理論

第4章　船の性能と理論

4.1　美しい船の波

4.1.1　船の波

　水面，つまり，水と空気の境界面を走る船の特徴の1つは美しい波紋を形成することである．飛行機から海面を走る船を見下ろすと，船は八の字に広がる美しい波を曳きながら走るのが見える．速度が高くなればなるほど波は高くなるが，波の構成（波紋）は相似なように見える．また，船は一定の速度で走っているにもかかわらず，なぜ，次々と波が規則的に生まれてくるのだろうか．生じる波の高さと波長はどのように決まるのだろうか．後述するように，船が走ると水抵抗を受ける．この水抵抗（全抵抗）は造波抵抗と粘性抵抗の和である．この美しい波は実は，造波抵抗を作り出す原因でもある．ここでは，抵抗を一時忘れて，美しい船の波を考えよう．

　図4-1は英国の船舶流体学者ウイリアム・フルード（William Froude）による船の波のスケッチである．船首船尾や船側で起こされた八の字状の波（縦波）と船体にほぼ垂直に並ぶ波（横波）が組み合わさって広がり，伝播して行く．

図4-1　船の波のスケッチ
（Principles of Naval Architecture（SNAME）から転載）

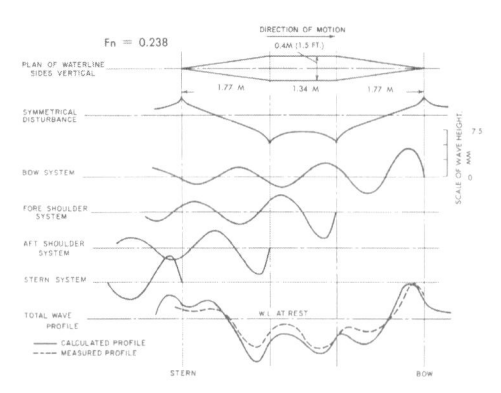

図4-2　発生源別にみた船の波の構成
（Principles of Naval Architecture（SNAME）から転載）

　細長い直方体の前部，後部を楔状に削って船首船尾とした船の船側波形（船体側面に沿った波形）のでき方が図4-2に示されている．発生源別にみた波の構成を見ると，

①船長方向に対称な波
②船首から出る波
③前部肩部から出る波
④後部肩部から出る波
⑤船尾から出る波

がある．

　①の船長方向に対象な波は船の周囲で形を変えずに船と共に移動する波で局部撹乱波（local disturbance）という．②〜⑤は自由波（free wave）と呼ばれる．航空機等から眼下に見下ろす波紋はこれらが全部重なった美しい八の字型の波である．この船では波の発生源が船首，前部と後部の肩，船尾の4箇所でそこから波が後方に減衰しながら続いている．一般に船幅の水線方向の勾配が急な場所から

顕著な波が出ることを示している．

次に，滑らかな船体表面をもつ船の波を見てみる．図4-4は数学船型Wigley模型船（ドイツの船舶流体力学者Wigleyが研究した数式船型：図4-3）の計測波紋図である．このWigley船型は（4.1）式のように，水線形状が2次曲線，フレーム（横断面）形状が4次式の数式船型で，現実の船型とは異なる形であるが，数値計算と実験との比較が簡便で研究にはよく使われる．

図4-3　Wigley模型船（2m）

$$y=(B/2)\left[1-(2x/L)^2\right]\left[1-(z/d)^4\right] \tag{4.1}$$

ここで，L：船長，B：全幅，d：喫水（in m）で，x：船長方向，y：幅方向，z：喫水方向であり，使用模型の寸法は$L=2$m，$B=0.2$m，$d=0.125$mである．

図4-3は船速$V=1.278$ m/s（$Fn=0.2887$）で計測された波紋である．（4.1）式の船の半幅yをxで微分すると水面$z=0$では（$-4B/L^2$）の傾きをもつ直線の式となり船首と船尾に不連続をもつので，式の上からも船首波と船尾波が顕著であることが予想され，実測波形はそれをよく示している．船首で波の山ができ，次に谷ができる．その後も山，谷，山，…と繰り返し広がってゆく．

- 波長を計算すると，波数は$K=g/V^2=6.0$，よって波長は$\lambda=2\pi/K=1.05$ m（つまり$\lambda/L=0.525$）となる．図4-4によりそのような波が出ていることがわかる．
- 波の広がり角度は理論値（後述）の$19°28'$に近い．

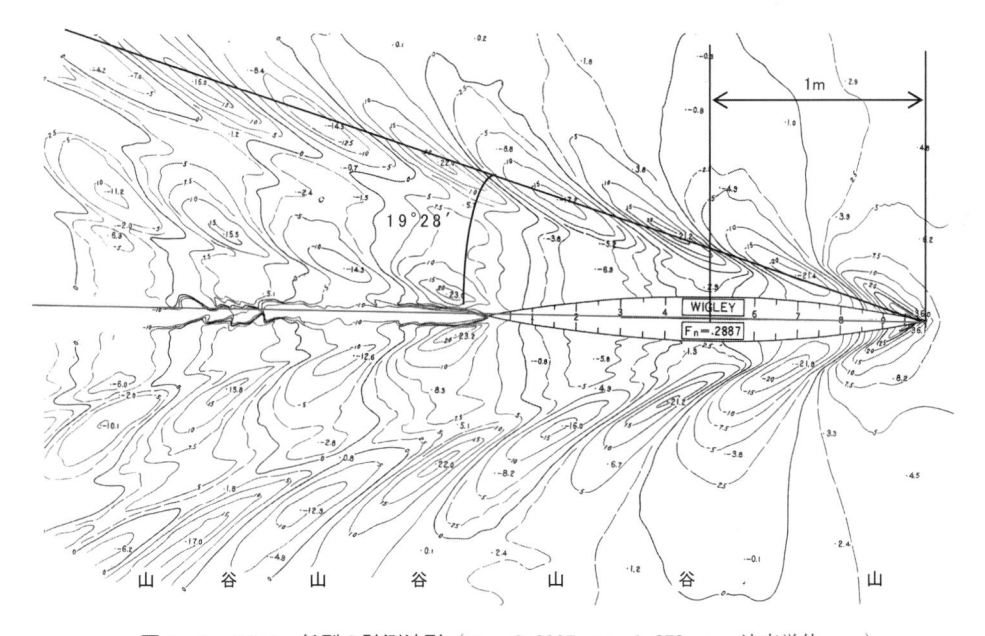

図4-4　Wigley船型の計測波形（Fn＝0.2887，V＝1.278m/s，波高単位 mm）
（東京大学名誉教授梶谷尚氏寄贈より転載加筆）

第4章　船の性能と理論

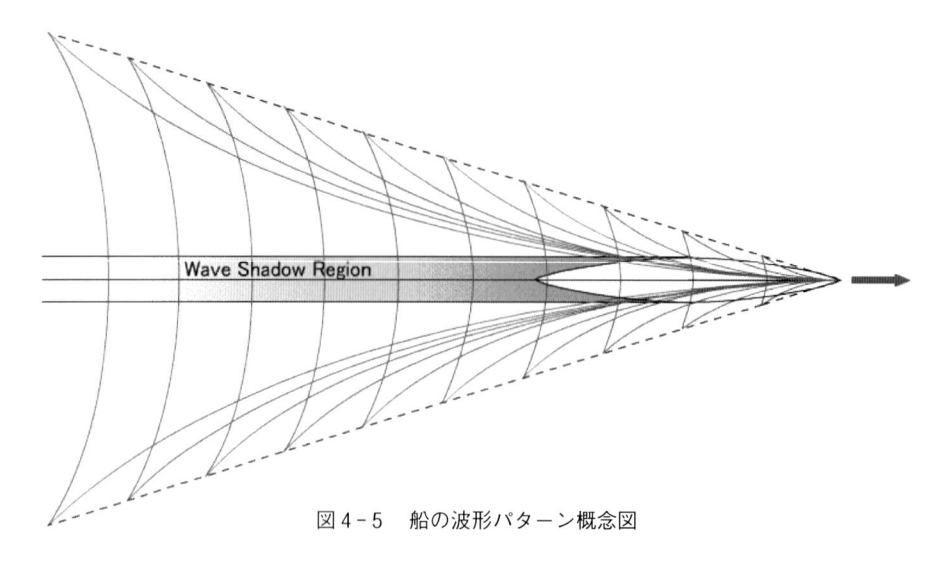

図4-5　船の波形パターン概念図

- 船首波と船尾波が顕著であるが，船尾波高は船首波高の60～70%である（船が前後対称なので非粘性流体の理論値は同じ大きさとなる．粘性影響により減衰している）．

船の波の山と谷の構造概念図は図4-5のようになる．

4.1.2　船の波のメカニズム

一般に振幅a，波数k，振動数$\omega/2\pi$の2次元進行波は次のように書ける．

$$\begin{aligned}\zeta &= a\sin(kx-\omega t) \\ &= a\sin[k(x-ct)]\end{aligned} \quad (4.2)$$

ここで，cは波の進行（位相）速度で$\omega = kc$の関係がある．これらから次の関係を得る．

$$\text{波周期}: T = \frac{2\pi}{\omega}, \quad \text{波長}: \lambda = \frac{2\pi}{k} \quad (4.3)$$

波速cと波数kの間には，重力深海波が分散性の性質をもつことから下記の特別の関係を満たす．

$$c = \sqrt{\frac{g}{k}} \quad \therefore k = g/c^2 \quad (4.4)$$

よって，2次元進行波の中のsin波のみを考えると一般式は次式となる．

$$\zeta = a\sin[g/c^2(x-ct)] \quad (4.5)$$

Havelock（英国の船舶流体力学者）は船の波や造波抵抗について研究し，複雑な3次元波が多数の2次元波（素成波：Elementary Wave）の重ねあわせで表現できることを見出した．池の水面を棒で上下すると円形状の波紋が広がってゆく．円形状の波は上述の2次元波を360°方向に重ね合わせることにより表現できる．棒を横方向に等速度で動かすと船の波に似た八の字状の波ができる．船の波は移動する船首から上記の棒から出るような円形波が絶えず発生し，その無数の

4.1 美しい船の波

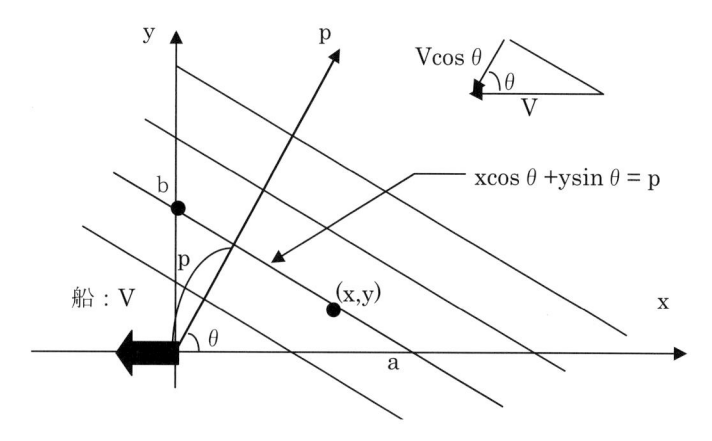

図4-6 船の波の素成波（θ方向に出て行く波）

円形波が重なり合ってできる波紋である．Havelockは船の波が次のような素成波の重ね合わせで表現されると考えた．

船の波は船体各所から出るが，ここでは簡単化して船の先端の一点から発生すると仮定し，船は船速Vでxの負の方向に一定速度（定常）で走ると考える．図4-6のように，素成波の1つとしてx軸とθを為すp軸の負の方向に進む2次元波を考え，振幅a，波速c_p，波数k_pとする波の式は次式となる．

$$\zeta = a\sin\{k_p(p+c_p t)\} \tag{4.6}$$

船上の人から見ると波紋は船と同一速度Vで負の方向に船と共に進む．このためθ方向に進む波の速度の条件は（4.7）式でなければならない．

$$c_p = V\cos\theta \tag{4.7}$$

つぎに，（x, y）点を通る素成波を考える．（x, y）とp軸との関係を見ると，切片が$a = p\sec\theta$，$b = p\csc\theta$であるから，

$$x\cos\theta + y\sin\theta = p \tag{4.8}$$

x軸と角度θを為してpの負の方向に進む2次元波は（4.6）式において

pの代りに　　　$p = x\cos\theta + y\sin\theta$

c_pの代りに　　$V\cdot\cos\theta$，k_pの代りに　　$g/(V\cdot\cos\theta)^2$ （4.9）

と置き換えればよい．つまり，振幅を$a(\theta)$として（4.10）式を得る．

$$\zeta = a(\theta)\sin\left\{\frac{g}{V^2}\sec^2\theta\,(x\cos\theta+y\sin\theta+Vt\cos\theta)\right\} \tag{4.10}$$

船の波は$-\pi/2 \sim \pi/2$間に分布している（4.10）式の2次元波をθで積分して求められる．

$$\therefore \zeta = \int_{-\pi/2}^{\pi/2} a(\theta)\sin\left\{\frac{g}{V^2}\sec^2\theta\,(x\cos\theta+y\sin\theta+Vt\cos\theta)\right\}d\vartheta \tag{4.11}$$

船に原点をとり船と共にx軸の負の方向に移動する座標系から波を見ると波形は停って見え次式となる．

第4章 船の性能と理論

$$\therefore \zeta = \int_{-\pi/2}^{\pi/2} a(\theta) \sin\left\{\frac{g}{V^2}\sec^2\theta(x\cos\theta + y\sin\theta)\right\}d\vartheta \tag{4.12}$$

振幅$a(\theta)$は船型形状と船速によって決められるもので振幅関数（amplitude function）と呼ばれ，(4.22)〜(4.23) 式のように造波抵抗（wave-making resistance）と直接結びつく．ここでは波紋（等位相線）のみに着目して$a(\theta) = 1$とする．$K = g/V^2$とおいて(4.12)式の位相角として$n+1$番目の山の線に着目すると，

$$K\sec^2\theta(x\cos\theta + y\sin\theta) = \left(2n+\frac{1}{2}\right)\pi \tag{4.13}$$

$$\therefore x\cos\theta + y\sin\theta = \left(2n+\frac{1}{2}\right)\pi\cos^2\theta/K \tag{4.14}$$

船の波紋，すなわち，等位相線の形状は (4.14) 式の θ を種々変化させたグラフを描き，それらを重ね合わせて得られる図形である．数学的にその包絡線を求めるためには，(4.14) 式を θ で微分した式と原式 (4.14) 式とから θ を消去すれば良い．(4.14) 式を θ で微分すると (4.15) 式を得る．

$$-x\sin\theta + y\cos\theta = -2\left(2n+\frac{1}{2}\right)\pi\sin\theta\cos\theta/K \tag{4.15}$$

(4.14) 式と (4.15) 式から直接，θ を消去することができないため，下記のように (x, y) 点に対する各 x，y の θ による媒介変数表示式をつくり，θ を $-\pi/2$〜$\pi/2$ 間で変化させて図示すれば，船の波紋を求めることができる．つまり，(4.16) 式となる．

$$\left.\begin{array}{l} x = \left(2n+\dfrac{1}{2}\right)\dfrac{\pi}{K}\cos\theta(2-\cos^2\theta) \\ y = -\left(2n+\dfrac{1}{2}\right)\dfrac{\pi}{K}\sin\theta\cos^2\theta \end{array}\right\} \tag{4.16}$$

船速 $V = 1.77$ m/s （$K = \pi = 3.14$）についてエクセルで計算し図示すると，図4-7のようなケルビン波（Kelvin：英国の流体力学者）と呼ばれる波紋を得る．図4-7は，図4-4の波紋の山，谷に対応させるために cos 波系とし，(4.16) 式で $2n+\frac{1}{2}$ を n（= 0, 1, 2, …）として山谷を計算したもので，図4-5の波のメカニズムや航空機から眺める実船の波紋をよく表現している．さらに，波紋の特徴を考察してみる．左舷側の1つの波紋線をOABとする．曲線OAが縦波，曲線ABが横波と呼ばれている．波紋線上の任意の点で接線を引き，これに垂直な線の角度が θ 方向に進む素成波である．$\theta = 0°$から90°に向かって接線を動かしてゆくとA点に近づくほど θ の変化が少なくなり，やがて変化が零のA点に達して再び徐々に変化が大きくなる．このA点は数学的にいえば，cusp（尖点：両波紋線 0A，0Bの曲線が接している）となっているところで船の波がもっとも急峻で顕著に見えるところである．船の後部甲板に立って後方に広がる自由波を見ると次々とその部分の波が白波となって砕けている光景を見ることができる．

θ の変化が最も少ないA点の θ の値は，(4.17) 式の停留値の条件から決められる．

4.1 美しい船の波

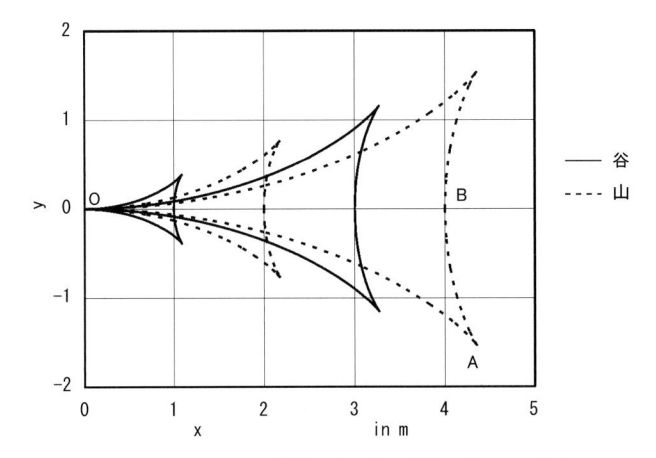

図 4-7 エクセル計算による船の波紋（Kelvin波）

$$\frac{\partial}{\partial \theta}\{K\sec^2\theta\,(x\cos\theta + y\sin\theta)\} = 0 \tag{4.17}$$

微分して整理すると，

$$2\tan^2\theta + \frac{x}{y}\tan\theta + 1 = 0 \tag{4.18}$$

$\tan\theta$ が実根をもつための条件は判別式で，$D \geq 0$ であるから，

$$\left(\frac{x}{y}\right)^2 - 8 \geq 0 \quad \text{つまり，} \left|\frac{x}{y}\right| \geq 2\sqrt{2} \tag{4.19}$$

よって，波の広がり角度 Θ は

$$\Theta = \tan^{-1}\left|\frac{y}{x}\right| \leq \frac{1}{2\sqrt{2}} \quad \therefore \Theta \leq 19°28' \tag{4.20}$$

cusp点の θ は (4.18) 式，(4.19) 式から

$$2\tan^2\theta + 2\sqrt{2}\tan\theta + 1 = 0 \qquad \tan\theta = \frac{1}{\sqrt{2}} \quad \therefore \theta = 35°16' \tag{4.21}$$

以上の考察から，理論による船の波紋の性質をまとめると次のとおりである．
- 波の広がり角（半角）は 19°28′ である．
- cusp点を構成する素成波は $\theta = 35°16'$ の波である．
- 横波は $\theta = 0 \sim 35°16'$，縦波は $\theta = 35°16 \sim 90°$ の素成波の集まりである．

4.1.3 造波抵抗

船の形と造波抵抗の関係は英国のミッチェル（Michell J.H.）により 1881 年に求められた．
　造波抵抗は船が作る波のエネルギーに由来する．(4.12) 式で与えた船体固定座標系から見た

船の波は（4.22）式のようにsin波とcos波で表される．振幅$S(\theta)$，$C(\theta)$は船型形状と速度に依存する．

$$\zeta = \int_{-\pi/2}^{\pi/2} \left[S(\theta)\sin\left\{\frac{g}{V^2}\sec^2(x\cos\theta + y\sin\theta)\right\} + C(\theta)\cos\left\{\frac{g}{V^2}\sec^2(x\cos\theta + y\sin\theta)\right\} \right] d\theta$$

(4.22)

造波抵抗理論によると，この波を生じた船の造波抵抗R_Wは

$$R_W = \frac{1}{2}\rho\pi V^2 \int_{-\pi/2}^{\pi/2} \left\{S^2(\theta) + C^2(\theta)\right\} \cos^3 d\theta \tag{4.23}$$

で表される．船の造波抵抗は素成波のsin波とcos波の振幅の2乗の和に$\cos^3\theta$を掛けてθで積分したものであることがわかる．同程度の寸法の船が同程度の速度で走っているときには，大きな波を出して走っている船ほど造波抵抗が大きいといえる．

図4-8は一例として，数学船型S-202（水線形状が2次曲線の船）の実験で得られた船体抵抗（全抵抗）係数C_Tとその成分である造波抵抗係数C_W，粘性抵抗係数C_Vおよび無次元船体沈下量z/L$_{PP}$（%）を示す．抵抗係数は抵抗値を$1/2\rho V^2 S$で割った無次元値である．4.3節に詳述するが，抵抗係数の内訳は

$$\begin{aligned} C_T &= C_W + C_V \\ &= C_W + (1+k)C_F \end{aligned} \tag{4.24}$$

であり，これらの値が無次元船速であるフルード数Fnを横軸に示されている．ここで，C_Fは摩

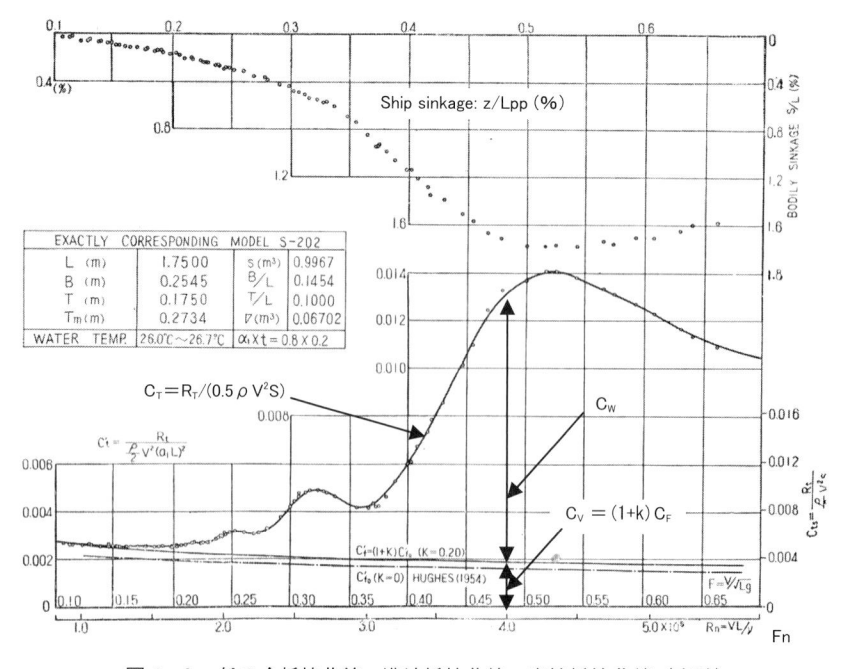

図4-8　船の全抵抗曲線，造波抵抗曲線，摩擦抵抗曲線（実験）
（社団法人日本船舶海洋工学会より転載許可）

擦抵抗係数，k は形状影響係数（form factor）である．図4-8から次のことがわかる．

- Fn≦0.12では造波抵抗係数がほぼ零で粘性抵抗だけが存在するが，Fn≧0.12では徐々に造波抵抗が生じ，高速域のFn＝0.52程度まで，山，谷（hump, hollow）を伴って急増してゆき，Fn≧0.52では単調減少に移る．
- Fn＝0.52程度までの全抵抗係数 C_T は高速域で大略，速度の2乗で増加しているから全抵抗に直すとは速度の4乗で増加することになる．高速船の抵抗が速度とともにいかに急増するかが理解できる．
- Fn＝0.52付近の最後の大きな山をlast humpという．高速船ではこの山を越えた船速で航走する船が多くこのlast humpを下げた抵抗の少ない船型を設計することが重要となる．
- 船速の増加とともに船体が沈下し，last hump付近で約1.7％ L_{PP} と最大となり以降減少傾向となる．

以上が造波抵抗カーブの一般的傾向である．これらの数学船型は造波抵抗研究のために作られた，いわば，造波レベルの大きい船なので造波抵抗係数の特徴が顕著に出ていて理解しやすい．実際のタンカーやコンテナ船では長年にわたり研究と改良を重ねた結果として造波レベルが小さい船型となっており，図4-8に比べて C_W はずっと小さくこれほど顕著な山，谷は出てこない．

第4章　船の性能と理論

4.2　船はなぜ浮くのか，なぜ転覆しないのか

4.2.1　浮力とは何か

　口絵1の「QM2」はゆったりとのんびりとその巨体を水面に浮かべている．その船は鋼でできていて非常に重い．エンジンやたくさんの船客が乗っている．過去にはコンクリート製の船もあった．こんな重い船がなぜ浮かぶのであろうか．

　図4-9はタンカー船型の正面線図である．このような船が満載喫水線で浮いている時の浮力を考える．船は水面に物体が浮いている特別な場合なので，まず，図4-10のような単位厚さ1の任意形状断面物体が静止した流体中に位置するときの浮力を考え，そのあとで水面に浮かぶ船の場合を考えることにする．

　まず，考えるにあたって次のことが成り立っているとする．つまり，
- 水中の圧力はパスカルの法則により全ての方向に同一に伝達される．その値をpとする．
- 水面下zのpの静水圧は大気圧をp_{atm}として，

$$p = \rho g z + p_{atm} \tag{4.25}$$

　図4-10のように任意の形状をもつ単位厚さの物体を考える．水平方向に微小な深さdzをもつ体積要素をとる．まず，横方向の釣り合いを考えてみる．左右両端の同じ深さの点に働く水圧力をpとする．また，ds_1およびds_2は体積要素の各側面の微小長さである．水平成分の力はpを使えば，

$$p ds_1 \sin\theta_1 - p ds_2 \sin\theta_2 = p dz - p dz = 0 \tag{4.26}$$

となるので，水平方向には力が働かず平衡状態である．これを上下方向に積分した物体全体の合成力も零となる．

　一方，上下方向についても，図4-10のように幅dyでスライスした微小物体を考えると，上下方向の水圧力dF_Bは，

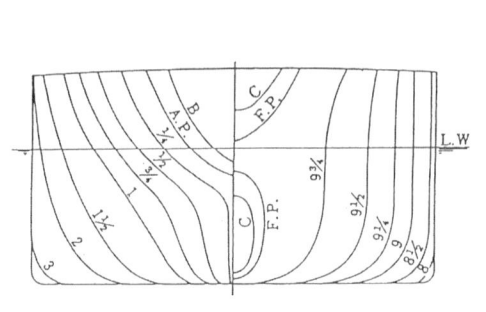

図4-9　船の横断面形状

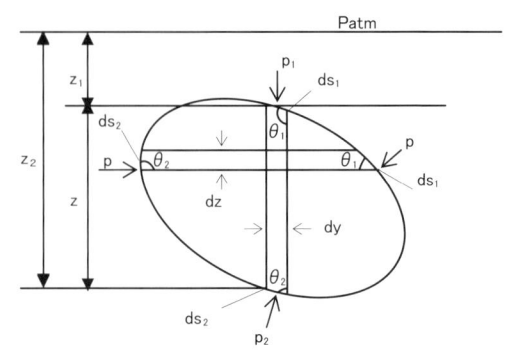

図4-10　任意物体の浮力

$$dF_B = p_2 ds_2 \sin\theta_2 - p_1 ds_1 \sin\theta_1 = (p_2 - p_1) dy = \rho g (z_2 - z_1) dy = \rho g dV \quad (4.27)$$

幅方向に積分して物体全体の合成力を求めると，次の大きさの上向き力を受けることがわかる．

$$F_B = \rho g V \quad (4.28)$$

Vは物体の容積である．この式から

- 水中の物体はそれが排除した液体の重量に等しい浮力を受ける．
- 浮力は物体表面に及ぼす水圧力の合力である．

これがアルキメデスの原理である．浮力の作用点は排除した液体の重心にあり，これを浮心（buoyancy）と呼ぶ．以上の場合は潜水艦のように水中に潜っている場合であるが，一般の船（水上船）は左右対称断面をもち図4-9のように水面に浮いている．この場合は船の上部は大気圧に接しているので$p = p_{atm}$，船底はさらに深さz_2に相当する水圧を考えれば

$$p_1 = p_{atm}, \quad p_2 = p_{atm} + \rho g z_2 \quad \therefore (p_2 - p_1) dy = \rho g z_2 dy = \rho g \cdot dV \quad (4.29)$$

となり，(4.25)式と同一の結果が得られる．この場合のVは船の排水容積である．

重量Wの船がある喫水dで浮いているということは重量Wと浮力がつりあっていることである．つまり，船が喫水dで排除した体積がVであったとすると，

$$W = F_B = \rho g V \quad (4.30)$$

では，船の重量Wとは何か．第3章でみたように，軽荷重量（船自身の重量）：LW，載貨重量：DWとすると，船の重量は

$$W = LW + DW \quad (4.31)$$

つまり，船体重量WはLW（一定）とDW（積荷量に依存）の和である．船はWに相当する浮力が得られる喫水dまで沈んでそこで静止する．

すなわち，Vはdの関数であるから，

$$\rho g V(d) = LW + DW \quad (4.32)$$

に対応するdまで沈下する．

船は満載喫水dまで沈んでも甲板の深さD（キールから甲板までの距離）までにfだけ余裕がある．この量$f (= D - d)$は乾舷（free board）呼ばれる．平水中で静かに荷物を積み，水面が甲板すれすれまで沈んでも沈没しないが，航走波や波浪とこれに伴う船体運動を考えると甲板が冠水し，沈没あるいは転覆してしまう．船舶の設計の初期に満載喫水線規則により船のサイズ，種類により必要乾舷fが定められ，船の深さが$D = f + d$として定められる．

4.2.2 なぜ転覆しないのか，復原力とは何か

ボートに乗って遊んでいる時，船は余裕をもった乾舷で浮かんでいるにもかかわらず，人が船に乗りこんだり船上で移動したりした時に転覆することがある．なぜだろうか？

図4-9のように静水面上に左右対称な船が浮かんでいるときの復原力（船をある力で傾斜させて離したときに元に戻る力）が生じて安定に元の姿勢に復帰する条件を考える．まず，

第4章　船の性能と理論

①船体が水面に正常に鉛直に浮いている条件：船に作用する重力（船体重量）と浮力はその大きさが等しく（$W = F_B$），同一鉛直線上にあって，方向が互いに反対でなければならない（船の場合は一般に，上部構造物や積載貨物の関係で，重心Gは浮心Bより上にある）．

②安定な釣合条件：図4-11のように，船が釣合位置よりごくわずかな角度だけ傾いた時，重力と浮力の作用線もわずかにずれる．この時に元の位置に戻ろうとする力が働く場合は安定の釣合，さらに傾きが大きくなろうとする場合を不安定の釣合，もとに戻りも遠ざかりもしないときを中立の釣合と呼ぶ．船は安定な釣合が得られるように設計されている．

船がわずかな角度θだけ傾いた場合，浮心Bは，排水量一定の条件下で浮心の軌跡を画いて，B'に移動し，そこから鉛直上方に浮力$F_B = \rho g V$が作用する．船体中心線と浮力線の交点Mはメタセンター（metacenter）と呼ばれ重要な点である．重力Wと浮力F_Bとは大きさが等しく方向が逆であり，重力Wの重心が不動であるため偶力を生じる．Gより浮力作用線へ垂線GZを下ろせば，船を直立方向へ戻そうとする偶力のモーメントの大きさは$W \times GZ$となる．GZを復原挺と呼ぶ．船の傾斜角度が小さい場合（例えば，$\theta < 10°$程度）にはメタセンターM点はθに対して大略不動となり，次式が成立する．

$$初期復原力 = W \times GZ = W \cdot GM \cdot \sin\theta \tag{4.33}$$

GMを「メタセンター高さ」と呼び，これにより安定・不安定の釣合条件が次のように明確に定まる．

① 重心GがメタセンターMより下方にある，すなわち，
　　$GM > 0$のときは安定の釣合
② 重心GがメタセンターMより上方，すなわち，
　　$GM < 0$のときは不安定の釣合
③ 重心GがメタセンターMと一致している
　　$GM = 0$のときは中立の釣合

$$\tag{4.34}$$

船は$GM > 0$となるように設計されており，$GM > 0$，正確には，復原力（$W \times GZ$）が正である限り，その角度まで傾斜をしても転覆しない．これを復原性がある船という．

(4.33)式のGMの具体的な計算方法を示す．まず，メタセンターMを求めなければならない．メタセンターMと浮心Bとの距離BMは，喫水における水線面の中心線周りの慣性2次モーメントIと排水容積Vを使用して下記の公式から求められる．

$$BM = \frac{I}{V} \tag{4.35}$$

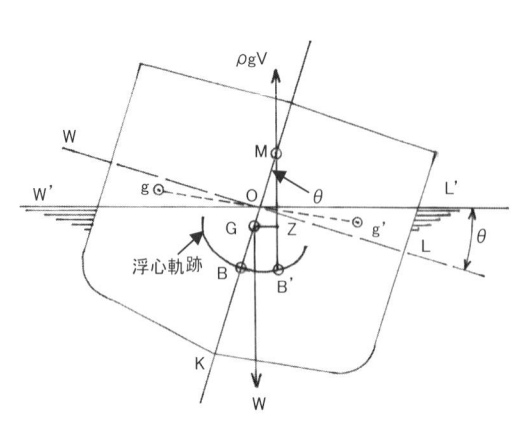

図4-11　船の横傾斜とGM

これは造船学における重要な公式の1つである．

GMは図4-11からBMとKGを使って下式で計算される．

$$GM = KB + BM - KG \tag{4.36}$$

ここで，KB：船の重量（船体構造，機関，燃料等）の分布と関係なく船の形状，姿勢と喫水により決まる量で船底（竜骨：Keel）Kから浮心Bまでの距離

BM：浮心BからメタセンターMまでの距離，(4.35) 式

KG：船の船底Kから重量重心Gまでの距離．Gは船を空中に吊り下げた時の船体重量重心．船体重量と船に積むすべての物品の重量と位置を抽出して計算で求める．

以上から，船が転覆しないのはGMが正になるように設計してあること，正にするためには船体形状（船幅B，水中部の形状）の設計，船体重量重心Gの位置の設計が重要であることがわかる．

4.2.3 なぜ転覆するのか

設計者は船が転覆しないように適度の正のGMで設計しているはずなのに，なぜ転覆する船があるのであろうか．この原因には，設計的要素，運行的要素，海気象的要素，海難事故的要素などたくさんある．ここでは，上記に関連した設計的要素の1例として，転覆しないための復原能力とも言うべき大角度の復原力曲線について述べる．

(4.33) 式の説明では船の傾斜角度が小さい場合の初期復元力の関係を示したが，大角度まで傾斜させたときの復原力カーブは図4-12のようになる．この図で船をどんどん傾けてゆくと復原力が増加しやがて最大復原力（本図では$\theta = 38°$程度）に達し，その後減少して復原力消失角θv（本図では$\theta v = 68°$程度）に至る．船のデッキ高さ（深さ）が有限なので，デッキ上に浸水する大角度傾斜時では没水面積が増加しなくなり，移動浮心の作用線が重心に接近する方向に移動する傾向になることから容易に理解される（また，船は長い航海で，荷物の積み下ろし，燃料，清水の増減，また最近では洋上でのバラスト水の交換などにより重心位置Gが変化し，喫水

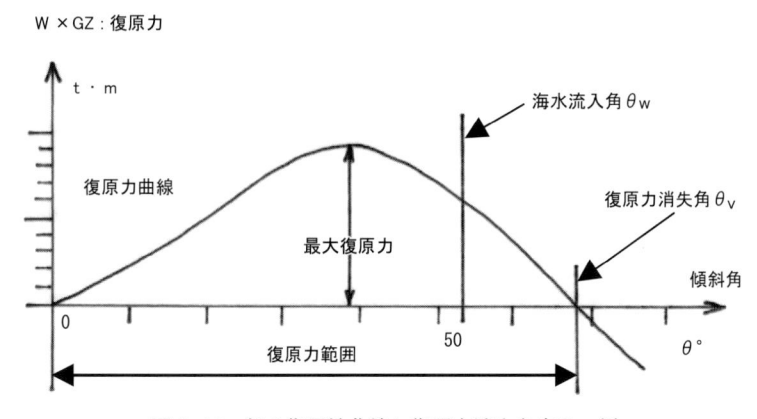

図4-12 船の復原性曲線と復原力消失角度の一例

変化により浮心Bが変わるので図4-12自身も変化し，復原力が大巾に減少（θvも減少）する場合がある）．また，θvまで転覆しない訳ではなく，デッキ上に開口部があればその海水流入角θwで復原力が消失する．復原能力を越える状態が発生すれば船は転覆する危険をはらむ．特に，小型船では強い横風をうけて傾斜横揺しながら航行中に，荷崩れを起こしたり多数の船客が風下側に移動した場合，あるいは船の横揺の位相に合わせて突風を受けた場合には転覆の危険が出てくる．また波浪中の復原力減少など種々の要因で，図4-12の復原力消失角θvよりも小さな角度で転覆する可能性がある．当然ながら，衝突や座礁による船体損傷時は，浸水区画によっては復原力に大きな影響を与えるので転覆し海難事故につながる．

4.2.4 船の揺れと船酔い

船がゆれて船酔いを起こすこともある．心地よい揺れとはどのようなものか．復原力は船の横揺れ周期や大きさと関係する．特に，周期はGMの大きさに関係する．

図4-11において，横揺れの中心をO点とした時の自由横揺れ（簡単にするために粘性抵抗が働かないとした）の式は剛体の回転運動方程式から次式となる．

$$I d^2\theta/dt^2 = -WGM\theta \tag{4.37}$$

ここで，θ：横揺れ角度，I：横揺れの中心軸周りの付加質量（物体が流体中で加速度運動をする時に周囲の流体を加速するために生じる見掛けの質量増加）を考慮した慣性2次モーメント，W：船体重量，GM：メタセンター高さである．

初期条件として，$t=0$にて$\theta = \theta_0$を与えると，横揺れの式と周期は

$$\theta = \theta_0 \cos\left(\sqrt{WGM/I}\ t\right) \tag{4.38}$$

$$T = 2\pi\sqrt{I/(WGM)} \tag{4.39}$$

となる．(4.39)式から周期TはGMが大きいほど短く，GMが小さいほど長くてゆっくりした横揺れになることがわかる．

一般に，重心を通る軸周りの見かけの回転半径$k_x = \sqrt{I/(W/g)}$を使用すると周期Tは

$$T = 2\pi\kappa_X/\sqrt{gGM} \tag{4.40}$$

さらに，船幅Bと関連づけるために，$k_X = c \cdot B$とおくと，

$$T = 2\pi cB/\sqrt{gGM} \tag{4.41}$$

で表される．船の横揺れ周期は横揺れ模型試験による計測データや実船の実績値から設計データとしてまとめられている．一例として，船の種類別にcの概算値が次のように与えられている．

$$\begin{array}{r}\text{貨物船満載状態}\ :0.32\sim0.35\\ \text{タンカー満載状態}:0.35\sim0.39\\ \text{半載状態}:0.37\sim0.47\end{array} \tag{4.42}$$

客船　　　　　　　　：0.38～0.43

c 値を推定し，GM，B を与えれば（4.41）式から，概略の横揺れ周期 T が得られる．この式による推定値と実績船データとの比率を求めておき，補正係数として使用すると推定精度が向上する．

GM が大き過ぎると周期が短くなり激しく横揺れするので乗り心地が悪くなる．一方，GM を小さくすると横揺れはゆっくりして心地よいが復原モーメントが小さくなるので荒天時の復原性が問題となる．適度の GM が得られるように設計することが重要となる．

船舶の乗り心地は船客にとって最大の関心事であり，客船では最も重要な検討項目である．船酔いや嘔吐の原因は船の揺れ周期，角度，加速度に深く関連する．船の揺れは，x，y，z 軸に関する並進運動と回転運動の計 6 種類があり，乗り心地の見地からどの揺れに注目すべきかは諸説があり一概に言うことができないが，横揺れは考慮すべき主要因の 1 つである．乗り心地から見た横揺れ許容限界は，例えば，目安として次式のような簡単な提案式がある．

(a) Kempf の式　$T_R\sqrt{g/B} \geqq 8$、ここで，T_R は横揺れ周期（秒），B は船幅（m）
(b) 渡辺の式　$GM \leqq B/12$ 　　　　　　　　　　　　　　　　　　　　　　　(4.43)

一例として，Kempf の式で見てみると，$B=20$m 程度の船では $T_R \geqq 11.4$ 秒がよいことになる．

以上から，船舶設計の初期において重要な船の復原性に関する事項をまとめると次のようである．
① 復原性（安全性）の見地からみた適正な船幅 B や GM を設定する．
② ここでは深く言及しなかったが，大角度の復原力や波浪中および損傷時の復原力を知る．
③ 客船やカーフェリー等では安全性（荒天時の復原性）と居住性（乗り心地や空間度）の両方の見地から船幅 B や GM の評価が重要である．

第4章　船の性能と理論

4.3　船の走るメカニズム

4.3.1　船が走るとはどのようなことか

　水溜りで丸みのある軽い玩具の船を浮かべて押すと動いてもすぐ止まってしまうが，細長くずっしりとした丸太のような材木を押すと波を引きながらスーと進んでゆくことなどの子供の頃の思い出や，海水浴などでブイに繋がれた15m程度の小舟の係留索を引っ張ると意外に簡単に動くのを面白がった中高生頃の思い出をもっている人もあろう．水には粘性があるため，水面に浮いたものを動かしても直ぐに止まってしまうが，ゆっくり動かすには非常に小さな力でよいことが実感できる．

　第2章で示した船の歴史はこのような船のメリットを生かして発展してきた歴史であることを述べた．しかし，大きな船を経済的に必要な速度（経済速力）で動かすとなると大変大きな動力が必要になる．商船は必要なトン数の荷物や乗客を載せて経済速力で航走するがそのために必要とする大馬力のエンジンを積んでいる．例えば，表1-2（第1章4頁）に示したように「QM2」では15万馬力（乗用車のエンジンの1,000台分），50万トンタンカーでは4.5万馬力（乗用車350台分）ものエンジンが必要である．エンジンは燃料油で動くから，燃料の量，すなわち燃料費が安いこと，換言すれば，少しでも低い馬力で走る船を設計することが大切な課題の1つとなる．

　自重W（排水容積Vとする）の船が浮き，船速V_Sで進むということを図4-13を見ながら考えると船は次のメカニズムで動いていることがわかる．なお，力と動力の単位はNとMWとして記述すると，

- 浮くこと：上下方向の力，つまり，浮力と自重が釣り合う．
  $$F_B = \rho g V = W$$
- 進むこと：船の抵抗Rに打ち勝つ推力Tをプロペラが回転して発生する．
  $$T = R/(1-t) \qquad ここで\ t：推力減少率$$
- 推力の発生：機関（動力P）がプロペラを回し推力Tを出す．回す動力がPに等しい．

(4.44)

　したがって，船を設計するということは，次のように要約できる．

①必要な荷物量DW（Dead Weight：載貨重量）を積める排水容積Vをもつ船体形状の設計

②設計速度V_Sで船体抵抗Rが最小になるような船体形状の設計

③抵抗に打ち勝つ推力Tを出す推進効率の良いプロペラの設計

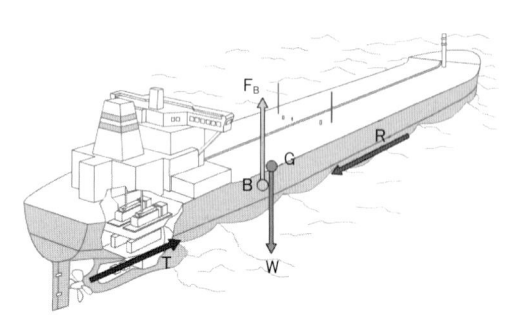

図4-13　船の浮力と推進

④推進効率が良く船尾に納まりやすい機関の選定

⑤大量の荷物を積んで，安全に航海できる建造コストの安い船体の設計

⑥安全航海ができる操縦性能，耐航性能をもつ船の設計

⑦良好な居住性設計

⑧環境にやさしい船の設計

第1章に述べた輸送効率：TEI＝WVs/Pにおいて設計条件であるW，Vsを一定にしたとき，エンジン動力Pが小さくなるような，船体，機関，プロペラを設計することが経済性を追求する商船では重要である．エンジン動力Pは船体抵抗Rと船速v（m/s），推進効率ηを使って次のように表される．

$$P = Rv/\eta \tag{4.45}$$

Pを小さくするためにはRを小さくしηを大きくすることが必要となる．

以下，船体抵抗Rと推進効率ηについて述べる．

4.3.2 船体抵抗

物体が粘性のある流体中を一定速度Vで直進運動する時，この運動を阻止しようとする力が働くがこれを抵抗という．空中を飛ぶ航空機と異なり，船（水上船，排水量型船）の特徴は水と空気の境界面上に波を起こして走ることにある．このため，船の抵抗は大別して，造波抵抗と粘性抵抗に分けられる．しかし，詳細には図4-15（後出）のように造波と粘性の現象が干渉して複雑に絡み合い，明確に造波抵抗と粘性抵抗を分離することが困難である．船型流体力学では，フルードの仮説により全抵抗Rが粘性現象と造波現象に独立に起因するものが支配的であるとし，その可分性を仮定して次の2つの考え方に従うとして発展してきた．

①船の没水表面積の摩擦抵抗R_Fと剰余抵抗（その残余の抵抗）R_Rの和である．つまり，

$$R = R_F + R_R \tag{4.46}$$

②水の粘性に基づく粘性抵抗R_Vと自由表面の造波に起因する造波抵抗R_Wの和である．つまり，

$$R = R_V + R_W \tag{4.47}$$

船を設計するためには，船の形状と抵抗を量的に関連付けることが大切で，これを研究するのが船型学という学問である．一口に船の抵抗といってもその大きさは，船の形状，大きさ（長さ），船速により変わる．形状が同じでも大きさによって異なり，大きさ・形状が同じであっても，船速によって変わる．よって，船の抵抗の変化を関連付ける船の相似則という理論が重要となる．船の周りの流れや抵抗が模型船と実船で相似になるためには次の条件が必要となる．

ⅰ）船の形状が相似である．

ⅱ）現象を支配する無次元数が同一である．

- 粘性現象：慣性力／粘性力の比が一定　⟶　レイノルズ数（$Rn = vL/\nu$）(4.48)
- 造波現象：慣性力／重力の比が一定　⟶　フルード数（$Fn = v/\sqrt{Lg}$）(4.49)

第4章 船の性能と理論

ここで，v：船速，L：船長，ν：動粘性係数，g：重力の加速度である．

模型と実機の間でレイノルズ数を合わせると，水面をもたない無限に広がった粘性流体中で動く物体の周りの流れや抵抗が相似（無次元値が同一）になり，同じく，フルード数を合わせると自由表面（空気と水面の境界面）を走る物体の周りの流れや波形が相似になる．ただし，この場合は粘性の影響が無視できるとした現象に限られる．

平水中を航走する船の抵抗は，水の粘性と船のおこす波に起因し，船型と船速によって変化するから，Rn，Fnや船型形状要目の関数となる．まず，船の抵抗は船のサイズによって変化するから，大きさの影響を取り除くために，各抵抗を$0.5\rho v^2 S$で割り無次元化を行う．次元解析によると，船の抵抗係数C_Tは次式で書ける．

$$C_T = R/(\rho S v^2/2) = f(Rn, Fn, L/B, C_B \cdots) \tag{4.50}$$

ここで，Rは全抵抗，ρは水の密度，Sは船の浸水表面積である．すなわち，船の全抵抗係数は，レイノルズ数，フルード数および船型を特定するL/B，C_B等の係数群の関数で示される．

ここで，実用上，造波と粘性の可分性を仮定して①，すなわち，(4.46) 式に従えば，

$$C_T = C_F(Rn, L/B, C_B \cdots) + C_R(Fn, L/B, C_B \cdots) \tag{4.51}$$

相似な船のC_Tは (4.52) 式となる．同じく②，すなわち，(4.47) 式に従えば (4.53) 式となる．

$$C_T = C_F(Rn) + C_R(Fn) \tag{4.52}$$

$$C_T = C_V(Rn) + C_W(Fn) \tag{4.53}$$

ここで，C_Fは摩擦抵抗係数，C_Rは剰余抵抗係数，C_Vは粘性抵抗係数，C_Wは造波抵抗係数を示す．

これらの式は模型船の値から実船の値を推定（外挿）するときの基本となる考え方で，(4.52) 式による場合を2次元外挿法，(4.53) 式による場合を3次元外挿法による実船推定として区別する．次に各々の抵抗について述べる．

1) 摩擦抵抗（frictional resistance of ship）C_F

摩擦抵抗は，その船の長さLおよび浸水表面積Sが等しい平板（相当平板）の摩擦抵抗と定義して算出する．曲面の船体表面の浸水面積は第3章のハイドロスタティク曲線の計算で行われるが，船の長さ方向の各セクションでの喫水までのガース（girth：胴回り）長さを算定し，シンプソンの法則で積分して求める．平板の摩擦抵抗係数C_F（$= R_F/(\rho S v^2/2)$）の算出には多くの実験式があり，図4-14に各種の摩擦抵抗係数式を示す．この他に，船舶の設計でよく使われる代表的なものとして次式がある．

シエーンヘル（Schoenherr）の式；

$$0.242/\sqrt{C_F} = \log_{10}(C_F \cdot Rn) \tag{4.54}$$

摩擦抵抗は，模型試験から実船の抵抗を推定するときに最もレイノルズ数影響を受ける成分であり，図4-16（後出）に示すように，摩擦抵抗曲線は実船抵抗を算定する上で重要な意味をもつ．

4.3 船の走るメカニズム

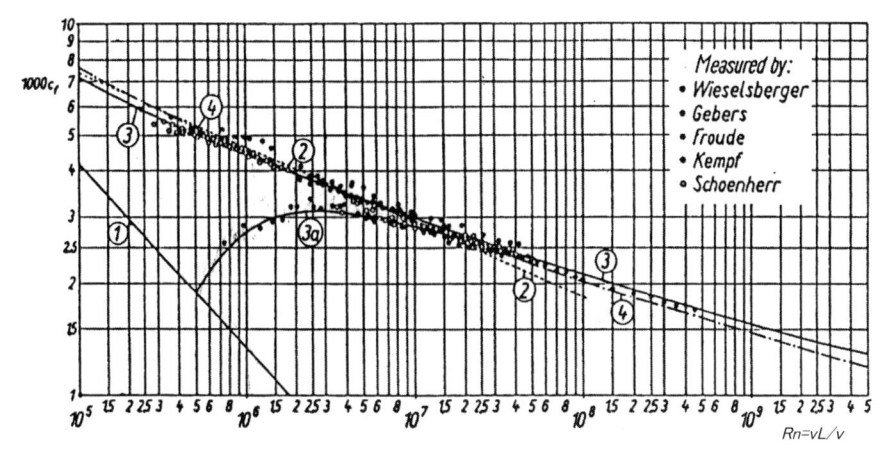

① Blasius の式（層流）：$C_F = 1.328\ (R_n)^{-1/2} : R_n < 5 \times 10^5 \sim 10^6$ (4.55)
② Prandtle の式（乱流）：$C_F = 0.074\ (R_n)^{-1/5} : 5 \times 10^5 < R_n < 10^7$ (4.56)
③ Prandtle-Schlichting の式（乱流）：$C_F = 0.455\ (\log R_n)^{-2.58}$ (4.57)
③a Prandtle-Schlichting の式　滑面平板での層流→遷移→乱流：
$C_F = 0.455\ (\log R_n)^{-2.58} - A/R_n$ 　where A = 1700 (4.58)

図4-14　層流域と乱流域の摩擦抵抗係数式
（社団法人日本船舶海洋工学会より）

2) 剰余抵抗（residual resistance of ship）C_R

全抵抗から摩擦抵抗（相当平板抵抗）を除いた抵抗であるから，内容としては造波抵抗のほかに粘性剥離抵抗なども含んでいる．

3) 粘性抵抗（viscous resistance of ship）C_V

相当平板の摩擦抵抗を使用し，加えて船体表面が3次元曲面で構成されていることを考慮して修正したものである．船が水面に波が発生しない程度の低速で走る時の全抵抗は（4.53）式の造波抵抗が無視でき，全てが粘性抵抗C_Vであると考え，図4-16に示すような方法で，

$$C_V = (1+k)\ C_F \tag{4.59}$$

から3次元曲面の影響としての形状影響係数k（form factor）を求める．低速で決めたkはレイノルズ数，フルード数にかかわらず一定と考え全速度域で使用する．

4) 造波抵抗（wave resistance of ship）C_W

実験的に定義されている造波抵抗とは，全抵抗から粘性抵抗を除いた抵抗である．摩擦抵抗係数の式（例えば，（4.54）式または（4.57）式）からC_Fを求め，模型試験により図4-16の方法でkを求め，C_Wを推定する．設計用チャートや類似船あるいは造波抵抗理論からC_Wとkを推定することもできる．船の抵抗係数 C_Tは，上記のC_Wと（4.59）式のC_V式から（4.53）式を用いて求める．

自由表面を走る船（排水量型の船）の抵抗成分は極めて複雑であるが現在では図4-15の分類

第4章 船の性能と理論

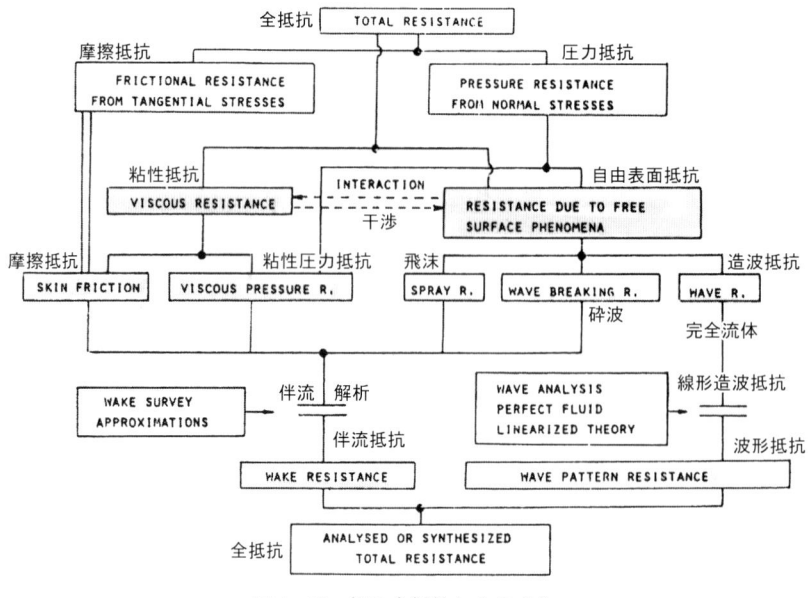

図4-15 船の全抵抗とその成分
(社団法人日本船舶海洋工学会より)

が定説となっている．

　この図の分類法は，(4.52) 式，(4.53) 式を表しているがさらに抵抗成分の細分化を行っている．つまり，全抵抗（以下"係数"を省略して呼称する）は (4.60.1) 式のように摩擦抵抗 C_F と圧力抵抗 C_P に分けられる．別の見方では，(4.60.2) 式のように全抵抗は粘性抵抗 C_V と造波抵抗（自由表面現象に基づく抵抗）C_W に分けられる．ここで，粘性抵抗 C_V は摩擦抵抗 C_F と粘性圧力抵抗 C_{PV}（圧力抵抗の中の粘性依存部分で (4.59) 式の KC_F に相当する部分に近い量）に分けられる．

　一方，造波抵抗（自由表面現象）は飛沫抵抗，砕波抵抗，波形造波抵抗に分かれる．さらに，伴流抵抗（摩擦抵抗＋粘性圧力抵抗＋飛沫抵抗＋砕波抵抗）と波形造波抵抗で構成される．

　さらに，(4.61.1) 式，(4.61.2) 式に示すように摩擦抵抗 C_F と圧力抵抗 C_P は船体表面に及ぼす物理量である p や τ_X と次のような関係がある．

$$C_T = C_F + C_P \tag{4.60.1}$$
$$= (1+k)C_F + C_W \tag{4.60.2}$$

ここで，

$$C_F \propto \iint \tau_x ds \tag{4.61.1}$$
$$C_P \propto \iint p \cdot n_x ds \tag{4.61.2}$$

C_P, C_F：船体表面圧力 p，船体表面摩擦応力の x 方向成分 τ_X を計算し船体表面上で積分して求められる．近似的に，

$$C_R = C_P, \quad C_V = (1+k)C_F \tag{4.62}$$

4.3 船の走るメカニズム

と考えることができる．CFD（数値流体力学）ではpやτ_xが計算で求められるので全抵抗を(4.61.1)式，(4.61.2)式，(4.60.1)式の手順で算定することが多い．

　実船の性能設計では，何らかの方法を駆使して上記の値を推定しなければならない．その方法には①模型実験，②理論やCFD等による計算，③実船・模型船データベースからの推定の3種類がある．類似船の設計データがたくさんある場合は③の精度が高く有効である．

4.3.3　推進試験とその解析

　船型試験法は1872年にフルード（W. Froude）によって提案されて以来，種々の改良が重ねられてきた．船型試験は船型試験水槽（通常，長さ100〜400mの水路で水槽に跨る計測用曳引車をもつ．4.7節参照）で行われる．

1) 模型船の抵抗試験による抵抗成分の推定法

　相似模型船を作り曳引車で曳航して抵抗を計測する．この試験ではプロペラを装備しない．曳航速度は実船のフルード数（$v/\sqrt{Lg}$）に対応する速度とする．計測された全抵抗Rと速力vから，無次元化をしてF_n及びR_nに対する全抵抗係数C_Tを求める．これから2次元外挿法の場合はF_nに対する剰余抵抗係数C_Rが，3次元外挿法の場合は形状影響係数k及びF_nに対する造波抵抗係数C_Wが得られる．

　kの決定法としては種々あるが，一般的には，図4-16に示すように$C_W \fallingdotseq 0$になると思われる極低速域（$F_n \fallingdotseq 0.1$程度）で，(4.59)式から$1+k = C_{TM}/C_{FM}$として決定する．以上のように，抵抗試験は，C_RあるいはC_W，kを求めるのが主な目的である．

　なお，類似船の水槽試験データ，実船データや精度よく推定できる方法があるときには，本船及び類似船の抵抗成分（k，C_W）を同一推定方法で推定して置き，その比を類似船のデータに乗じることにより本船の推定値の精度を上げることができる．

2) 自航試験とプロペラ単独特性試験

　模型船に模型プロペラを装着しモーターで稼動・自航させ，フルード数に対応する模型船速vにおけるプロペラのスラストT，トルクQ，回転数nを計測する試験を自航試験という．模型船の摩擦抵抗は実船と模型船のレイノルズ数の相違に基づく尺度影響（C_Fの差，図4-14参照）をもつので模型船のプロペラの負荷は実船のものより相対的に重くなる．模型船からこの差分（ΔR）だけ抵抗が

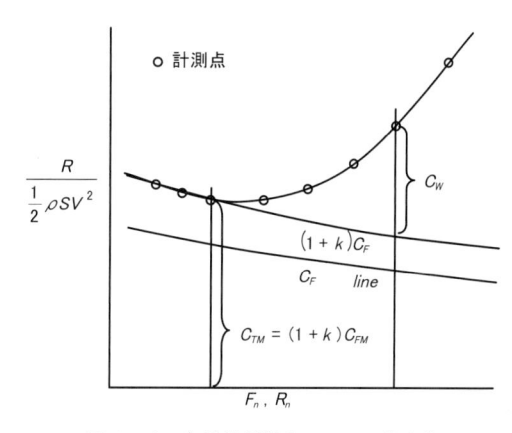

図4-16　全抵抗係数と$1+k$の求め方

軽くなるように調節しながら自航させる．試験水槽には直径D，翼数Z，ピッチ比p，展開面積比a_eなどの要目を系統的に変化させた模型プロペラ（代用プロペラ）とそれらのプロペラ単独特性（propeller open characteristics：Kt，Kq，ηp vs. Jの関係，後述，208および256頁）が整備されているので，自航試験では本船用模型プロペラを製造せずに代用プロペラを使用する．しかし，本船プロペラに近い要目の代用プロペラがない場合には本船用模型プロペラを作り自航試験と単独特性試験（propeller open test）を行う．単独特性試験ではプロペラ単独で速度vと回転数nを与えてT，Qを計測する試験で，無次元化してプロペラ単独特性を得る．

3）自航試験解析

船の馬力（動力）は各種の流体力学的要素が絡み合い，水槽試験を行っても直接求めることができない．自航試験の解析を行い，得られたその船特有の係数（自航要素）を用いて馬力を積算するのである．自航要素（self propulsion factor）は抵抗係数とともに船の実船馬力を推定し，性能を評価する重要な基本データである．自航要素には推力減少率t，伴流率ω，プロペラ効率比η_Rがあり，自航試験解析はこれらを抽出する作業である．

推力減少率tは船尾でプロペラが作動するための船体抵抗増加率を示し，伴流率ωはプロペラ面内に流入する平均流速v_Aが船速vに比べて減少する率を示す．プロペラ効率比η_Rはプロペラ単独効率η_Oに対して船尾の不均一流の影響や舵・プロペラ相互作用による効率変化の割合を示す．また，自航要素の中でωには大きな尺度影響がある．模型船の長さが6m程度の場合では，実船が100m以下なら$1-\omega$の値に大差はないが200m以上の大形船の$1-\omega$は模型船の値の1.3倍と大きくなるので修正が必要である．

4.3.4　実船の抵抗と馬力の推定

1）実船の抵抗

フルード数ベースに推定された模型船の抵抗係数C_R値あるいはC_W値と実船対応のC_{FS}から実船全抵抗係数C_{TS}を次式で求める．

$$2次元外挿法（C_R値使用時の呼称）：C_{TS} = (C_{FS} + \Delta C_F) + C_R \tag{4.64}$$

$$3次元外挿法（C_W値使用時の呼称）：C_{TS} = \{(1+k)C_{FS} + \Delta C_F\} + C_W \tag{4.65}$$

ΔC_Fとは本来外板の粗度修正係数として導入されたもので実績に基づいた模型船と実船の相関係数である．C_{TS}が求められれば，全抵抗R_{TS}，有効動力P_Eは次のように計算される．

$$R_{TS} = C_{TS} \times \frac{1}{2}\rho_S S_S v_S^2 \tag{4.66}$$

$$P_E = R_{TS} \cdot v_S \tag{4.67}$$

2) 船の機関動力と回転数

船を一定の速力で曳航する有効動力 P_E（Effective Power）は，船の抵抗を $R(kN)$，速度を v (m/s) とすれば，$P_E = Rv(kW)$ で示される．船を推進させるために必要なディーゼル機関等のエンジン動力は中間軸受を経てプロペラに伝達，消費される．これを伝達動力 P_D（Delivered Power）という．両動力の比を船の推進効率（propulsive efficiency）η という．

$$\eta = P_E / P_D \tag{4.68}$$

ここで，P_D は，プロペラトルクを $Q(kN \cdot m)$，毎秒回転数を n とすると，$P_D = 2\pi nQ$ である．また，P_D により発生するプロペラスラストを $T(kN)$ とプロペラ面内平均流入流速を $v_A(m/s)$ からスラスト動力を $P_T = Tv_A$ と定義すると，$P_T / P_D = \eta_B$ はプロペラの船後効率となる．これらを用いると推進効率は次のような構成をもつことになる．

$$\eta = P_E / P_D = (P_E / P_T) \cdot (P_T / P_D) = (Rv/Tv_A) \cdot \eta_B \tag{4.69}$$

ここで，$R = T(1-t)$，$v_A = v(1-\omega)$ と定義する．t をスラスト減少率（thrust deduction fraction），ω を伴流率（wake fraction）と呼ぶ．また一様流中のプロペラの効率（単独効率：propeller open efficiency）を η_O として，$\eta_B = \eta_O \cdot \eta_R$（$\eta_R$：プロペラ効率比，relative rotative efficiency）とすると，上式は

$$\eta = (1-t)/(1-\omega) \cdot \eta_0 \cdot \eta_R \tag{4.70}$$

となる．$(1-t)/(1-\omega) = \eta_H$ を船体効率（hull efficiency）と呼ぶ．船の推進効率は船体効率と船尾端で作動するプロペラの効率の積で示される．エンジン以後の全効率を考えるときは，エンジン動力 P_B（Break Power）と中間軸の伝達効率 η_T（transmission efficiency）によって推進効率 η は次のように示される．

$$\eta = P_E / P_B = \eta_H \eta_0 \eta_R \eta_T \tag{4.71}$$

抵抗係数から求めた有効動力 P_E と自航要素から求めた推進効率 η を使用すれば実船の推進動力は次式で推定できる．

$$P_B = P_E / \eta \tag{4.72}$$

この馬力に対するプロペラの回転数は本船装備プロペラのプロペラ単独特性から作動点の前進率 J（advance ratio：v_A/nD）から

$$N = 60 \cdot v_a / JD \text{ (rpm)} \tag{4.73}$$

として求めることができる．

このような方法で船の機関動力回転数を求める計算をPoweringという．

Poweringで求めた動力（馬力），回転数，船速のカーブを馬力・回転数カーブ（Power curve）という．図4-17にタンカー船型の一例を示す．具体的計算法を付録に示す．

第4章　船の性能と理論

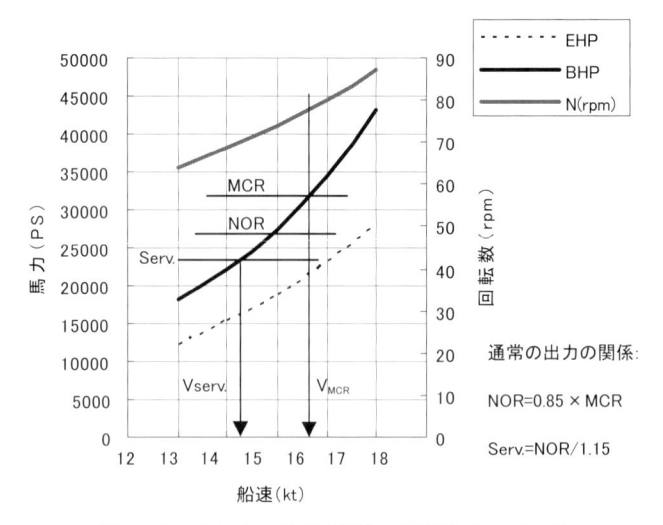

図4-17　タンカー船型の馬力・回転数カーブの例

4.4 プロペラの押す力・推力

4.4.1 なぜ推力がでるのか

1) プロペラ周囲の流場

　船のプロペラを理解するために扇風機の出す風のメカニズムを理解しよう．扇風機を図4-18のような向きに置いて羽根を回転させると羽根の上流（左側）および上方左側から空気を吸い込み下流（右側）に加速して風を吹き出す．停止していた船がプロペラを回しはじめ，発進に至るプロペラ周りの流れはこれと酷似している．船が走りだすと船体のある上流から船速に基づく水流がプロペラに流入し吸い込まれ，また，プロペラ上方前方から吸い込んだ水と一緒になって船尾後方に水流を加速する．プロペラの後流は図4-18のような螺旋状の自由渦（free vortex）をともなうのがプロペラの特徴である．この写真はキャビテーション水槽（図4-50，図4-51，231頁）で観測した単独プロペラの後流の自由渦の模様である．通常の曳航試験水槽ではキャビテーションは発生しないがキャビテーション水槽では減圧して実船の圧力場と同じ環境にしているため，プロペラ翼先端から放出された自由渦の中心部（飽和蒸気圧より低圧となる）が沸騰して空洞化して後方に連なるのが可視化できる．なお，実際は高速で回転しているために肉眼では見ることができないがストロボを発光させてプロペラ回転数と同期させることにより，銀色に輝いた螺旋状自由渦が静止して幻想的な光景を示してくれる．この実験ではプロペラ翼面のキャビテーションの発生状況を調べている（232頁参照）．プロペラ周囲の流速ベクトル図（プロペラ軸

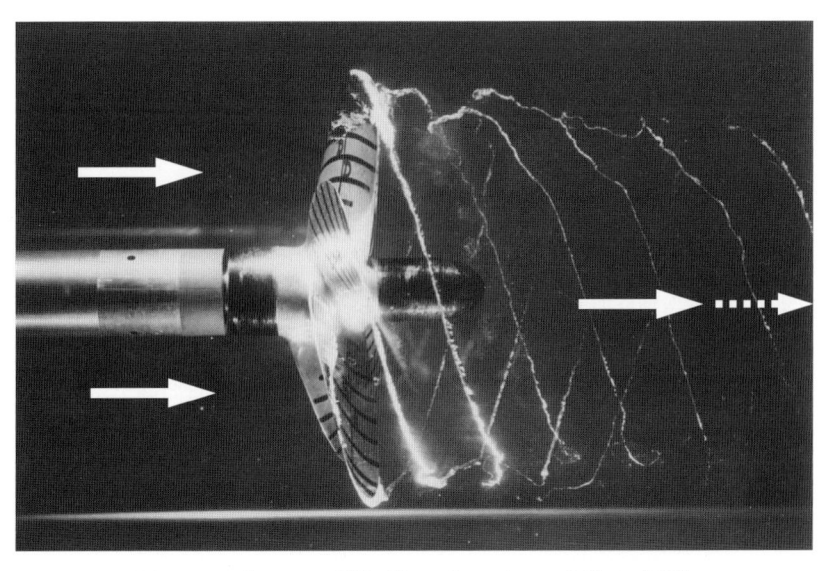

図4-18　プロペラの後流（キャビテーション水槽での観測）

第4章　船の性能と理論

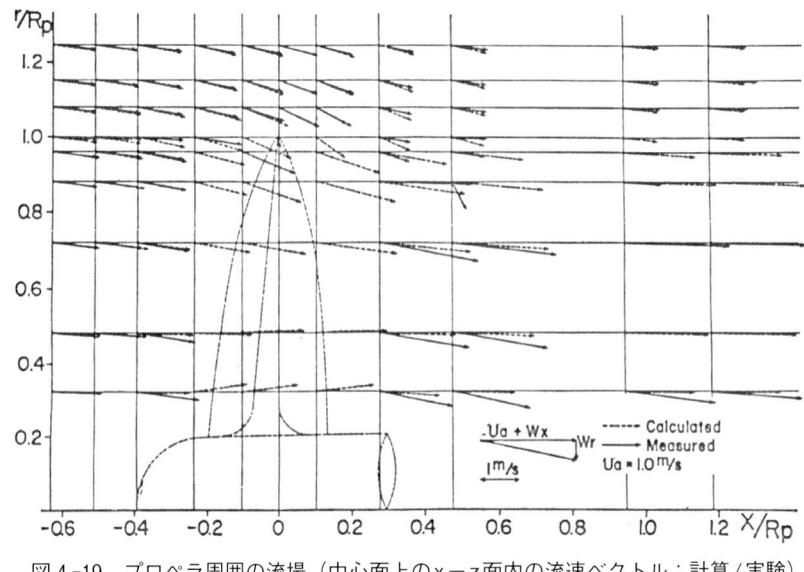

図4-19　プロペラ周囲の流場（中心面上のx－z面内の流速ベクトル：計算/実験）

中心断面（x-z面内）へ投影された流場）を図4-19に示す．計算結果と計測結果が示されているが両者は良い一致を見せている．ベクトルの矢印に沿って辿っていくとプロペラ後流の縮流の形状が描けるが図4-18と同様の縮流が計算されていることがわかる．

プロペラの流場の特徴を詳しく見ると次のことがわかる．

- プロペラへ流入した一様流（船速に対応する）がプロペラにより吸引され加速されて後方に加速されている．
- プロペラ後方で水が加速されている範囲はプロペラ直径の内側（Propeller Disc内）だけでプロペラから離れるほど流速が増している．一方，プロペラ外側はほぼ流入速度と同じ大きさで変化がない．
- ここには示されてないが，プロペラの誘起する回転流はPropeller Disc内ではプロペラの回転方向に連れまわり，プロペラ前方（上流側）とプロペラ外側全域は零である．これらはプロペラ誘起速度場の特徴である．

2) 運動量理論

流速が加速されると運動量理論によりプロペラを上流に押す推力を生む．ランキン（W. J. M. Rankine（1865））とフルード（R. E. Froude（1889），フルード数の提案者 W. Froudeの息子）は作動円盤（Actuator Disc）による運動量理論を考案した．この理論は，図4-20右上のようなモデルで，Water jet pumpのように，Vで流れる非粘性流体中に置かれた断面積 A（$\pi D^2/4$, D：直径）の作動円盤（プロペラ）が，前方からVで流入した水を後方に$V+2w_x$（w_xは誘導速度，理論的にはプロペラ面でw_x，無限後方で$2w_x$）で吐き出した時のプロペラ効率 η_i や推力 T を与える理論で，プロペラ理論の最初といわれている．これはVで走る船のプロペラ推力をT（=

R/(1−t)) としたとき，プロペラが発生する誘導速度 w_x や理想効率 η_i を知るのに便利である．流体に与えた運動エネルギーと推力の為した仕事の比としてプロペラ理想効率（粘性のない流体中でプロペラが達成できる最高効率）η_i が定義される．このプロペラ理想効率 η_i は次式で表される．

$$\eta_i = 1/(1+a_x) \tag{4.74}$$

ここで，a_x：プロペラ面における軸方向無次元誘導速度で

$$a_x = w_x/V = \left(\sqrt{(1+C_t)}-1\right)/2 \tag{4.75}$$

C_t：プロペラ荷重度，$C_t = T/(1/2\rho V^2 A)$
V：プロペラ速度
A：プロペラディスク面積　$\pi D^2/4$，D：直径

また，プロペラ推力は次式で表現できる．

$$T = 2\rho V^2 A(1+a_x)a_x \tag{4.76}$$

η_i は C_t を使って次式でも表せる．

$$\eta_i = 2/\left(1+\sqrt{(1+C_t)}\right) \tag{4.77}$$

図4-20には運動量理論による理想効率および現在使用されている各種プロペラの実験による

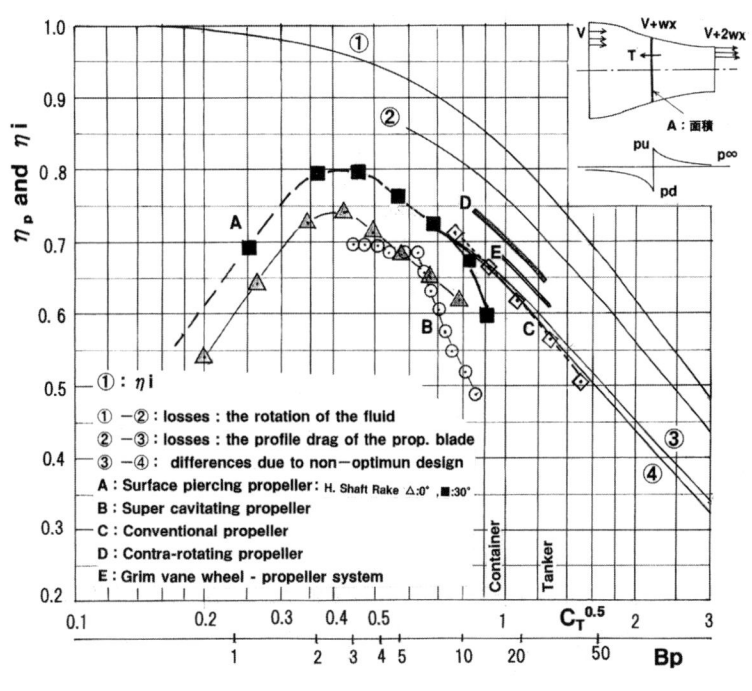

図4-20 プロペラの荷重度と効率（各種のプロペラ実験値，運動量理論）

効率がプロペラ荷重度$\sqrt{Ct}$を横軸にとって示されている．曲線①が（4.77）式で示した運動量理論による理想効率η_i，曲線③④が実際のスクリュープロペラのη_iである．実際のプロペラの効率は理想効率に比べてなんと低いことであろうか．この理由は次項に譲り運動量理論の理想効率の特徴をまとめると次の重要な事柄が明らかになる．

- プロペラ荷重度C_tが小さくなるほど効率η_iは上昇する．
- （4.75）式から，同一の推力Tおよび船速Vの下でC_tを小さくするためにはプロペラ直径Dを大きくすればよい．
- よって，一般的に船のプロペラを大直径（低回転）にすると推進効率が向上する．

3）実際のプロペラ

図4-21にプロペラの渦モデルと翼面への流入速度線図を示す．プロペラは機関からの動力を得て回転しながら船を押して船速 Vs（kt）で航走する．$v_s = 0.5144Vs$（m/s）とすれば船体の伴流の影響を受けてプロペラに流入する流速はv_a（$= v_s(1-w)$）である．半径rでの翼素は周速$2\pi nr$とv_aとの合速度W（$=\sqrt{v_a^2+(2\pi nr)^2}$）で翼素に流入する．流入迎角は（$\phi - \beta$）であるが，図4-21に示すように有限翼による誘導速度w_x，w_tにより迎角が減少して真の流入迎角a_i，合速度W*で流入する．ここで，ϕは翼素のピッチ角，βは流入速度・周速による流入角である．

水を後方に加速し推力を出す．図4-18からわかるように，プロペラの翼端から自由渦を放出

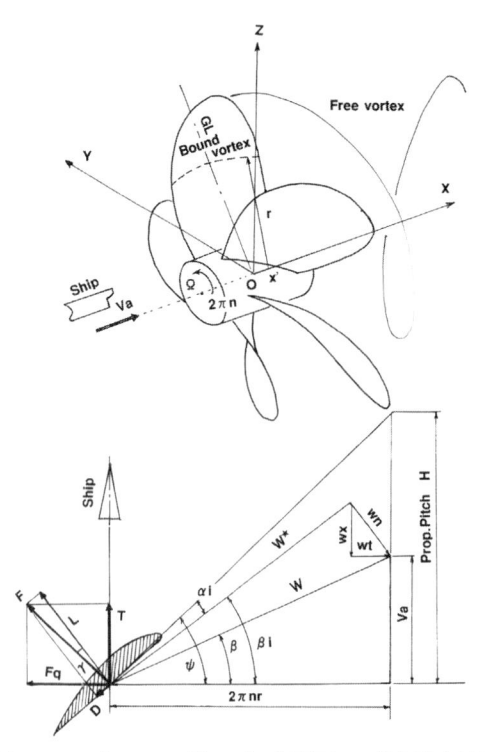

図4-21 プロペラの渦モデルと翼面への流入速度線図

4.4 プロペラの押す力・推力

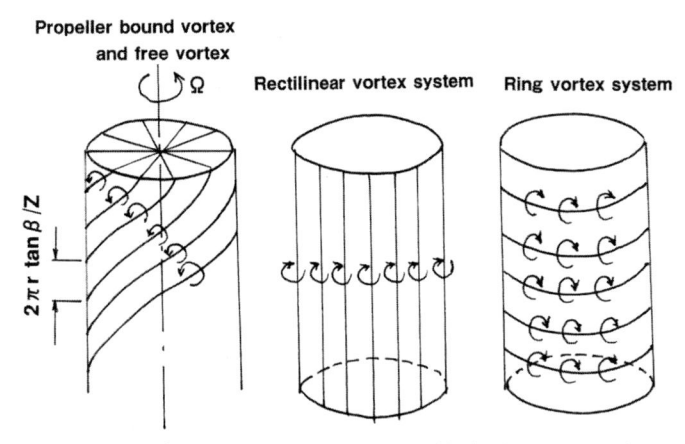

図4-22 プロペラ渦モデルと渦の分解（直線状渦と円環状渦）

しながら図4-21中に示すような形で船は進む．図4-22のプロペラ渦モデルと渦の分解にみるように，この3次元的な螺旋渦はベクトル解析を使うと，運動量理論で述べたように水を後方に加速するための渦（円環状渦）とプロペラ後流に回転流を与える渦（直線状渦，回転エネルギーによる損失の原因となる）に分けられる．

ここで図4-20に戻り，運動量理論の理想効率 η_i 曲線①と実際のプロペラ効率 η_p 曲線③を注目してみる．Container船対応の $\sqrt{Ct} \fallingdotseq 1$ 付近で両者の効率はそれぞれ，$\eta_i = 0.83$，$\eta_p = 0.65$ であり，$\eta_p/\eta_i = 0.78$ で実際のプロペラは22%だけ効率が減少している．Tanker対応の $\sqrt{Ct} \fallingdotseq 1.4$ では $\eta_i = 0.74$，$\eta_p = 0.55$ であり $\eta_p/\eta_i = 0.74$ で26%だけ効率が減少している．このプロペラ効率の低下は次の2要素によりもたらされる．(i)後流の回転によるエネルギーのロス（図4-22：プロペラ後方の流体が回転方向に誘導回転させられている）に起因してプロペラ効率が約10%低下する．(ii)水の粘性による翼面の粘性抵抗に基づくもので約15%低下する．この内訳は図4-20の②の曲線から得られる．このように実際のプロペラは理想プロペラに対して合計で22%～26%の余分なトルクが消費されてプロペラ効率が減少している．このロスは回収できるのであろうか．(ii)の粘性影響によるロスを大巾に取り戻すことがむずかしいが，(i)の後流の回転エネルギーのロスについては図中のD線に示すように二重反転プロペラ（CRP：contra-rotating propeller）の装備により回収可能であり，約8%回復できる．また，グリムベーンホイール（Grim vane wheel）の装着によりE線のように約4%回復できる（165～167頁および203頁，図4-20参照）．

プロペラの前進速度，回転数，推力，トルク（v, n, T, Q）が推定あるいは計測されるとプロペラ効率 η_O は次式で求められる．

$$\eta_O = vT/2\pi nQ = vT/P \tag{4.78}$$

η_O の添え字の "o" は船が装備されていない単独プロペラの特性（open characteristics）であることを示す．η_O の代りに η_p と書くこともある．

4.4.2 プロペラの性能と設計チャート

図4-23にプロペラ形状と用語の定義を示す．プロペラ設計とはその船が与えられた機関動力で航海速力 V_S が得られるような最良なプロペラ要目・形状を設計することで，最終的に図4-23のような図面が作られプロペラが製造される．船体抵抗 R に打ち勝つ推力 T（この時のトルクが Q，毎秒回転数が n とする）を出す最高効率 η のプロペラ（動力は $P_D = 2\pi nQ$）を得るにはプロペラ理論による方法と実験的方法がある．理論的方法には前項で述べた無限翼数渦理論，揚力線理論から揚力面理論を経て最近では揚力体理論やCFDなどの方法があるが，特性に及ぼす複雑な粘性影響などが十分に解明できていないこともあり実験データにより合理的に補正して精度向上を図る．歴史的に実験的方法で蓄積されたプロペラ設計チャートは極めて精度の高いデータベースでこれによっても十分に要求を満たすプロペラが設計可能であるが，さらなる最良プロペラ取得の初期値としても使用される．プロペラチャートには，①プロペラ設計チャート（BP Chart：一例，図4-24）と②単独特性チャート（Propeller Open Characteristics Chart：POC：一例，図4-25）の2種類ある．プロペラ設計の手順に沿ってそれらの使用法を説明すると次のとおりである．なお，詳細は付録—実船の馬力計算とプロペラ設計の演習—を参照のこと．

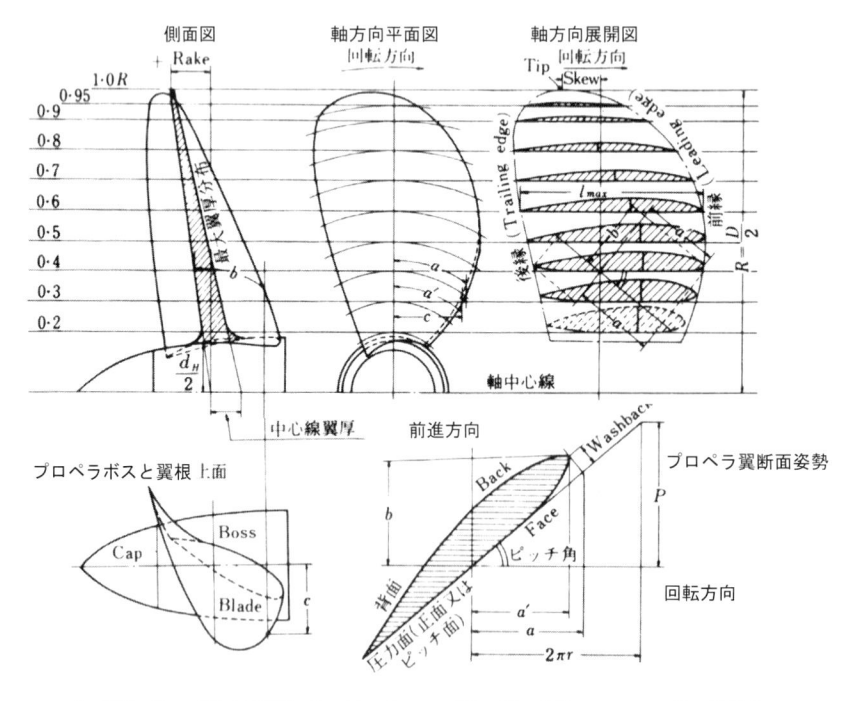

Z：翼数、D：プロペラ直径、P：ピッチ、p = P/D：ピッチ比、t = t_{CENTER}/D：翼厚比、b = D_B/D：ボス比、$a_E = A_E/A_O$：展開面積比、$a_P = A_P/A_O$：翼投影面積比
ただし、A_E、A_P：ボス部を除く全翼展開面積、投影面積、A_O：プロペラ全円面積 $\pi D^2/4$、$a_P/a_E \fallingdotseq 1.067 - 0.229p$

図4-23 プロペラ形状と用語の定義

4.4 プロペラの押す力・推力

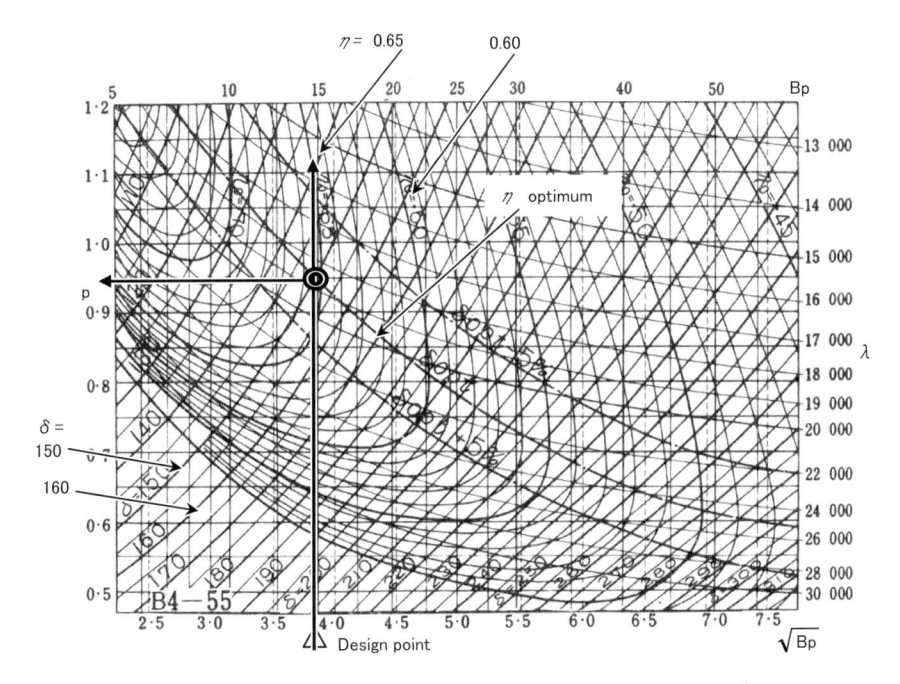

図4-24 プロペラ設計チャート（BP Chart: Troost B4-55）

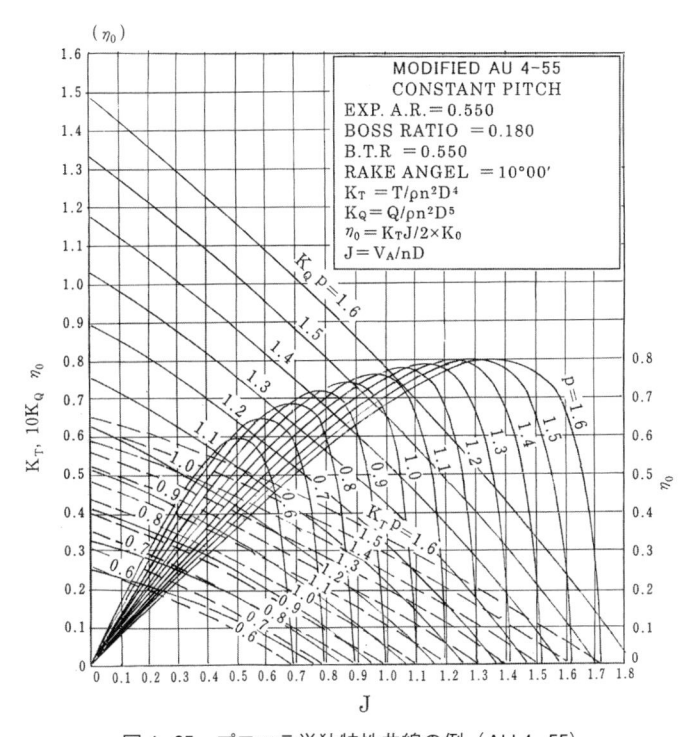

図4-25 プロペラ単独特性曲線の例（AU 4-55）

第4章　船の性能と理論

設計条件の準備：

- 設計船のLinesとPropeller aperture形状（プロペラが納まる船尾の間隙形状）
- 初期馬力曲線：EHP＆DHP〜Vsのグラフ
- プロペラへの流入速度Va：伴流係数1－wを推定してVa＝Vs（1－w）を求める．
- 搭載機関のタイプと定格：馬力と回転数

1) BP Chartによるプロペラ設計

Bp Chartは設計条件を与えて，プロペラの要目，形状を取得する設計図表である．

① 設計条件：搭載機関（P：馬力，N：プロペラ回転数rpm），プロペラ流入速度Va（kt）

② BP Chart（一例，図4-24）で設計：P，N，V_aから（4.79）式で求めたBpを与えてδ，p，η_oを読みとる．δからDを得る．

$$B_p = P^{0.5} N / V_a^{2.5} \qquad (4.79)$$

ここで，Bp：出力係数，δ：直径係数，$\delta = ND/V_a$，P：軸馬力，N：プロペラ回転数rpm．

なお，Bp chartは系統的に主要目を変化させた多数の模型プロペラの単独特性試験結果をプロペラ設計用にまとめた図表で，翼数Zと展開面積比a_eごとに用意されている．推進効率，船体振動，キャビテーション性能の3点を考慮しながら最終的に図4-23に示すようなプロペラの全要目と形状（Z，D，p，a_e，b，翼厚，プロペラ輪郭等）を設計する．

③ 設計プロペラの要目決定：

- 翼数Z，プロペラ直径D，プロペラ効率η_o，プロペラピッチ比p，展開面積比a_e，ボス比b

④ 形状（輪郭，翼厚，各半径の翼型オフセット，ボス形状）の設計：設計データより形状を計算してプロペラ設計書を作製する

⑤ 設計プロペラの製作図面（図4-23）作成：プロペラ設計書を基にプロペラメーカーにより製作図面が作製されプロペラが鋳造される．

2) 単独特性チャート

歴史的プロペラ系統模型試験によるプロペラ単独特性チャート（POT Chart：K_t，K_q，η_o〜J）が図4-25の形でまとめられている．単独特性チャートは，プロペラ種類，Z，p，a_eのパラメータ別に用意されている．①で設計したプロペラ要目（Z，p，a_e，b）に対する特性値を補間して求め設計プロペラの単独特性を推定する．

$$（注）\quad K_t = T/\rho n^2 D^4, \quad K_q = Q/\rho n^2 D^5, \quad \eta_0 = (J/2\pi)(K_t/K_q), \quad J = v_a/nD \qquad (4.80)$$

ここで，T：推力，Q：トルク，n：回転数（rps），ρ：海水密度，D：直径（m），K_t：推力係数，K_q：トルク係数，η_o：プロペラ効率

プロペラ設計の目的は，①高効率のプロペラ要目，②居住性（起振力が小さく，船体振動や騒

4.4 プロペラの押す力・推力

音が低い），③安全性（翼折損やエロージョンのない）を満足する最適なプロペラを設計することである．図4-26のプロペラ設計における検討課題に示すようにこれらが複雑に絡み合うので1回の試行ですべての目標を満たす最適プロペラを設計することが難しく，トレード・オフ（trade off）設計となる．図4-27に実船に装着された4翼プロペラの装備状況を示す．

設計条件：馬力、回転数、船速		プロペラ作動環境	設計対象	設計手段	評価項目
船体	●船尾形状 プロペラ軸位置 チップ- クリアランス ●機関 ・タイプ	●伴流分布 ・平均値 ・不均一伴流分布 ・船体、舵干渉 ●没水深度 ・cavitation	●プロペラ 要目・翼数 翼型・輪郭 ピッチ分布 効率 ●起振力 ●騒音レベル ●エロジョン	●実験的方法 ・単独特性 ・流入流場 ・cavitation ●理論的方法 ●database	●推進性能 ・効率 ●船体振動 騒音 ●水中雑音 ●設計強度 ・材料、荷重 ・疲労強度
機関		・プロペラのタイプ、運転条件			

研究テーマ：プロペラ性能／省エネプロペラ／ＢＦ／ＳＦ／キャビテーション／ノイズ／強度応力／特殊推進

図4-26　プロペラ設計における検討課題

図4-27　実船に装備されたプロペラ（4翼）
（株式会社サノヤス・ヒシノ明昌提供）

第4章　船の性能と理論

4.5　船の操縦性能

　大洋を航行する船は目的地に船首を向けて真直ぐに進んでいるように見えるが，絶えまなく押し寄せる風波や海流，潮流に流され波に揉まれ，時には避航操船をしながら操舵を繰り返して船は進む．港が見え，関門を通過する頃から操舵室は船長を中心に急にあわただしくなり，緊張感がみなぎる．操舵員は船長の指令を復唱しながらゆっくりと，しかし，絶え間なく舵を微かに右へ左へときり，エンジンテレグラフのレバーのノッチボタンに指をかけ，行き交う他船に注意する．船は時折汽笛を鳴らしながらゆっくりと鷹揚に桟橋に向かって進む．やがて船はプロペラ，舵，サイドスラスターを自在に操り見事に着岸して舫綱がボラードに掛けられる．船上のウインチでぐいぐいと綱が巻き上げられてやがて船はぴたりと岸壁に横付けとなる．これから連想されるように，船は直進時の推進性能のみならず，大洋航行時および港内航行時における旋回，停止，後進などさまざまな操縦運動性能が重要なことがわかる．

4.5.1　船はどのように旋回するのか

　操縦性能の3要素として，1) 旋回性，2) 操舵による追従性，3) 進路安定性があげられる．

1) 旋回性能

　図4-28に船の旋回時の航跡を示す．旋回性とは操舵をしたときの定常旋回の強さであり，旋

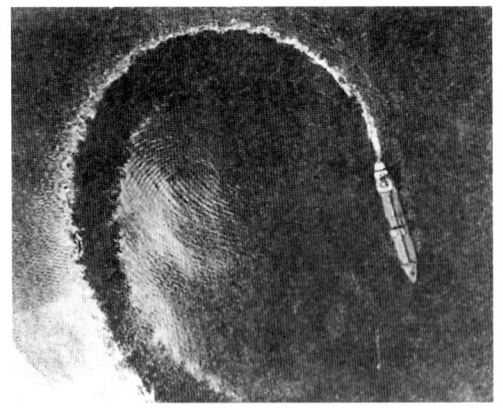

図4-28　実船の旋回時の航跡
（川崎重工業㈱撮影）

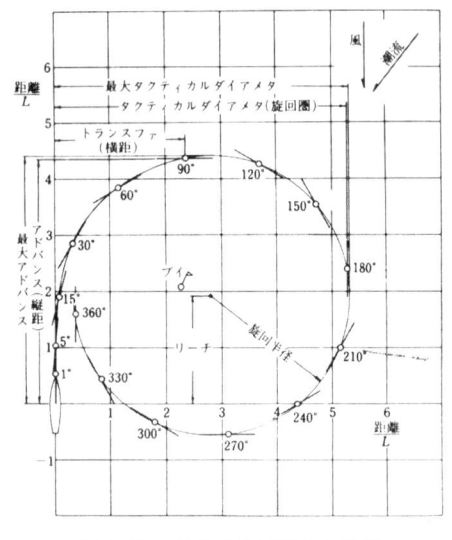

図4-29　船舶の旋回運動と定義

回の角速度と操舵角度の比が大きいほど旋回性がよい．船の最大舵角は一般に35度程度であるので，同一寸法の船では旋回直径が小さいほど旋回性がよいことになる．直進中の船が右舷に舵角を取った後はどのように運動するのだろうか？　図4-29に旋回時の一般的特徴を図示した．船は転舵後，微小距離だけ外側に横滑りし，その後，右舷側に船首をわずかに内側に向けながら旋回しはじめる．回頭角度ϕが90度，180度，270度と旋回し定常旋回半径Rに収束する．

　$\phi = 90°$になる縦方向の距離はアドバンス（縦距D_A），ϕが180度になる横方向の距離はタクティカルダイアメータ（横距D_T）と呼ぶ．それぞれ最大になる距離はそれらよりも少し大きく，最大アドバンスD_{Amax}，最大タクティカルダイアメータD_{Tmax}と呼ぶ．これらは船長Lの比で表すとその大きさが実感できて便利である．

　アドバンスの実績値$D_{Amax} \sim L$が図4-30に，タクティカルダイアメータの実績値$D_{Tmax} \sim L$が図4-31に示される．これらの図によると，船の到達する最大距離はかなり大きく船の種類により異なる．船の長さをLとして，肥大したタンカーでは，$D_{Amax}/L = 3.0 \pm 0.5$，$D_{Tmax}/L = 3.0 \pm 0.5$である．船長が350mのVLCCではともに1050±175m程度である．痩せ型のコンテナ船では$D_{Amax}/L = 4.0 \pm 0.5$，$D_{Tmax}/L = 4.5 \pm 1.0$である．船長が350mの船では$D_{Amax} = 1400 \pm 175$m，$D_{Tmax} = 1575 \pm 350$mと大きくなる．これらの値は最大舵角約$\delta = 35°$の結果であろうから，L=350mの船では，通常，旋回海域として，縦横で2×2km程度の広い領域を念頭に置いておかなければならないことがわかる．旋回直径を小さくするには大きな舵面積Arを採用すればよいが，これのみでは，後述のように，操舵による船の応答が敏感になりすぎて追従性が悪化する．

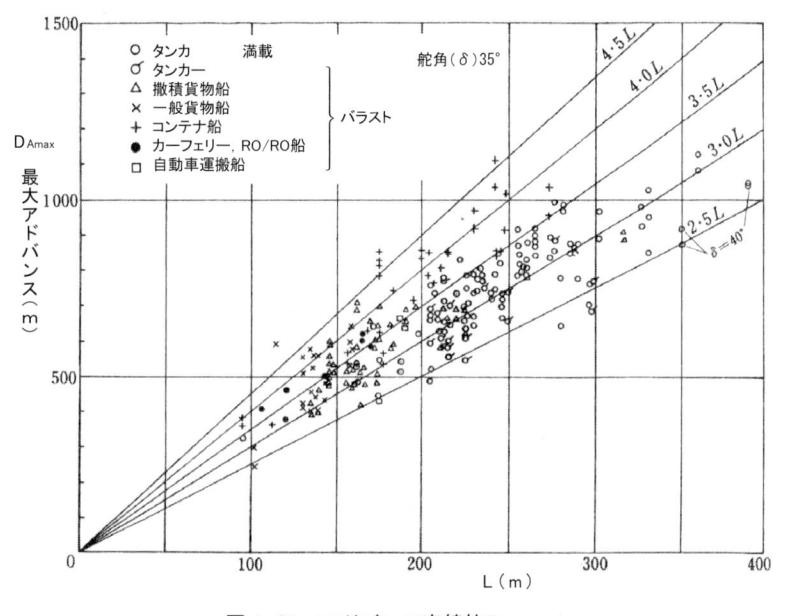

図4-30　アドバンス実績値$D_{Amax} \sim L$

第4章 船の性能と理論

図4-31 タクティカルダイアメータ実績値 D_{Tmax}〜L

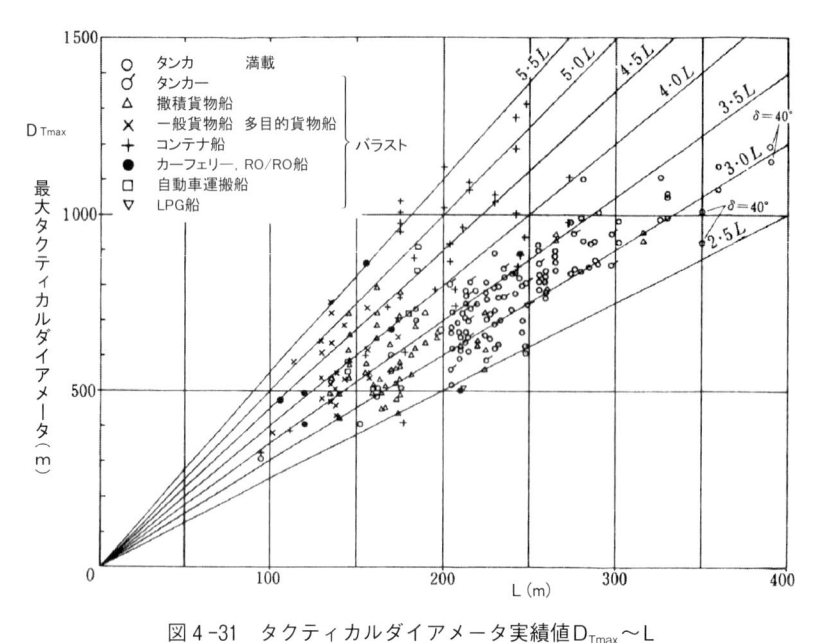

(図4-29〜図4-31 関西造船協会『造船設計便覧第4版』より)

2) 追従性能

追従性には次の2要素がある．

①操舵に対する追従性：操舵後速やかに定常旋回に入る能力でこの運動遅れが少ないほど追従性が良い．

②進路安定性：直進中に突発的な横風や横波等の外乱を受けて回頭運動（船の進路を曲げる運動）が生じた場合，舵を動かさなくても速やかに減衰して直進に静定する能力で，この能力が高いほど進路安定性が良い．

船の操縦性には船の主要寸法，形状，船尾の形，推進器軸数・配置，舵の枚数，舵面積が関係する．舵面積がもっとも直接大きな影響を与えるが，この選び方は，旋回性と追従性に相反的に影響するので適度な選択が必要である．

4.5.2 走り出すと止まらない

船体を停止および後進させるにはプロペラの推力を逆転させる必要がある．このためには通常の固定ピッチプロペラ（FPP：Fixed Pitch Propeller）では回転数を逆転させ，可変ピッチプロペラ（CPP：Controllable Pitch Propeller）ではプロペラのピッチをマイナス側に変節する．特に巨大なエンジンに直結しているFPPの場合は即座に逆転させることはできないので，燃料を遮断してしばらくプロペラを遊転させた後，回転が低下した時点で逆転させる．船は徐々に減速し蛇行しつつやがて船体停止に至る．直進状態でこの操作を行ってもその後の航跡は直線でなく右

回りプロペラの場合は左舷方向に蛇行する傾向がある．衝突回避の見地からその船の停止・後進制動力とその航跡を把握することは重要であり，造船所の試運転では旋回試験，Z試験とともに危急停止・後進試験が必ず行われる．

図4-32にVLCCタンカー（排水量243,296 t）の後進全力停止操作（危急停止：Crash stop）時の航跡と舵角35度旋回時の航跡の例が示される．後進試験は初速度16.7kt，12kt，6kt，3ktの4種類の後進全力をかけたときの航跡が示されている．また旋回の場合は16.7kt，$\delta = 35°$で左旋回をした場合である．16.7ktで直進してきた船は，約16分後に最大アドバンス約2.8km，トランスファーは約2.2kmと初期進路から大きく左舷側に外れて停止している．旋回時の方は最大アドバンス，トランスファーとも約0.9kmであり後進全力時の船体停止距離は旋回直径の約3倍に達していることがわかる．初期船速が低い12ktの後進全力操作の場合も最大アドバンス約2.6kmと大きく，6ktにおいても約1kmと未だ旋回試験時アドバンス0.9kmよりやや大きな距離となっている．3ktでは300mと旋回直径の約30％となっている．

図4-33に後進停止操作時の最大アドバンスと旋回操船時の最大アドバンスが初期船速を横軸として比較してある．初期船速の大きさに対して後進操作ではアドバンスが直線的に増加するが，旋回操船ではほぼ一定の900mとなっている．これから最大アドバンスに着目すると，この船の場合は初期船速が約6kt以上では旋回操船によるほうが短く，6kt以下では後進操作のほうが短いことがわかる．以上から次のことがわかる．

船舶の後進操作による停止距離は予想以上に長く，かつ蛇行する傾向がある．広い海域を高速で航行しているときには衝突回避の観点からは旋回のほうが有利であるが，制限水路航行時などには旋回ができない場合もあり，その船の制動能力と操船法を十分に把握することが極めて重要

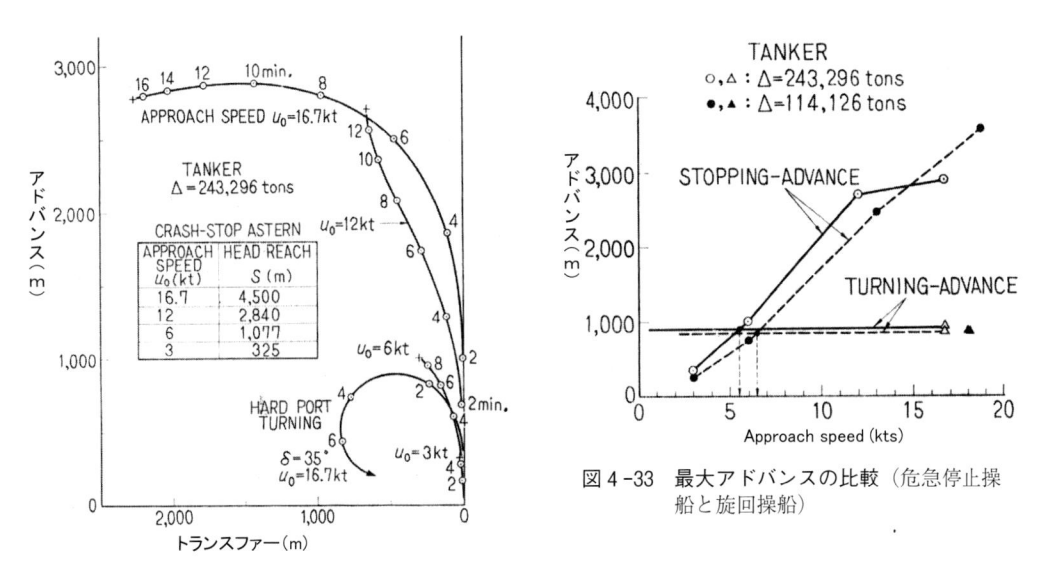

図4-32　タンカー船型（24万t）の航跡
（旋回と後進全力）

図4-33　最大アドバンスの比較（危急停止操船と旋回操船）

（図4-32，図4-33　日本造船学会『第2回操縦性シンポジウムテキスト（1970）』より）

である．

4.5.3　船の旋回のメカニズム

船の旋回や蛇行航走がどのようなメカニズムで行われるのかその概略を操縦運動方程式で理解しておく．図4-39（第4.6節）に示すように，船舶の運動は一般に3軸（x, y, z）方向の並進運動（前後揺れ（surging），左右揺れ（swaying），上下揺れ（heaving））と，3軸まわりの回転運動（横揺れ（rolling），縦揺れ（pitching），船首揺れ（yawing））から構成される．4.6節に述べる波浪中の船体運動ではこれら6成分の運動を考えなければならないが，比較的大きな船の操縦運動を論じる場合には水平面内の運動が主体的なのでsurging，swaying，yawingの平面運動の3成分で十分である．

図4-34に示すように，水平面内における空間固定座標系を$O-x_0 y_0$，船舶の重心Gを原点とする船体固定座標系$G-x_G y_G$を考えると，3成分としてのsurging，swayingおよびyawingに関する操縦運動方程式は次式のように表現される．

$$\begin{cases} m(\dot{u}_G - v_G r) = X_{G0} \\ m(\dot{v}_G + u_G r) = Y_{G0} \\ I_{zz}\dot{r} = N_{G0} \end{cases} \tag{4.81}$$

ここで，mは船体の質量，I_{zz}は重心Gを通る鉛直軸まわりの船体の慣性モーメント，u_G，v_Gは，x_G，y_G軸方向の速度成分，rは回転角速度である．右辺のX_{G0}，Y_{G0}，N_{G0}は船体に作用する前後力，横力および重心Gを通る鉛直軸まわりの回頭モーメントである．このとき，（4-81）式の右辺のX_{G0}，Y_{G0}，N_{G0}の中には付加質量（流体中で物体が加速度運動するときに周囲の流体を加速するために見掛け上質量が付加される）が含まれている．この項は事前に推定できるので左辺に移動しさらに付加質量の重心と船体重心との距離は小さいと仮定すると，（4.81）式の操縦運動方程式は（4.82）式のように書き直すことができる．

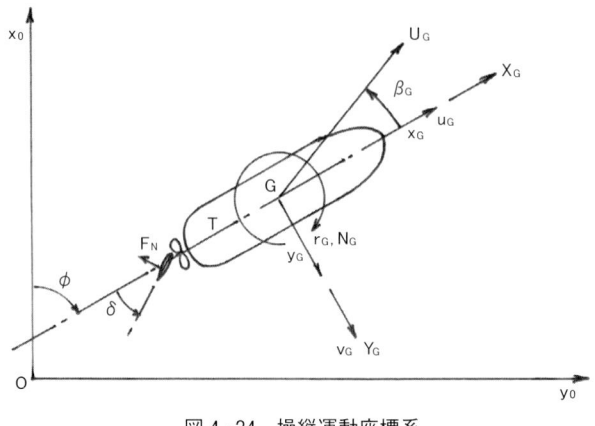

図4-34　操縦運動座標系

$$\begin{cases} (m+m_x)\dot{u}_G - (m+m_y)v_G r = X_G \\ (m+m_y)\dot{v}_G + (m+m_x)u_G r = Y_G \\ (I_{zz}+i_{zz})\dot{r} = N_G \end{cases} \quad (4.82)$$

ここで，m_x，m_y は船体の x_G，y_G 軸方向の付加質量，i_{zz} は重心 G を通る鉛直軸まわりの船体の付加慣性モーメントである．船体に作用する流体力 X_G，Y_G，N_G を X，Y，N と書くと，その内訳は，次式のとおりである．

$$\begin{cases} X = X_H + X_P + X_R \\ Y = Y_H + Y_P + Y_R \\ N = N_H + N_P + N_R \end{cases} \quad (4.83)$$

ここで，添え字 "H"，"P"，"R" は，船体，プロペラ，舵に作用する流体力の項である．操縦運動時には流れが船体の影になりプロペラや舵への流入速度が変化し，それにより個々の力が変化する．船体とプロペラ，舵の間に生じるこれらの流体力学的な干渉力も含めて表現される．流体力と船体形状，プロペラ要目と特性，舵形状と舵角，流入迎角に関する数学表示は，多くの理論的実験的研究結果をもとにしたモデル等によって与えられている．船体・プロペラ・舵要目と船の操縦条件を与え，初期値を与えて (4.82) 式の 3 元連立微分方程式を数値積分することにより，船の速度 u_G，v_G，r_G や旋回運動等の航跡が計算できる．

当然ながら，操縦運動には舵の力（直圧力）F_N が大きく影響する．舵の直圧力 F_N は次式で近似できる．

$$F_N = \frac{\rho}{2} A_R f_\alpha(\Lambda) U_R^2 \sin \alpha_R \quad (4.84)$$

ここで，A_R は舵面積，f_α は舵直圧力勾配係数で舵の縦横比 Λ の関数，U_R と α_R は舵への流入速度および流入角である．流入速度は船速とプロペラによる後方への加速流の速度で推定できる．α_R は舵角と船体旋回角速度，船体の影響等により推定できる．F_N から X_R，Y_R，N_R が決まる．

運動方程式 (4.82) 式と舵の直圧力 (4.84) 式からわかるように，船の旋回力を大きくして旋回半径を小さくする因子として次のことが予想でき実船性能向上に考慮されている．

- プロペラ後流中に舵を置く．
- したがって，2 軸船では 2 舵（つまり，2 軸 2 舵）が有効である．
- 舵面積を大きくとる．
- 舵のアスペクト比を大（縦長）とする．
- 舵角度を大きくとる．
- 操舵速度を速くする．
- 高い揚力を出す舵の工夫（例えば，端板（FIN）舵など）をする．

第4章 船の性能と理論

4.6　船の耐航性能

4.6.1　海の波とはどのようなものか

1) 風波の発生

　船の耐航性能とは船が大洋の風波の中を航海しうる能力である．激しい風波の中を船が航海するとき，船長は船が波にもまれて大きく上下，左右に揺れ，傾くのを体に感じながら操船室の窓から波の状況を凝視しつつ，目的地をめざした適切な針路を操舵手に伝える．船首がグーッと水平線の下に沈むと押し分けられた海水が衝撃的に船首舷側から凄まじい勢いで左右舷方向に排除される（口絵9）．立ち上がった水塊が船首甲板に大量に打ち込まれると同時に，飛沫が風に運ばれて激しい勢いで操船船橋の窓ガラスをビシッと叩く．甲板に打ち込まれた大量の海水は船首の上昇とともに流れ舷側から海面に流れ去る．これを繰り返して船は進む．船は運動するだけでなく船体外板や船殻構造物には波による衝撃荷重や繰り返し曲げの荷重が絶えずかかる．船の一生を約20年とすると，10^8回もの大小の繰り返し荷重を経験する．これらが原因で船が真二つに折れて沈んだ海難事故も多い．船の設計では，平水中の性能とともに，波浪中の性能が重要となる所以である．

　図4-35に風波の生成のイメージを示す．鏡のような水面も風が吹き始めると，気圧の微動と空気の摩擦抵抗により水面に漣ができる．一度，波ができると，波の傾斜面に風がじかに圧力を与えるので波は険しくなり，空気から水へのエネルギーの伝達がさらに大きな波に発展させる．まわりに波をさえぎる陸がない大洋ではどこか遠くから運ばれてきた風波とそこで新しくできた波が次々に合体して急激に大きな波となる．また，海面の風圧力の局所変動によりいろいろな大きさの波が起こり合成される．

　波が成長して，波高が増すが無制限に大きくなることはなく，波高波長の比 $H/\lambda \fallingdotseq 1/7$ 程度になると波頭が崩れ始める．砕波が起こるとそのエネルギーを受け入れられるもっと安定した長い波に変化して行く．同時に，大きな波の斜面には小さな波が次々に生成する．このように風が波より速く動いているところでは，波高の増大とともに波長の広い範囲にわたるスペクトルが存在する波を形成するように発達しつづける．風波の大きさに影響する3つの要素は，風速，継続時間，吹送距離である．

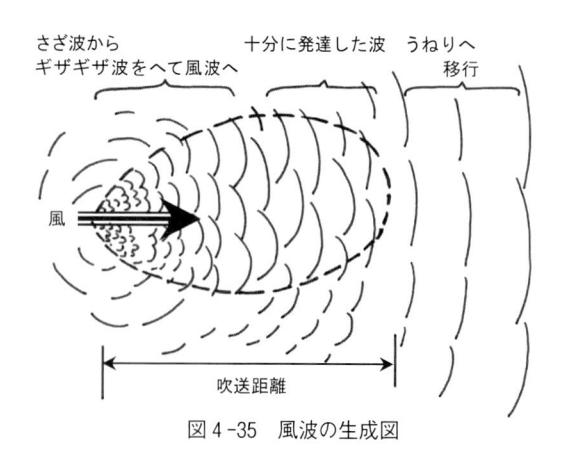

図4-35　風波の生成図

2) 不規則波海面

波浪水槽で起こした2次元波は波の峰と谷がそろい，波高 H，波長 λ，周期 T がはっきりとした正弦波である．これは規則波と呼ばれ，後に示すが (4.85) 式のように振幅 ζ_a と円周波数 ω（あるいは波周期T）が与えられると形が決まる．しかし，実際の海面はこれから想像ができないほど複雑な不規則波である．波の峰は短く波高もばらばらで独立に上下に変動し，捉えどころのない不規則波の波高，波長，周期はどのように特徴づけるのであろうか．これには有義波高（Significant wave height）という概念が考えられている．これは次のようなものである．波高 H は，ある地点で基準海面からの高さなので波高計などを使えば時系列データを計測できる．ある海域の不規則波の波高データを長時間計測し波高の高い方から順に並べる．そして高いほうから1/3の数のデータだけをとって残りを捨てて平均した数値を1/3平均波高（$H_{1/3}$，H_W と表記）といい有義波高と呼ぶ．同じように1/10をとって平均した1/10平均波高（$H_{1/10}$）と名づける．また，不規則波の水位零を通過する時間から次々に求めた周期を平均して平均波周期 T_{01} を定義すると，規則波と同じような感覚で不規則波の波高，周期が（$H_{1/3}$, T_{01}）と規定でき，統計的ではあるが波の大きさが数値的に把握できる．

ピアソンによると，図4-36に示すように，多数の波長をもつ純正弦波がそれぞれ特有の波高，波長，波向き H，λ，ϕ をもってランダムに重ね合わされて不規則な風波ができているというモデルを作った．つまり，峰が重なった所は高く盛り上がり谷が重なった所は低く，そして峰と谷が重なった所はそれぞれ弱めあって不規則波ができるとした．さらに，ピアソン・ノイマンは波のエネルギー・スペクトルと言う概念を導入して波を記述する方法を発展させた．

図4-37は，ピアソン・ノイマン・ジェー

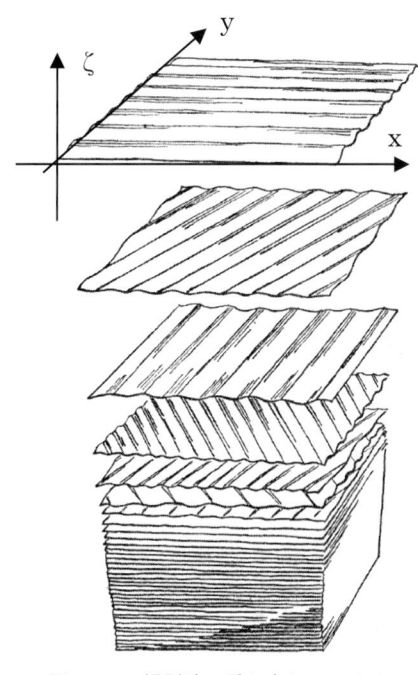

図4-36 規則波の重ね合わせによる不規則波の生成（ピアソン）

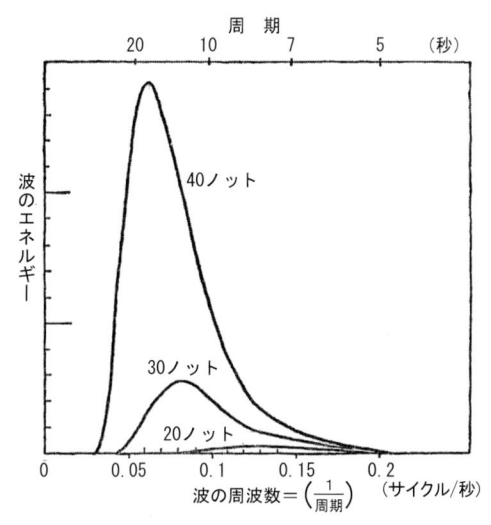

図4-37 不規則波のエネルギー・スペクトル分布

第4章　船の性能と理論

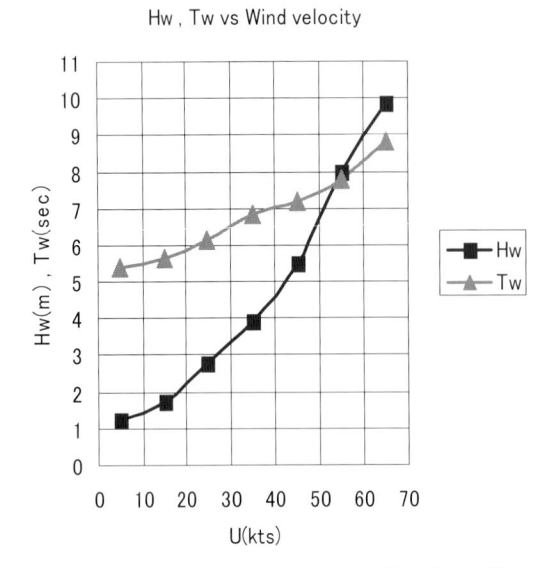

Hw, Tw vs Wind velocity

図4-38　1/3有義波高と平均波周期：北大西洋
（110°E-170°W, 0°-50°N：1964-1973）

ムスが求めた3種類の風（風速20kt，30kt，40kt）の連吹によって完全に発達した不規則波のエネルギー・スペクトルの傾向を示す．横軸に波周波数（1/波周期）をとり風速をパラメータとした時の波のエネルギー分布が示されている．これと図4-38の有義波高と平均波周期分布と併せて考察する．風速20ktで発達した波の高さは約2.2mでエネルギーの大勢は周波数帯0.09～0.2（1/sec）（周期5～11秒）に分布するがピークは0.14（1/sec）（周期7秒）にある．30ktでは平均波高3.3mで周波数帯0.04～0.2（1/sec）（周期5～25秒）に分布するがピークは0.8（1/sec）（周期12秒）となる．40ktでは平均波高4.5m程度で，5秒から30秒に分布するが，鋭いピークは17秒にある．

この図からわかる一般的性質は次のとおりである．風速が増すと
①波に蓄えられるエネルギーが著しく増す．
②波のピークの周波数が小さくなる（周期が長くなる）．

風波生成に関する研究が行われ，風速，継続時間，吹送距離の関係もまとめられている．ここには詳しくは示さないが，これによると，

- 20ktの風が起こし得る波を極限まで発達せしめるためには最小75マイルの距離を少なくとも10時間吹き続けなければならない．起こる波の10％の平均波高（$H_{1/10}$）は約3mとなる．
- 50ktの風の場合は，1500マイルの吹送距離で3日間連吹する必要があり$H_{1/10}$は約30mとなる．しかし，暴風がこれほどの規模で長時間持続することはまれである．

図4-38は北大西洋で充分に発達した海洋波の計測結果を解析して求められたもので1/3有義波高，平均波周期と風速U（kt）の関係を示したものである．有義波高と平均波周期は風速20ktの風では2.2m，6秒，40ktの風では4.6m，7秒と推定できる．

表4-1と表4-2にBeaufort風力階級と波浪階級を示す．船舶設計時にはある風浪階級下の海域での波浪中の運動を推定する必要が生じるが，そのために必要な波浪条件Hw（m），Tw（sec）は，図4-38，表4-1，表4-2の関係を組み合わせることにより推定することができる．

4.6 船の耐航性能

表4-1 Beaufort風力階級　　　　気象庁船舶気象観測指針(1975)

階級	名称	解説 海上	解説 陸上	風速 m/sec	風速 kt	参考波高 m
0	静穏 Calm	鏡のような海面.	静穏, 煙はまっすぐに上る.	0.0〜<0.3	<1	−
1	至軽風 Light air	うろこのようなさざなみはできるが波頭に泡はない.	風向は煙がなびくのでわかるが風見には感じない.	0.3〜<1.6	1〜<4	0.1 (0.1)
2	軽風 Ligth breeze	小波の小さいもので, まだ短いがはっきりしてくる. 波頭は滑らかに見え砕けていない.	顔に風を感ずる. 木の葉も動く. 風見も動き出す.	1.6〜<3.4	4〜<7	0.2 (0.3)
3	軟風 Gentle breeze	小波の大きいもの, 波頭が砕けはじめる. 泡はガラスのように見える. ところどころ白波が現われることがある.	木の葉や細い小枝が絶えず動く. 軽い旗が開く.	3.4〜<5.5	7〜<11	0.6 (1)
4	和風 Moderate breeze	波の小さいもので長くなる. 白波がかなり多くなる.	砂ぼこりが立ち, 紙片がまい上る. 小枝が動く.	5.5〜<8.0	11〜<17	1 (1.5)
5	疾風 Fresh breeze	波の中位のもので一層はっきりして長くなる. 白波が沢山現われる. しぶきを生ずることもある.	葉のある灌木がゆれはじめ池や沼の水面に波頭がたつ.	8.0〜<10.8	17〜<22	2 (2.5)
6	雄風 Strong breeze	波が大きくなりはじめ, いたる所で白く泡立った波頭の範囲が一層広くなる (しぶきを生ずることが多い).	大枝が動く, 電線が鳴る. かさはさしにくい.	10.8〜<13.9	22〜<28	3 (4)
7	強風 Moderate gale	波はますます大きくなり, 波頭が砕けてできた白い泡はすじを引いて風下に吹流されはじめる.	樹木全体がゆれる. 風に向って歩行困難となる.	13.9〜<17.2	28〜<34	4 (5.5)
8	疾強風 Fresh gale	大波のやや小さいもので長さが長くなる. 波頭の端は砕けて水煙となりはじめ, 泡は明瞭なすじを引いて風下に吹流される.	小枝が折れる. 風に向ってはまず歩けない.	17.2〜<20.8	34〜<41	5.5 (7.5)
9	大強風 Strong gale	大波, 泡は濃いすじを引いて風下に吹流される. 波頭はのめり, くずれおち, 逆巻きはじめる. しぶきのため視程がそこなわれることもある.	人家に少し位の損害が起こる. 煙突が倒れ, 瓦がはがれる.	20.8〜<24.5	41〜<48	7 (10)
10	全強風 Whole gale	波頭が長くのしかかるような非常に高い大波. 大きなかたまりとなった泡は濃い白色のすじを引いて風下に吹流される. 海面は全体として白く見える. 波のくずれ方ははげしく衝撃的になる. 視程はそこなわれる.	陸地の内部では珍しい. 樹木が根こそぎになる. 人家に大損害が起こる.	24.5〜<28.5	48〜<56	9 (12.5)
11	暴風 Storm	山のような高い大波 (中小船舶は一時波の蔭に見えなくなることもある). 海面は風下に吹流された長い白い泡のかたまりで完全におおわれる. いたる所で波頭の端が吹きとばされて水煙となる. 視程はそこなわれる.	めったに起こらない. 広い範囲の破壊を伴う.	28.5〜<32.7	56〜<64	11.5 (16)
12	台風 Hurricane	大気は泡としぶきが充満する. 海面は吹きとぶしぶきのために完全に白くなる. 視程は著しくそこなわれる.		>32.7	>64	>14

表4-2 波浪階級　　　国際気象通報式 第3版(WMO Code 3700)

	階級	説明		波高 m	
風浪階級	0	Calm (glassy)	鏡のように滑らかである	0	(0)
	1	Calm (rippled)	さざ波がある	0〜0.1	(0〜0.5)
	2	Smooth (wavelets)	滑らか, 小波がある	0.1〜0.5	(0.5〜1.0)
	3	Slight	やや波がある	0.5〜1.25	(1.0〜2.0)
	4	Moderate	かなり波がある	1.25〜2.5	(2.0〜3.0)
	5	Rough	波がやや高い	2.5〜4.0	(3.0〜4.0)
	6	Very rough	波がかなり高い	4.0〜6.0	(4.0〜6.0)
	7	High	相当荒れている	6.0〜9.0	(6.0〜9.0)
	8	Very high	非常に荒れている	9.0〜14.0	(9.0〜14.0)
	9	Phenomenal	異常な状態	14.0〜	(14.0〜)
うねりの階級	0	No swell	うねりがない	0	
	1	Low swell { Short or average lengh	短くまたは中位の } 弱いうねり	} 0〜2	
	2	{ Long	長く		
	3	Moderate swell { Short	短く	} 2〜4	
	4	{ Average length	中位の } やや高いうねり		
	5	{ Long	長く		
	6	Heavy swell { Short	短く	} 4〜	
	7	{ Average length	中位の } 高いうねり		
	8	{ Long	長く		
	9	Confused swell	2方向以上からうねりが来て海上が混乱している場合		

(表4-1, 表4-2 関西造船協会『造船設計便覧第4版』より)

4.6.2 船の揺れ

1) 規則波中の船体運動と応答関数

規則波中を船が走る場合，波の来る方向と船の進む方向に依存して船は複雑に運動する．船の運動は図4-39に示すように6自由度の運動を起こす．すなわち，

① 3種類の並進運動：x軸方向の前後揺（surge），y軸方向の左右揺（sway），z軸方向の上下揺（heave）

② 3種類の回転運動：x軸周りの横揺（roll），y軸周りの縦揺（pitch），z軸周りの船首揺（yaw）

のようである．

このうち，船が縦波中（船首や船尾方向から来る波に直角に航走する）に置かれた場合は図4-40（右図）のように規則的な縦運動（pitch, heave, surge）を生じる．船体形状は左右対称なので横方向の運動（roll, sway, yaw）は理論的には発生しない．

一方，船が真横からの波を受けると図4-40（左図）のように規則的な横運動（roll, sway, yaw）とheaveを生じる．

船体運動の実験方法について概略を述べる．縦波中の実験については長水槽の端面で造波機により波を起こして行われる場合があるが，すべての波向き（斜め波中）での実験は正方形状の大きな角水槽で行われる．実験の手順は次のとおりである．

① 対象実船の設定

② 模型船の製作：縮尺係数 a（L_{ship}/L_{model}）の相似模型船（通常，全長2～3m程度）を作る．

③ 造波機で起こす波の設定：実波高を模型スケールに換算し，振幅 ζ_a（波高 $H = 2\zeta_a$），波長 λ（深

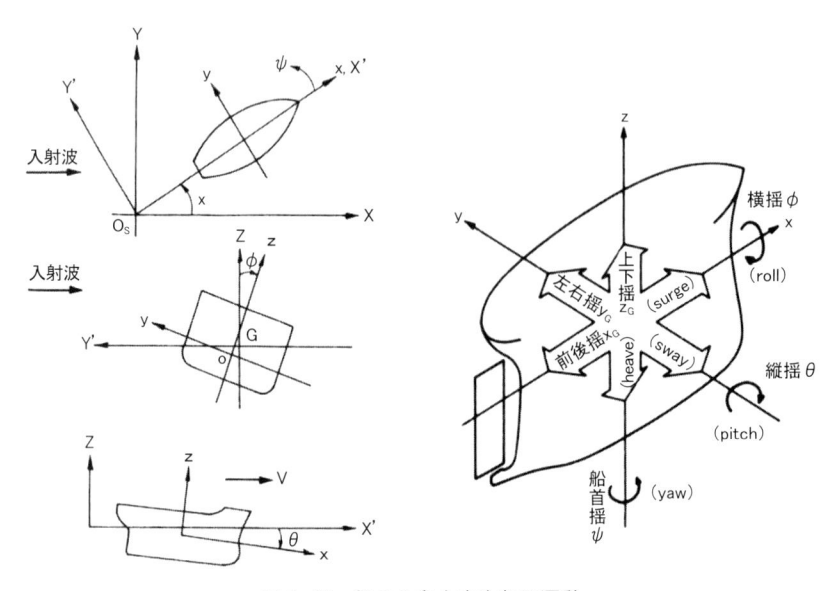

図4-39 船の6自由度全部の運動
(関西造船協会『造船設計便覧第4版』より)

4.6 船の耐航性能

図4-40 船の縦揺れ，横揺れ
①船の重心の上下運動……上下揺れ　　③左右軸の回りの回転運動……縦揺れ
②前後軸の回りの回転運動……横揺れ　　④上下軸の回りの回転運動……船首揺れ

海波では (4.2)～(4.4) 式より $T=0.793\sqrt{\lambda}$ の関係がある）の規則波を設定する．模型スケールの波周期と波高はFroudeの相似則によりそれぞれ実船の $\sqrt{\alpha}$ 倍，$1/\alpha$ となる．なお，船体運動がほぼ波高に比例するという線形の仮定が成り立つ範囲の実験では，計測した船体運動量は応答関数として波高で無次元化して使用されるため波高は厳密に相似にする必要はない．

④計測準備：模型船の縦慣動半径を実船と相似に合わせる．舷側に満載喫水線，各水線，S.S.（square station）の線を記入し，ビデオ等による船体運動の観測量が把握できるようにする．曳航台車に船体運動計測装置を設置する．模型船にバラストを積み込み，喫水，トリムを合わせる．計測装置に模型船を取り付ける．

⑤船体運動計測：各種の規則波（振幅 ζ_w，角周波数 ω（$T=2\pi/\omega$））を起こし，その中を所定の船速Vで曳航，あるいは自航させて船体運動を計測する．

6自由度のため6モードの船体運動が起こるが，簡単のために向かい波中の実験を想定して関連式を書くと，

規則波　　：$\zeta = \zeta_a \cos(\omega t - kx)$ 　　　　　　　　　　　　　　(4.85)

船体運動：$S_i = S_{ai} \cos(\omega_e t + \varepsilon_i)$ 　　　　　　　　　　　　　(4.86)

出会い円周波数：$\omega_e = \omega + kV$ 　　　　　　　　　　　　　　　(4.87)

となる．ここで，V：船速，ζ：入射波高，ζ_a：波振幅，ω：入射波の円周波数，k：入射波の波数，S_i：iモード船体運動量，S_{ai}：iモードの運動振幅，ω_e：出会い円周波数で ω との差異は音の問題におけるドップラー効果，すなわち入射波の進行方向成分の波速が $-V$ だけ増加したことによる．ε_i：iモードの船体運動の位相

波振幅 ζ_a を一定にして，種々の波長 λ（あるいは円周波数 ω，波周期 T）の規則波中で実験すると，ピッチング等の船体運動振幅 S_{ai}，位相 ε_i が波長 λ の関数として得られる．これから単位波振幅あたりの運動振幅 $S_{ai}(\lambda)/\zeta_a$，すなわち船体運動の応答関数が得られる．斜波中の実験では，6自由度（iモード）について，波の入射角度 χ を変えて船体運動振幅 S_{ai}，位相 ε_i を求めれば応答関数 $S_{ai}(\lambda;\chi)/\zeta_w$ として求められる．応答関数を $A(\lambda;\chi)$ とおく．$A(\lambda;\chi)$ は実験で求められるが最近では船体運動計算プログラムによっても高い精度で計算可能であり船舶設計に使用されている．T，λ，k，ω の間に深海波の性質 (4.2) 式～(4.4) 式があり，λ は次式で ω に変換される．

第4章 船の性能と理論

$$\omega = \sqrt{\frac{2\pi g}{\lambda}} \tag{4.88}$$

計算による応答関数の2例を図4-41に示す．これはコンテナ船と鉱石運搬船の縦波中応答関数（$\chi = 180°, 90°, 0°$）および横波中の応答関数（$\chi = 150°, 90°, 30°$）が示している．縦軸は運動振幅（ピッチ角およびロール角）をその波の最大波傾斜$k\zeta_a$で割ったものである．1.0のときは船の傾きが最大波傾斜角となったことを示す．これを見ると縦揺の応答関数では

- 向波（180°）中では船長に比べて波長がやや長くなると（$\sqrt{L/\lambda} < 1.0$）応答関数は1に近づき，船のピッチ角は図4-40のような状態で最大波傾斜角で揺れる．また，
- 向波のほうが追波よりよく揺れる．
- 横波（90°）中での縦揺は非常に小さく無視できる．
- コンテナ船は鉱石運搬船に比べて$\sqrt{L/\lambda} = 0.5 \sim 1.0$で大きく揺れるがその他では大略，同程度である．

横揺の応答関数では

- 横波中（$\chi = 90°$）の横揺では同調する$\sqrt{L/\lambda}$があり，その横揺ピークはコンテナ船では$\sqrt{L/\lambda} \fallingdotseq 0.65$で最大波傾斜角の5.5倍，鉱石専用船では$\sqrt{L/\lambda} \fallingdotseq 1.06$で約4倍となっている．横揺のピークは横揺固有周波数（船体形状と積み付け後の船体重心に関係して決まるメタセンター高さGMに依存）と波の周期が同調したときに現れるので，船体設計の段階で同調を避けるよう船型形状（特に船幅）の選択や適当なビルジキールの装着が重要となる．

このほかに，船体上の加速度，相対水位など重要な量の応答関数も得られる．主要寸法が似た船の動揺の大きさを比較評価するときには応答関数の直接比較が役に立つ．

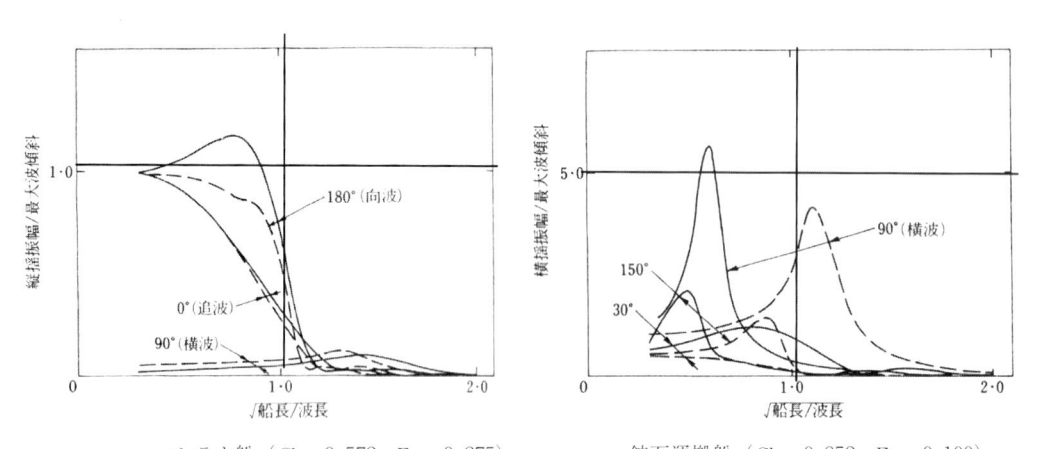

図4-41 規則波中の船体応答関数の計算例（縦揺，横揺）
（関西造船協会『造船設計便覧第4版』より）

―――― コンテナ船（Cb = 0.572, Fn = 0.275），――――鉱石運搬船（Cb = 0.852, Fn = 0.100）

4.6.3 不規則波中の船体運動応答の短期予測

1) 実海域不規則波中の船体動揺特性のパラメータ

　ある実海域波浪海面を1時間から数時間という比較的短時間航行する時の船体運動の統計的予測は短期予測といわれ，線形重ね合わせ理論を応用したエネルギースペクトル法が用いられる．海面の波隆起およびその海面での船体の不規則な時間的変動量の確率分布がほぼ正規分布で表わされ，また，これらの極大値あるいは極小値の確率分布はRayleigh分布で近似できることが実船試験で確認されている．これらの仮定の下に短期波浪海面における船体運動応答の短期予測パラメータとして船体応答の標準偏差Rをとれば船体動揺の有義値等の短期特性が予測できる．船体運動応答の標準偏差Rは以下のようにして応答関数$A(\omega;\chi)$と波エネルギースペクトル密度$S(\omega)$から求められる．

2) 波スペクトル

　4.6.1に示した理想的な完全発達暴風海面に対しては理論的な波スペクトルの式が提案されている．現実の波浪海面を近似的に表す波エネルギースペクトルとして，次式が提案されている．

$$S(\omega) = A\omega^{-5}\exp[-B\omega^{-4}] \quad (4.89)$$

ここで常数AおよびBを不規則波海面の有義波高H_Wと平均波周期T_Wに結びつけると，(4.89)式は次のように書き換えられる．

$$S(\omega) = [f(\omega)]^2 = 0.11H_W^2 \frac{T_W}{2\pi} \left[\frac{T_W \cdot \omega}{2\pi}\right]^{-5} \exp\left\{-0.44\left[\frac{T_W \cdot \omega}{2\pi}\right]^{-4}\right\} \quad (4.90)$$

　これはModified Pierson-Moskowitz型の波エネルギースペクトル密度分布と呼ばれるものであり，有義波高H_Wと平均波周期T_Wを与えると形が定まる．

　図4-42は(4.90)式を波高の2乗で割った分布形状である（本図では有義波高Hと平均波周期Tと記されている）．なお，図4-38は吹送風速がパラメータとしてとられているが，吹送風速が風波（波高，周期）を誘起するので同じ意味合いをもつ図と考えることができる．

3) 船体応答の短期のパラメータR^2（分散）と標準偏差R

　不規則波浪海面の波スペクトルが(4.90)式で表現できるとすると，船体応答の短期のパラメータR^2（分散）またはR（標準偏差）は次式で計算できる．

$$R^2 = \int_0^\infty S(\omega) A(\omega:\chi)^2 d\omega \quad (4.91)$$

これは船が長波頂不規則波中を一定速度Vで波に対して針路χを保って航海している場合である．短波頂不規則波中の計算値は(4.90)式の波スペクトル（1次元波スペクトルと呼ぶ）を基に卓越波からの素成波の波向きを考慮して同様に計算することができる．

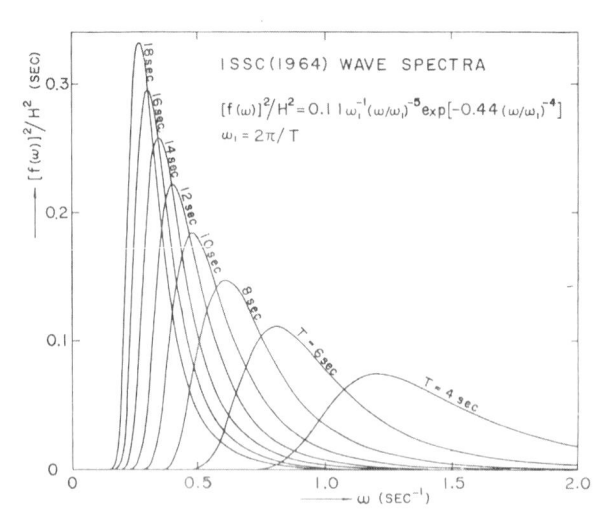

図4-42 Modified Pierson-Moskowitz型の波エネルギースペクトル
(日本造船学会 耐航性シンポジウムテキスト (1969年) から転載)

4) 短期波浪海面における船体応答の統計的予測

船体応答の短期のパラメータR（標準偏差）が求められれば，このRを利用して短期波浪海面における船体応答による種々の統計的予測ができる．例えば，着目する船体運動の平均値，有義値，$1/n$最大期待値はRを定数倍することにより求まる．表4-3に短期予測の各種統計量を求めるための定数を示す．

平均値は$1.25R$で有義値は$2.00R$である．1000回揺れ間の最大期待値は$3.87R$となる．これは，例えば，波周期が10秒とすると，10000秒（2.8時間）となり，約3時間の間には有義値の約2倍の大きな揺れを観測する可能性を意味する．統計的ではあるが，有義波高と同じように船体運動の大きさを定量的に把握することができて便利である．

表4-3 船体応答の短期予測値

平均値	1.25R
(1/3) 最大平均値（有義値）	2.00R
(1/10) 最大平均値	2.55R
(1/100) 最大期待値	3.22R
(1/1000) 最大期待値	3.87R
(1/10000) 最大期待値	4.30R

4.7 船の水槽実験施設とCFD

4.7.1 水槽実験施設

　新しい船の開発や設計を行うには，船型試験水槽と実験装置が不可欠である．船型試験水槽には船体抵抗や馬力を計測する長水槽（曳航水槽），波浪中の船体運動や操縦・旋回性能を調べる造波機付長水槽や角水槽，船体周りの流れが観測できる回流水槽，プロペラのキャビテーションを観測するキャビテーション水槽，詳細な流場や抵抗，煙害の観測等の実験を行う風洞試験装置，砕氷船の実験を行う氷海水槽など種々の試験設備がある．特殊なものとしては実海域の波を水槽壁面からの反射波を起こさずに再現する波吸収型波浪水槽などがある．表4-4に船舶部門で使用する主な実験施設の名称・特徴・目的をまとめて示す．

表4-4　船の実験施設の名称・特徴・目的

	名　称	特　徴	目　的
1	船型試験水槽（曳航試験水槽，長水槽）	・長大で深い水槽で，長さが最大400mから100m程度のものまである．大学の研究用水槽は中型が多い． ・水槽両壁のレール上をモーター駆動の精巧な曳引車が走り，船を曳航，あるいは自航させて抵抗や馬力を計測する．	・抵抗／自航試験 ・プロペラ単独試験 ・縦波中動揺試験 ・その他，観測，計測試験
2	回流水槽	インペラにより水を回流させる精巧な水槽．船を水槽に固定して船速に相当する速度で水を回流させ，船体周りの流れの観測や抵抗の計測を行う．長時間定常状態で実験でき，目前で観測できる．	・流体現象の観測，計測 ・抵抗／自航試験 ・プロペラ単独試験
3	波吸収型波浪水槽	規則波や不規則波など実海域に相似な波を水槽壁面からの反射波を起さずに水槽の中に再現できる水槽で，模型船の運動が計測可能である．	・規則波や不規則波中の船の運動挙動の観測 ・運動時系列の計測
4	耐航性水槽	実海波を模擬した波を起こし，その中で船を操縦して船体運動，推進性能，海水打ち込みや転覆現象などの実験を行う．旋回試験や操縦性能試験も行う．	・波浪中船体運動の計測，観測 ・波浪中の抵抗／馬力計測 ・転覆現象　・操縦性能
5	キャビテーション水槽	実船のプロペラは翼面上にキャビテーション（空洞）を起こし，プロペラの効率低下，振動・騒音，プロペラ材のエロージョンの原因となる．密封した回流水槽に似た形状をもつ水槽で，水槽内をポンプで減圧し実船と相似な圧力場の中でキャビテーション現象の発生の観測，計測を行う．	・キャビテーション現象の観測 ・振動・騒音の計測 ・プロペラ翼面のエロージョンの計測や観測 ・プロペラ性能
6	風洞	船体周囲の粘性流場の詳細な計測，船体水上部分の風圧抵抗，煙害計測（煙突からのデッキ等への煙の流れの観測・計測など．客船では特に重要な実験である．）	・船体周囲の粘性流場の観測・計測 ・抵抗計測 ・煙害観測
7	氷海水槽	氷海域における様々な氷環境を再現し，氷海用船舶の砕氷試験，海洋構造物に作用する氷荷重の計測や観測を行う．	・砕氷抵抗・馬力計測 ・砕氷現象の観測 ・氷丘脈通過試験

第4章　船の性能と理論

1) 船型試験水槽（曳航試験水槽）

大阪大学の船舶海洋試験水槽の概要を表4-5，図4-43に示す．

表4-5　大阪大学船舶海洋試験水槽

設　備	設　備　概　要
水　　槽	長さ100m，幅7.8m，水深4.35m
曳　引　車	長さ7.4m，幅7.8m，走行速度0.01～3.5m/s，重量20t，駆動モーターDC15KW　4台
造　波　機	水槽端に装備する．プランジャー方式，発生波の最大波高500mm，波長0.5～15m
消波装置	水槽端に固定式"すのこ型"消波ビーチ，側壁に上下可動式消波ビーチ

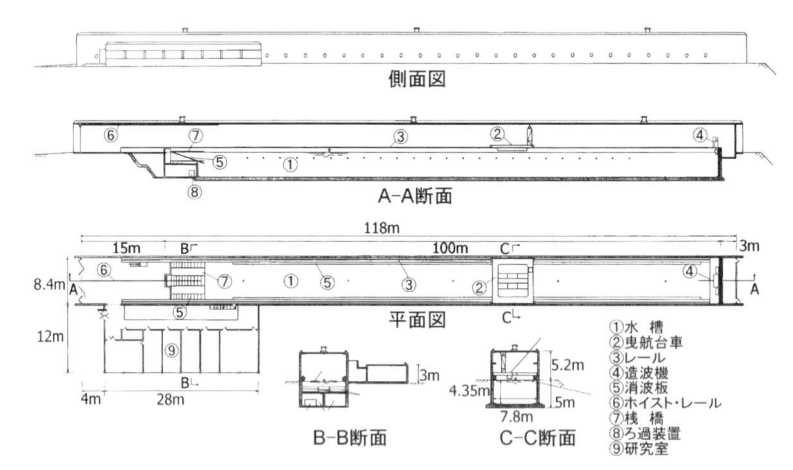

図4-43　大阪大学船舶海洋試験水槽
（上）水槽配置図，（下）曳航水槽と曳引台車

4.7 船の水槽実験施設とCFD

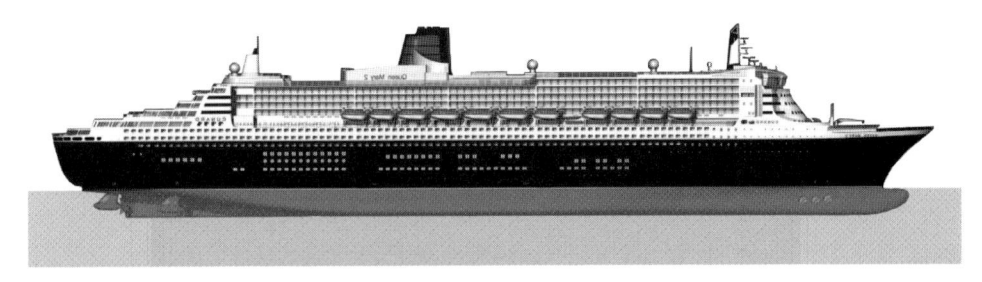

図4-44 「QM2」のプロフィル
（http://www.cunardline.com/QM2/ より転載加筆）

① 抵抗・自航試験

商船の性能の中で最も大切な事項は運航経済性を左右する推進性能である．そのためには実船の抵抗を推定し馬力カーブ（馬力と船速の関係）を得る必要がある．船の推進性能実験は船型試験水槽（曳航試験水槽）で行われる．

図4-44は「QM2」のプロフィルである．この種の設計に必要な検討事項はたくさんあるが，建造契約，採算評価のために第1に行われるべき重要な事項は設計速度と搭載馬力の推定である．つまり，"設計速力で航走するためには何馬力の機関を積めばよいか" ということである．この推定は次のように運行採算性評価や性能／建造費に関係する．

　設計船速　➡　馬力値 → 燃料の量 → 燃料費 → 運航費 → 運行採算性評価

　機関 → 機関室重量，DW → 排水量 → 船体主要目 → 線図 → 性能／構造／建造費

以下，"「QM2」を設計するために必要な性能を計測する" という具体的課題を想定して，実験準備，模型船の設定／製作／実験方法，実船性能推定について考えてみよう．

実験準備

「QM2」の主要目を次表のとおりとする．以下，添え字sは実船（ship），mは模型（model）を示す．

	実船	模型船	注
全長L（m）	345	5	$\lambda = 69$（一例）
幅B（m）	40	0.58	
喫水d（m）	10	0.145	
総トン数GT	151,400		
推定馬力P（MW）	80		20MW×4，POD P.
設計速力V（kt）	30	4.27（2.2m/s）	$V_m = V_s / \sqrt{\lambda}$

このような巨大船の馬力を正確に推定するためには大型曳航試験水槽（長さ200m～400m）で大きな模型船（寸法は7m～8m程度，この場合は縮尺比 $\lambda = L_s/L_m$ は43～49となる）を使用して計測精度を上げる．本項では便宜的に，形状要目を示した大阪大学船型試験水槽で行うと想定し模型船寸法を5mと想定すると $\lambda = 345/5 = 69$ となる．この縮尺比 λ は後述のように重要な数値である．

第4章　船の性能と理論

「QM2」で最も興味ある重要な数値の1つは設計船速を満たす搭載馬力の推定である．この種の実験は曳航試験水槽で行われる平水中および縦波中の抵抗・自航試験である．

模型船サイズの決定と製作

模型船の寸法は，全長5m（$\lambda = 345/5 = 69$）としたので主要寸法は次のようである

$$\text{Lm} \times \text{Bm} \times \text{dm} = 5.00 \times 0.590 \times 0.145 \text{m}, \quad 排水量 \Delta \text{m} = \Delta \text{s}/\lambda^3$$

模型船設計速度：実船と模型のフルード数Fnを合わせると，波や造波抵抗が相似になる．つまり，$\text{Fn} = v/\sqrt{Lg}$ の関係式から，$v_m = vs/\sqrt{\lambda} = vs/8.31$である．設計速度はVs＝30ktなので模型船船速はv_m＝4.27kt，つまり，2.2m/secとなる．船は種々の船速で走るので，抵抗計測は低速から設計模型速度2.2m/s以上の最高速度までの速度範囲をある速度間隔Δv_mで計測する．

模型試験準備

模型船を水に浮かべ，バラスト（鉄の小玉を入れた袋や錘）で喫水線d＝0.145mと，排水量Δmを正確に合わせる．曳引台車に取り付け，船の浮心近傍を曳航できるように曳航ロッドを固定する．曳航ロッドはロードセルが付いた上下可能な計測ロッドに固定される．

船の前後端（FP，AP近傍）には船が蛇行，回転しないようにガイドを取り付ける．

船速に応じて模型船は流体力により姿勢（沈下量と縦傾斜角）を変えるので，船は固定せずに上下とピッチ（縦揺れ）を自由とし，船の前後端に上下変位（z_f, z_a）計測装置を取り付ける．

抵抗試験

各種船速V_mで船を曳航しそのときの模型船抵抗R_m，変位z_f, z_aを計測する．同時に，船側波形等も撮影する場合がある．

各速度V_mで全抵抗値R_Tを計測する．$R_T = R_V + R_W$であるから4.3.3項"推進試験とその解析の方法"により粘性抵抗R_Vと造波抵抗R_Wに分離する．造波抵抗係数C_Wと form factor kを求め，$C_{TS} = \{(1+k)C_{FS} + \Delta C_F\} + C_W$の右辺各項から全抵抗係数$C_{TS}$を求め，実船抵抗$R_{TS}$を推定する．

自航試験と馬力推定

模型船に駆動用モーターとトルク・スラスト動力計を取り付け，船外にプロペラを装備して回転・自航させ，船速V_m，回転数n_m，プロペラトルクQ_m，スラストT_mを計測する．4.3.4項2）の方法で模型船と実船が船体運動学的に相似となるように自航試験を行い解析して，自航要素を得る．実船抵抗R_{TS}による有効動力P_Eと自航要素にもとづく推進効率η（＝$\eta_H \cdot \eta_O \cdot \eta_R \cdot \eta_T$）から

$$P_B = P_E / \eta$$

として実船馬力が得られる．図4-17のような馬力カーブ（PB，N～Vs）の図を得る．

②プロペラ単独性能試験（POT）

船の性能を解析して実船馬力を得るためにプロペラ単独特性曲線が必要となる．本船用に設計したプロペラの単独特性曲線を求める試験である．プロペラ単独性能試験機とは，図4-45にみるように，モーター，トルクQおよびスラストT計測用動力計が内蔵されるOpen Boatと先端に

4.7 船の水槽実験施設とCFD

突き出された回転シャフトにより構成されその先端に模型プロペラを取り付ける．ボートは曳航台車に固定され，台車を所定の速度V（つまり，プロペラ前進速度：船にプロペラが装備されたときに流入する流体の速度に関連する）で走行させ同時にプロペラを回転数nで回した時のQ，Tを計測して（v, n, Q ,T）のデータを得る．さらに，(4.80)式で無次元化してプロペラ単独特性値J, Kt, Kq, η_oの関係，すなわちプロペラ単独特性曲線を得る

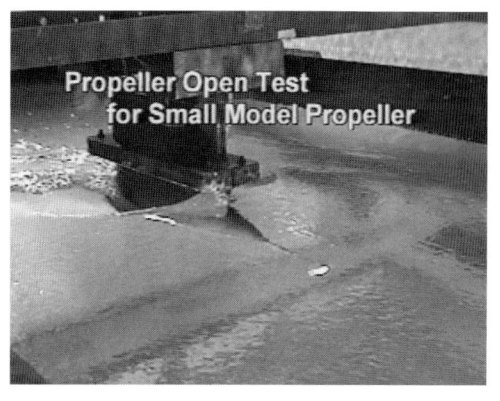

図4-45 プロペラ単独性能試験

（単独特性曲線の例は図4-25に示されている）．POTのほかにプロペラ周囲の流速分布，翼面流れの観測等の実験が行われる．この種の基礎実験には次項2）の回流水槽が適することが多い．

歴史的な模型プロペラ系統模型試験（要目を系統的に変化させた膨大な実験）により図4-24，図4-25（207頁）に示すような図表が完備されているためそれから本船プロペラがもつ要目に対応する特性値を補間しても精度の高い値が推定できる．

「QM2」ではPODプロペラという新形式推進器が4つ付いている．プロペラのPODや船への装備形態が異なるため，PODプロペラ用単独試験装置（プロペラ動力計）が製作され使用される場合がある．

③波浪中実験

波浪中実験の目的は，波浪中の船体運動量，応答関数，波浪中の抵抗（馬力）増加量などを知り，実海域の性能を推定することである．縦波中試験は曳航試験水槽にて行う場合が多い（波は360度の方向から来るので斜波中試験が必要なときは角型水槽（耐航性水槽）で行われる）．

波浪中実験の手順は4.6.2項（220頁）に示した．2〜3m程度の小型模型を使用し，船速はフルード則で決める．喫水等船体状態と縦慣動半径をあわせ，水槽端面に装備されている造波装置で規則波や不規則波を起こして実験する．規則波中実験では種々の波長λをもつ規則波中で得られた船体運動振幅から船体運動の応答関数を得る．これらのデータと波のエネルギースペクトル分布を与えて実海域を想定した船体運動や抵抗増加の統計量を推定することができる．

2）回流水槽

図4-46に示すように，回流水槽は，水を所要の速度で回流させるインペラとモーター，流れを一様にする整流装置，模型船を入れる観測部からなる．水槽に模型船を設置して所要の速度で回流させる．流速が船の速度に相当する．固定された船の周りの現象は定常である．あたかも，船に乗っている人が船の波や流れを見るのと同じように現象が止まって見えるので観測が容易であり，計測や観測の時間を必要なだけ長くとることができる．模型サイズは船体の出す波の反射

第4章　船の性能と理論

や側壁影響により決められる．船体条件，船速の設定方法，抵抗等の解析方法は曳航水槽と同じである．

　図4-47は船体周囲流れの可視化の例で，船体表面の流れ（限界流線）の状況が観測されている．回流水槽には大型のものから，中型，小型のものまであり，小さい物はpersonal tankの名で呼ばれる．大型水槽は高い計測精度が必要な実験，小型水槽は観測を主目的とするなど目的に応じて使い分けられている．

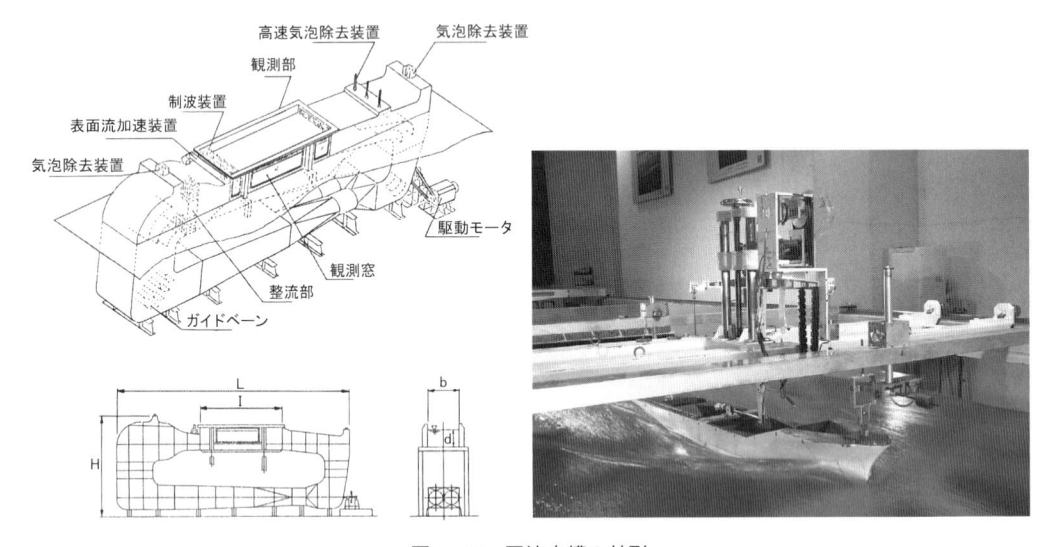

図4-46　回流水槽の外形

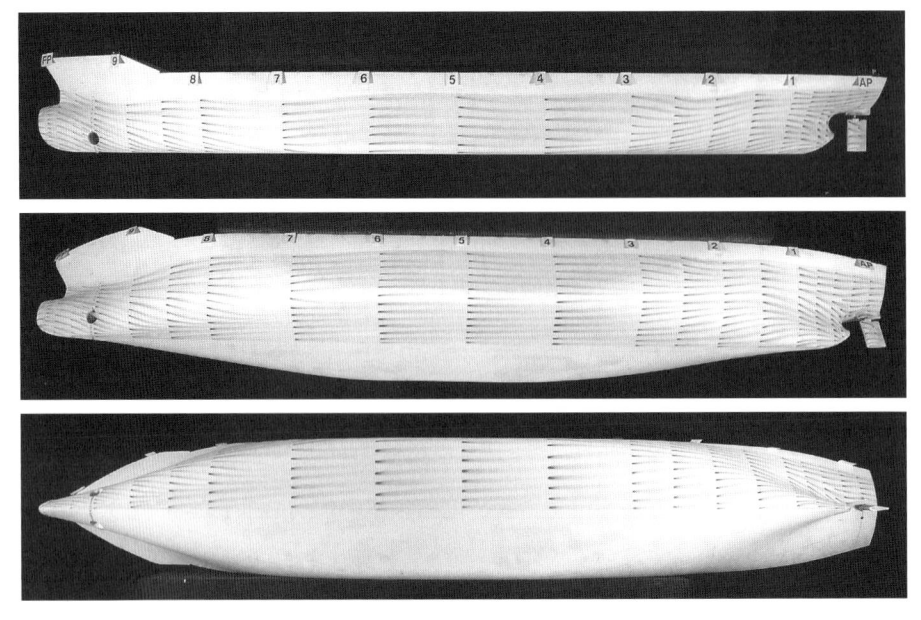

図4-47　回流水槽で実験した船体周囲流線観測
（図4-45～図4-48　株式会社西日本流体技研提供）

3) 2次元水槽

図4-48のような一方の端に造波機,他方の端に消波板(ビーチ)をもつ長い水路である.2次元的な形状をもつ物体に2次元的な波をあてて,運動や荷重を計測あるいは観測する装置である.

水路両壁にレールと曳引台車をもつ水槽では,前進速度をもつ物体の平水中あるいは波浪中の計測や観測ができるものもある.水を回流させて,潮流や海流を模擬する2次元水槽もある.

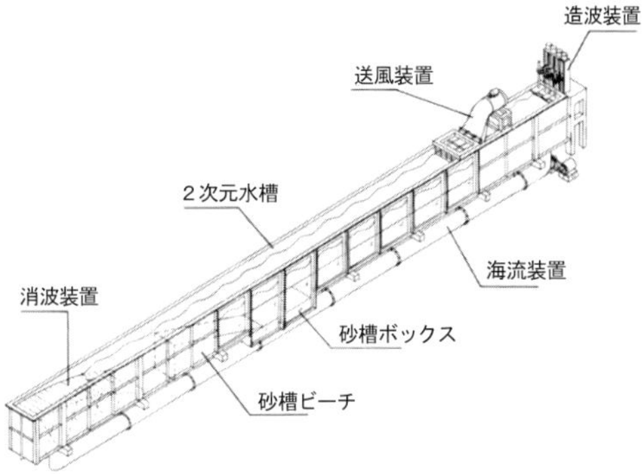

図4-48 2次元水槽

4) 波吸収型波浪水槽

波浪が複雑な実海域における船舶の運動挙動,長期間設置される海洋構造物の挙動・波浪外力を知ることは安全性,経済性を調査する上で大切である.そのためには実際の海洋波動場を実験水槽内に発生させることが必要となる.図4-49に大阪大学船舶海洋工学部門所有の波吸収型波浪水槽(通称 AMOEBA:Advanced Multiple Organized Experimental BAsin)と実験状況を示す.この円形水槽は内側壁面すべてに波浪吸収要素造波機を多数つなぎあわせて設置し,要素造波機の上下振幅と位相をコンピュータで制御することにより水槽内に任意の波をつくりだせるハイテク水槽である.同時にその波や模型船がつくる波を吸収できるので,無限に広がった実海面を船が航行する状況が模擬でき長時間の試験が可能となる.

AMOEBA水槽主要機能
水槽直径:1.6m
造波方式:プランジャー上下動式
周波数範囲:0.5 ~ 3 Hz
造波機接続数:最大50台

図4-49 AMOEBA水槽

5) キャビテーション水槽

図4-50に示すように,上部を密閉した回流水槽のようなもので,タンク内の圧力をポンプで減圧して,実船プロペラと相似な圧力場の中で模型プロペラを稼動させることができる.水を模型船速に相当する流速で回流させておき,動力計先端に装備したプロペラを回転させてトルク・スラス

図4-50 キャビテーション水槽外形と構造
(東京大学キャビテーション試験カタログから転載)

第4章　船の性能と理論

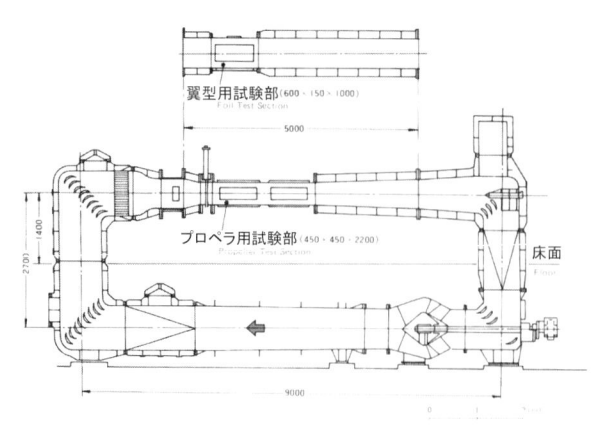

図4-51　プロペラキャビテーション試験水槽とキャビテーション観測例
((左)東京大学キャビテーション試験水槽カタログから転載,(右)財団法人日本造船技術センターカタログから転載)

トを計測するとともに，プロペラ翼面やボスに発生するキャビテーションの観測や水中雑音の計測を行う．キャビテーションが発生したプロペラは一回転ごとに大きな圧力変動を生じ，プロペラ周辺の船体に積分値としてサーフェスフォース・モーメント（起振力）を誘起する．このためには船尾部モデルにプロペラを装備して船体表面の水圧変動等を計測する．巨大なキャビテーション水槽で全長10mのプロペラ装備模型船を使用して観測や計測を行う施設もある．図4-51はプロペラ単独の実験でキャビテーションが発生した高速船用の模型プロペラの状況である．

6) 風洞試験装置

図4-52は大阪大学風洞試験装置とその構造を示す．航空機，ビル，構造物など空気中にある物体や船体など水中の物体（空気も水と同じ粘性流体であるため）の周囲の流れ観測あるいは抵抗や流速分布を計測する．詳細な流速分布は3方向ピトー管や熱線流速計で計測できる．特に後者によると，計測した3次元流速の時系列データから平均値や変動成分（揺らぎ）が求められ乱流場の算定が可能となる．

この風洞試験装置は75kWのモーターにより8翼固定ピッチのインペラ付軸流ファンで空気を回流させ，整流して観測断面にわたって±1％以下の精度で一様な空気の流れを起こすことができる．観測部に模型を置いて計測や観測を行う．上述の回流水槽やキャビテーション水槽と同じような形状をもつ．利用形態としては，

- 密閉型回流風洞（Closed return wind tunnel）：模型を密封した観測部セクションに入れて計測する．
- 開放型回流風洞（Open return wind tunnel）：模型を開放型の観測部セクションに入れて計測する．

密閉型の観測部セクションは2種類付け替えられ目的により使い分ける．

232

4.7 船の水槽実験施設とCFD

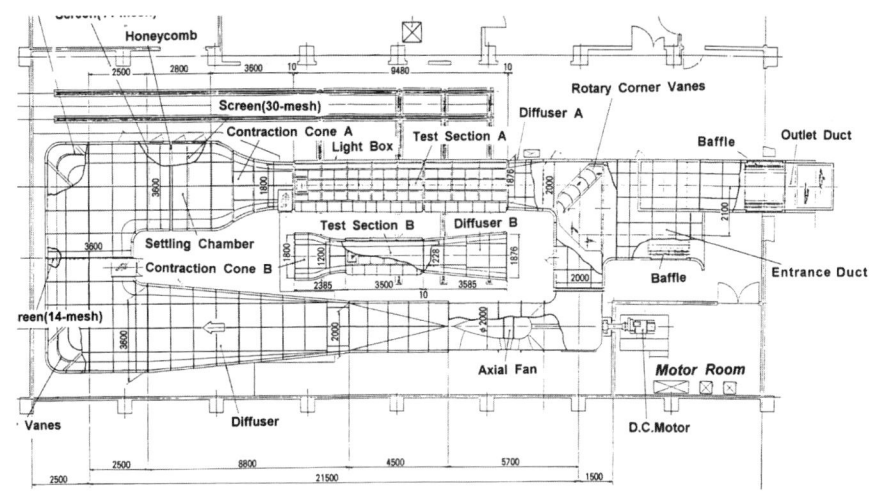

図4-52 風洞試験装置とその構造

Type	密閉型回流	密閉型回流	開放型回流
Test Section（断面・長さ，m）	1.8×1.8×9.5	1.2×1.2×3.5	1.8×1.8×9.5
Wind Velocity（m/s）	2～20	5～50	1～10

7）氷海水槽

北極海の石油，ガス輸送のための砕氷船舶，掘削用氷海構造物，砕氷システムの開発のために必要となる結氷可能な水槽で氷海域再現水槽，略して氷海水槽（Ice Tank）という．大略−25℃～−35℃まで冷却できる建物の中の水槽水面に相似則（模型実験で得られる氷荷重や運動が実機相似となり実機に換算できるように模型氷の性状をコントロールしなければならない）を満たす氷厚や強度をもつ模型氷を張らせ，船舶の砕氷性能，海洋構造物に作用する氷荷重の実験を行う．最大級のIce Tankは長さ約80mで，IMD（Canada），HSVA（Germany），AARC（Aker Arctic Research Center, Finland）が所有する．図4-53はAARCの氷海水槽である．

233

第4章 船の性能と理論

図4-53 氷海水槽：AARC（Finland）

図4-54 氷海水槽での砕氷模型試験
（独立行政法人 海上技術安全研究所提供）

図4-54は氷海水槽での砕氷船の抵抗試験，図4-55は厚い氷（Multi year ice）に対する氷板突入（Ramming）試験の模様である．

図4-55 氷海水槽でのRamming氷板突入試験

4.7.2 CFD（数値計算力学）の適用

経験的に蓄積された統計的データベースの中から設計船と類似な船型を母船型（type-ship：タイプシップ）として選択し使用すれば，本章4.1節～4.4節に述べた方法により船型性能の推定が可能となる．さらに，これを初期値として設計船の船型性能模型試験を行うと類似船を上回る性能の良い船が設計できる．この方法が歴史的に現在まで行われてきた実験的方法に基づく新船型設計法であり利点も多い．その反面，模型船を作り，大水槽で実験（物理実験）を行うため時間，労力，費用を要すること，また類似船のない船の設計では実験の規模が増大するという欠点がある．

最近のコンピュータの発展により，CFD（数値流体力学）を応用した船の性能解析が可能となり少ない設計工数で船型開発や設計が可能な新しい船型設計システム（Simulation Based Design）が研究実用化されつつある．図4-57にCFDによるタンカー船型周りのCFDシミュレーションのテーマを示す．(1)基礎粘性流場，(2)造波粘性流場，(3)自航時流場は船体抵抗や自航要素の基礎となる流場である．船体形状と作動条件を与えてNavie-Stokesの方程式を解けば，流場の全情報（速度，圧力，造波，せん断力）が分かり，(4.60.1)式～(4.61.2)式のように船体表面上等で積分すると抵抗とその成分が求められる．

図4-56は船型設計システム（Simulation Based Design：SBD）の構想図である．SBDでは，"船の引き合い⇔船体設計・性能設計⇔最適船型の取得"間の設計工程をコンピュータ上で高速度で繰返し回転させることにより，船主が要望するバランスのとれた最適船型を短時間で取得できる可能性をもつシステムで，①CAD，②CFD，③評価の3つの要素が線図データベースの上に位置づけられる．つまり，船主の要望にもとづく設計条件等から初期値として，主要目とType ship dataが設定されると，

①CAD：初期主要目から初期船型の曲面形状を計算して線図データを作成する．

②CFD：線図データから計算グリッドを作り，船体周囲流場シミュレータ（造波抵抗，粘性抵抗，自航性能，操縦運動等のCFD要素シミュレータで構成）に設計条件を入力し，流体力学的諸性能（流場，波，抵抗，効率等）を計算，表示して搭載機関の動力（馬力曲線）を推定する．

③評価：得られた船の形状・性能を評価し，最適かどうかを評価する．改良すべき点があれば，初期値を変更して①に戻り，最適解を得るまで計算サイクルを繰り返す．

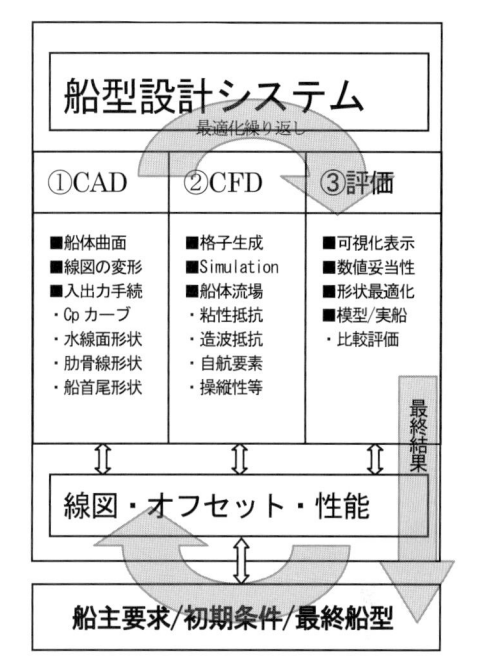

図4-56　船型設計システム（Simulation Based Design：SBD）の構想図

CFDによる船体周囲流場の解析とは，流体現象を支配するNavie-stokesの方程式を用い，船体と周囲の流体領域を多数のグリッドで分割（格子生成）し，主として差分法を用いてコンピュータにより速度場，圧力，剪断力，波，抵抗値などを数値的に解析することである．計算例を以下に示す．

図4-57　CFDによる流場解析課題

(1)基礎粘性流場：複雑な造波の影響をとりあえず無視して解析した船体粘性流場である．図4-58，図4-59はタンカー船型（肥大船）の船尾の流れの解析結果である．船側や船底の流れが船尾で上下に交岐し捩れ，後方からみると一対の渦をもつ複雑な流れとなって，後方に流れていることが分る．

(2)造波粘性流場：(1)の解析結果を考慮して自由表面を考慮して解けば，（4.51）式で示したよ

うな造波と粘性の可分性を仮定することなく抵抗成分が求まる．境界要素法等の他の理論も併用して計算精度の向上をはかり，実船レベルの抵抗を推定する．

(3)自航時流場：プロペラ作動時の粘性流場と推進効率の推定が目標である．推進効率は，$\eta =(1-t)/(1-\omega)\cdot\eta_O\cdot\eta_R\cdot\eta_T$で与えられる．プロペラ理論によりプロペラの流体力学的な影響をNavie-Stokes方程式の中に考慮して船体周囲流場の計算を行うことにより各効率が推定可能となる．図4-60はプロペラが作動した時の船尾流場の計算例でプロペラの吸引作用で船尾の流場が影響を受けている．

流場解析的船型設計法：抵抗，動力という積分値のみならず，これをもたらす船体周りの流場（流れ，圧力，剪断力，波等の分布）の船体変形による変化（感度）から最適船型の方向を見出し，最適船型開発に導く方法で操縦性能，耐航性能の評価に必要な諸量の計算も解析可能になりつつある．

船体周囲の粘性流場の計算は，現在存在する輸送機関の中で最も難解なものの1つである．その理由として次のことが挙げられる．

- 実船のRn（レイノルズ数）が10^9と非常に高い（航空機は10^8程度）．Rnが高い程，解析が大規模となり難解となる．
- 自由表面を持ち波の発生をともなう．
- 複雑な船尾粘性流場の中でプロペラが作動し相互作用が大である．
- 外部流で計算領域が無限に広がっているため計算格子数が多くなる．

このために乱流モデルや数値計算モデルの未発達，コンピュータ速度の不足により，現時点では，CFDの計算精度は水槽試験に及ばない場合があり，CFD（数値水槽）とEFD（Experimental Fluid Dynamics：実験水槽（物理水槽））との効率のよい両者の補完が今後も必要である．

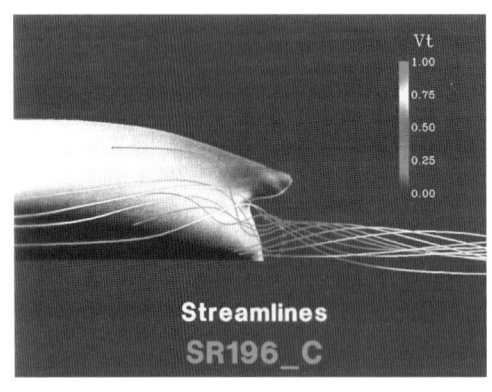

図4-58 CFDによるタンカー船型の船尾粘性流場の解析：船体周りの流線

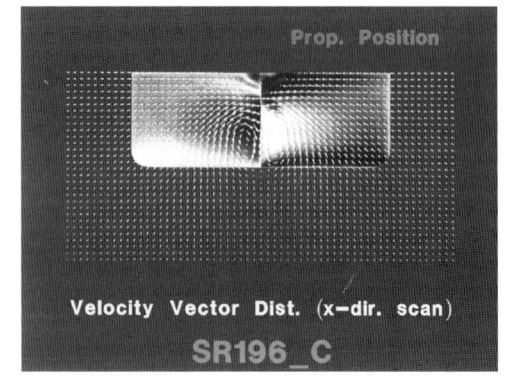

図4-59 CFDによるタンカー船型の船尾粘性流場：プロペラ断面の2次流れと渦

4.7 船の水槽実験施設とCFD

船はプロペラで走っている．

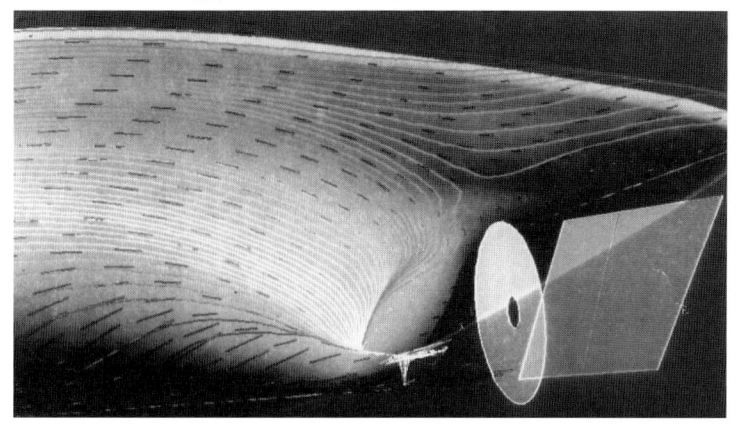

図4-60 CFDによるタンカー船型の船尾粘性流場
（プロペラと船体の相互作用による船尾流れ）

参 考 文 献

【第1章】

1. IMAREST "Special commemorative Queen Mary 2, MARINE ENGINEERS REVIEW" IMAREST (2003)
2. 府川義辰『RMSクイーンメリー2, Science of the Ships and the Sea, Spring Issue』海上技術安全研究所 (2004)
3. 世界の艦船『史上最大の客船「クイーン・メリー2」竣工』海人社 (2004)
4. 日本造船工業会30年史刊行小委員会『日本造船工業会30年史』社団法人日本造船工業会 (1980)
5. 赤木新介『交通輸送機関の高速化と超高速船』関西造船協会誌第212号 (1989)
6. 社団法人日本機械学会『機械工学便覧応用システム編γ6交通機械』丸善 (2006)
7. 『造船関係資料 (2005)』社団法人日本造船工業会 (2005)

【第2章】

1. 上野喜一郎『船の世界史, 上巻, 中巻, 下巻』舵社
2. 塩野七生『ローマ人の物語 ハンニバル戦記（上）,（中）,（下）』新潮文庫
3. アティリオ・クカーリ, エンツォ・アンジェルッチ（堀元美訳）『船の歴史事典』原書房
4. トニー・ギボンズ（小島敦夫・小林則子訳）『船の百科事典』東洋書林
5. 野本謙作『船の世界史概観（講義用資料）』
6. Time-Life Books, Amsterdam "The Gokstad Ship"
7. 岩村忍『マルコ・ポーロ』岩波新書
8. メイスン（矢島祐利訳）『科学技術の歴史』岩波書店
9. 大串雅信『理論船舶工学（下）』海文堂
10. 野間 恒『豪華客船の文化史』NTT出版
11. 野間 恒『客船・昔と今』出版協同社
12. ディケンズ著（伊藤弘之・下笠徳次・隈元貞広訳）『アメリカ紀行（上）（下）』岩波文庫
13. 野間 恒『傑作客船写真百選』海人社
14. 野間 恒『商船が語る太平洋戦争 =商船三井戦時船史=』(2004)
15. デニス・グリフィス（粟田亨訳）『豪華客船スピード競争の物語』成山堂
16. 関西造船協会シンポジウム『客船フォーラム』(1998)
17. Douglas Wards "Ocean Cruising & Cruise ships" Berlitz (2004)
18. IMAREST "Special commemorative Queen Mary 2, MARINE ENGINEERS REVIEW" IMAREST (2003)
19. 府川義辰『RMSクイーンメリー2, Science of the Ships and the Sea, Spring Issue』海上技術安全研究所 (2004)
20. 西村慶明『世界客船界の展望, 世界の艦船8月号, 2006』海人社
21. 『「ダイヤモンド・プリンセス」の概要と造船技術, 船と海のサイエンス, 2004, vol.8』海上技術安全研究所 (2004)
22. 『黒船来航：船の科学館資料ガイド4』(財)日本海事科学振興財団 船の科学館 (2005)

23. 福沢諭吉『福翁自伝』岩波書店
24. 宮永孝『幕末遣欧使節団』講談社学術文庫
25. ANA『ジョン万次郎ふたつの詩（機内誌：June, 2004 ANA30）』ANA
26. 和田春樹『日露国境交渉』NHKブックス
27. 造船協会『日本近世造船史 ― 明治時代 ―』原書房（1973）
28. 『戦艦 三笠：船の科学館資料ガイド6』㈶日本海事科学振興財団 船の科学館（2005）
29. 浅野泰治朗，浅野良三『浅野総一郎』浅野文庫
30. 『日本造船技術百年史』日本造船学会（1997）
31. 元良誠三『我が国造船百年の歩み』日本造船学会誌第821号（1997）
32. 日本造船学会『昭和造船史 第1巻』原書房（1977）
33. 山田廸生『船に見る日本人移民史』中公文庫
34. 吉田満『戦艦大和の最後』講談社
35. 保阪正康『あの戦争は何だったのか』新潮新書
36. 五百旗頭真『日米戦争と戦後日本』講談社
37. 日本郵船『七つの海で一世紀：日本郵船創業100周年記念船舶写真集』
38. 日本造船工業会30年史刊行小委員会『日本造船工業会30年史』社団法人日本造船工業会（1980）
39. 中山 茂『科学技術の戦後史』岩波新書
40. 堺屋太一『日本経済の100年を考える：NHK人間講座（2002．4月～5月期）』日本放送出版協会（2002）
41. 堺屋太一『時代が変わった』講談社
42. 安達裕之『日本の船 和船編』船の科学館
43. 関西造船協会シンポジウム『菱垣廻船を通してみるなにわの昨日・今日・明日』関西造船協会（2000）
44. KAWASAKI HEAVY INDUSTRIES, LTD. "KAWASAKI SHIP REVIEW No.9, No.50, No.52" KAWASAKI HEAVY INDUSTRIES, LTD.
45. 独立行政法人海洋研究開発機構地球深部探査センターパンフレット『地球深部探査船「ちきゅう」』
46. 『技術への挑戦の軌跡 川崎重工 船殻設計50年史』川崎重工株式会社（1995）
47. 『教科書「世界の歴史」 など』山川出版社
48. 『教科書「日本史」 など』山川出版社
49. 『世界史年表』吉川弘文館
50. 『日本史年表』吉川弘文館
51. 鈴木成高，守屋美都雄『世界史地図』帝国書院
52. 『世界・日本地図帳』昭文社
53. 全国歴史教育研究協議会編『世界史用語辞典』山川出版社
54. 『超大型コンテナ船シンポジウム』関西造船協会（2001）
55. 難波直愛ほか『クリーンエネルギー輸送～LNG船の昨日・今日・あした』三菱重工技報Vol.40（2003-1）

【第3章】

1．テクノスーパーライナー技術研究組合『テクノスーパーライナー（新型式超高速貨物船）カタログ』
2．月岡角治『船型百科，上巻，下巻』成山堂
3．『「Benchijigua Express」Auto Express127:カタログ』AUSTAL（Australia）

4．『第2回高速船フォーラム』関西造船協会（2001）
5．田中拓『高速艇の研究と開発の方法』日本造船学会シンポジウム高速艇と性能（1989）
6．『流れの事典』丸善
7．造船テキスト研究会『商船設計の基礎知識』成山堂
8．山口増人『新版造船用語辞典』海文堂
9．社団法人日本機械学会『機械工学便覧応用システム編γ6交通機械』丸善（2006）
10．大串雅信『理論船舶工学（上），（中），（下）』海文堂
11．関西造船協会『造船設計便覧　第4版』海文堂（1983）
12．Thomas C.Gillmer "MODERN SHIP DESIGN" Naval Institute Press Annapolis, Maryland
13．造船協会『改訂　船舶工学便覧（上）』コロナ社（1968）
14．三浦久吉『鋼船現図法』海文堂
15．『大型肥大船船尾流場推定法の高度化 SR222成果報告書』社団法人　日本造船研究協会（1996）
16．『数値流体力学による最適船型設計法の研究 SR229成果報告書』社団法人　日本造船研究協会（1999）
17．池田　勝『改訂　船体各部名称図』海文堂（1979）
18．"KAWSAKI MAN B&W 2-stroke Diesel Engine" KAWASAKI HEAVY INDUSTRIES, LTD.（1999）
19．野澤和男・佐々木紀幸『プロペラ性能の原理と設計』関西造船協会　らん第54号（2002）
20．松村竹実『ウォータージェット推進船の水槽試験』KANRIN 4, 2006，船舶海洋工学会
21．野澤和男『氷海工学』成山堂（2006）
22．関西造船協会編集委員会『船：引合から解体まで』関西造船協会（2004）
23．株式会社豊橋造船（旧株式会社カナサシ）カタログ『船の建造工程』

【第4章】

1．SNAME "Principles of Naval Architecture, Volume Ⅱ" SNAME
2．梶谷尚『On Wave-Wake Interaction Near A Ship Stern』関連資料（1994）
3．乾崇夫『造波抵抗理論ノート(2)』船舶，第22巻第7号（1949）
4．丸尾孟『造波抵抗理論概説（造波抵抗シンポジウムテキスト）』日本造船学会（1965）
5．Michell J.H. "The Wave-Resistance of a Ship" Trans. Inst. Naval Architects, 1881
6．Havelock T.H. "Wave Pattern and Wave Resistance（The Collected Papers of Sir Thomas Havelock）" Office of Naval Research, USA
7．池畑光尚『流体力学入門』船舶技術協会（1993）
8．西山哲男『流体力学（上）』日刊工業新聞社（1973）
9．友近晋『流体力学』共立社
10．大串雅信『理論船舶工学（下）』海文堂
11．社団法人日本機械学会『機械工学便覧応用システム編γ6交通機械』丸善（2006）
12．フォン・カルマン（谷一郎訳）『飛行の理論』岩波書店
13．関西造船協会『造船設計便覧　第4版』海文堂（1983）
14．推進性能研究委員会第五回シンポジウム『船体まわりの流れと船型開発に関するシンポジウム』日本造船学会（1993）
15．『船型開発と試験水槽』日本造船学会（1983）

16. 『船型設計のための抵抗・推進理論シンポジウム』日本造船学会（1979）
17. 野澤和男『ノズルプロペラ特性計算法に関する研究』日本造船学会論文集第137号（1976）
18. 野澤和男・佐々木紀幸『プロペラ性能の原理と設計』関西造船協会　らん第54号（2002）
19. 野澤和男『ダクティドプロペラ特性解析法に関する研究（東京大学工学博士論文）』
20. 『第2回舶用プロペラに関するシンポジウム』日本造船学会（1971）
21. 元良誠三『船体運動力学 ― 応用力学講座17 ― 』共立出版（1957）
22. 野本謙作『船の操縦性，造船協会誌第424号』日本造船学会（1964）
23. 『第2回操縦性シンポジウム』日本造船学会（1970）
24. 『第3回操縦性シンポジウム』日本造船学会（1981）
25. 貴島勝郎，古川芳孝『操縦運動シミュレーションの数学モデル』
　　日本造船学会TechonoMarine No.896（2002）
26. 吉田耕造／内尾高保訳『海洋の科学―海面と海岸の力学―』河出書房新社（1970）
27. 元良誠三監修小山健夫，藤野正隆，前田久明著『船体と海洋構造物の運動学』成山堂
28. 『耐航性に関するシンポジウム』日本造船学会（1969）
29. エドワード・V・ルイス，ロバート・オブライエン（上野喜一郎訳）『船の話』
　　タイム　ライフ　インターナショナル
30. 大阪大学大学院工学研究科船舶海洋工学部門『大阪大学船舶海洋試験水槽カタログ』大阪大学
31. 西日本流体技研カタログ
32. 東京大学キャビテーション水槽カタログ
33. 造船技術センターカタログ『プロペラのキャビテーション』
34. 大阪大学風洞『大阪大学風洞カタログ』大阪大学
35. Aker Arctic Research Center（AARC）カタログ『氷海再現水槽』（2005）
36. 野澤和男『氷海工学』成山堂（2006）
37. 『大型肥大船尾流場推定法の高度化 SR222成果報告書及び成果報告会発表資料』
　　社団法人　日本造船研究協会（1996）
38. 『数値流体力学による最適船型設計法の研究 SR229成果報告書』社団法人　日本造船研究協会（1999）
39. 高石敬史『北太平洋の風と波に関する統計図表（1964年-1973年）について』
　　日本造船学会誌第611号（1980）

【付　録】

1．造船テキスト研究会『商船設計の基礎知識』海文堂
2．関西造船協会『造船設計便覧 第4版』海文堂
3．笹島秀雄，呉清達『肥大船の水槽試験結果の整理に関する一つの試み』関西造船協会誌第139号（1969）
4．富田哲治郎『船舶基本設計論』丸善出版サービスセンター
5．加藤洋治『キャビテーション』槙書店
6．横尾幸一，矢崎敦夫『プロペラ設計法と参考図表集』成山堂
7．野澤和男，佐々木紀幸『プロペラ性能の原理と設計』関西造船協会　らん第54号（2002）
8．社団法人　日本機会学会『機械工学便覧応用システム編 γ 6 交通機械』丸善（2006）

付　録　——実船の馬力計算とプロペラ設計の演習——

　設計船の主要目と設計データがあれば第4章に示した計算方法により実船の抵抗や馬力を求めることができる．本書の目的は性能計算の基礎的考え方や方法を示すことであり，造船所で行われている詳細な計算はその目的ではない．しかし，与えられた要目をもつ船や読者が想定した船の抵抗や馬力が概略であってもエクセルや電卓等を使用して読者自身の手で具体的に計算することができるとすればさらに船に関する興味が増大し理解が進むことであろう．

　ここでは計算に最小限必要な数表やチャートを新たに用意し，計算対象船を想定して本文で述べた数式や図表を引用しながら(1)初期馬力曲線の計算，(2)プロペラ要目の設計，(3)最終馬力曲線の計算の3つの課題を演習形式で具体的に実施することにする．図A-1にこれらの計算手順をフローチャートで示す．なお，計算では歴史的な設計チャート等を使用するが，これらのパラメータは工学単位系として定義されているものが多いため，あえてこれを踏襲し，例えば，仕事は馬力（PS），力はkgw，twを使用する．しかし，SI単位への換算についても各所で述べている．

　この演習を通して，「巨大で力強い輸送システム」である船の抵抗がその巨大さにもかかわらず相対的にいかに少なく，輸送効率のよいものであるかを再認識してみたい．

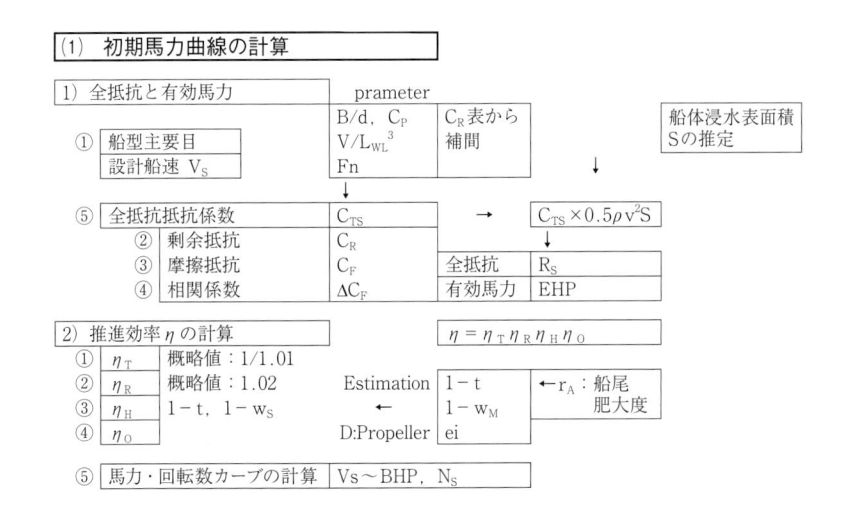

```
(1) 初期馬力曲線の計算

1) 全抵抗と有効馬力          prameter
  ① 船型主要目              B/d, C_P     C_R表から      船体浸水表面積
     設計船速 V_S            V/L_WL^3     補間           Sの推定
                            Fn                          ↓
  ⑤ 全抵抗抵抗係数          C_TS    →   C_TS×0.5ρv^2 S
     ② 剰余抵抗             C_R                         ↓
     ③ 摩擦抵抗             C_F          全抵抗   R_S
     ④ 相関係数             ΔC_F         有効馬力 EHP

2) 推進効率 η の計算                      η = η_T η_R η_H η_O
  ①  η_T    概略値：1/1.01
  ②  η_R    概略値：1.02      Estimation  1-t     ←r_A：船尾
  ③  η_H    1-t, 1-w_S    ←              1-w_M     肥大度
  ④  η_O                     D:Propeller  ei

  ⑤ 馬力・回転数カーブの計算  Vs～BHP, N_S
```

(2) プロペラ要目と形状

```
① 初期馬力曲線                    主要目，船体線図
   Vs～BHP, N_S                 主機型式    PS×N

   プロペラ設計条件
   BHP, N(rpm), Vs(kts)
   1－w_S      Va(kt)
              v_a(m/s)          船体固有周波数の推定
   翼数Z, 直径D 検討・設定  ←  船尾 screw aperture

② Bp = P^{0.5}N/Va^{2.5}         プロペラ展開面積比 a_e : parameter    Bpチャート
                                  η_o                                  Series Propeller
   Bpチャート   →                 p
                                  δ→D

   暫定要目の決定
   翼数         Z                 ③ キャビテーション判定図表
   直径         D               ←   → 展開面積比a_eの決定
   ピッチ比     p
   展開面積比   a_e

④ プロペラ形状の決定              設計データ
   要目（Z,p,ae,b,thickness‥） ←  翼輪郭
   翼輪郭形状                      最大翼厚
   翼型 offset                  →                                     POTチャート
   プロペラ図面                                                        Series Propeller
   プロペラ製作（メーカー）        ⑤ 最終プロペラ単独特性推定
                                   Kt, Kq, η_o, Ct～J
```

(3) 最終馬力計算

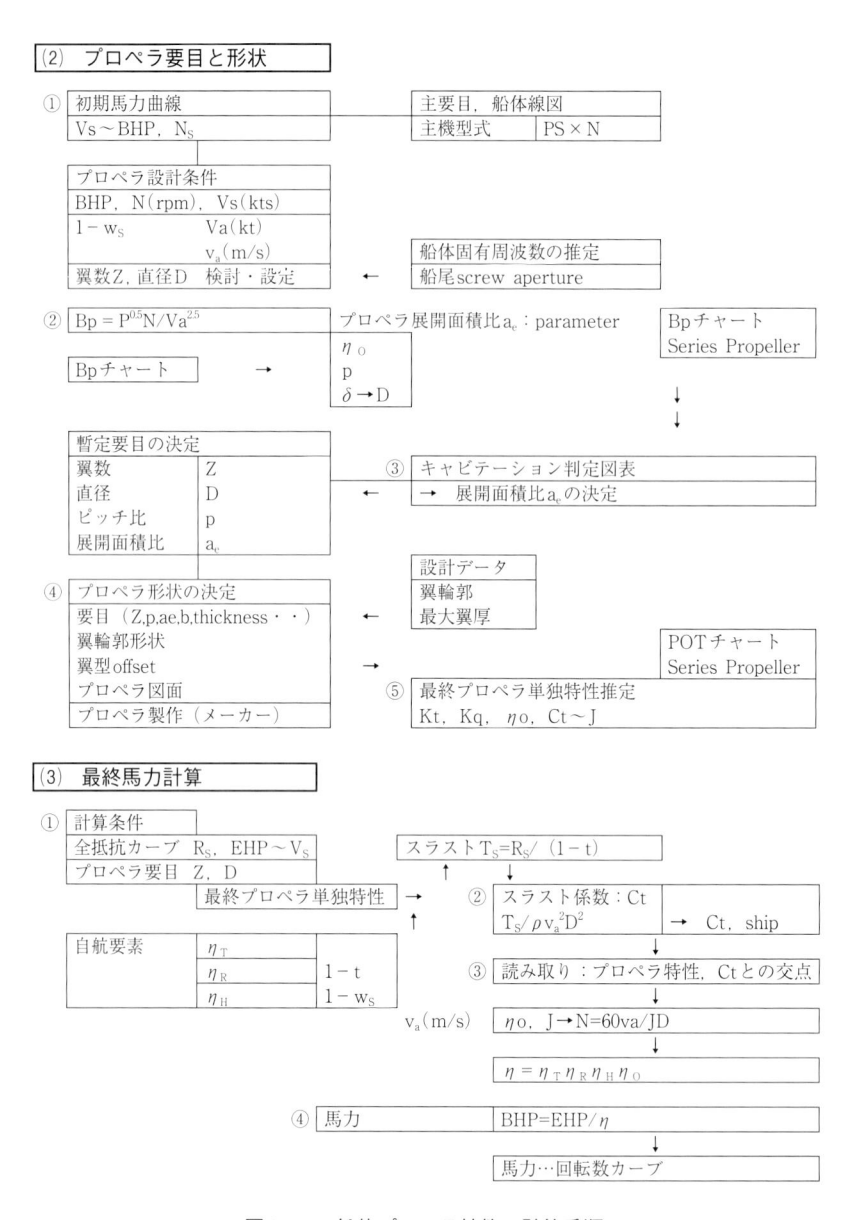

```
① 計算条件
   全抵抗カーブ R_S, EHP～V_S      スラスト T_S=R_S/(1-t)
   プロペラ要目 Z, D                 ↑
              最終プロペラ単独特性 → ② スラスト係数：Ct
                                   ↑   T_S/ρv_a^2 D^2    → Ct, ship
   自航要素    η_T                ③ 読み取り：プロペラ特性，Ctとの交点
              η_R     1－t
              η_H     1－w_S
                                   v_a(m/s)  η_o, J→N=60va/JD

                                   η = η_T η_R η_H η_O

④ 馬力                            BHP=EHP/η

                                   馬力…回転数カーブ
```

図A-1　船体プロペラ性能の計算手順

(1) 初期馬力曲線の計算：図A-1，(1)

　設計船として排水量59,000トンの貨物船（以下，X船と称す）を選び，その船体抵抗R_Tと内訳，有効馬力EHPを求める．次に，MCR相当での船速をV_{SMCR}とした時の搭載機関の馬力BHP，回転数Nを計算し，馬力・回転数カーブを推定する．推進効率 η の内訳も示す．なお，プロペラ直径Dは船体に適合したものを装備するものとする．X船の要目は次のとおりである．

$$L_{PP} \times B_{mld} \times d_{mld} \times C_B \times l_{CB} \times V_{SMCR} = 261\text{m} \times 32.2\text{m} \times 11.2\text{m} \times 0.611 \times 1.95\% L_{PP} \times 24.8\text{kt}$$

1）全抵抗と有効馬力（4.3節を参照）
①船体要目と補間パラメータ

ここでは2次元外挿法を使用する．全抵抗係数は（4.64）式より下式で求めるものとする．

$$C_{TS} = (C_{FS} + \Delta C_F) + C_R \tag{1}$$

まず，剰余抵抗係数C_Rを推定するためにX船の主要目から補間パラメータB/d, C_P, V/L_{WL}^3 (C_V: *Volumetric coefficient*，排水量長比)，Fnを整備する．設計段階ではこれらのパラメータを計算する因子の一部が不明な場合があるが，その時は適宜妥当な値を仮定して進める．一例を下記に示す．

- $Fn = v/\sqrt{(L_{WL}g)}$ フルード数，なお，$v = 0.5144 V_S$ (m/s)
 水線長L_{WL}は設計初期に与えられていないことが多い．ここでは概略値として$L_{WL} = 1.02 \times L_{PP}$と仮定する．
- C_P：初期的に与えられていないことが多い．一般にC_Mの変動はわずかで船種や船速（Fn）との相関が強いので，ここでは実績統計データ$C_M \sim Fn$（図3-15，140頁，船速により船種が大略決まるため）からC_Mを求め，$C_P = C_B/C_M$として求める．
- V/L_{WL}^3：$V = L_{PP} B d C_B$で求める．

ちなみに，本例題のX船の要目からパラメータの値を計算すると次のようである．

$$L_{PP} \times B_{mld} \times d_{mld} \times C_B \times l_{CB} \times V_{SMCR}$$
$$= 261\text{m} \times 32.2\text{m} \times 11.2\text{m} \times 0.611 \times 1.95\% L_{PP} \times 24.8 kt \tag{2}$$

$$B/d = 32.2/11.2 = 2.88$$
$$Fn = v/\sqrt{gL_{WL}} = 24.8 \times 0.5144 / \sqrt{9.81 \times 1.02 \times 261} = 0.2496$$
$$C_P = C_B/C_M = 0.611/0.978 = 0.625$$
$$V/L_{WL}^3 = V/(1.02 \times L_{PP})^3 = 57,500 / 266.2^3 = 3.04 \times 10^3 \tag{3}$$

②剰余抵抗係数C_R

米国Taylor水槽の剰余抵抗係数C_R図表を使用する．C_Rは次式で定義される．

$$C_R = R_R / (\rho S v^2 / 2) \tag{4}$$

図表には$B/d = 2.25$, 3.0, 3.75の場合が記載されており，3つのパラメータC_P, V/L_{WL}^3, FnでC_R値が読み取れるようにカーブで示されている（パラメータとして図3-16に示したような浮心位置l_{CB}の影響が入っていないため，実船の設計では別途修正を要する）．ここでは$B/d = 3.0$の場合のC_Rの数表を表A-1に示す．X船は$B/d = 2.88$で3.0に近いこと，また$V/L_{WL}^3 = 3.04 \times 10^{-3}$で表の値$3.0 \times 10^{-3}$に近いため，以降，ここでは表A-1が使用できるとした．X船の残りのパラメータであるC_P, FnでX船のC_R値を内挿補間するために図A-2のような補間チャートを作って読み取ると約$C_R = 0.85 \times 10^{-3}$と推定できる．

ここで，一般的な船体設計的視点からの剰余抵抗係数C_R図表の利用法を考察しておく．図A-3は$B/d = 3.0$, $Cp = 0.65$の場合の剰余抵抗係数C_RをFnとC_V（排水量長比）の等高線で描いたものである．C_RはFnの低い領域でCvに対して緩やかに変化するがFnの高い領域では急勾配と

表A-1　剰余抵抗係数C_R（Taylor水槽図表）

B/d=3.00

C_P	∇/L^3 $\times 10^{-3}$	\multicolumn{9}{c}{$V/\sqrt{Lg}$}
		0.16 $\times 10^{-3}$	0.18 $\times 10^{-3}$	0.20 $\times 10^{-3}$	0.22 $\times 10^{-3}$	0.24 $\times 10^{-3}$	0.26 $\times 10^{-3}$	0.28 $\times 10^{-3}$	0.30 $\times 10^{-3}$	0.32 $\times 10^{-3}$
0.55	1.0	0.28	0.28	0.29	0.31	0.42	0.51	0.54	0.58	0.63
	2.0	0.34	0.34	0.34	0.38	0.53	0.67	0.72	0.66	0.90
	3.0	0.40	0.40	0.40	0.47	0.62	0.75	0.83	0.94	1.16
	4.0	0.44	0.44	0.45	0.53	0.64	0.78	0.92	1.07	1.35
	5.0	0.50	0.50	0.52	0.60	0.72	0.82	0.97	1.21	1.60
	6.0	0.57	0.57	0.60	0.70	0.82	0.91	1.04	1.35	1.86
	7.0	0.63	0.63	0.69	0.85	1.01	1.10	1.19		
C_p=0.6	1.0	0.30	0.30	0.30	0.35	0.45	0.56	0.64	0.70	0.74
	2.0	0.37	0.38	0.38	0.44	0.58	0.75	0.97	1.17	1.29
	3.0	0.42	0.42	0.43	0.50	0.65	0.87	1.20	1.56	1.74
	4.0	0.47	0.47	0.49	0.57	0.71	0.93	1.30	1.89	2.18
	5.0	0.54	0.54	0.57	0.63	0.77	0.99	1.42	2.20	2.63
	6.0	0.60	0.61	0.64	0.73	0.85	1.04	1.63	2.45	
	7.0	0.65	0.66	0.74	0.89	1.01	1.20	1.80		
C_p=0.65	1.0	0.33	0.33	0.34	0.36	0.41	0.55	0.74	0.88	0.95
	2.0	0.38	0.38	0.39	0.49	0.63	0.85	1.25	1.75	1.93
	3.0	0.44	0.44	0.48	0.62	0.77	1.07	1.62	2.43	2.79
	4.0	0.52	0.52	0.56	0.70	0.86	1.19	1.93	3.02	3.55
	5.0	0.56	0.57	0.63	0.80	0.92	1.26	2.15	3.52	4.28
	6.0	0.62	0.63	0.72	0.90	1.00	1.33	2.38		
	7.0	0.72	0.73	0.82	0.98	1.08	1.46	2.65		
0.70	1.0									
	2.0	0.42	0.42	0.48	0.64	0.82	1.08	1.58	2.41	2.70
	3.0	0.48	0.49	0.58	0.81	1.10	1.40	2.15	3.40	3.97
	4.0	0.55	0.56	0.68	0.95	1.24	1.60	2.57	4.22	5.15
	5.0	0.61	0.63	0.78	1.04	1.33	1.73	2.89		
	6.0	0.68	0.72	0.87	1.10	1.40	1.85	3.13		
	7.0	0.75	0.82	0.96	1.16	1.52	1.98	3.42		
0.75	1.0									
	2.0	0.45	0.47	0.62	0.90	1.28	1.57	1.97	3.09	3.63
	3.0	0.52	0.56	0.76	1.11	1.69	2.06	2.65	4.35	5.38
	4.0	0.59	0.65	0.86	1.31	1.92	2.46	3.22		
	5.0	0.65	0.74	0.97	1.38	2.05	2.73			
	6.0	0.72	0.82	1.06	1.45	2.15	2.85			
	7.0	0.80	0.92	1.12	1.50	2.26	2.97			
0.80	1.0									
	2.0	0.47	0.65	0.93	1.39	2.04	2.61	3.03	4.15	4.96
	3.0	0.65	0.86	1.14	1.65	2.59	3.48			
	4.0	0.72	0.93	1.25	1.77	2.81				
	5.0	0.77	0.99	1.30	1.85	2.92				
	6.0	0.82	1.03	1.33	1.91	3.05				
	7.0	0.87	1.07	1.38	1.98	3.14				

B/d=2.25

C_P	∇/L^3 $\times 10^{-3}$	0.16	0.18	0.20	0.22	0.24	0.26	0.28	0.30	0.32
0.80	1.0	0.32	0.45	0.62	0.91	1.30	1.45	1.70	2.21	2.17
	2.0	0.38	0.53	0.80	1.29	1.94	2.32	2.63	3.76	4.36
	3.0	0.43	0.60	0.97	1.58	2.29	3.01		5.39	6.63
	4.0	0.49	0.68	1.12	1.80	2.55	3.42			
	5.0	0.56	0.76	1.22	1.95	2.75				
	6.0	0.63	0.83	1.31	2.10					
	7.0	0.69	0.90	1.40	2.24					

B/d=3.75

C_P	∇/L^3 $\times 10^{-3}$	0.16	0.18	0.20	0.22	0.24	0.26	0.28	0.30	0.32
0.75	1.0									
	2.0	0.63	0.65	0.76	1.02	1.36	1.71	2.19	3.12	3.61
	3.0	0.68	0.71	0.83	1.14	1.60	2.10	2.81	4.32	5.28
	4.0	0.75	0.79	0.92	1.26	1.76	2.34	3.41		
	5.0	0.82	0.86	1.00	1.36	1.89	2.51			
	6.0	0.88	0.89	1.08	1.46	1.99	2.62			
	7.0	0.94	0.96	1.16	2.06	2.09	2.72			

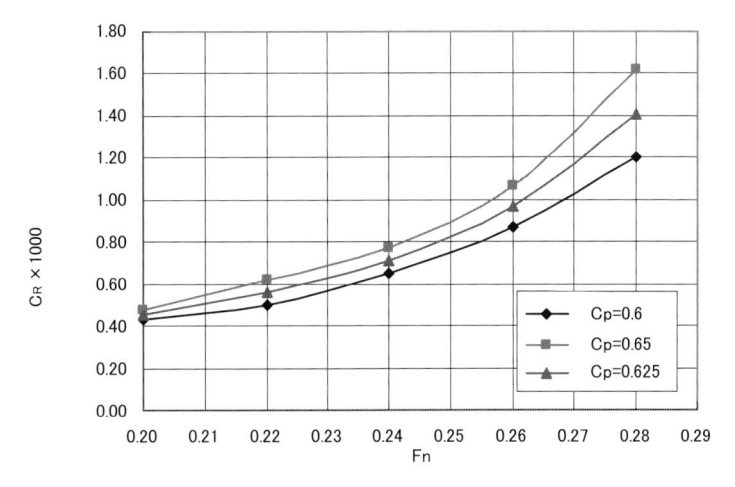

図A-2 剰余抵抗係数の補間
剰余抵抗係数 C_R（排水量長比　$C_V=3\times10^{-3}$, B/d=3.0）

なっている．実船の初期設計では高い運航効率 TCI（第1章1.2.2参照）を与える主要目の選択が重要である．例えば，排水容積 V と船速 V_S を一定とした設計条件下で抵抗を小さくするという問題を考え，C_R が最小になるような L_{WL}，B，d，C_B を探るときに Taylor の C_R 図表が非常に有効なツールになる．Fn と C_V には L_{WL} が関係してこのままでは独立には選ぶことはできないので Fn と C_V から L_{WL} を消去して所与の排水容積 V と船速 V_S を代入すると X 船が満たすべき Fn と C_V の関係は次のようになる．

$$C_V = (Vg^3/v^6)Fn^6 = 12.54 Fn^6 \tag{5}$$

図 A-3 に(5)式を曲線で示すと右上がりの曲線となる．Fn 小，C_V 小（L_{WL} 大）の領域に比べて Fn 大，C_V 大（L_{WL} 小）の領域では C_R の等高線が密に集まり尾根に近づいて格段に値が大きくなっている．X 船の設計速度としては裾野が立ち上がる手前の $Fn=0.24\sim0.26$ が妥当な領域であることがわかる．

船型要目の選択の範囲が広い場合には自社の蓄積した性能設計データも加味し，C_R だけでなく以下に示すような摩擦抵抗係数 C_{FS} を加えた全抵抗係数 C_{TS}，さらに，有効馬力 EHP，制動馬力 BHP のレベルでの比較が必要となる．実績データを逸脱するような新しい船型の設計では，高性能な最終船型を得るために第4章4.7節に示した水槽試験や CFD を駆使した性能の推定が行われている．

③摩擦抵抗係数 C_{FS}

摩擦抵抗係数 C_{FS} は Prandtl–Schlichting の式（4.57）式から求めることとする．X 船のレイノルズ数（$Rn=VL_{WL}/v$）は，水温15℃の海水の動粘性係数を $v=1.188\times10^{-6}$ とすると $Rn=24.8\times0.5144\times261\times1.02/1.188\times10^{-6}=2.86\times10^9$ となるので $C_{FS}=1.383\times10^{-3}$ を得る．

④2次元外挿法での ΔC_F

実績統計データを基にした(6)式等から推定する．

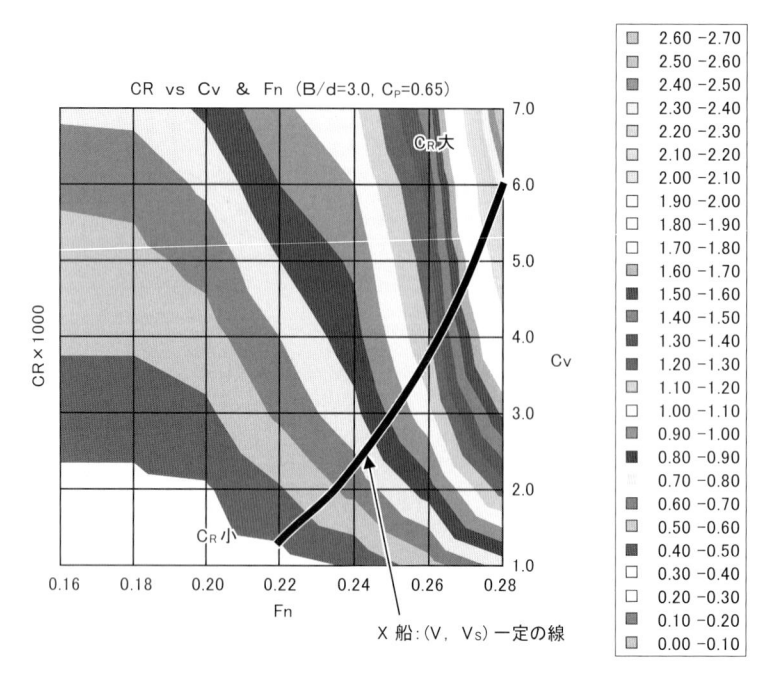

図A-3 テイラー水槽剰余抵抗係数C_R図表とその利用法

$$\Delta C_F = (-0.005 \times L_{PP} + 0.9) \times 10^{-3} \qquad \text{for } L_{PP} \leq 250\text{m}$$
$$= -0.35 \times 10^{-3} \qquad \text{for } L_{PP} > 250\text{m} \qquad (6)$$

X船では$L_{PP}=261$mであるから$\Delta C_F = -0.35 \times 10^{-3}$となる．

⑤全抵抗係数，全抵抗値，有効馬力

$$C_{TS} = (C_{FS} + \Delta C_F) + C_R \qquad (7)$$

$$R_{TS} = C_{TS} \times \frac{1}{2}\rho_S S_S v_S^2 \qquad (8)$$

$$EHP = R_{TS} \cdot v_S/75 \qquad (9)$$

ここで，S_S：実船の浸水表面積は次のDennyの近似式で推定する．

$$S_S = (1.82 + C_B(B/d)) \cdot d \cdot L_{WL} \qquad (10)$$

以上からX船のC_{TS}は

$$C_{TS} = (C_{FS} + \Delta C_F) + C_R = ((1.38 - 0.35) + 0.85) \times 10^{-3} = 1.88 \times 10^{-3} \qquad (11)$$

と推定される．
また，浸水表面積は(10)式から，$S_S = 10,500\text{m}^2$と推定される．

全抵抗と有効馬力は(12)式，(13)式で計算される．ρは海水密度である．水温15℃での値 1,026kg/m³（SI単位系），104.6kg・sec²/m⁴（工業単位系）を使用するとR_{TS}はそれぞれ，ニュートン（N），重量キログラム（Kgw）で求まる．全抵抗の抵抗成分は(1)式においてC_{FS}，C_Rをそれぞれ残すことにより得られる．さらに，有効馬力はSI単位系を使うと，P_E（kW），工業単位系を使うとEHP（PS）が得られる．前述したように，ここでは工業単位系に従い，Kgw（あるいはtw），

PSで記述するとすれば，全長261mのX船が船速$V_S = 24.8kt$で走る時の全抵抗と有効馬力は

$$R_{TS} = C_{TS} \times \frac{1}{2} \rho_S S_S v_S^2 = 168\text{tw} \tag{12}$$

$$EHP = R_{TS} \cdot v_S/75 = 28,558\text{PS} \tag{13}$$

となる．

ここで，船の抵抗の小さいことを実感してみよう．X船は排水量（全重量）59,000twの大きな船であるが，これを速度2kt（1.03m/s，人がゆっくり歩く速度）で動かすには何人で引っ張ればよいのであろうか．極低速のため$C_R = 0$，$\Delta C_F = 0$で概算すると全抵抗は1,100kgwとなり，1人が30kgwの力を出して引くとすれば37人で動かすことができる．何と船の抵抗は小さいものであろうか．エジプト人が巨石を船で運んだ理由がわかる．みんなで試してみたいものである．

2) 推進効率の計算

推進効率ηは，第4章 (4.71) 式，つまり，

$$\eta = P_E/P_B = \eta_H \eta_O \eta_R \eta_T \tag{14}$$

で求められる．

V_{SMCR}相当の各効率を推定する．

① η_T：伝達効率，ここでは近似的にディーゼル船について，$\eta_T = 1/1.01$とする．
② η_R：プロペラ効率比，実績からここでは平均的に$\eta_R = 1.02$とする．
③ η_H：船殻効率$(1-t)/(1-\omega_S)$，$1-t$と$1-\omega_S$はそれぞれ推定が難しく，馬力の推定精度に大きな影響をあたえる重要な数値である．推定法は各種提案されているがここでは船尾の肥大度を表現するパラメータr_Aから$1-t$と$1-\omega_M$（模型船）を推定する方法を使用する．また，実船の$1-\omega_S$は実船/模型船間の尺度影響（Rn影響）を受けるのでその相関係数

$$e_i = (1-\omega_S)/(1-\omega_M) \tag{15}$$

を求めて$1-\omega_S$を推定する．具体的な計算は次のようである．

$$t = 0.15 r_A + 0.12 \tag{16}$$

$$\omega_M = 0.75 r_A + 0.06 \tag{17}$$

船尾肥大度パラメータr_Aは船体主要目パラメータを用いて(18)式で求める．

$$r_A = \frac{B/L}{1.3(1-C_B) - 0.031 \times l_{CB}} \tag{18}$$

(18)式の分母は近似的にC_Pカーブ（図3-17参照）のラン（run：船尾変化部）長さに相当し，この値が小さいと肥大の傾向となる．分子のB/Lは大きいほど肥大の傾向になる．したがってr_Aが大きいほど船尾が肥大していることを示す．

浮心位置l_{CB}の定義は第3章3.2.3項2)に述べたように，船体中央部からの距離（%L_{pp}）で前方がマイナス（－）である．設計初期には定められていない場合が多く，その場合には図3-16のように纏めた設計図表から推定する．

- 尺度影響相関係数 e_i は次式で求める.

$$e_i = 1.0 + 0.1\omega_M^2 \times \sqrt[3]{L \cdot B/d} \tag{19}$$

よって, 次の値が得られる.

$$1 - \omega_S = e_i \times (1 - \omega_M) \tag{20}$$

$$\eta_H = (1-t)/(1-\omega_S) \tag{21}$$

X船の計算値を (22) 式として以下にまとめて示す.

$r_A = 0.277$

$t = 0.15 r_A + 0.12 = 0.162, \quad 1 - t = 0.838$

$\omega_M = 0.75 r_A + 0.06 = 0.268, \quad 1 - \omega_M = 0.732$

$e_i = 1.065$

$1 - \omega_S = e_i \times (1 - \omega_M) = 0.78$

$\eta_H = 1.075$ 以上を (22)

④ η_O：プロペラ単独効率

詳細にはプロペラチャートを使用して(2)の方法で計算されるが，ここではプロペラが具体的に定まっていないため概略値を求めることとして，図4-20に示したプロペラ荷重度と効率の関係図（$\eta_O \sim \sqrt{C_t}$）の中の①運動量理論による理想効率と③模型実験によるプロペラ効率曲線を使用して導出した近似式で推定することにする．つまり，$x = \sqrt{C_t}$ として，

$$\eta_O = (-0.0796x + 0.865) \times \frac{2}{1 + \sqrt{1 + x^2}} \tag{23}$$

ここで,

$C_t = \dfrac{T}{(1/2)\rho v_a^2 A}$：プロペラ荷重度，$T$：MCR時のプロペラ推力，全抵抗$R$から$T = R/(1-t)$，

なお，ρ：流体密度，v_a：プロペラ面流入速度で$v_S(1-\omega_S)$，A：プロペラディスク面積で $A = \pi D^2/4$ 以上を (24)

D：プロペラ直径，Dは船尾に格納できる直径して船尾喫水dと相関がある．ここでは概略値を次のように与えることにする．

$$D = \beta d \tag{25}$$

ここで，βはタンカー船型：0.5，コンテナ船等：0.7〜0.73

X船の推定値を以下にまとめて示す.

$T = 168/0.838 = 200 \ (tw)$

プロペラ直径 $D = 8.0$m （$\beta = 0.715$）

$C_t = 0.769$

$\eta_O = 0.682$ (26)

よって,

付　録

$$\eta = EHP/BHP = \eta_H \eta_O \eta_R \eta_T = 1.075 \times 0.682 \times 1.02 \times 1/1.01 = 0.740 \tag{27}$$

④馬力カーブの計算

X船の馬力回転数を推定する．

制動馬力：$BHP = EHP/\eta$ (PS)

$$= 28,558/0.740 = 38,600 PS \tag{28}$$

このときのプロペラ回転数N（rpm）は下式で推定できる．

$$N = 132\sqrt{\frac{BHP}{V_S(1-w_S)}}\frac{1}{D^2}$$

$$= 92 \ (RPM) \tag{29}$$

以上で，プロペラ設計の設計点（BHP_{MCR}，N，V_S）が推定できた．

図4-17に示したような初期馬力曲線を得るためには，BHP_{MCR}より低い馬力BHPでの船速，回転数を推定する必要がある．これは設計プロペラを船に装備して低い回転数で操船したときの（BHP，N，V_S）を求める問題である．この場合の厳密な計算法は後述の(3)で述べるが，近似的な挙動は次の方法で推定することができる．BHP_{MCR}よりやや小さいBHPでの船速，回転数はプロペラ理論から$\chi = BHP/BHP_{MCR}$として下式で概略値を求めることができる．χが1.0に近いときに精度がよい．なお，この説明は(3)，④馬力回転数カーブに示されている．

$$V = V_{S,\ MCR} \times \sqrt[3]{\chi} \tag{30}$$

$$N = N_{MCR} \times \sqrt[3]{\chi} \tag{31}$$

(2)　プロペラ要目・形状の設計：図A-1，(2)

> X船のプロペラの要目・形状を設計する．初期馬力曲線とMCRにおけるプロペラ設計点（$V_{S,\ MCR}$，BHP_{MCR}，N_{MCR}）および船体初期形状が与えられているとする．また，推定した前述のプロペラ直径Dは船尾形状に適合しているとする．

①プロペラ設計条件

- 初期馬力曲線：$BHP \sim V_S$および搭載予定機関の定格（BHP，N）at MCR
- 設計船速V_S（kt），伴流係数$1-w_S$，プロペラ流入速度V_a：$V_a = V_S(1-w_S)$（kt）
- プロペラ設計条件：（BHP，N，V_a）$at\ MCR$
- その他：
  - ➢プロペラ直径Dの設定：Screw aperture形状（プロペラが納まる船尾の間隙：図3-8参照）から決まる．船尾喫水との相関が強い．
  - ➢プロペラ翼数Z：プロペラ効率だけでなく第3.3.3節に述べたようにプロペラ起振力や船体固有振動数の見地から検討される．ここでは既知と考える．

X船のMCRでの設計条件は

プロペラ設計条件：（BHP，N，V_S）＝（$38,600PS$，$92.0rpm$，$24.8kt$）

$$1-\omega_S = 0.78 \quad (V_A = 19.3kt) \tag{32}$$

とする．

②BP Chartによるプロペラ設計：第4.4.2節参照

図4-24にTroost B4-55のBP Chartを示したがこれを使用した設計手順を示す．設計条件（BHP, N, V_a）から 次式により出力係数Bpを計算する．$P = 0.963 \times BHP/1.01$として，

$$B_p = P^{0.5}N/V_a^{2.5} \tag{33}$$

B_p値と最適プロペラ効率線$\eta_{o,\ OPTIMUN}$の交点から直径係数δ，ピッチ比p，プロペラ効率η_oを読みとる．ここで，P：軸馬力でBHPからチャートの定義に従って換算する．N：プロペラ回転数rpm．δ：直径係数である．

$$\delta = ND/V_a \tag{34}$$

から直径Dが求まる．このDは先に仮定したDと近い値となっているはずである（そのようになるような回転数が選ばれている）が，再度，船尾に収まる妥当な直径であるかをチェックする．また，船尾の伴流分布を考えて4％ほどDを小さく選ぶことがある．

以上から，プロペラ要目として，Z, D, p, a_{ec}, b_cが得られた．ここで，a_{ec}, b_cのsuffixの"C"はChart propeller（チャートを作成した模型プロペラ）の値であることを示す．

X船のプロペラ要目を図4-24（207頁）のBpチャート（B4-55）から得た最適プロペラ効率線（図A-4）を使って計算してみる．B screw seriesのBpチャートの定義に従ってBp値を計算する．

$$P = 0.963 \times DHP = 0.963 \times BHP \times \eta_T = 0.963 \times 38,600/1.01 = 36,800PS \tag{35}$$

$$B_p = P^{0.5}N/V_a^{2.5} = \sqrt{36,800} \times 92/19.3^{2.5} = 192.0 \times 92/1636 \tag{36}$$
$$= 10.8, \quad \sqrt{B_p} = 3.29$$

最大効率線$\eta_{o\ OPTIMUN}$の交点で読みとると， $\delta = 130$, $p = 1.05$, $\eta_o = 0.69$となる．
δからプロペラ直径Dとして下記を得る．

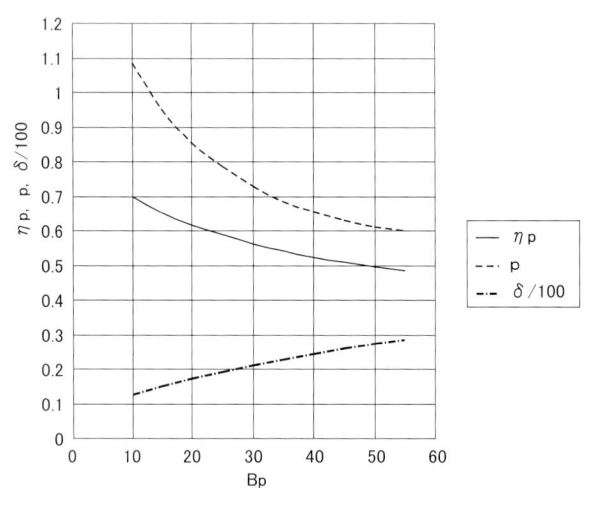

図A-4　B4-55 Bpチャート最高効率線上のプロペラ要目

付　録

$$D = \delta V_a/N = 130 \times 19.3/92 = 27.3 \text{feet} = 8.31\text{m} \tag{37}$$

図A-4に各Bpに対して最適プロペラ効率線で読み取ったδ，p，η_oの傾向線を示す．また，$x = Bp$とした時の多項式近似式を以下に示す．エクセル等による計算に便利である．

$$\eta_o = 0.00008x^2 - 0.0097x + 0.7828$$
$$p = -0.0000049x^3 + 0.000784x^2 - 0.0412x + 1.4232 \tag{38}$$
$$\delta = -0.00003x^2 + 0.0055x + 0.0742$$

③キャビテーション判定図表による展開面積比の決定

1897年，Parsonsによって蒸気タービンが実用化され高馬力機関が装備されるようになったが，高馬力船「タービニア」や魚雷艇「ダーリン」のキャビテーション発生に基づく推力低下が原因して船速が激減した事例以降，キャビテーション発生を抑えるプロペラ設計法の研究が進んだ（49頁(8)参照）．その後も船舶の大型化高馬力化が過度なプロペラキャビテーションを誘発して推進効率の低下のみならずプロペラエロージョン（erosion：浸食）や船体の振動・騒音の要因となることを見出し，これを回避する多くの研究を経てキャビテーション判定評価法が確立された．その１つとしてプロペラ流体力学者Burrillが考案したキャビテーション判定図表に基づくプロペラ展開面積比決定法が提案され現在も使用されている．概要は以下のとおりである．

Burrillのキャビテーション判定図表は，図A-5に示すように，

$$\tau_C = \frac{T}{1/2\rho A_P V_R^2} \sim \sigma_{0.7R} = \frac{p-e}{1/2\rho V_R^2} \tag{39}$$

の関係を示す．

横軸$\sigma_{0.7R}$はキャビテーション数（Cavitation number）といい，プロペラが作動する環境の圧力p（p_∞と仮称する）から水の飽和蒸気圧eを差し引き，$1/2\rho V_{0.7R}^2$で割った無次元圧力である．ここで，$V_{0.7R}$はプロペラの0.7Rを代表とした流速

$$V_{0.7R} = \sqrt{v_a^2 + (0.7D\pi N/60)^2} \tag{40}$$

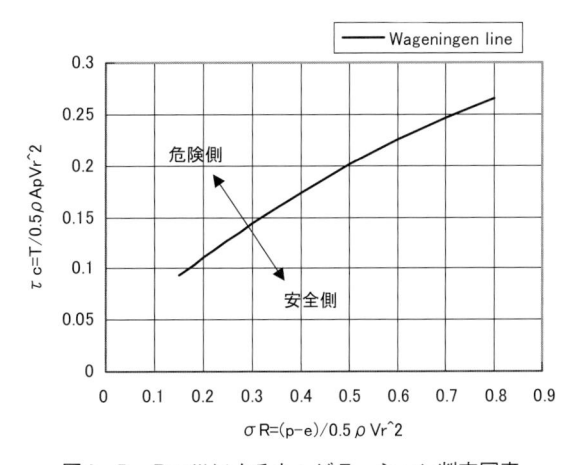

図A-5　Burrillによるキャビテーション判定図表

である．キャビテーション判定をプロペラ軸心で行う場合には$p-e$は次のようである．

$$p - e = P_{atm} + \rho gI - e \tag{41}$$

ここで，P_{atm}は大気圧，Iはプロペラ軸の没水深度（m）で$I = d - H$である．d：喫水，H：Keelからの軸心高さである．

縦軸τ_Cは全スラストTを得るに必要なプロペラ翼面の前後の圧力差Δpの無次元値である．ここで，A_P：プロペラ軸の方向から見た翼の投影面積であり，ピッチ角で翼面が捩れているために展開面積A_Eとの間に

$$A_P = A_E(1.067 - 0.229p) \tag{42}$$

の近似的関係がある．A_PからA_Eが得られれば展開面積比は$a_e = A_E/(\pi D^2/4)$となる．Burrillのキャビテーション判定図表にはいくつかの判定線（criterial lines）が引かれているが，よく使われる判定線としてWageningen lineがありこの線上のτ_Cを満たす展開面積比a_eが推奨されている．多項式で近似すると次のようである．

$$\tau_C = -0.1417\sigma_{0.7R}^2 + 0.3998\sigma_{0.7R} + 0.0361 \tag{43}$$

この線を境にして上に行くほどキャビテーションの発生が激しく広範囲となる危険な領域に，逆に，下に行くほど安全な領域になる．a_eを小さく選ぶと，τ_Cが大となり危険側になることがわかる．

注）キャビテーション判定線の意味

翼面圧力差Δpとτ_Cとの関係を述べておく．プロペラは図4-21に見るように回転しながら推力を発生している．翼の周りの流れを翼理論的に考察すると，翼のBack面（船側）は流体が早く流れて圧力が下がり，Face面（舵側）は遅く流れて圧力が上昇する．よってBack面はFace面に比べて圧力がΔpだけ低くなり，$A_P \Delta p$の推力を発生することになる．このとき，Back面の圧力は近似的に$p_{BACK} \fallingdotseq p_\infty - \Delta p$となる．もし，圧力低下が少なく$p_\infty - \Delta p > e$であれば，$p_{BACK}$は飽和蒸気圧以上であるので海水は沸騰することはない．一方，圧力低下が大きく$p_\infty - \Delta p \leqq e$になると翼面のその領域は飽和蒸気圧以下になり，海水は沸騰して蒸気となりキャビテーション（空洞）を発生する．Δpが増加すればするほどキャビテーションは激しく発生する．

$\Delta p = T/A_P$とおき，$\dfrac{\Delta P}{1/2\rho V_R^2}$と考え，上述の式を(39)式の$\tau_C$と$\sigma_{0.7R}$で表わすと，Barrillのキャビテーション判定線図表およびキャビテーション判定線の意味が理解できる．

具体的計算法を述べておく．②のBP Chartによるプロペラ設計において数種の異なる展開面積比$a_{e,J\ (J=1,2,3\cdots)}$のチャート（$J = 1, 2, 3\cdots$）を用いてそれぞれのプロペラ要目（Z, D, p, η_O, a_{ei}）と推力Tを求めておく．まず，$a_{e,1}$について，(41)式の$p-e$は，$P_{atm} = 10,332 kg/m^2$，25℃での海水の飽和蒸気圧を$e = 323 kg/m^2$とすれば$p - e \fallingdotseq 10,000 + \rho gI$（$kg/m^2$）で求められる．(40)式の$V_{0.7R}$と$1/2\rho V_{0.7R}^2$から，(39)式のキャビテーション数$\sigma_{0.7R}$が計算でき，(43)式からWageningen lineを満たすτ_Cが得られる．よって，

$$A_P = \frac{T}{1/2\rho V_R^2 \tau_C} \tag{44}$$

付　録

が決まり(42)式からA_Eが決まるから展開面積比 $a_{e,1}' = A_E / \frac{\pi D^2}{4}$ を求める．一般に $a_{e,1} \neq a_{e,1}'$ であるから異なる $a_{e,J}$ チャートで設計したプロペラ要目（$Z, D, p, \cdots$）とTを使用して同種の計算を行い（$a_{e,J}, a_{e,J}'$）の組を求める．図式的に$a_e = a_e'$を満たすa_eを見出せばこれがWageningen lineを満たすa_eとなる．やや複雑なのでここではX船の実際の計算は行わない．

以上で，翼数，展開面積比，ボス比の検討を終えて，最終プロペラ要目$Z = 4$, $D_P = 8.31m$, $p = 1.05$, $a_e = 0.55$, $b_c = 0.18$が得られたこととする．

④プロペラ形状の決定

翼輪郭，各半径の翼型オフセット，翼厚分布を設計し，図4-23に示す図面を作る．上記で求めたプロペラ要目はチャートを生み出した模型プロペラ（チャートプロペラ）の形状に依存している．チャートプロペラの形状を基にして作成された無次元プロペラ形状データが準備されており主要目が決まると複雑な実船用プロペラの翼輪郭，翼型オフセットを容易に決めることができる．ボス比bはその半径を持つ円筒面上に各翼根部の形状および全翼が配置できるように決められる．プロペラのR, b, a_eから翼輪郭（翼弦長lとスキュー線の半径方向分布により定まる）が決められる．さらに最大翼厚分布t_{max}（半径に沿っての最大厚み分布）が決められると翼断面オフセット決定のパラメータが定まる．

船は回転し続けるプロペラで走っている．大洋の真ん中で損傷すれば重大な海難事故を引き起こす可能性がある．プロペラ翼には静的な荷重ではなく絶えず繰り返して変動する荷重がかかる．船の一生涯に受ける翼の変動回数は，船尾伴流分布中をプロペラが一回転するときに一回の割合で荷重が大きく変動するので，概略10^9回と膨大な回数となる．プロペラ翼はこの繰り返しの疲労強度を考慮した設計法が確立している．

翼の根元（翼根）に最大の曲げモーメントが働くので，MCR時に一翼に作用する荷重分布（推力，トルク力による）が翼根に与える最大曲げモーメントM_{max}に起因する翼応力σ（$= M_{max}/Z$, Zは翼根部翼型の断面係数で翼厚tの関数）や遠心力による応力の総和がプロペラ材料の強度$\sigma_{allowable, repeat}$を越えないように翼根の最大翼厚$t_{ROOT}$を決める．$\sigma_{allowable, repeat}$とは材料の機械強度ではなく疲労強度を考えた設計応力である．ちなみに，主要プロペラ材であるアルミニウム青銅鋳物（CC703）は引張強度が$60kg/mm^2$（$590N/mm^2$）以上であるが，設計応力は繰り返し疲労強度として$6 kg/mm^2$程度が選ばれる．ボス半径でのt_{ROOT}が決まれば半径方向のt分布は翼先端厚さt_{TIP}（約$0.3\%D$）を結ぶ直線分布で概略を決めることができる．各半径の翼弦長lと最大翼厚t_{max}が決められると翼断面無次元オフセット表から最終プロペラの翼型形状が定まる．さらに，プロペラのレーキ（rake：傾斜）とスキュー（skew：烏帽子状に歪んだ形状）線を決めれば，最終プロペラの要目と形状がすべて定まり図4-23に示すようなプロペラ図面が出来上がる．プロペラが鋳造され研磨されて完成すると造船所に運ばれプロペラシャフトとともに船体に装備される．

⑤最終プロペラの単独特性の推定

最終プロペラ要目（$Z, D, p, a_e,$ b）の単独特性を推定する．このための基礎データが歴史的に作成された単独特性チャートである．表A-2はMAUプロペラ単独特性チャートの一例

（MAU4-55）である．この図表は$Z=4$，$a_e=0.55$でピッチ比pが$0.5〜1.6$まで7種変化したプロペラ特性（Kt，Kq，η_P）が記されている．シリーズチャートはZとa_eを数種類変化させた図表が用意されており，これらから本船の最終プロペラ要目で補間して単独特性を推定する．次項(3)最終馬力曲線の計算のために下記の定義によるスラスト係数C_{tD}を計算して単独特性曲線の中に描いておくと便利である．表A-2のMAU4-55の特性曲線にも追記しておいた．

$$C_{tD}=\frac{Kt}{J^2}=\frac{T}{\rho v_a^2 D^2} \qquad (45)$$

このようにして，最終プロペラ要目が$Z=4$，$D_P=8.31m$，$p=1.05$，$a_e=0.55$，$b_c=0.18$と決まれば，表A-2のMAU4-55ピッチ比$p=1.0$，1.2，1.4のプロペラ特性から$p=1.05$の特性（Kt，Kq，η_P）を補間して求める．図A-6に最終プロペラの推定単独特性曲線と特性値を示す．

なお，プロペラチャートの基礎になった模型プロペラはボス比bと$0.7R$の翼厚/翼幅比$(t/l)_{0.7R}$が特定なものとなっているので，実船用最終プロペラの単独特性曲線の推定ではb，$(t/l)_{0.7R}$の差の修正が行われる．これらはやや詳細な計算となるため他の専門書に譲ることとしてここでは省略する．

表A-2　MAU4-55 プロペラ単独特性（Kt，Kq，η_{p0}，Kt/J^2）

p	0.5				0.6				0.8			
J	Kt	10Kq	η_{p0}	Kt/J²	Kt	10Kq	η_{p0}	Kt/J²	Kt	10Kq	η_{p0}	Kt/J²
0	0.207	0.177	0.000	∞	0.259	0.249	0.000	∞	0.355	0.415	0.000	∞
0.1	0.180	0.162	0.177	18.000	0.230	0.230	0.159	23.000	0.325	0.390	0.133	32.500
0.2	0.150	0.143	0.334	3.750	0.199	0.207	0.306	4.975	0.294	0.360	0.260	7.350
0.3	0.114	0.122	0.446	1.267	0.164	0.180	0.435	1.822	0.258	0.324	0.380	2.867
0.4	0.076	0.094	0.515	0.475	0.125	0.150	0.531	0.781	0.220	0.286	0.490	1.375
0.5	0.038	0.063	0.480	0.152	0.085	0.113	0.600	0.340	0.179	0.245	0.581	0.716
0.6					0.043	0.076	0.540	0.119	0.139	0.201	0.660	0.386
0.7									0.093	0.152	0.682	0.190
0.8									0.048	0.098	0.624	0.075

p	1.0				1.2				1.4				1.6			
J	Kt	10Kq	η_{p0}	Kt/J²	Kt	10Kq	η_{p0}	Kt/J²	Kt	10Kq	η_{p0}	Kt/J²	Kt	10Kq	η_{p0}	Kt/J²
0.0	0.443	0.630	0.000	∞	0.522	0.890	0.000	∞	0.592	1.179	0.000	∞	0.651	1.490	0.000	∞
0.1	0.414	0.595	0.111	41.400	0.496	0.847	0.093	49.600	0.566	1.126	0.080	56.600	0.630	1.428	0.070	63.000
0.2	0.383	0.557	0.219	9.575	0.466	0.800	0.185	11.650	0.539	1.070	0.160	13.475	0.606	1.362	0.142	15.150
0.3	0.348	0.514	0.323	3.867	0.432	0.748	0.276	4.800	0.509	1.010	0.241	5.656	0.579	1.296	0.213	6.433
0.4	0.312	0.467	0.425	1.950	0.397	0.693	0.365	2.481	0.476	0.949	0.319	2.975	0.548	1.228	0.284	3.425
0.5	0.272	0.418	0.518	1.088	0.359	0.635	0.450	1.436	0.440	0.882	0.397	1.760	0.516	1.157	0.355	2.064
0.6	0.231	0.367	0.601	0.642	0.319	0.574	0.531	0.886	0.403	0.815	0.472	1.119	0.482	1.086	0.424	1.339
0.7	0.187	0.312	0.668	0.382	0.279	0.515	0.604	0.569	0.365	0.748	0.544	0.745	0.447	1.015	0.491	0.912
0.8	0.145	0.257	0.718	0.227	0.238	0.453	0.670	0.372	0.324	0.679	0.607	0.506	0.409	0.940	0.554	0.639
0.9	0.101	0.196	0.738	0.125	0.196	0.388	0.724	0.242	0.284	0.609	0.667	0.351	0.371	0.863	0.616	0.458
1.0	0.054	0.128	0.671	0.054	0.152	0.318	0.761	0.152	0.243	0.534	0.724	0.243	0.331	0.783	0.673	0.331
1.1	0.004	0.050	0.140	0.003	0.107	0.245	0.761	0.088	0.201	0.458	0.768	0.166	0.290	0.699	0.726	0.240
1.2					0.058	0.162	0.684	0.040	0.157	0.377	0.793	0.109	0.247	0.614	0.768	0.172
1.3					0.007	0.068	0.213	0.004	0.110	0.292	0.779	0.065	0.203	0.524	0.802	0.120
1.4									0.061	0.197	0.690	0.031	0.157	0.434	0.804	0.080
1.5									0.011	0.096	0.274	0.005	0.110	0.339	0.775	0.049
1.6													0.063	0.239	0.671	0.025

付　録

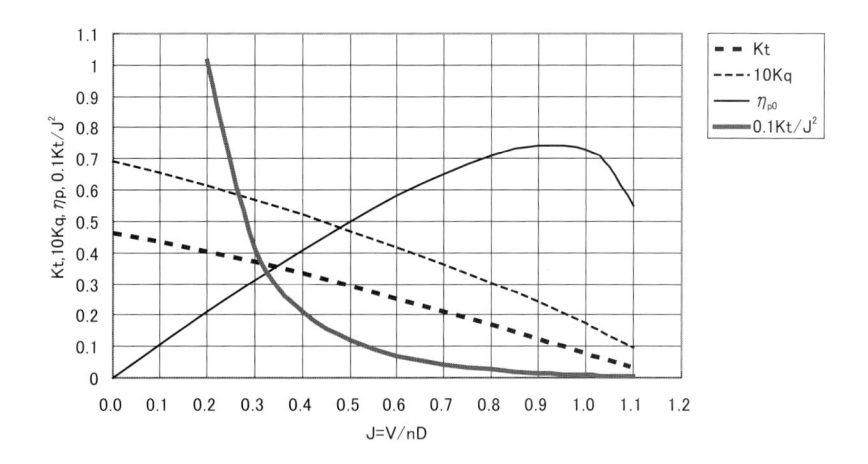

p		1.05		
J	Kt	10Kq	η_{p0}	Kt/J^2
0.0	0.4636	0.6923	0.0000	∞
0.1	0.4356	0.6555	0.1058	43.5625
0.2	0.4047	0.6152	0.2094	10.1172
0.3	0.3697	0.5699	0.3097	4.1073
0.4	0.3338	0.5207	0.4081	2.0863
0.5	0.2943	0.4694	0.4989	1.1773
0.6	0.2534	0.4156	0.5822	0.7038
0.7	0.2106	0.3599	0.6517	0.4297
0.8	0.1689	0.3032	0.7093	0.2639
0.9	0.1254	0.2413	0.7445	0.1548
1.0	0.0792	0.1731	0.7280	0.0792
1.1	0.0306	0.0971	0.5518	0.0253

図A-6　X船の最終プロペラの推定単独特性曲線と数値テーブル（B4-55：p=1.05）

(3)　最終馬力曲線の計算：図A-1，(3)

　最終プロペラをX船に装備したときの馬力回転数曲線を推定する．最終的に船速が達成されているかをチェックする．

①計算条件と具体的数値は次のとおりである．
- X船の全抵抗曲線，有効馬力曲線（EHP，R_{TS}～Vs）
- 最終プロペラの単独特性曲線
- 各種の効率：η_T，η_R，η_H
- 自航要素：$1-t$，$1-\omega_S$

$$R_{TS} = C_{TS} \times \frac{1}{2} \rho_S S_S v_S^2 = 168\text{tw}$$

$$EHP = R_{TS} \cdot v_S / 75 = 28{,}558 \text{PS}$$

$$1-t = 0.838$$

$$1 - \omega_S = 0.78$$
$$V_S = 24.8 kt$$
$$V_A = 19.3 kt$$
$$v_a = 9.93 m/s \qquad\qquad 以上 \quad (46)$$

②スラスト係数とプロペラ作動点の計算

X船に最終プロペラを装備して船速 Vs (kt) で航走する時のプロペラ作動点 J を計算する．

・$Vs = 24.8 kt$ での全抵抗値 R_{TS} から必要スラストは次のようである．

$$T = R_{TS}/(1-t) = 168/0.838 = 200 tw \qquad (47)$$
$$v_a = Vs(1-\omega_S) \times 0.5144 = 24.8 \times 0.78 \times 0.5144 = 9.93 \qquad (48)$$

・スラスト係数 $C_{tD, SHIP}$

$$C_{tD, SHIP} = \frac{Kt}{J^2} = \frac{T}{\rho v_a^2 D^2} = \frac{200,000}{104.6 \times 9.93^2 \times 8.31^2} = 0.281 \qquad (49)$$

③単独特性曲線（図A-6）の $C_{tD} \sim J$ カーブから $C_{tD, SHIP}$ を満たす J, η_o を読みとる．

$$J = 0.8, \quad \eta_o = 0.7 \qquad (50)$$

馬力，回転数を下式で計算する．

$$BHP = EHP/\eta = EHP/\eta_H \eta_O \eta_R \eta_T = \frac{28,558}{1.08 \times 0.7 \times 1.02 \times 0.99} = \frac{28,558}{0.7635} = 37,400 (PS)$$

$$N = 60 v_a / JD = (60 \times 9.93)/(0.8 \times 8.31) = 89.6 (rpm) \qquad (51)$$

以上により，X船が船速 24.8 kt で走るための機関の馬力，回転数は 37,400 PS，89.6 rpm であると推定される．

④馬力・回転数カーブ

種々の船速で同様な計算を繰り返せば，数組の（BHP，N，V_S）が得られ，馬力・回転数カーブが求まるがここでは計算は省略する．しかし，船の（BHP，N，V_S）の間には近似的に次のような一般的性質があり，他の船速での概略値が推定できるので覚えておくと便利である．

MCR における（BHP，N，V_S）からわずかに低い船速の馬力と回転数を推定することを考える．(7) 式の全抵抗係数 C_{TS} は船速の2乗による無次元数であり，わずかな船速変化ではほぼ一定となるから，(8) 式，(9) 式の R_{TS}，EHP，(47) 式の推力 T はそれぞれ次のように書ける．

$$R_{TS} \propto Vs^2, \quad EHP \propto Vs^3, \quad T \propto Vs^2 \propto v_a^2 \qquad (52)$$

したがって，(49)式からスラスト係数 $C_{tD, SHIP}$ は下記のようになる．

$$C_{tD, SHIP} \fallingdotseq \mathrm{const.} \qquad (53)$$

つまり，船速がわずかに変化してもプロペラはほぼ同一の作動点 $J = 0.8$ で回転し，したがってほぼ同一のプロペラ効率 $\eta_o = 0.7$ を与える．よって，推進効率 η もほぼ同一となり，最終的に

$$BHP \propto Vs^3, \quad N \propto Vs \qquad (54)$$

の関係を得る．記法を変えればこれらは(30)式，(31)式と同一である．

求められた馬力・回転数カーブに MCR，NOR，Service speed の値を記入し，初期に予測した

付　録

船速が確かに達成されているかをチェックして設計船であるX船の馬力計算（Powering）が終了したことになる．図4-17（200頁）はこのようにして求められた他船（タンカー）の馬力・回転数カーブの一例である．

補遺1　各種船型の主要目と性能

表A-3に各種船型（客船，コンテナ船，自動車運搬船，貨物船，油槽船，LNG船，カーフェリー，警備船，曳き船，漁船）の主要目と性能を示す．表中には主要目のほか肥瘠係数，出力，軸数および自航要素，各種効率および推進効率が示されている．また，本文中に示した最近の巨大船も記入した．これらの船は詳細な要目や性能が公表されていない場合が多い．数値がないものについても上述の演習の知識を利用すれば概略の推定が可能である．

表A-3　各種船型の主要目表

船種		note	Lpp	B	d	CB	CP	lcb	*出力(kw)	N(rpm)	軸数	t	w	η o	η r	η
客船	一軸	旅客船	50.0	8.6	2.30	0.506	0.606	3.70	1,100	320	1	0.26	0.24	0.590	1.03	0.592
		貨客船	86.0	13.6	4.60	0.516	0.570	1.67	3,310	185	1	0.18	0.21	0.680	1.01	0.713
	二軸	旅客船	77.0	12.8	3.70	0.524	0.590	2.97	1,730	265	2	0.15	0.13	0.690	0.96	0.647
		クルーズ	205.0	29.6	7.50				12,000		2					
		クルーズ	246.0	37.5	8.05				20,000		2					
	四軸	クルーズ	314.0	41.0	10.30				20,500		4					
コンテナ船	一軸	小形	170.0	25.5	9.50	0.569	0.587	1.94	17,000	114	1	0.22	0.26	0.680	1.01	0.709
		中形	230.0	32.0	10.30	0.563	0.584	2.00	33,100	105	1	0.22	0.26	0.680	1.05	0.703
		大形	260.0	32.2	11.00	0.610	0.641	2.00	31,000	88	1	0.13	0.16	0.710	1.01	0.743
		大形	335.0	42.8	14.00				61,029		1					
	二軸	大形	245.0	32.2	11.00	0.567	0.595	1.35	29,400	135	1	0.18	0.16	0.690	1.02	0.683
	三軸	大形	252.0	32.2	11.00	0.575	0.592	2.66	24,900	119	1	0.19	0.14	0.547	1.00	0.675
									18,700	119	2					
自動車運搬船	一軸	中形	150.0	23.4	7.00	0.591			11,200	140	1					
		大形	190.0	32.3	8.55				14,160	100	1					
貨物船	一軸	小形	48.0	8.6	3.80	0.678	0.696	-0.48	400	380	1	0.18	0.32	0.500	1.01	0.609
		中形	76.0	12.2	5.33	0.723	0.733	-0.84	1,300	250	1	0.22	0.38	0.490	1.00	0.616
		大形	150.0	20.2	8.80	0.642	0.653	1.09	11,000	115	1	0.24	0.29	0.650	1.04	0.724
		ばら積	214.9	30.7	10.84	0.800	0.807	-1.59	10,800	110	1	0.20	0.41	0.530	1.02	0.733
		ばら積	280.0	45.0	16.50	0.850	0.852	-2.50	16,900	90	1	0.16	0.39	0.550	1.02	0.770
	二軸	中形	76.2	11.6	4.72	0.636	0.652	1.19	1,600	375	2	0.14	0.20	0.560	0.96	0.578
		高速RORO	187.7	24.5	6.90				23,800		2					
油そう船	一軸	小形	33.5	6.4	2.80	0.701	0.744	-0.95	180	390	1	0.26	0.43	0.440	1.01	0.577
		中形	176.0	23.7	10.05	0.781	0.790	-1.35	9,200	115	1	0.23	0.41	0.520	1.01	0.685
		大形	220.0	33.2	11.47	0.810	0.816	-1.63	13,600	105	1	0.23	0.44	0.520	1.05	0.751
		巨大形	310.0	48.8	19.18	0.846	0.851	-2.57	22,100	88	1	0.23	0.46	0.467	1.03	0.684
		巨大形	320.0	60.0	18.50	0.830	0.831	-4.40	22,500	72	1	0.19	0.37	0.600	1.03	0.790
		超巨大	406.6	71.0	25.29				33,088		1					
LNG船	一軸	大形	290.0	42.0	11.60	0.750	0.754	-1.40	29,400	110	1	0.23	0.41	0.524	1.01	0.687
		大形	285.0	45.0	11.00	0.700	0.720	-1.00	26,800	90	1	0.17	0.30	0.630	1.04	0.780
		大形	277.0	49.0	11.40				26,900	80	1					
カーフェリ	二軸	小形	69.0	13.0	3.70	0.555	0.605	1.11	2,350	285	2	0.15	0.11	0.635	1.00	0.600
		大形	170.0	24.8	6.60	0.501	0.551	2.77	13,200	194	2	0.19	0.13	0.667	1.00	0.625
警備艇	二軸		63.6	9.2	3.20	0.492	0.600	4.11	11,000	350	2	0.12	0.08	0.680	0.98	0.637
		SurfaceP.P.	24.0	5.5	0.90				1,238	2300	2					
曳き船	一軸	遠洋	52.0	10.8	4.20	0.584	0.646	1.88	2,200	240	1	0.24	0.25	0.620	1.06	0.666
	二軸	遠洋	60.0	12.0	4.85	0.588	0.650	-1.50	1,320	300	2	0.22	0.22	0.610	1.04	0.643
		河川用	23.0	6.2	1.80	0.657	0.701	-0.03	260	380	2	0.24	0.19	0.660	1.02	0.632
漁船		捕鯨船	47.7	7.8	4.00	0.562	0.656	3.17	1,320	390	1	0.19	0.35	0.450	0.99	0.555
		トロール船	85.0	15.6	4.95	0.682	0.712	0.32	1,650	220	1	0.24	0.30	0.500	1.01	0.543
		かつおまぐろ漁船	47.0	9.0	3.47	0.539	0.611	1.95	890	360	1	0.24	0.22	0.580	1.01	0.571

※ 一軸あたりの値

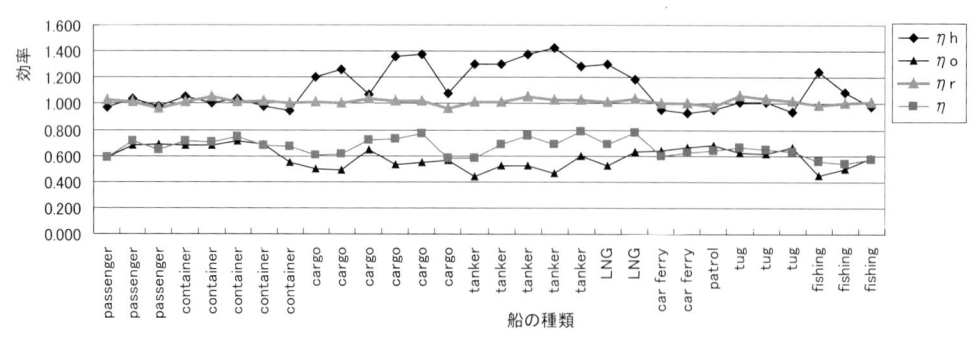

図A-7　各種船舶の効率

　表A-3の各種効率および推進効率を船の種類別に図示し図A-7に示す．この表にはディーゼル機関の回転数が比較的高かった（プロペラ直径が小さかった）時代の船と最近の低回転・大直径プロペラ装備の船が混在しているためこのままでは詳細な比較はできないが，一般的な傾向を見ると次のようである．

- η_R：回転比効率比は船による大きな変化はなく平均1.02程度である．
- η_H：船殻効率は船の種類により大きな差がある．タンカー船型では1.2〜1.4で，特に肥大したタンカーでは大きい．瘠せたコンテナ船では1.0程度と小さくなる．
- η_O：プロペラ単独効率は第4章図4-20にみる様にプロペラの荷重度（BpやCt）の大きいタンカーでは0.45〜0.6と小さく，荷重度が低いコンテナ船などでは0.7と大きい．
- η：推進効率は0.6〜0.8の間に分布し，商船だけをみると平均で0.68程度であって，船の種類による差はあまりない．この理由を考察すると，船の推進効率は

$\eta = EHP/BHP = \eta_H \eta_O \eta_R \eta_T$ で示されるが，肥大したタンカー船型では η_H 大きく，η_O が小さい．瘠せたコンテナ船では逆に，η_H が小さく，η_O が大きい．η_R，η_T は船により大きな変化がないため，$\eta_H \times \eta_O$ の大きさがほぼ同じオーダーとなり船種による差が少なくなることを示している．プロペラ大直径低回転化が進んだ最近の船の傾向をみるとコンテナ船やタンカーの η は0.74〜0.78と高くなっている．この数値は船の馬力をEHPから大づかみに概算するのに覚えておくと便利である．

　表A-3には船速が示されていないが，船体要目と各種の効率が与えられているので，上述の計算法を応用すれば，船速を適当に与えたときの全抵抗や馬力を推定する演習問題として利用できる．それらの結果から逆に記載された馬力での船速も推定できるであろう．表A-3は各種の船の要目性能だけでなく種々の情報を提供してくれる興味深いデータである．

補遺2　ダクトプロペラの単独特性

　第3章3.5節（164頁）にダクトプロペラの概要を述べた。通常の商船ではダクトプロペラはあまり使用されなくなったが、砕氷船や浮体式海洋構造物（セミサブリグ）などのように低速で大きなスラストを出す必要のある場合には有効なプロペラとして使用される。以下に、一例とし

付録

てダクトプロペラ（模型DP 1）の単独特性データを記載する。

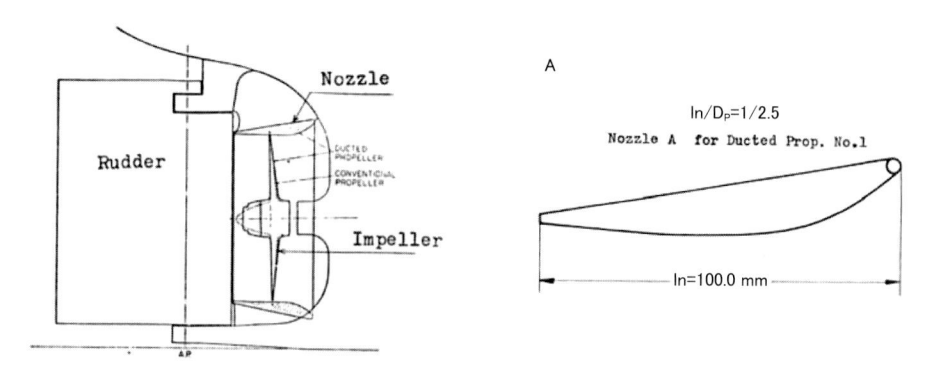

図A-8　船体装備状況（DP/通常Prop.）と模型DP 1のノズル部形状

表A-4　ダクトプロペラ　No.1 要目と単独特性

ダクトプロペラ　No.1

インペラ		
翼数	Z	5
直径	Dp (m)	0.250
ピッチ比	p	0.953
展開面積比	ae	0.647
ボス比	b	0.196
レーキ角	Rake (deg.)	0

J	Ktt	Ktp	Ktd	10Kq	ηp	Ct
0.0	0.445	0.257	0.188	0.407	0.000	∞
0.1	0.407	0.252	0.155	0.400	0.162	40.700
0.2	0.363	0.241	0.122	0.385	0.300	9.075
0.3	0.315	0.225	0.090	0.365	0.412	3.500
0.4	0.263	0.202	0.061	0.338	0.495	1.644
0.5	0.205	0.174	0.031	0.300	0.544	0.820
0.6	0.140	0.137	0.003	0.257	0.520	0.389
0.7	0.074	0.092	-0.018	0.207	0.398	0.151
0.8	0.003	0.045	-0.042	0.145	0.026	0.005

注）全推力　Ktt ＝ Ktp + Ktd　$(T_t/\rho n^2 D^4)$
　　インペラ　Ktp
　　ノズル　Ktd
　　トルク　Kq　　　　　　　　$(Q/\rho n^2 D^5)$
　　全効率　η ＝ KttJ/(2πKq)

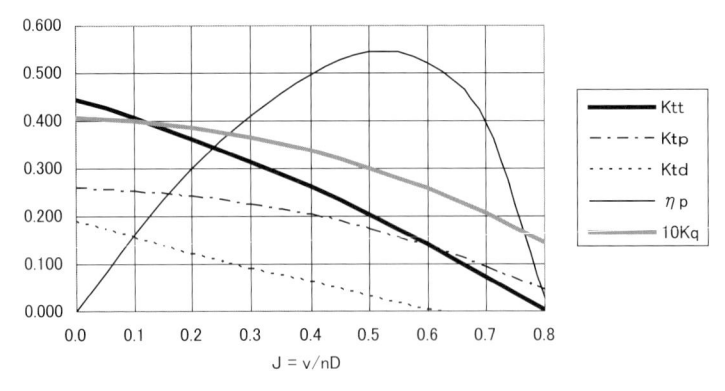

図A-9　ダクトプロペラ　No.1単独特性

補遺3　単位換算表と密度・動粘性係数

単位換算表

長さ		速度			力		動力	
meter	feet	m/s	km/h	kt	kgw	N	馬力（PS）	kW
1	3.2808	1	3.600	1.944	1	9.807	1	0.7355
0.3048	1	0.2778	1	0.5399	0.102	1	1.3596	1
		0.5144	1.852	1				

15℃における密度と動粘性係数　　　単位系（上段：SI／下段：工学）

清水		海水		空気	
密度	動粘性係数	密度	動粘性係数	密度	動粘性係数
ρ (kg/m^3)	$\nu \times 10^6$ (m^2/s)	ρ (kg/m^3)	$\nu \times 10^6$ (m^2/s)	ρ (kg/m^3)	$\nu \times 10^6$ (m^2/s)
999	1.13902	1025	1.18831	1.225	14.56
ρ (kg·sec^2/m^4)		ρ (kg·sec^2/m^4)		ρ (kg·sec^2/m^4)	
101.87		104.6		0.125	

補遺4　大西洋定期客船の主要船舶要目表

船会社	船名	建造	GT	L(m)	B(m)	馬力(HP)	Vs(kt)	推進	L/B	船質	主機
サバンナ汽船	Savannah	1819	320	30	8	90	4	外車	3.82	wood	斜機関
ケベックハリファクス	Royal Will.	1831	364	49	9	180	7	外車	5.72	wood	s.lever
英米汽船	Sirius	1838	703	54	8	320	8	外車	7.12	wood	s.lever
Great West.	Great West.	1838	1,340	65	11	750	9	外車	6.00	wood	s.lever
Cunard	Britania	1840	1,135	63	10	423	9	外車	6.09	wood	sidel.
Cunard	Hibernia	1843	1,422	67	11	1,040	9	外車	6.25	wood	sidel.
米Ocean	Washington	1847	1,640	70	12	1,100	9	外車	5.94	wood	sidel.
Cunard	America	1848	1,826	77	12	1,400	10	外車	6.61	wood	sidel.
Cunard	Asia	1850	2,226	81	12	2,400	12	外車	6.65	wood	sidl.
米Collins	Arctic	1850	2,856	87	14	2,000	12	外車	6.21	wood	sidel.
米Collins	Baltic	1850	2,850	86	14	2,000	12	外車	6.28	wood	sidel.
Cunard	Arabia	1853	2,402	87	13	2,830	12	外車	6.93	wood	sidel.
Cunard	Persia	1856	3,300	115	14	3,600	14	外車	8.36	Fe	sidel.
米Collins	Adriatic	1857	4,145	105	15	3,600	13	外車	6.90	wood	筒振
Great East.	Great East.	1860	18,915	207	25	8,300	12	外車+Prop	8.21	Fe	H直動筒振
Cunard	Scotia	1862	3,871	116	13	3,200	14	外車last	7.94	Fe	筒振
Cunard	China	1862	2,638	99	12	2,250	12	S.Prop.	8.08	Fe	筒振
Inman	CO.Paris	1866	2,556	105	12	2,600	13	S.Prop.	8.57	Fe	H直動
Inman	CO.Brussel	1867	3,081	119	12	3,000	14	S.Prop.	9.68	Fe	H turunk
White Star	Oceanic	1871	3,707	128	12	3,000	14	S.Prop.	10.27	Fe	連成
Inman	CO.Richmond	1873	4,607	134	13	4,400	14	S.Prop.	10.14	Fe	連成
White Star	Britanic	1874	5,004	139	14	5,100	15	S.Prop.	10.07	Fe	連成
Inman	CO.Berlin	1875	5,491	149	13	5,200	15	S.Prop.	11.05	Fe	連成
Guion	Arizona	1879	5,147	137	14	6,300	15	S.Prop	9.92	Fe	連成
Cunard	Serbia	1881	7,392	157	16	10,300	16	S.Prop.	9.88	St	連成
Guion	Alaska	1881	6,932	152	15	10,000	16	S.Prop.	10.00		連成
Guion	CO Rome	1881	8,415	171	16	11,800	16	S.Prop.	10.71		連成
Guion	Oregon	1883	7,375	153	17	12,500	18	S.Prop.	9.24	Fe	連成
National	America	1884	5,528	135	16	8,300	17	S.Prop.	8.63	St	連成
White Star	Teutonic	1889	9,984	172	18	17,500	19	S.Prop.	9.79		3連成
Inman	CO Paris	1889	10,499	161	19	18,000	20	S.Prop.×2	8.35		3連成
White Star	Oceanic	1890	17,272	209	21	29,000	19	S.Prop.×2	10.03	St	3連成
HAPAG独	Furst Bism.	1891	8,430	153	18	17,500	19	S.Prop.×2	8.73	St	3連成
Cunard	Lucania	1893	12,950	183	20	30,000	21	S.Prop.×2	9.22	St	3連成
American	St.Louis	1895	11,629	163	19	20,500	19	S.Prop.×2	8.50	St	4連成
NDLloyd独	KaiserWh.dGr	1897	14,349	191	20	28,000	22	S.Prop.×2	9.51	St	3連成
NDLloyd独	Kaiser Fried	1898	12,480	177	19	27,000	20	S.Prop.×2	9.11	St	3連成
HAPAG独	Deutschland	1900	16,502	201	21	36,000	22	S.Prop.×2	9.82	St	4連成
NDLloyd独	Kronprinz W	1901	14,908	194	20	35,000	22	S.Prop.×2	9.62	St	4連成
NDLloyd独	KiserWh II	1903	19,361	209	22	42,000	23	S.Prop.×2	9.47	St	4連成
White Star	Baltic	1904	23,876	216	23	13,000	17	S.Prop.×2	9.38	St	4連成
Cunard	Calmania	1905	19,524	198	22	21,000	18	S.Prop.×3	9.01	St	Tubine
White Star	Adriatic	1907	24,541	216	23	16,000	17	S.Prop.×2	9.39	St	4連成
Cunard	Lusitania	1907	31,550	232	27	70,000	25	Prop.×4	8.68	St	Turbine
Cunard	Mauretania	1907	31,938	232	27	70,000	25	Prop.×4	8.66	St	Turbine
White star	Olimpic	1911	45,324	260	28	50,000	21	Prop.×3	9.22	St	Turb.+3連成
White star	Titanic	1912	46,328	260	28	50,000	21	Prop.×3	9.22	St	Turb.+3連成
HAPAG独	Imperator	1913	51,969	269	30	51,000	22	Prop.×4	8.98	St	Turbine
Cunard	Aquitania	1914	45,647	265	30	51,000	23	Prop.×4	8.96	St	Turbine
HAPAG独	Vaterland	1914	54,282	269	30	72,000	23	Prop.×4	8.98	St	Turbine
HAPAG独	Bismarck	1914	56,551	279	31	66,000	23	Prop.×4	9.15	St	Turbine
White star	Britanic	1915	48,158	260	29	50,000	21	Prop.×3	9.06	St	Turb.+3連成
NDLloyd独	Bremen	1929	51,656	274	31	96,000	27	Prop.×4	8.82	St	Turbine
NDLloyd独	Europe	1930	49,746	271	31	96,000	27	Prop.×4	8.72	St	Turbine
Italy	Conte di S.	1932	48,502	240	29	90,000	27	Prop.×4	8.18	St	Turbine
Italy	Rex	1932	51,062	254	30	100,000	28	Prop.×4	8.60	St	Turbine
C.G.T.	Normandie	1935	79,280	299	34	160,000	29	Prop.×4	8.82	St	Turbo-E
Cunard	Queen Mary	1936	80,774	297	36	160,000	29	Prop.×4	8.22	St	Turbine
Cunard	Q.Elizabeth	1940	83,673	301	36	160,000	29	Prop.×4	8.33	St	Turbine
USA	United States	1952	53,329	302	31	158,000	29	Prop.×4	9.75	St	Turbine
France	France	1962	66,348	316	34	160,000	30	Prop.×4	9.37	St	Turbine
Cunard	QE2	1969	67,103	294	32	110,000	29	Prop.×2	9.17	St	Turbine
R. Caribbean	Sovereign o.t.Seas	1988	73,192	268	32	29,708	—	Prop.×2	8.30	St	D:2prop
Mitsui o.p.l.	Fuji Maru	1989	23,340	167	24	21,406	—	Prop.×3	6.96	St	D:2prop
Crystal C.	Crystal Harmony	1990	48,621	241	30	47,002	—	Prop.×2	8.14	St	D-E:2cpp
P&Ocruise	Oriana	1995	69,153	260	32	64,940	—	Prop.×2	8.07	St	D:2prop
Crystal C.	Crystal Symphony	1995	51,044	237	30	46,077	—	Prop.×2	7.85	St	D-E:2prop
Holland America L	Rotterdam	1997	59,652	237	32	51,000	—	Prop.×2	7.35	St	D-E:2prop
Princess C	Grand Princess	1998	108,806	290	36	57,120	—	Prop.×2	8.06	St	D-E:2prop
R. Caribbean	Adventure o. t. sea	2001	137,276	311	47	102,816	—	AZP×3	6.56	St	D-E:3AZP
Norweigian C	Norweigian Star	2001	91,740	294	32	53,040	—	AZP×2	9.13	St	D-E:2AZP
R. Caribbean	Brilliance o. t. Seas	2002	90,090	293	32	53,040	—	Pod×2	9.11	St	GT:2pod
Carnival C.	Carnival Glory	2003	110,000	290	36	86,224	—	Prop.×2	8.17	St	D-E:2prop
Cunard L..	QM2	2004	150,000	345	41	160,480	—	AZP×2, Pod×2	8.42	St	GT/D-E:4AZ,F
Pricess C.	Diamond Princess	2004	113,000	290	38	82,552	—	AZP×2	7.73	St	GT:2AZP

索　引

あ

アークロイアル　43
浅野総一郎　88
浅間丸　96
アドバンス　210, 213
アドミラルティ係数　78
アドリアティック　60
アルセナーレ　39
アルキメデスの定理　187
あるぜんちな丸　97

い

イギリス海洋進出　42
イズメイ　トマス　62
一重殻構造（single hull construction）　153
一般配置図　148
岩崎彌太郎　88
インペラトール（ベレンガリア）　68
インマン・ライン社　61

う

ウィグレー模型船　179
フルード　ウィリアム　178
ウォータージェット推進器　168
海を行く船　28

え

エアークッション型　128
エクソン・バルデーツ（Exxon Valdez）　153
エジプト時代の船　28
エッソ・アトランティック（50万DWTタンカー）　4, 7
MSC Oscar　4, 7
LNG運搬船　110

お

オイルタンカー　4, 7, 106, 152
オイローパ　69
大型帆船　45
大型クルーズ船時代の変遷　79
大阪商船　88, 89
オーシャン社　60
オセベルグ船　35
オセアニック　64
オリンピック　67

か

カーキャリヤー（PCC）　109
海運都市　35
海運共和国　37
カイザー・ウィルヘルム・デア・グロッセ　64
外車とプロペラ　49
外車　53
海水流入角　189
回流水槽　225, 229
各種船型の主要目と性能　259
舵の直圧力　215
ガスタービン　53, 160
カティーサーク　47
貨物倉容積　134
カラック　38
カラベル　39
カルマン－ガブリエリ（Karman-Gablielli）線図　8
カルタゴ　33
ガレー　38, 43
ガレオン　39, 42
ガレアス　43
ガロウェーの羽打翼外車　53
河を行く船　26
ガンウェル　44
乾舷　187
咸臨丸　85, 86

き

機関誘起起振力　157
汽船の発明　49
規則波　221
北ドイツロイド　61
君沢型洋式帆船　120
キール（keel：竜骨，K）　132
キャビテーション　201
キャビテーション水槽　225, 231
キャビテーション数　253
キュナード社　59
局部撹乱波　178
許容応力（σ allowable，船体縦強度）　157
ギリシアの船　30

く

クィーン・メリー二世（QM2）　4, 6, 16, 18, 19
クイーン・メリー　70
クイーン・エリザベス　70
クイーン・エリザベス二世　71
組立船　28
クラーモント　53
クリッパー　45
グリム・ベーン・ホィール（GVW）　167
くれない丸　117
グレート・ブリテン　56
グレート・ウエスタン　58
グレート・イースタン　62
黒船来航　84

け

軽荷重量（LW：light weight）　133, 187
形状影響係数　184
原子力機関　160

索 引

遣米使節団,遣欧使節団　85

こ

高速船　111, 113
コーヴァス付きの船　32
ゴクスタッド船　35
コッグ　38
コリンズ社　60
コロンブス　41
コンテナ船　4, 7, 108, 150

さ

サーフェス・フォース（Surface force）
　157
サーモピレ　47
載荷重量（DW：dead weight）　5,
　133, 187
載荷係数　134
最後のクリッパー　47
サイドレバー機関　50
サギング（sagging）　156
サスケハナ　84, 85
サバナ　58
サブリン・オブ・ザ・シー　43, 45,
　46
摩擦抵抗　184
サラゴザ条約　40
サンタマリア　41
産業革命と推進機関　49
さんとす丸　104

し

CFDの応用　234
GM　189
Cwカーブ　141
Cpカーブ　141
ジェノバ　37
自航試験　197
実船の抵抗　198
実船の馬力計算とプロペラ設計の演習
　243
シップ型　48
シティー・オブ・ローマ　63
自由波　178

十字軍　37, 38
17世紀の軍船　43
18世紀の軍船　44
1/10平均波高　217
重力深海波　180
純トン数（NT）　134
蒸気機関　49
蒸気タービン　51, 159
商船の種類　129
剰余抵抗　195
昭和時代の日本の商船　95
初期の軍船　42
初期復原力　188
しらせ　112
シリウス　58
新航路発見　40
シンプソンの公式（Simpson）　143
振幅関数　182

す

推進効率　199
水槽実験施設　225
水中翼支持型　126
水面貫通型水中翼船　127
推力（スラスト）荷重度　203
数学船型　179
スクーナー型　48
スクリュープロペラ　49, 54, 164,
　201

せ

戦艦三笠　92
戦艦大和・武蔵　98
船級協会　131
船型要目の変遷　75
船型形式　131
船型試験水槽　226
船型設計システム　235
戦後の日本の客船　103
戦後の日本の造船　105
線図　135
――：正面図　136
――：側面図　136
――：平面図　136
潜水型　128

船籍　132
船体運動の応答関数　222
船体振動・騒音　157
船体起振力（Hull exciting force）
　157
船体効率　199
船体中央（ミドシップ：midship）
　132
船体中央横断面図（midship section）
　152
船体抵抗　193
船尾肥大度パラメーター　249
全没翼型水中翼船　127
占領政策の影響　105

そ

操縦運動方程式　214
総トン数（GT）　133
造波抵抗　124, 182, 195
素成波　180

た

タービニア　51
ダイアモンド・プリンセス　71
耐航性能　216
耐航性水槽　226
大航海時代の船　39
大正時代の海運・造船　92
大西洋定期客船　58
大西洋定期客船要目表　263
タイタニック　66-68
ダクトプロペラ（DP）　167
ダクトプロペラ（DP）単独特性値の例
　260
縦波　178, 183
単位換算表　262
短期予測　224
断面係数（section modulus）　157

ち・て

ちきゅう　112
出会い円周波数　221
ディアナ　ロシア船　120
TSL高速船　112, 113

265

ディーゼル機関　52，159
　　──の運転領域とプロペラ設計
　　　162
　　──の稼動限界　163
　　──の構造　161
ディキンズ　チャールズ　60
抵抗試験　197
テイラーの剰余抵抗係数　246
電気推進　160
伝達動力　199
伝達効率　199
天洋丸　90

と

倒置立型蒸気往復機関　50
東洋汽船　88，89
トーマス・W・ローソン　48
特殊任務船　111
トライレム　32
トランスファー　210，213
トリデシリアス条約　40
トリム　146
トロコイダル波（Trochoidal wave）
　　156
ドロモン船　37

な

波吸収型波浪水槽　225，231
波エネルギースペクトル（Modified
　　Pierson-Moskowitz）　223

に

2次元水槽　231
二重殻構造（double hull construction）
　　153
二重反転プロペラ（CRP）　166
日米和親条約　84
日米修好条約　85
新田丸　97
日本郵船　88
日本の主な定期客船の航路　96
日本造船業
　　──：急成長と技術革新　114
　　──：建造技術の改革　115

　　──：設計技術の改革　115
ニナ　41

ね・の

螺子プロペラ　54
粘性抵抗　195
ノルマンジィー　69

は

バーク型　48
パーソンズ　タービン　51
バーナビー　52
ハーランド・アンド・ウルフ造船所
　　61
バイレム　30
バイキングシップ　34
排水量型船　125
排水量（displacement）　5，133，187
排水容積（displacement volume）
　　5，133，187
ハイドロスタティック曲線　143，
　　145
舶用機械　159
パスカルの定理　186
パピルスの船　27
ハブロック　トーマス　180
ばら積運搬船　110
バリルのキャビテーション判定図表
　　253
バルクキャリア　149，154
バルバス・バウ（Bulbus bow）
　　117
波浪階級　219
はわい丸　94
帆装　44
半潜水型　128
ハンプ（hump）　185
ハンブルグ・アメリカ社　61

ひ

BPチャート　207，208
ビーム機関　50
菱垣廻船　119
東インド会社　45

氷川丸　97
ビクトリー　43，45
ビザンティン艦隊　35
肥痩係数　138-140
ヒヨルトスプリングの小船　35
氷海水槽　225，232
標準偏差　223
広瀬幸平　88
ピンタ　41

ふ

風洞試験装置　225，232
風波　216
風力階級　219
フェニキア　29
不規則波海面　217
不規則波　223
復原力　187
復原力曲線　189
復原力消失角　189
福沢諭吉　85
浮心位置（lcb）　139
浮心（buoyancy：B）　187
船酔　190
船による海上輸送　12
船による海上荷動き流れ　12
船による日本への食材輸入　15
船の
　　──大きさ・力強さ　4
　　──起こり　25
　　──各部名称　151
　　──機関動力と回転数　199
　　──検査　174
　　──後進性能　213
　　──主要寸法　132
　　──種類　124
　　──垂線間長　132
　　──水線長　132
　　──世界物流統計　10
　　──設計・建造工程　171
　　──旋回性能　210
　　──全長　132
　　──操縦性能の3要素　210
　　──縦曲げモーメントと剪断力
　　　155
　　──追従性能　212

|　　——転覆　189
|　　——特徴　3
|　　——波　178
|　　——引合から引渡し　170
|　　——保持形態　124
|　　——役割　10
|　　——輸送効率　8
|　　——揺れ　220
|　　——用途・種類　129
|　　——用途・分類　2
|　　——要目・形状　130
|　　——横強度　157
フランス　48, 70
ブリタニア　59
ブリタニック　67, 68
プリマス　85
浮力　186
ブルーネル, I. K.　62
フルード数　184, 193, 194
ブルーリボン賞　61
フルトン　53
フレットナー船　57
フレットナー　アントン　56
フレンチライン　61
ブレース・ロープ　29
プロイセン　48
プロペラ（スクリュー・プロペラ）　165
　　——渦モデル　204
　　——運動量理論　202
　　——形状　206
　　——形状の決定　255
　　——効率比　199
　　——周囲流場　201
　　——推力　201
　　——設計における検討課題　209
　　——単独効率　250

——単独特性　197, 199
——単独特性値（MAU4-55）　256
——流入線図　204
——誘起起振力　157
——理想効率　203
分散　223

へ

ベアリング・フォース（Bearing force）　157
ヴェネツィア　37
ペリー提督　84

ほ

方形係数　134, 138
ポーハタン　84, 85
ホギング（hogging）　156
ポッド型プロペラ　168, 170
ホロー（hollow）　185
ホワイト・スター・ライン社　61

ま

マエルスク・サナ（大型コンテナ船）　4, 7
マグナス　ハインリッヒ　57
摩擦抵抗　194
マゼラン　40
マルコポーロ　39, 40
マンモス船　65

み・め

密度と動粘性係数　262
明治時代の海運・造船　86

メタセンター（M）　188

ゆ

有義波高　217, 218
ユーケビッチ　ウラジミール　69
有効馬力　199
ユナイティド・ステイツ　70

よ

翼車推進器　168
横波　178, 183
横揺周期　190

ら・れ

螺旋推進器　165
ラティーン　39
ルシタニア　66
レイノルズ数　193, 193

ろ

ロイアル・ウイリアム　58
ローター・シップ　57
ローマの船　32
6500潜水調査船支援システム　111

わ

和船小史　118
ワット　ジェームス　49

野澤　和男（のざわ　かずお）

昭和19年	東京都に生まれる
昭和43年	横浜国立大学工学研究科造船工学専攻修士課程修了
	川崎重工業株式会社入社
	以降，船舶事業本部基本設計部にて船型・プロペラの性能開発・設計，氷海技術研究，潜水調査船支援母船「なつしま」，「よこすか」の開発設計，数値流体力学の共同研究開発等に従事
昭和53年	東京大学工学博士号取得（ダクティドプロペラの特性解析法の研究：乾崇夫教授指導）
昭和57年	ドイツ・ハンブルグ船型研究所にて大型砕氷タンカーの砕氷性能研究に従事
平成03年	海洋音響学会賞（6500m潜水調査母船「よこすか」プロペラ水中雑音低減の研究）
平成04年	川崎重工業株式会社船舶事業本部基本設計部部長
平成08年	川崎重工業株式会社明石技術研究所流体技術研究部部長
平成09年	日本造船学会賞（二重反転プロペラ最適設計システムの開発）
平成10年	川崎重工業株式会社退職（7月）
平成10年	大阪大学大学院工学研究科船舶海洋工学専攻常勤講師赴任（8月）
	以降，船舶設計・海洋構造物設計，超高速船研究，氷海工学研究，内湾の水環境影響評価等の教育・研究に従事，大阪大学全学夏季集中基礎セミナー「船　この巨大で力強い輸送システム」を継続実施，現在に至る
平成19年	日本船舶海洋工学会賞（著作：本書『船　この巨大で力強い輸送システム』）
著　書	『氷海工学』成山堂（平成18年）

大阪大学新世紀レクチャー

船　この巨大で力強い輸送システム

2006年9月10日　初版第1刷発行　　　［検印廃止］
2015年12月10日　初版第4刷発行

著　者　野澤　和男
発行所　大阪大学出版会
　　　　代表者　三成　賢次
　　　　〒565-0871　吹田市山田丘2-7
　　　　　　大阪大学ウエストフロント
　　　　電話・FAX 06-6877-1614（直）
　　　　http://www.osaka-up.or.jp
印刷・製本所　株式会社 遊文舎

©Kazuo Nozawa 2006　　　　Printed in Japan
ISBN 978-4-87259-155-2
Ⓡ〈日本複製権センター委託出版物〉